高等职业教育机电类专业教学改革系列教材

AutoCAD 2008 项目教程

主　编　皮　杰　刘正阳
副主编　荣祖兰　杨　海
参　编　李　星　阳　勇　谢圣权
主　审　曾宪章　许文全

机 械 工 业 出 版 社

本书按照普通高职高专院校 AutoCAD 软件课程开设的特点，结合当前高等职业教育教学改革的要求，以项目任务引领，融合常用的 AutoCAD 命令操作，由浅入深、循序渐进地介绍了 AutoCAD 2008 软件的常用命令及操作，以及在实际应用中的案例。

全书共分十个项目 38 个任务。应用 AutoCAD 2008 中文版软件，从认识 AutoCAD、准备绘图纸、绘制扳手、绘制异形件、绘制三视图、绘制阶梯轴、技术要求的标注、尺寸标注、三维建模基础、打印图样十个项目入手，按照常见图形特征的思路分别介绍了 AutoCAD 的绘图思想与实际应用案例。方便学生的主动学习，使学生更易于掌握 AutoCAD 的基本技能。

本书可作为高职高专院校以及成人高等学校机电类各专业 AutoCAD 课程的教材，也可供机电工程技术人员、本科院校和中职类学校相关专业师生参考。

凡选用本书作为教材的教师，均可登录机械工业出版社教育服务网 www. cmpedu. com 下载本教材配套电子课件，或发送电子邮件至 cmpgaozhi @ sina. com 索取。咨询电话：010-88379375。

图书在版编目（CIP）数据

AutoCAD 2008 项目教程/皮杰，刘正阳主编．—北京：机械工业出版社，2011．8（2024．1 重印）

高等职业教育机电类专业教学改革系列教材

ISBN 978-7-111-34638-8

Ⅰ．①A…　Ⅱ．①皮…②刘…　Ⅲ．①AutoCAD 软件-高等职业教育-教材　Ⅳ．①TP391．72

中国版本图书馆 CIP 数据核字（2011）第 189719 号

机械工业出版社（北京市百万庄大街 22 号　邮政编码 100037）
策划编辑：边　萌　责任编辑：陈　宾　边　萌　王丽滨
版式设计：霍永明　责任校对：张　媛
封面设计：鞠　杨　责任印制：邓　博
北京盛通数码印刷有限公司印刷
2024 年 1 月第 1 版第 12 次印刷
184mm×260mm · 16．5 印张 · 402 千字
标准书号：ISBN 978-7-111-34638-8
定价：48．00 元

电话服务	网络服务
客服电话：010-88361066	机　工　官　网：www. cmpbook. com
010-88379833	机　工　官　博：weibo. com/cmp1952
010-68326294	金　　书　　网：www. golden-book. com
封底无防伪标均为盗版	机工教育服务网：www. cmpedu. com

前 言

随着计算机技术的发展，CAD 技术越来越成熟，使用也越来越广泛，CAD 作为一个重要的工具正改变着我们的设计与思维方式。掌握 CAD 技术，运用 CAD 技术进行设计、工作，是广大工程技术人员的基本要求。

AutoCAD 是我国目前使用最为广泛的二维绘图软件，它不仅拥有强大的绘图和图形编辑功能，而且其简单清晰的作图思路是学习机械 CAD 类软件的基础。熟练使用 AutoCAD 软件并打下坚实的 CAD 软件操作基础，是每一个工科院校学生的必备技能。

本教材是根据《关于全面提高高等职业教育教学质量的若干意见》（教育部［2006］16 号）的文件精神，从高等职业技术教育的教学特点出发，按照绘制一张工程图样的先后顺序来构建教程体系。教材采用项目教学方式编写，注重 AutoCAD 软件的实际应用，强调灵活运用 AutoCAD 命令绘制图形的思路。

本教材分为由易到难十个项目，38 个任务，每个任务都针对 AutoCAD 的部分命令进行讲解，每个项目教学内容都有明确的教学目标、项目案例和同步练习，便于授课教师讲课和学生学习。

本书采用 AutoCAD 2008 中文版软件，从认识 AutoCAD、准备绘图纸、绘制扳手、绘制异形件、绘制三视图、绘制阶梯轴、技术要求的标注、尺寸标注、三维建模基础、打印图样十个项目入手，按照常见图形特征的思路分别介绍了 AutoCAD 的绘图思想与实际应用案例。方便学生的主动学习，使学生更易于掌握 AutoCAD 的基本技能。

本教材在同步练习中收集整理了一些典型图样，引用了“网络和 AutoCAD 中级技能鉴定”中的一些练习题和考题，并对部分练习实例进行了详细分析和讲解，便于学生自学和考证。

本教材由湖南科技职业学院皮杰、刘正阳主编，曾宪章、许文全主审。参加编写的有皮杰、杨海（项目一、项目二、项目八、项目九），刘正阳、荣祖兰（项目三、项目四、项目五、项目六、项目七、项目十），李星、阳勇、谢圣权（项目六、项目七、项目八部分内容）。

由于时间仓促，作者水平有限，书中的不妥之处欢迎广大读者和任课教师提出批评意见和建议。

编 者

目　录

前言

项目一　认识 AutoCAD …… 1

任务一　了解 AutoCAD 2008 的基本概况 …… 1

一、AutoCAD 的发展沿革 …… 1

二、AutoCAD 的主要功能 …… 2

任务二　认识和调整 AutoCAD 2008 的工作界面 …… 4

一、启动 AutoCAD 2008 中文版 …… 4

二、认识 AutoCAD 2008 的工作界面 …… 4

三、调整 AutoCAD 2008 的工作界面 …… 9

任务三　熟悉 AutoCAD 2008 命令的输入方式 …… 11

一、命令的输入方式 …… 11

二、命令操作实例一 …… 12

三、命令操作实例二 …… 12

任务四　熟悉 AutoCAD 坐标的输入方式 …… 13

操作实例 …… 14

任务五　AutoCAD 文件的操作与帮助 …… 14

一、建立新图形 …… 15

二、打开已有图形 …… 15

同步练习一 …… 17

项目二　准备绘图纸 …… 19

任务一　设置 AutoCAD 2008 绘图环境 …… 19

一、设置图形界限 …… 19

二、设置绘图单位 …… 21

任务二　AutoCAD 2008 常用辅助绘图工具的运用 …… 22

一、设置栅格、捕捉和正交模式 …… 22

二、设置对象捕捉模式 …… 24

三、设置自动追踪模式 …… 27

任务三　AutoCAD 2008 图层及对象特性的设置 …… 30

任务四　AutoCAD 2008 简易图框及标题栏的绘制 …… 38

任务五　AutoCAD 2008 样板图的保存和调用 …… 40

同步练习二 …… 41

项目三　绘制扳手 …… 43

任务一　直线、圆（圆弧）、矩形和多边形命令的操作和运用 …… 43

一、直线的绘制 …… 43

二、圆的绘制 …… 45

三、圆弧的绘制 …… 47

四、矩形的绘制 …… 49

五、多边形的绘制 …… 51

任务二　删除、偏移、修剪、圆角等修改命令的操作和运用 …… 52

一、删除 …… 52

二、偏移 …… 53

三、修剪 …… 54

四、圆角 …… 57

任务三　扳手绘制案例上机指导 …… 59

同步练习三 …… 63

项目四　绘制异形件 …… 65

任务一　椭圆、椭圆弧、多段线等绘图命令的操作和运用 …… 65

一、椭圆与椭圆弧的绘制 …… 65

二、多段线的绘制 …… 67

任务二　复制、阵列、移动命令的操作和运用 …… 70

一、复制 …… 70

二、阵列 …… 71

三、移动 …… 74

任务三　异形件绘制实例上机指导 …… 75

同步练习四 …… 82

项目五　绘制三视图 …… 84

任务一　夹点命令的操作和运用 …… 85

使用夹点编辑对象 …… 85

任务二　镜像、旋转、打断、合并命令的操作和运用 …… 89

一、镜像 …… 89

二、旋转 …… 90

三、打断 …… 91

四、合并 …… 92

任务三 三视图绘制实例上机指导 ………… 93
同步练习五 …………………………………… 96
项目六 绘制阶梯轴 …………………………… 97
任务一 样条曲线、图案填充等命令的操作和运用 ………………………… 98
一、样条曲线的绘制 ……………………… 98
二、图案填充 ……………………………… 99
任务二 拉伸、比例缩放、分解、倒角等命令的操作和运用 ……………… 107
一、拉伸 …………………………………… 107
二、比例缩放 ……………………………… 108
三、分解 …………………………………… 109
四、倒角 …………………………………… 110
任务三 阶梯轴零件图绘制实例上机指导 …… 111
同步练习六 ………………………………… 121
项目七 技术要求的标注 …………………… 122
任务一 文字的注写 ………………………… 123
一、创建文字样式 ………………………… 123
二、选择文字样式 ………………………… 125
三、单行文字 ……………………………… 126
四、多行文字 ……………………………… 130
五、文字的修改 …………………………… 136
六、文字的查找与检查 …………………… 136
任务二 表格的绘制 ………………………… 137
一、创建和修改表格样式 ………………… 137
二、创建表格 ……………………………… 138
三、在表格中使用公式 …………………… 140
四、编辑表格 ……………………………… 141
任务三 图块的创建及应用 ………………… 145
一、创建图块 ……………………………… 145
二、创建带属性的图块 …………………… 149
任务四 技术要求标注实例上机指导 ……… 155
同步练习七 ………………………………… 158
项目八 尺寸标注 ………………………… 159
任务一 各类尺寸的认识 …………………… 160
一、尺寸标注的组成 ……………………… 160
二、尺寸标注的规则 ……………………… 160
三、尺寸标注的类型 ……………………… 161
任务二 尺寸样式的解释、操作和运用 …… 162
一、创建尺寸样式 ………………………… 162
二、控制尺寸线和尺寸界线 ……………… 163
三、控制符号和箭头 ……………………… 166
四、控制标注文字外观和位置 …………… 168
五、调整箭头、标注文字及尺寸线间的位置关系 ……………………………… 171
六、设置文字的主单位 …………………… 173
七、设置不同单位尺寸间的换算格式及精度 ………………………………… 175
八、设置尺寸公差 ………………………… 176
任务三 尺寸的创建和修改 ………………… 177
一、线性尺寸标注 ………………………… 177
二、对齐标注 ……………………………… 179
三、坐标标注 ……………………………… 180
四、弧长标注 ……………………………… 181
五、角度标注 ……………………………… 181
六、半径尺寸标注 ………………………… 183
七、直径尺寸标注 ………………………… 185
八、圆心标记 ……………………………… 186
九、折弯标注 ……………………………… 186
十、连续标注 ……………………………… 187
十一、基线标注 …………………………… 188
十二、快速标注 …………………………… 190
十三、间距标注 …………………………… 192
十四、折断标注 …………………………… 193
十五、折弯线性 …………………………… 193
任务四 引线标注和修改 …………………… 194
一、创建多重引线 ………………………… 194
二、创建和修改多重引线样式 …………… 194
三、引线标注 ……………………………… 195
任务五 形位公差标注和修改 ……………… 199
一、使用公差命令标注 …………………… 199
二、使用引线标注 ………………………… 200
三、尺寸编辑 ……………………………… 201
任务六 尺寸标注实例上机指导 …………… 207
同步练习八 ………………………………… 209
项目九 三维建模基础 …………………… 211
任务一 视点（看图方向）的确定 ………… 212
一、任意位置视点的调整 ………………… 212
二、特殊位置视点的调整 ………………… 213
三、自由动态观察器 ……………………… 213
四、视觉样式 ……………………………… 214
任务二 用户坐标系的建立 ………………… 215
一、世界坐标系和用户坐标系 …………… 215
二、创建用户坐标系 ……………………… 216
三、动态用户坐标系 ……………………… 218

任务三　简单三维实体建模方法 …………… 218
一、绘制多段体 ………………………………… 218
二、绘制长方体 ………………………………… 219
三、绘制楔形体 ………………………………… 220
四、绘制圆锥体 ………………………………… 221
五、绘制球体 …………………………………… 222
六、绘制圆柱体 ………………………………… 223
七、绘制圆环体 ………………………………… 224
八、创建面域 …………………………………… 225
九、编辑面域 …………………………………… 226
十、通过拉伸二维图形绘制三维实体 …… 227
十一、通过旋转二维图形绘制三维实体 ……………………………………… 229
任务四　轴承座三维建模实例上机指导 …… 231
同步练习九 ………………………………………… 232
项目十　打印图样 ………………………………… 233
任务一　打印设置及输出图样 ………………… 233
一、有关打印的术语和概念 ………………… 233
二、设置打印机 ………………………………… 234
三、打印时常见的问题 ……………………… 240
任务二　打印图样实例 ………………………… 241
附录 …………………………………………………… 246
附录 A　AutoCAD 2008 快捷命令列表 …… 246
附录 B　CAD 工程制图规则 ………………… 247
附录 C　AutoCAD 2008 图形制作 Word 插图方法 …………………………………… 251
参考文献 …………………………………………… 253

项目一　认识 AutoCAD

【项目导入】

学习 AutoCAD 软件时，要了解 AutoCAD 的基本情况，做到有目的、有针对性地学习。从而养成 AutoCAD 的思维模式，事半功倍地用好 AutoCAD 软件。

【项目分析】

本项目的主要任务是从 AutoCAD 的发展历史、主要功能了解 AutoCAD 的学习目标；熟悉 AutoCAD 2008 的工作界面，学会调整工具栏；通过学习 AutoCAD 命令的输入方式和坐标的输入方式，掌握并习惯 AutoCAD 文件的操作模式；学习 AutoCAD 的启动与退出方式及如何寻求帮助。

【学习目标】

- 了解 AutoCAD 2008 的发展历史和主要功能
- 熟悉 AutoCAD 2008 的工作界面
- 掌握 AutoCAD 2008 命令和坐标的输入方式
- 熟悉 AutoCAD 2008 文件的操作模式及帮助调用

【项目任务】

任务一　了解 AutoCAD 2008 的基本概况

任务二　认识和调整 AutoCAD 2008 的工作界面

任务三　熟悉 AutoCAD 2008 命令的输入方式

任务四　熟悉 AutoCAD 坐标的输入方式

任务五　AutoCAD 文件的操作与帮助

任务一　了解 AutoCAD 2008 的基本概况

AutoCAD 是由美国 Autodesk 公司开发的通用计算机辅助设计(Computer Aided Design, CAD)软件。具有易于掌握，使用方便，体系结构开放等优点，能够绘制二维图形与三维图形、标注尺寸以及渲染图形和打印输出图样，目前，该软件已广泛应用于机械、电子、航天、造船、石油化工、土木建筑、冶金、地质、气象、纺织、轻工业及商业等领域。

一、AutoCAD 的发展沿革

AutoCAD 具有通用二维和三维 CAD 图形软件系统，主要在微机上运行，分为单机版和网络版。它诞生于 1982 年，在这一年 Autodesk 公司推出了 AutoCAD1.0 版(当时命名为 Micro CAD)。经过不断改进和完善，至今，AutoCAD 已经历了 20 多次版本升级，从 AutoCAD 1.0 版到目前的 AutoCAD 2012 版，AutoCAD 的功能不断得到增加和增强，智能化不断提高，已成为国际通用的强力设计软件。AutoCAD 在世界上被翻译为十几种语言，拥有数百万正式用户。

在 AutoCAD 的发展过程中，有几个版本具有重要意义，其中，AutoCAD R12、AutoCAD

R14、AutoCAD 2002、AutoCAD 2004 是 AutoCAD 软件版本升级中的几个重要版本。1992 年，AutoCAD 12.0 版(具有成熟完备的二维绘图功能)，成功地打开了中国市场。1998 年推出的 AutoCAD R14 是 AutoCAD 软件由 Dos 转为 Windows 的重要标志，其工作界面开始与 Windows 标准界面融合。AutoCAD 2002 版在界面与操作模式上都采用了与 Windows、Word 等相同的 Windows 风格，从此以后所有的 CAD 版本都开始了与 Windows 融合的风格，标志着 AutoCAD 开始注意保持与 Windows 操作系统及其 Office 办公软件同步发展。

2007 年，Autodesk 公司正式发布了 AutoCAD 2008。新版本继续保持以前的特点和功能，同时进一步增强了软件的网络功能、团队协作功能以及一些绘图功能和三维建模功能。AutoCAD 2008 与先前低版本软件完全兼容，延续了基本的操作思路和使用习惯。而从 AutoCAD 2009 版开始，AutoCAD 即参照 Office 2010 的界面风格，操作习惯上发生了一些改变。

利用 AutoCAD 进行工程设计，与传统方法相比具有不可比拟的优势，它曾为我国工程设计行业"甩图板"立下了汗马功劳，现在依然发挥着巨大的作用。目前，一般工程图样出图前均用 AutoCAD 作为基本的图形绘制和编辑工具，利用 AutoCAD 软件完善工程图样后再打印出成品图。

二、AutoCAD 的主要功能

1. 绘制二维图形

AutoCAD 软件提供了丰富的二维绘图命令和多种绘图方法。利用这些命令和方法可以绘制点、直线、多段线、圆、圆弧、矩形、多边形、椭圆、样条曲线等基本图形，并针对相同图形的不同情况，采用多种绘图方法。如对于圆有 6 种画法，对于圆弧有 11 种画法。实际上，针对不同的已知绘图条件，采用适当的绘图方法，正是提高 AutoCAD 绘图速度的主要技巧。图 1-1 所示为使用 AutoCAD 软件绘制的二维平面图形。

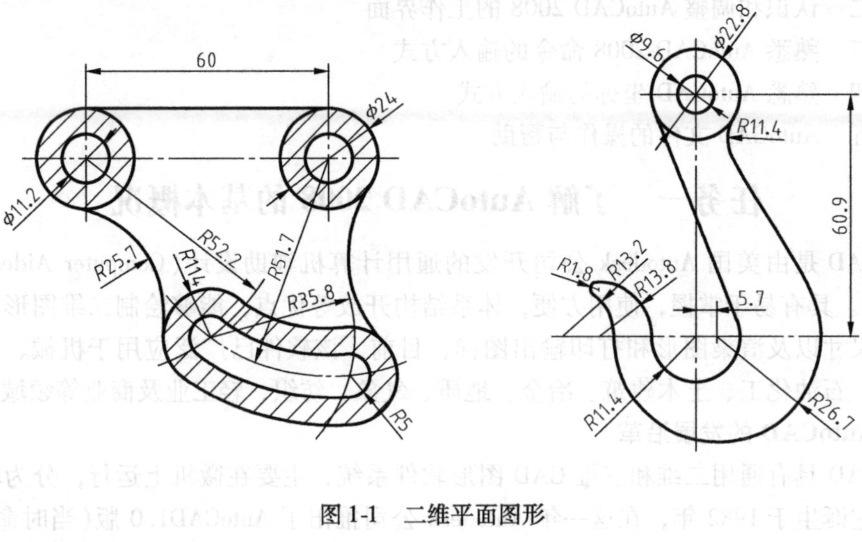

图 1-1 二维平面图形

2. 绘制三维图形

AutoCAD 软件可以绘制三种不同的三维图形：三维线框图、三维曲面图和三维实体图。三维线框图是以实际图线为骨架，在三维空间建立的三维图形，三维曲面图是仅具有表面特征的三维图形。AutoCAD 软件还提供了旋转曲面、拉伸曲面、直纹曲面、边定曲面等曲面生成命令，当前比较实用的是绘制三维实体图。AutoCAD 软件也提供了长方体、楔体、圆柱体、圆锥体、圆环体和球体共 6 种基本三维实体的绘制命令，也可以通过运用二维平面图形的拉伸、旋转等命令将其转换成三维实体，再通过交、并、差布尔运算组装成需要的三维实体图形。图 1-2 所示是运用 AutoCAD 软件绘制的三维实体图形。

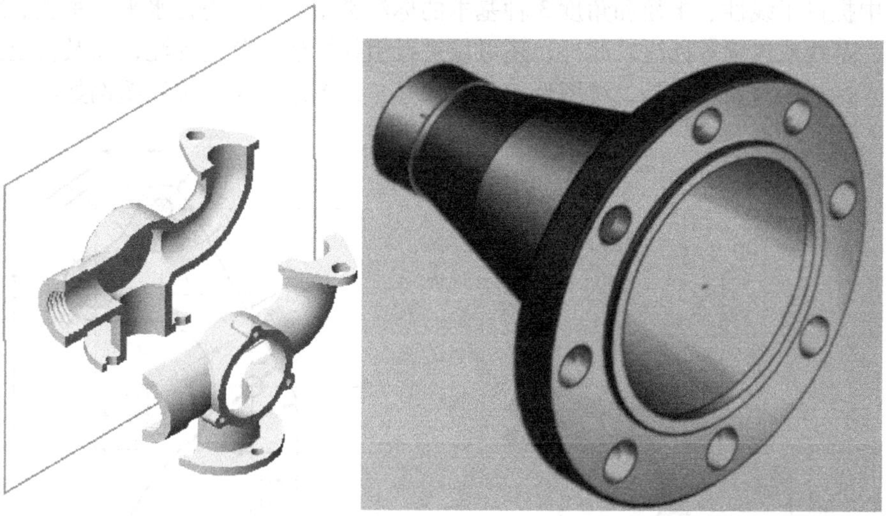

图 1-2　三维实体图形

3. 图形编辑功能

为便于快速绘图，AutoCAD 软件不仅提供了丰富的绘图命令和方法，还提供了强大的图形编辑功能，如删除、恢复、移动、复制、旋转、对齐、偏移、镜像、倒角、圆角、打断、布尔运算、切割、抽壳等命令，有的适用于二维绘图，有的适用于三维绘图，有的则可以通用。通过选择适当的编辑命令，可以帮助用户合理地构造和组织图形，保证绘图的准确性，简化绘图的操作，提高绘图的速度。图 1-3 所示的二维规则图形即可灵活地使用编辑命令绘制。

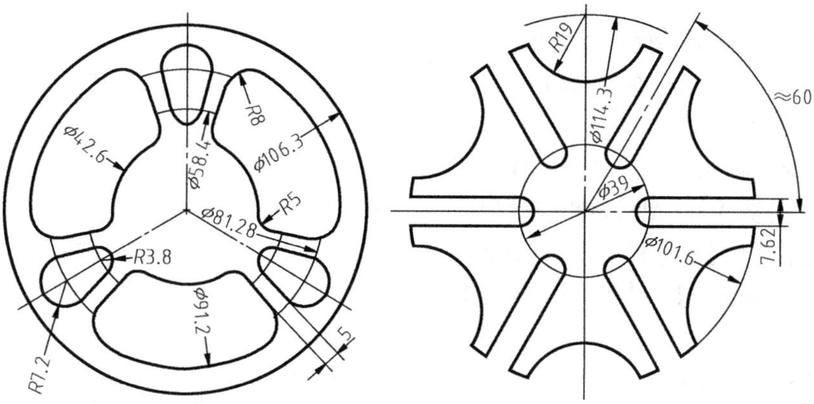

图 1-3　二维规则图形

4. 标注尺寸功能

尺寸标注是向图形中添加测量注释的过程，是整个绘图过程中不可缺少的一步。AutoCAD 的“标注”菜单组包含了一套完整的尺寸标注和编辑命令，可以在图形的各个方向上创建各种类型的尺寸标注，可以方便、快速地以一定格式创建符合行业或项目标准的尺寸标注。

尺寸标注显示了对象的测量值，对象之间的距离、角度或者特征与指定原点的距离。在AutoCAD 中提供了线性、半径和角度 3 种基本的标注类型，可以进行水平、垂直、对齐、旋转、坐标、基线或连续等标注。此外，还可以进行引线标注、公差标注，以及自定义表面粗糙度标注。标注的对象可以是二维图形，也可以是三维图形。尺寸标注图例如图 1-4 所示。

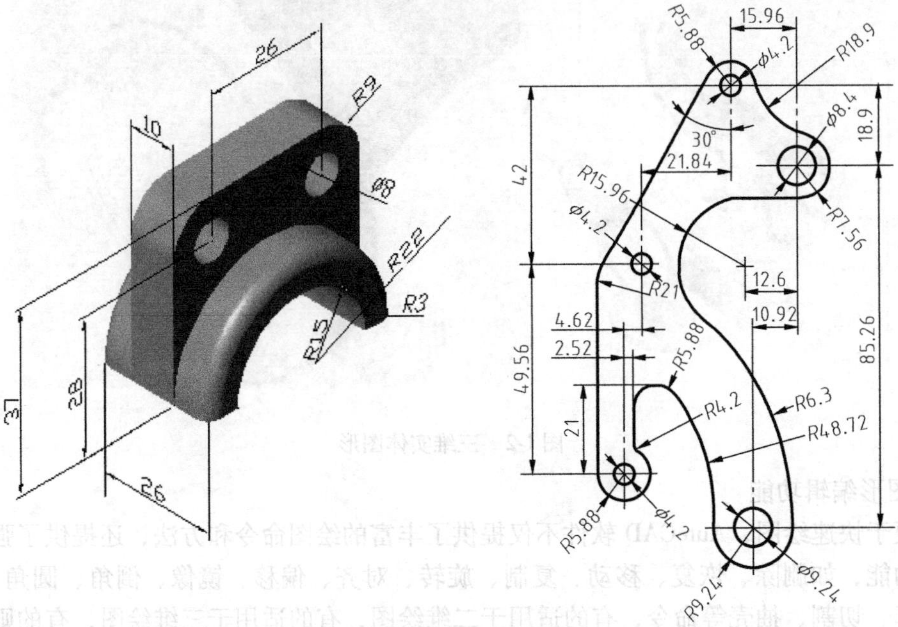

图 1-4 尺寸标注图例

任务二 认识和调整 AutoCAD 2008 的工作界面

一、启动 AutoCAD 2008 中文版

AutoCAD 2008 是运行在 Windows 操作系统下的绘图应用程序，与其他 Windows 应用程序一样有多种启动方式。

(1)在 Windows 桌面上有 AutoCAD 程序图标，可以通过双击鼠标左键启动 AutoCAD 2008 应用程序，如图 1-5 所示。

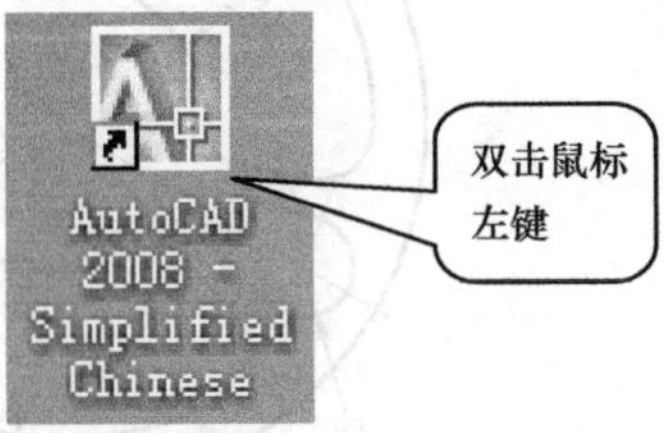

图 1-5 AutoCAD 2008 程序图标

(2)通过【开始】→【程序】→【Autodesk】→【AutoCAD 2008-Simplified Chinese】→【AutoCAD 2008】菜单选项启动 AutoCAD 2008 应用程序。

(3)通过双击已存盘的 *.dwg 图形文件来启动 AutoCAD 2008 应用程序。

二、认识 AutoCAD 2008 的工作界面

AutoCAD 2008 提供了“二维草图与注释”、“三维建模”和“AutoCAD 经典”3 种工作空间模式。默认状态下，打开“二维草图与注释”工作空间，其中文版初始工作界面主要由标题栏、菜单栏、工具栏、“面板”选项板、绘图窗口、文本窗口与命令行、状态栏、模型选项

卡和布局选项卡等组成，如图 1-6 所示。3 种工作空间模式对应三种不同的应用环境，对于初学 AutoCAD 软件的用户，一般主要应用“AutoCAD 经典”工作空间绘图比较方便。AutoCAD 可以进行全面定制或二次开发，其界面形式也可以各有不同。对于一般的 AutoCAD 软件来说，如不特别指明，均属默认“AutoCAD 经典”工作空间模式，如图 1-7 所示。

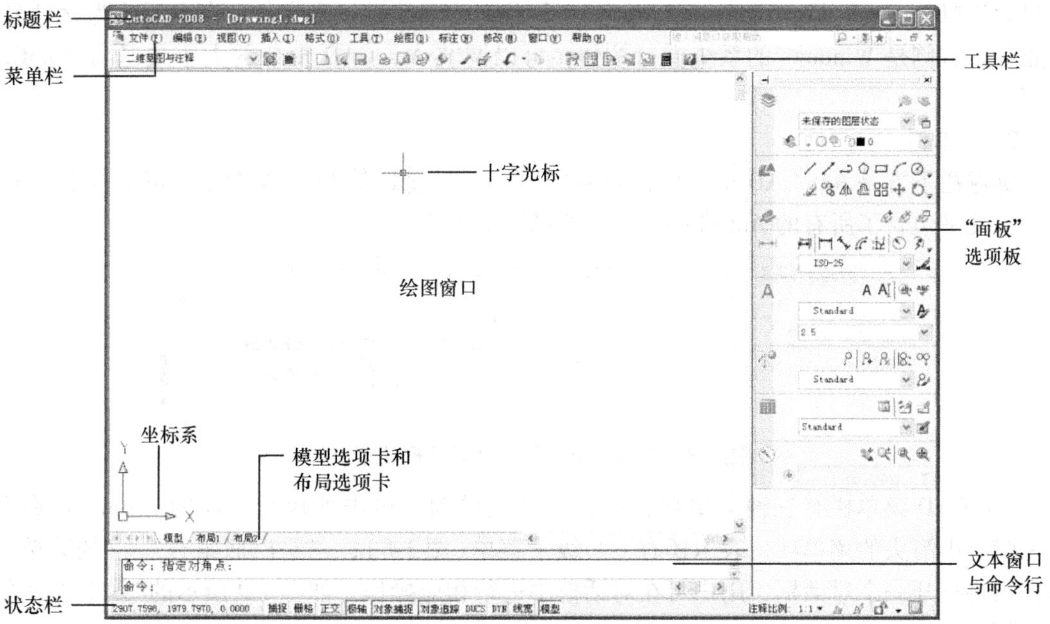

图 1-6　AutoCAD 2008 中文版初始工作界面

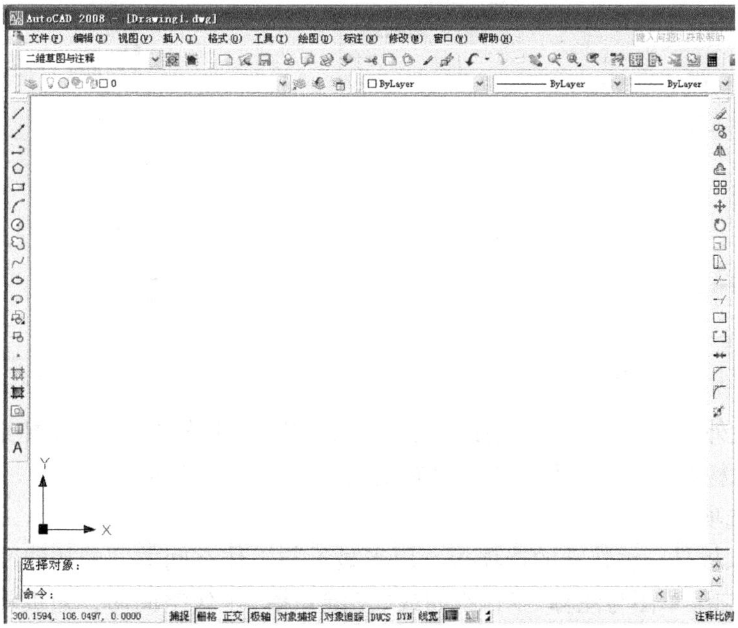

图 1-7　AutoCAD 2008 中文版经典工作界面

下面介绍 AutoCAD 2008 中文版经典工作界面的各组成部分。

1. 标题栏

在 AutoCAD 2008 中文版经典工作界面最上端是标题栏，它的左侧显示了当前 AutoCAD 系统的版本和当前已存盘的 AutoCAD 图形文件的路径和名称。如图 1-7 所示，当前图形版本为 AutoCAD 2008 版，图形文件名称及路径为“E：//my1. dwg”。新建 AutoCAD 文件时，系统自动以“Drawing1. dwg、Drawing2. dwg、…”临时命名当前图形文件，存盘后改为存盘名称及路径。右侧是 Windows 的系统窗口按钮，可以调节 AutoCAD 窗口的大小或退出 AutoCAD 程序。

2. 菜单栏

标题栏下方是 AutoCAD 菜单栏，分为“文件”、“编辑”等 11 个菜单组，可下拉出若干菜单项，几乎包含了所有的 AutoCAD 命令，如图 1-8 所示。

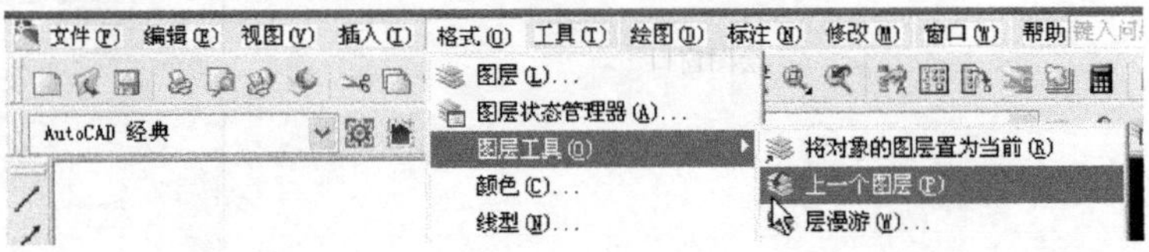

图 1-8　带有子菜单和打开对话框的菜单栏

AutoCAD 菜单栏有三种菜单项，一是普通菜单项，单击即执行相应的 AutoCAD 命令；二是带有小箭头的菜单项，表示还有下一级子菜单(图 1-8)；三是后面跟有“…”的菜单项，单击后将打开一个对话框，用户可在对话框中进行相应操作，如图 1-9 所示的“线型管理器”对话框。

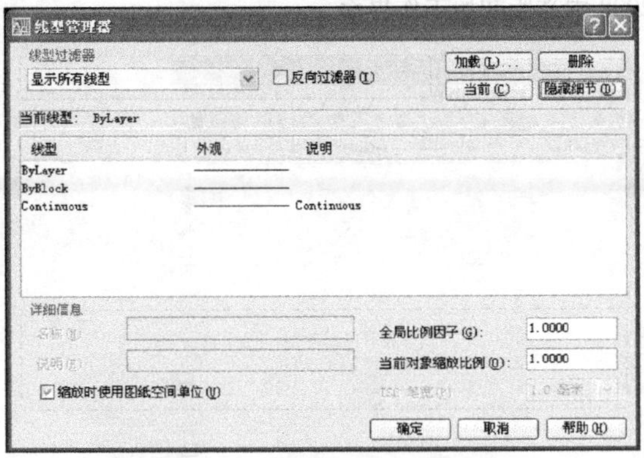

图 1-9　“线型管理器”对话框

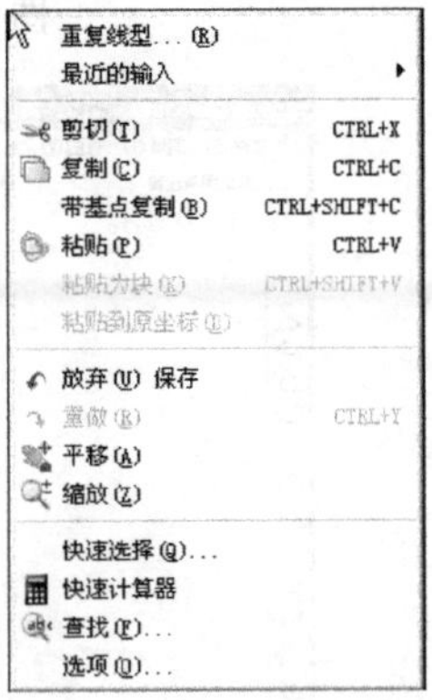

图 1-10　右键快捷菜单

除了菜单栏外，AutoCAD 系统还设计了灵活的右键快捷菜单，右键快捷菜单出现在鼠标光标处，随着鼠标右键指点项目的不同略有变化，如图 1-10 所示。

3. “面板”选项板

“面板”选项板是一种特殊的选项板，用来显示与工作空间关联的按钮和控件。默认情况下，当使用“二维草图与注释”工作空间或“三维建模”工作空间时，面板将自动打开。此外，选择【工具】→【选项板】→【面板】菜单也可以打开面板窗口。如图 1-11 所示，面板窗口实际上是由一系列的控制面板组成的，每个控制面板均包含相关的工具。控制面板左侧的大图标被称为控制面板图标，它标识了该控制面板的作用。

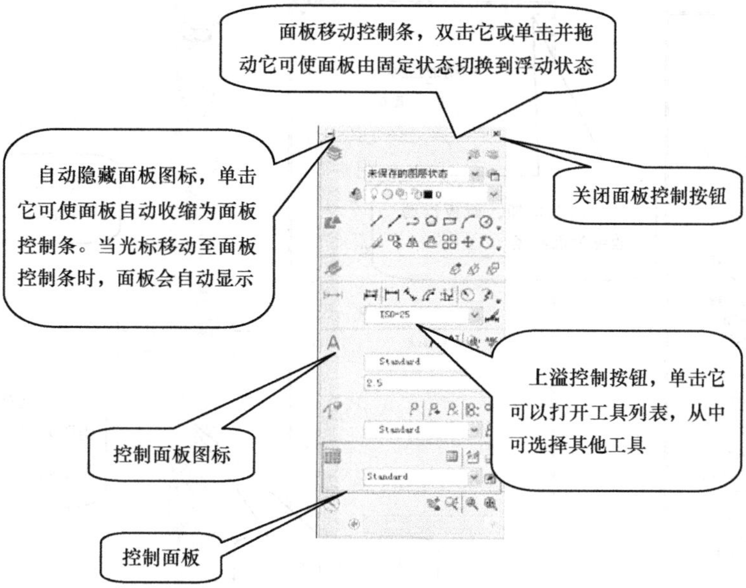
面板移动控制条，双击它或单击并拖动它可使面板由固定状态切换到浮动状态
自动隐藏面板图标，单击它可使面板自动收缩为面板控制条。当光标移动至面板控制条时，面板会自动显示
关闭面板控制按钮
上溢控制按钮，单击它可以打开工具列表，从中可选择其他工具
控制面板图标
控制面板

图 1-11　面板窗口

要隐藏某个控制面板，可以在该控制面板所在区域单击鼠标右键，然后从弹出的快捷菜单中选择“隐藏”。另外，选择“控制台”菜单下的某个面板选项也可显示或隐藏某个控制面板，如图 1-12a 所示。

此外，如需隐藏面板，可单击面板窗口左上角的按钮▬。隐藏面板后，面板将收缩为一个控制条(图 1-12b)。以后要显示面板，只需将光标移至该控制条所在区域即可，如图 1-12c 所示。

4. 工具栏

工具栏的使用机会较多。工具栏上分类布置了一些替代命令输入的简便工具按钮，使用它们可以完成绝大部分的绘图和编辑工作。在 AutoCAD 2008 中，系统共提供了 30 多个已命名的工具栏。工具栏及采用的图形工具按钮如图 1-13 所示，工具栏按钮形象地表示了此工具命令可执行的工作。将光标停留在工具按钮上 2s(秒钟)可显示出此工具按钮代表的命令名称，可根据此名称简单地联想到此工具按钮的使用方式。

当处于“AutoCAD 经典”工作空间后，默认的 AutoCAD 用户界面显示 6 个工具栏：标准工具栏、样式工具栏、图层工具栏、绘图工具栏、修改工具栏。可以根据需要调整工具栏的显示和位置，工具栏的调整在下一节中讲述。

5. 绘图窗口

绘图窗口是用户进行绘图和编辑的工作区域，它相当于照相机的取景器。可以假想一张图纸放在窗口后面，用户可以通过缩放、平移等命令来控制图形的显示。因为所有的图形都在这里显示，所以要尽量保证绘图窗口展开得比较大。

6. 文本窗口与命令行

文本窗口与命令行是 AutoCAD 命令键盘输入和显示提示信息的区域，建议初学者在运行命令时要经常关注文本窗口与命令行。默认的文本窗口与命令行位于绘图窗口的下方，保留 2 行文本空间以显示命令及提示信息；可以单击〈F2〉键打开文本窗口与命令行，查询历

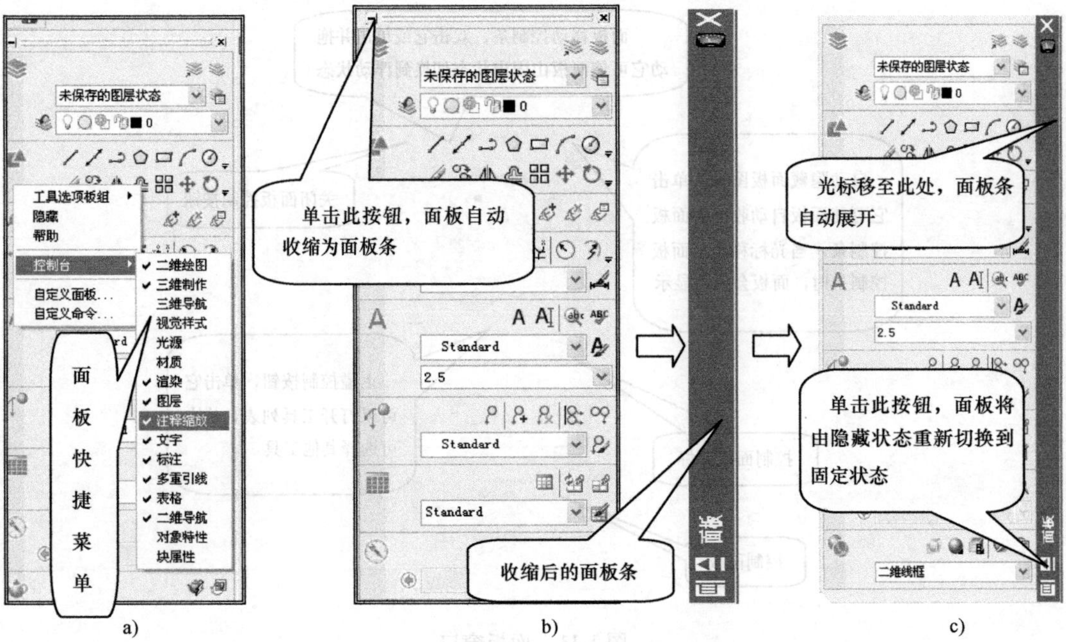

图 1-12　面板快捷菜单和面板的隐藏与展开

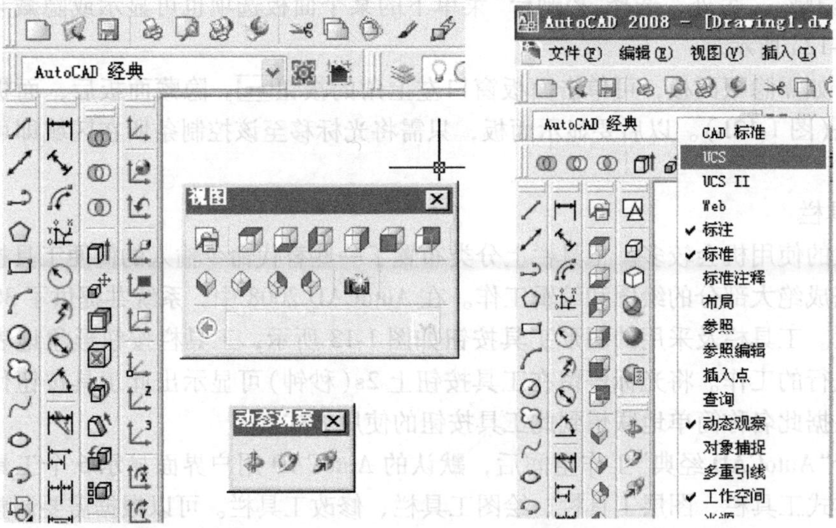

图 1-13　工具栏及采用的工具按钮

史命令；用户也可以拖拉窗口来改变文本窗口与命令行的大小，一般 3 行就可以显示完整的命令及提示，命令行窗口可调整为更多行数如图 1-14 所示。

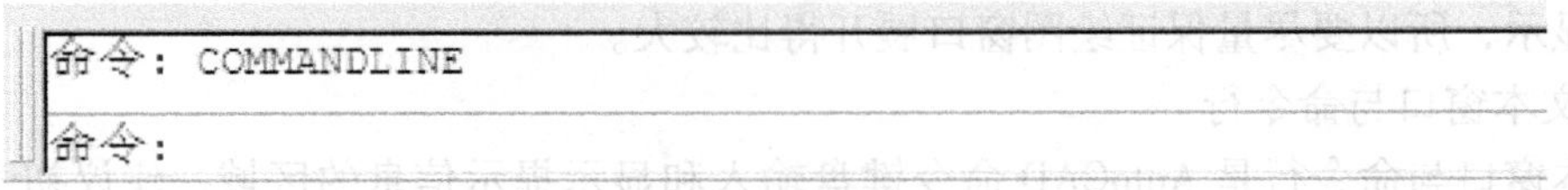

图 1-14　文本窗口与命令行

7. 状态栏

AutoCAD 2008 的状态栏一般位于屏幕底部，左边显示光标当前的坐标位置，中间显示一些状态按钮，有“捕捉”、“栅格”、“正交”、“极轴”、“对象捕捉”、“对象追踪”、“DUCS”、“DYN”、“线宽”、“模型”等 10 项状态按钮，按下去为执行状态。若在一些按钮上单击鼠标右键，还可以调整状态功能设置，如设置栅格大小等，如图 1-15 所示。

图 1-15　AutoCAD 2008 状态栏

三、调整 AutoCAD 2008 的工作界面

1. 工作空间切换

AutoCAD 2008 设计了工作空间，是经过分组和归类的菜单栏、工具栏以及面板选项板的集合，可简单理解为有一定目的的自定义工作界面。工作空间可使用户在面向任务的绘图环境中工作，如只需要绘制二维图形时，界面上就只显示与二维图形相关的面板和工具栏，不需要的三维建模工具栏就隐藏了。而且，在使用中可以随时切换工作空间，如图 1-16 所示。建议初学者一般采用“AutoCAD 经典”工作空间，并保留标准、图层、对象特性、绘图、修改工具栏在图 1-17 中的固定位置（参见图 1-12）。

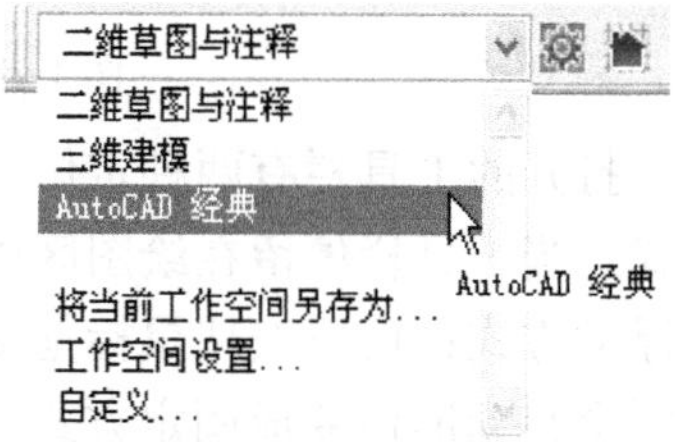

图 1-16　切换工作空间

“AutoCAD 经典”工作空间界面如图 1-17 所示。

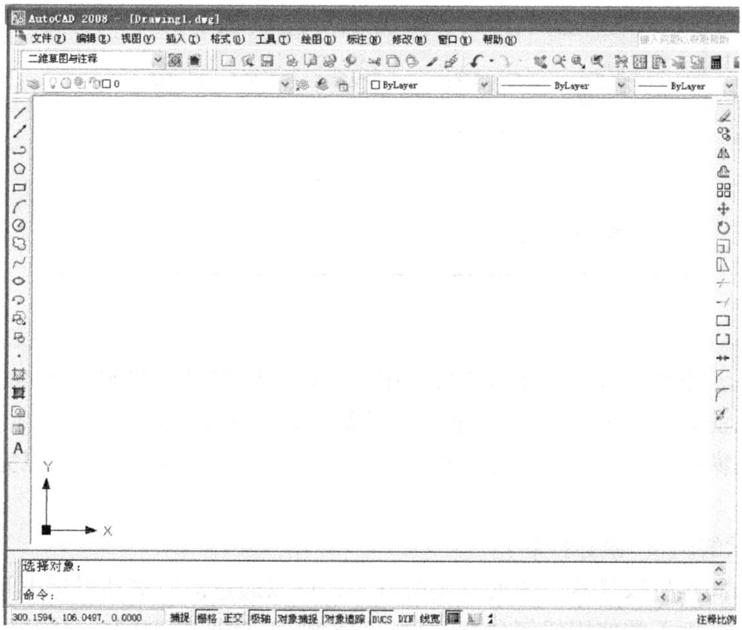

图 1-17　“AutoCAD 经典”工作空间界面

2. 工具栏的调整

AutoCAD 2008 工具栏可以打开和隐藏，以保持相对清洁的工作界面。将光标移到任一工具栏上，单击鼠标右键，在弹出的工具栏列表上单击所需工具栏选项名称，即可勾选或取消工具栏的显示，如图 1-18 所示。如单击“绘图”工具栏选项，则原有的“绘图”名称前的“勾”被去掉，回到工作界面，“绘图”工具栏隐藏了，再进行上述操作，即可恢复工具栏“勾”选状态。

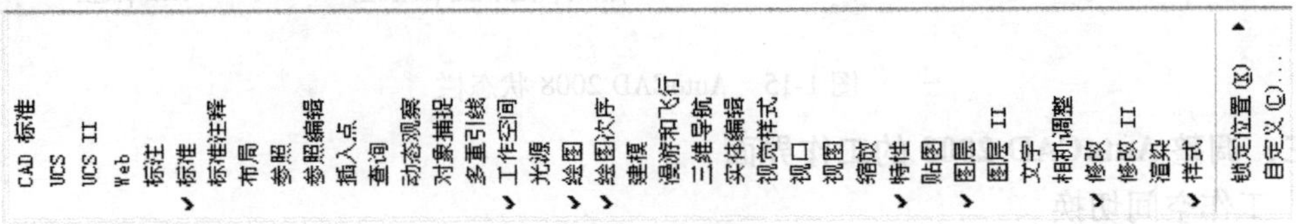

图 1-18 AutoCAD 2008 工具栏显(隐)快捷菜单

打开的工具栏有两种定位方式，当工具栏靠近绘图区边界时，自动停靠泊位，此为固定方式；当工具栏停留在绘图区内时，工具栏出现标题区，可以看到工具栏名称，此时工具栏为浮动方式；可以按住鼠标拖动工具栏到绘图区任意位置，也可以拖到绘图区边界，此时工具栏会自动泊位变成固定方式。

3. 命令行窗口的调整

命令行窗口一般不会自动隐藏，如果不小心被隐藏了，可以单击〈Ctrl + 9〉键显示。单击菜单〔工具〕→〔命令行〕，便会出现图 1-19 所示“隐藏命令行窗口”对话框，框中明确说明了命令行窗口的隐藏或显示状态。

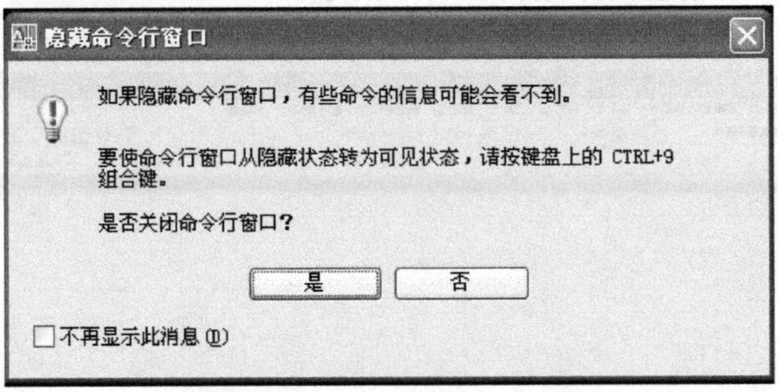

图 1-19 “隐藏命令行窗口”对话框

默认情况下，命令行窗口只显示两行，用户可以通过按〈F2〉键显示 AutoCAD 文本窗口，从中可以看到以前完成的命令和当前命令，如图 1-20 所示；再按〈F2〉键则隐藏文本窗口。用户也可以拖动窗口，使之显示 3 行文本窗口。一般有 3 行文本窗口就可以完整地显示命令文本了。

4. 视图显示的调整(鼠标控制)

绘图窗口如同相机取景器，图纸放在窗口后，可以通过前后滚动鼠标中间的滚轮来调整视图缩放的大小，而无需使用任何命令。双击滚轮则缩放到图形范围；按住滚轮按钮并拖动鼠标，则可以平移图形。这些图形大小的改变只是视图显示的改变，不影响图形尺寸的变化。

默认情况下，缩放比例设为 10%；每次转动滚轮都将按 10% 的增量改变缩放级别。

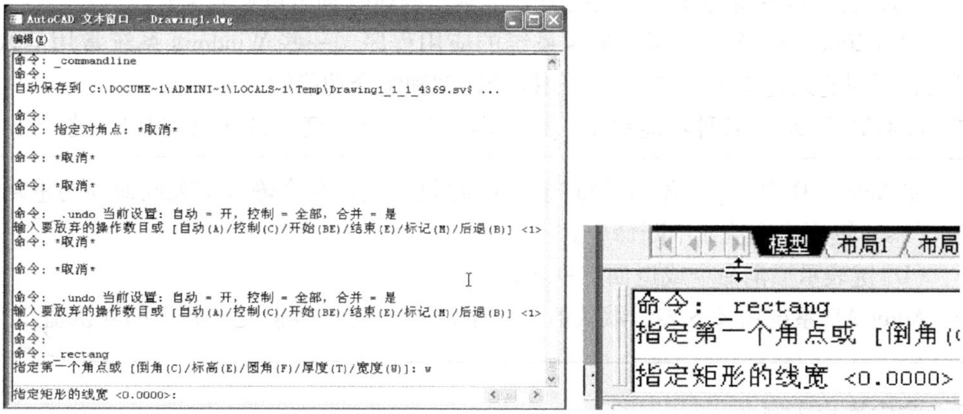

图 1-20　AutoCAD 文本窗口和命令行窗口调整到显示 3 行

ZOOMFACTOR 系统变量控制滚轮转动(无论向前还是向后)的增量变化，其数值越大，增量变化就越大。

任务三　熟悉 AutoCAD 2008 命令的输入方式

AutoCAD 2008 采用命令方式进行各项操作，命令是 AutoCAD 绘制与编辑图形的核心。在 AutoCAD 2008 中，菜单命令项、工具栏按钮和命令都是相互对应的，可以通过下拉菜单项、工具栏按钮或在命令行中输入命令等来执行同一命令。比如，绘制直线命令，它的命令全名是“line”，可以单击菜单项、工具栏按钮，也可以在命令行输入“line”，均可以激发直线命令，在命令说明区出现直线命令的说明。

一、命令的输入方式

AutoCAD 的命令方式为:【命令名称】→【数据】→【数据】…→结束命令。例如绘制直线。

1. 命令输入

工具栏：绘图

菜单：绘图(D)➤直线(L)

命令条目：line

2. 命令说明

指定第一点:	输入第一点(直线起点)坐标
指定下一点或[放弃(U)]:	输入下一点(直线终点)坐标
指定下一点或[放弃(U)]:	输入下一点(直线终点)坐标，输入“U”可以放弃刚才绘制的直线段

……

指定下一点或［关闭(C)/放弃(U)］:单击〈Enter〉退出命令

AutoCAD 2008 中用鼠标选择菜单项和工具栏按钮执行命令比较直观，但是要提高绘图速度，则常常是鼠标和键盘同时使用，即左手输入键盘命令，右手用鼠标获取坐标。因此，需要熟记一些常用的命令及命令别名。命令别名是命令全称的缩写，通常是命令的第 1 或 1、2 个字母，也可以理解为命令的快捷方式。常用的命令别名可见表 1-1。

AutoCAD 2008 是一个基于 Windows 系统的应用程序，一些 Windows 系统常用的快捷键仍然可用，同时它还定义了一些自己的快捷功能键和组合功能键，见附录 A。

在 AutoCAD 2008 的各种功能键中，最常用的有〈空格〉键、〈Esc〉键和〈U〉键。

> ✧ 在 AutoCAD 中，〈空格〉键等同于〈Enter〉键，表示命令输入结束或命令的重复。
> ✧ 〈Esc〉键用来取消或中断命令。
> ✧ 〈U〉键表示撤消命令或退回上一步。
> ✧ AutoCAD 系统用 < > 表示默认值，应用〈Enter〉键直接接受 < > 中的默认值。

二、命令操作实例一

绘制如图 1-21 所示的三角形。

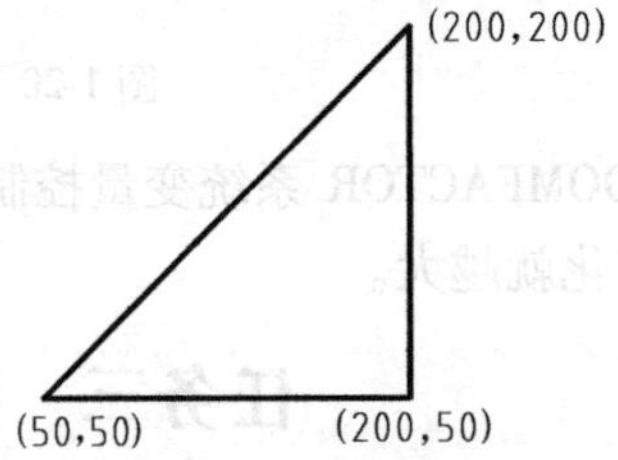

图 1-21 简单三角形

1. 命令输入

工具栏：绘图

菜单：绘图(D)➤直线(L)

命令条目：line

2. 命令说明

指定第一点： (50, 50)

指定下一点或[放弃(U)]： (200, 50)

指定下一点或[放弃(U)]： (200, 200)

指定下一点或[关闭(C)/放弃(U)]："C"

三、命令操作实例二

"zoom"(视图缩放)命令的操作。"zoom"命令的功能为放大或缩小显示对象。如同相机一样，绘图区边界就是相机的屏幕，它不会改变对象的实际大小，只改变显示图形的大小。

1. 命令输入

工具栏：标准

菜单：视图(V)➤缩放(Z)➤实时(R)(此项不存在于菜单中)

命令条目：zoom(或'zoom，用于透明使用)。

快捷菜单：没有选定对象时，在绘图区域单击鼠标右键并在弹出的快捷菜单中选择"缩放"选项进行实时缩放。

2. 命令说明

指定窗口角点，输入比例因子 (nX 或 nXP)，或[全部(A)/中心(C)/动态(D)/范围(E)/上一个(P)/比例(S)/窗口(W)/对象(O)] <实时>：

指定窗口角点，以窗口的两个对角点定义的窗口来缩放视图，即尽可能地使定义的窗口及视图缩放到整个绘图窗口。

输入"A"，在当前视口中缩放显示整个图形。

其余略。

✧ 单击"Z"〈Enter〉键，再单击〈A〉键，视图缩放到全部，可以把所有图形对象显示出来。

✧ 常常用在改变图形界限之后，或不知道图形跑到什么地方时。此命令是一个很有用的命令。

另外，双击鼠标中间滚轮，也可以快速回复到原图形的最大有效图形区域。

AutoCAD 2008 中各快捷键及命令方式见表 1-1。

表 1-1 AutoCAD 2008 快捷键及命令方式

别 名	命 令	别 名	命 令	别 名	命 令
PO	point(点)	CO	copy(复制)	MT	mtext(多行文本)
L	line(直线)	MI	mirror(镜像)	T	mtext(多行文本)
XL	xline(射线)	AR	array(阵列)	B	block(块定义)
PL	pline(多段线)	O	offset(偏移)	I	insert(插入块)
ML	mline(多线)	RO	rotate(旋转)	W	wblock(定义块文件)
SPL	spline(样条曲线)	M	move(移动)	DIV	divide(等分)
POL	polygon(正多边形)	E	del 键 erase(删除)	H	bhatch(填充)
REC	rectangle(矩形)	X	explode(分解)	CHA	chamfer(倒角)
C	circle(圆)	TR	trim(修剪)	F	fillet(倒圆角)
A	arc(圆弧)	EX	extend(延伸)	PE	pedit(多段线编辑)
DO	donut(圆环)	S	stretch(拉伸)	ED	ddedit(修改文本)
EL	ellipse(椭圆)	LEN	lengthen(直线拉长)	BR	break(打断)
REG	region(面域)	SC	scale(比例缩放)		

任务四 熟悉 AutoCAD 坐标的输入方式

AutoCAD 通过坐标来精确表达点的位置，坐标系分为世界坐标系(WCS)和用户坐标系(UCS)。世界坐标系(WCS)是 AutoCAD 默认的固定坐标系，一般二维绘图情况下采用它作为坐标参照；用户坐标系(UCS)是可以由用户确定的可移动坐标系，多用于三维绘图情况下，在后面的三维作图部分会作介绍。CAD 平面绘图一般采用世界坐标系，无需用到用户坐标系。若不作特别说明，本书均是在世界坐标系下作图。

世界坐标系(WCS)坐标原点在屏幕左下角。在 AutoCAD 中可以使用直角坐标方式或极坐标方式来确定点在坐标系中的精确位置，如直角坐标(x，y)表示沿 X、Y 轴相对于坐标系原点的距离(以单位表示)及其方向(正或负)，以","作为 x 和 y 的分隔符。

AutoCAD 有两类确定点坐标值的方式，一是可以通过捕捉光标所在位置得到点的坐标；使用定点设备(如鼠标)移动光标指定点，就会在光标点的位置显示点标记(一个"十"字)，即 AutoCAD 自动捕捉了点的坐标值；通过获取光标所在位置的坐标值代替键盘输入数值可以加快绘图速度。AutoCAD 提供了一些特殊点坐标的输入方式，称为对象捕捉，可捕捉端点、中点等来精确绘图。二是在命令行说明下用键盘输入坐标值。

AutoCAD 有 4 种常用的键盘输入坐标值方式。

✧ 绝对坐标输入：用 x，y 表示相对于坐标原点的坐标值。

✧ 相对坐标输入：用@ x，y 表示相对于上一点的坐标值增量，@是相对符号，表示相对于上一点。

✧ 相对极坐标输入：用@ $S<A$ 表示相对于上一点的距离和角度，用"＜"作为分隔符，前面的数值是距离，后面的则是角度。默认情况下，以 X 轴的正方向作为极坐标输入的角度 0°方向。逆时针为正，顺时针为负。@1＜315 和 1＜－45 表示同一点。

✧ 直接距离输入：输入相对坐标的另一种方法是，通过移动光标指定方向，然后直接输入距离。此方法称为直接距离输入。

操作实例

运用直线命令及不同的坐标输入方式绘制图 1-22 所示图例。

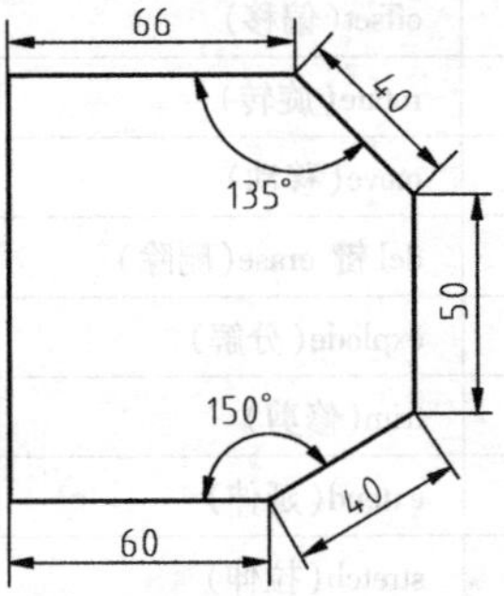

图 1-22　用坐标输入方式绘制图例

1. 命令输入

工具栏：绘图

菜单：绘图(D) ➤直线(L)

命令条目：line

2. 命令说明

指定第一点：	适当位置鼠标左键取一点，
指定下一点或[放弃(U)]：	将光标水平右移，出现水平橡皮线时，输入 60，此为直接距离输入
指定下一点或[放弃(U)]：	@40＜30 此为相对极坐标输入
指定下一点或[关闭(C)/放弃(U)]：	将光标水平上移，出现垂直橡皮线时，输入 50，此为直接距离输入
指定下一点或[关闭(C)/放弃(U)]：	@40＜135
指定下一点或[关闭(C)/放弃(U)]：	@－66，0，此为相对坐标输入
指定下一点或[关闭(C)/放弃(U)]：	"C"，封闭图形

任务五　AutoCAD 文件的操作与帮助

对 AutoCAD 文件的操作和其他 Windows 应用程序类似，有新建、打开、保存等命令，其操作也和其他 Windows 应用程序类似。

一、建立新图形

新建图形命令用于建立新的图形文件，AutoCAD 系统会建立一个新的绘图窗口，用来绘制新图形。

- ✧ 在命令行输入命令条目 new。
- ✧ 在“标准”工具栏上单击“新建”按钮。
- ✧ 在“文件”下拉菜单中选择“新建”选项。

AutoCAD 将打开一个“选择样板”对话框，如图 1-23 所示，提醒用户选择图形样板。用户可以选择系统默认的图形样板或任意选择图形样板后单击“打开”按钮。AutoCAD 将根据所选样板打开一个新图例。AutoCAD 图形样板文件的扩展名为“. dwt”。

图 1-23　“选择样板”对话框

二、打开已有图形

打开图形命令用于打开已有图形。运行命令后，AutoCAD 将打开一个“选择文件”对话框，如图 1-24 所示。用户可以选择扩展名为“. dwg”的图形文件来打开，AutoCAD 图形文件的扩展名为“. dwg”。各个 AutoCAD 版本间的“. dwg”文件不同，版本高的 AutoCAD 可打开低版本的“. dwg”文件，版本低的 AutoCAD 不能打开高版本的“. dwg”文件。

1. 保存图形文件

AutoCAD 有“另存为”和“保存”两种命令。如果是第一次存盘，则显示“图形另存为”对话框。如果文件已保存过，则使用“另存为”命令表示要换名存盘，如图 1-25 所示。使用“保存”命令，则系统用原来的文件名自动保存刚才所做的修改。

需要注意的是，保存文件时的“文件类型”选择，默认是 2007 版本的“. dwg”文件，可以选择 2004 版本或 2000 版本。

2. AutoCAD 的帮助功能

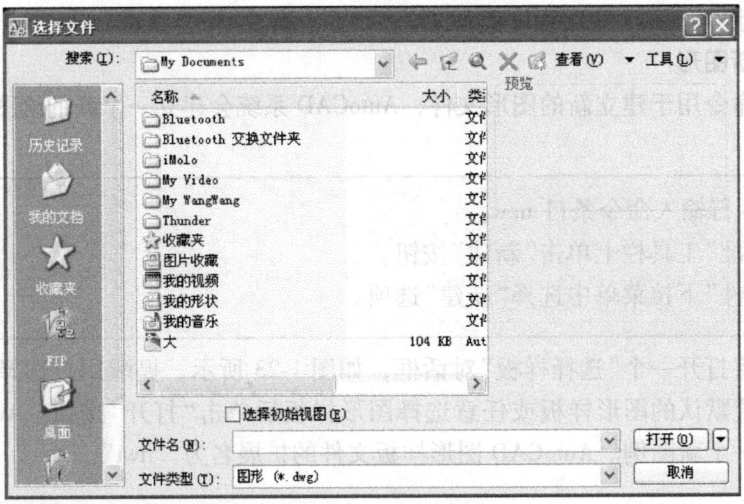

图 1-24 “选择文件”对话框

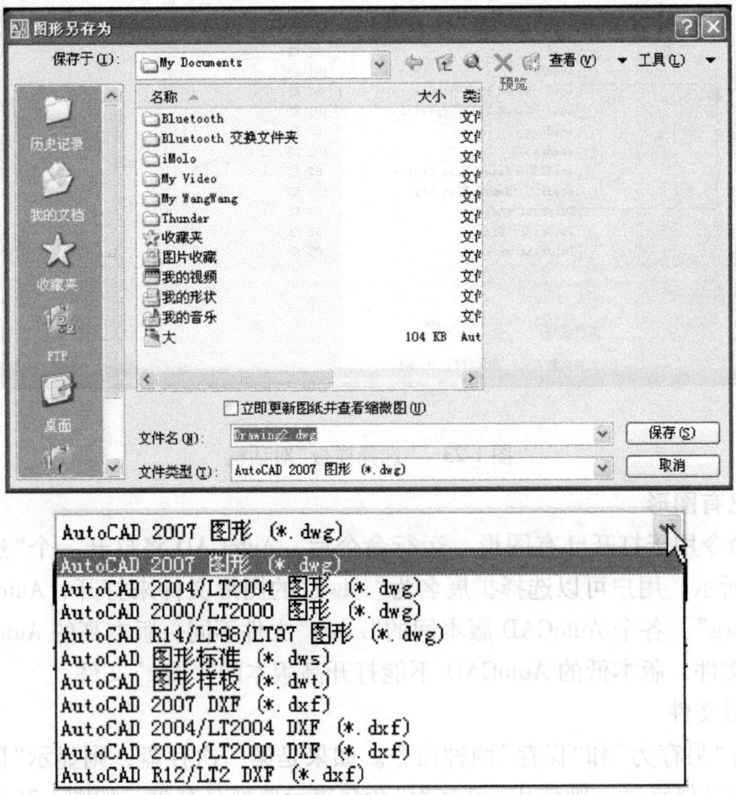

图 1-25 “图形另存为”对话框

学会使用帮助功能，可有助于用户更好地学会或理解 AutoCAD 各项命令的功能及操作。AutoCAD 系统可以在命令运行前、运行中使用帮助功能。用鼠标单击“帮助”下拉菜单，如图 1-26 所示。打开“AutoCAD 2008 帮助”对话框，如图 1-27 所示。

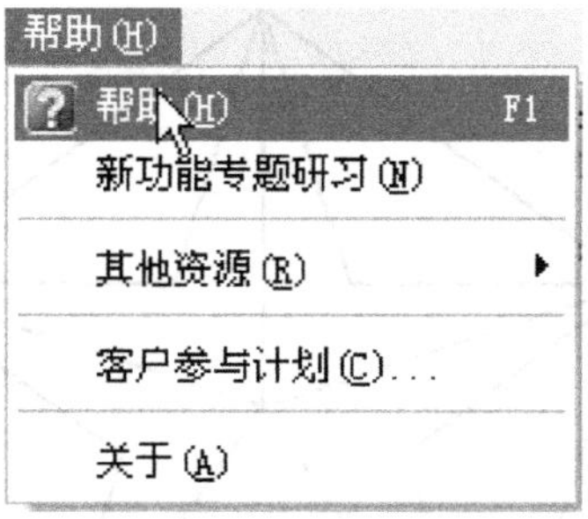

图 1-26　打开“帮助”下拉菜单

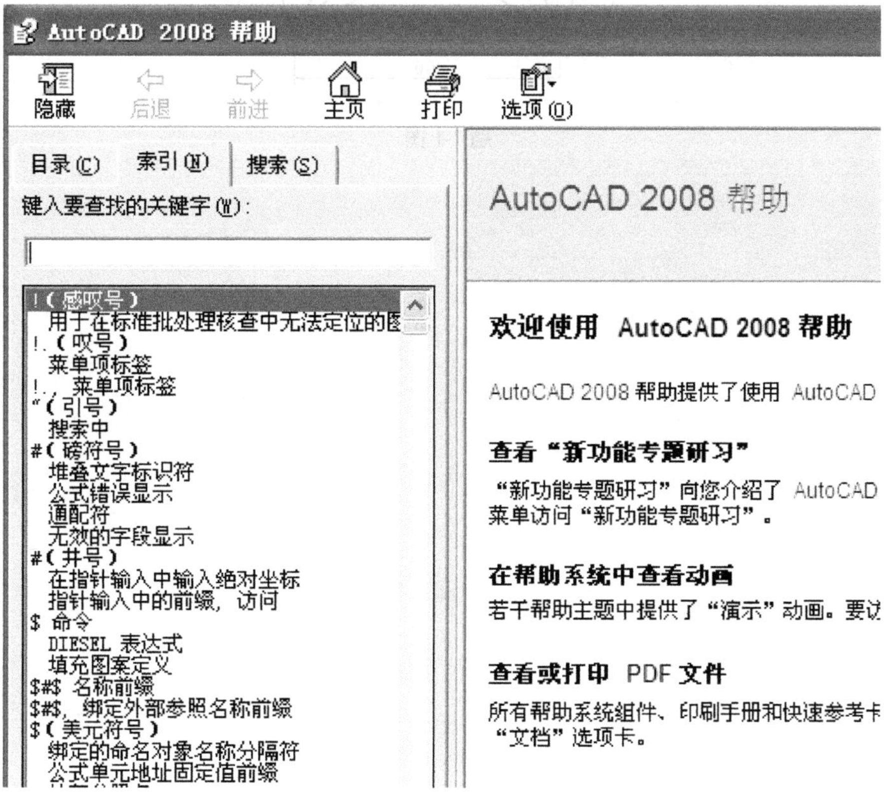

图 1-27　“AutoCAD 2008 帮助”对话框

同步练习一

1-1　绘制如题 1-1 图所示图例。

提示：

(1)运用“line”命令绘制正五边形，可用绝对坐标输入、相对坐标输入、极坐标输入等方式。

(2)将 5 个顶点连线。

(3)分别从两个顶点连线到对面垂足，从交点处连线到其余各顶点。

(4)修剪、删除至所需要的图形。

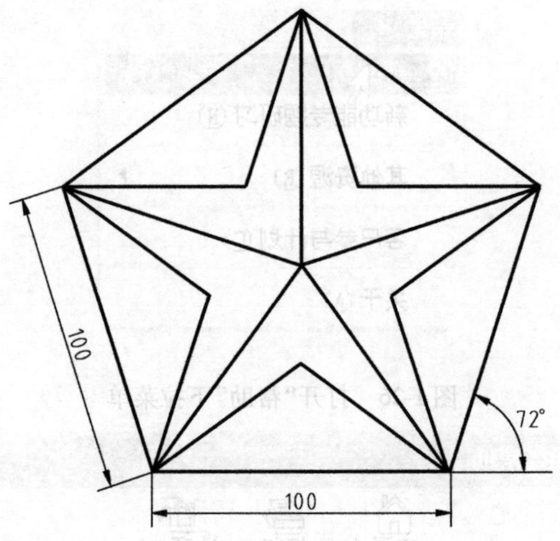

题 1-1 图

项目二　准备绘图纸

【项目导入】

在 AutoCAD 中准备一张虚拟的、竖放的 A4 图纸，图纸大小要标准，图框、标题栏等要齐全，并做成样本文件，方便以后调用。

【项目分析】

本项目是通过准备一张虚拟的、竖放的 A4 图纸，来学习怎样设置一个适合绘图的工作环境，主要包括反映图纸大小的图形界限、绘图单位、图层及对象特性的设置，并保存为 AutoCAD 样板图形，方便以后调用。

【学习目标】

- 熟悉 AutoCAD 2008 绘图环境的设置内容
- 熟悉常见辅助绘图工具的运用
- 图层及对象特性的概念和设置
- 掌握 AutoCAD 2008 样板图的保存和调用

【项目任务】

任务一　设置 AutoCAD 2008 绘图环境

任务二　AutoCAD 2008 常用辅助绘图工具的运用

任务三　AutoCAD 2008 图层及对象特性的设置

任务四　AutoCAD 2008 简易图框及标题栏的绘制

任务五　AutoCAD 2008 样板图的保存和调用

任务一　设置 AutoCAD 2008 绘图环境

设置 AutoCAD 的绘图环境实际上是绘制图形前的准备工作，应当包含图形界限、绘图单位、尺寸标注样式、文字样式、图层设置、对象属性等一些必要条件的设置或定义等。做好这些充分的准备工作后，可以提高绘图的效率。特别是对于初学者养成好的作图习惯，防止出现不必要的问题有很大帮助。这里只对图形界限和绘图单位作一些介绍，其他的内容在后续相关部分再作介绍。

一、设置图形界限

AutoCAD 中的图形界限就是绘图区域，也称为图限。在工程图中，常用图纸有 A0（1189mm ×841mm）、A1（841mm ×594mm）、A2（594mm ×420mm）、A3（420mm ×297mm）、A4（297mm ×210mm）等标准图幅，要根据所绘图形的大小选择合适的图幅。通常，AutoCAD 是按照 1∶1 的比例进行绘图的。初学 AutoCAD 最好也按这样的比例绘图，可以减少一些不必要的麻烦。

设置图形界限可以理解为设置图纸的大小，就像手工绘图一样，画图前要准备一张符合尺寸要求的图纸固定在绘图桌上。在用 AutoCAD 绘图前，也可以假想设置一张符合要求的图纸放到了显示屏后面，显示屏就相当于相机镜头。通过确定图纸左下角和右上角的数值坐标的数值，得到整张图纸的大小和位置，这个过程就是图形界限设置。

> ✧ 假想绘图窗口为相机镜头，再假想将一张符合尺寸要求的图纸放到了绘图窗口（显示屏）后面，图形绘制在图纸上；图样离相机镜头远，则图样上的图形显示就小；图样离相机镜头近，则图样上的图形显示就大。

1. 命令输入

菜单：格式(O) ➤图形界限(I)

命令条目：limits

2. 命令说明

命令：limits

重新设置模型空间界限：

指定左下角点或[开(ON)/关(OFF)] <0.0000, 0.0000>：//设定(0, 0)为图限角点

指定右上角点 <XXX, XXX>：210, 297 //设定(210,297)为图限角点

设置了一幅 A4 图纸（竖向）的图形界限，可以在图形界限内绘制图形，一般不要在图形界限外绘图。命令选项［开（ON）/关（OFF）］控制图形界限范围的检查功能，如果图形界限范围的检查功能是开（ON），则绘图命令不允许在图形界限外操作；只有关了图形界限检查功能，才能在图形界限外的绘图窗口进行绘图操作。

命令：limits

重新设置模型空间界限：

指定左下角点或［开（ON）/关（OFF）］ <0.0000, 0.0000>：OFF

//输入"off"后按 <Enter> 键

如果已经设置的图纸的大小，则可以单击 <F7> 键打开栅格，显示绘图区域（再单击 <F7> 键则取消栅格显示）。栅格的主要作用是显示一系列点指示绘图区域，也就是图形界限的大小与位置。此时，显示的绘图区域可能较小，不便于绘图；这是因为图形界限命令只调整图纸大小，并没有调整假想图纸与显示屏镜头的显示比例，因此，一般设置完图形界限后都要将其设置为"全部"，使设置好的图纸尽可能大而完整地显示在显示屏上。目前可以简单记下：按下 <Z> 键后按 <Enter> 键，单击 <A> 键，再按 <Enter> 键。即可。

命令：zoom //输入"Z"，Z 是 Zoom 命令的别名

指定窗口的角点，输入比例因子（nX 或 nXP），或者

［全部（A）/中心（C）/动态（D）/范围（E）/上一个（P）/比例（S）/窗口（W）/对象（O）］ <实时>：

a 正在重生成模型 //单击 <A> 键，将视图设置为全部

> ✧ 在重新设置图形界限后，请按下 <Z> 键和 <Enter> 键，再单击 <A>→<Enter> 键，将重设的图形界限尽可能放大在显示屏绘图窗口上。达到绘图窗口大小就是图形所在图纸的效果。

二、设置绘图单位

在中文版 AutoCAD 2008 中，在打开的“图形单位”对话框中设置绘图时使用的长度单位、角度单位、单位的显示格式和精度等参数以及角度方向。默认的绘图单位可以满足一般绘图的需要。需要注意的是，AutoCAD 中的图形单位不是常规意义上的度量单位“mm（毫米）”。

1. 命令输入

菜单：格式（O）➤单位（U）

命令条目：units

2. 命令说明

命令输入后，弹出图 2-1 所示“图形单位”对话框

在“图形单位”对话框中包含长度、角度、插入比例和输出样例 4 个选项组。另外还有 4 个按钮，其意义如下：

(1)“长度”选项组　设定长度单位的类型及精度。

☆【类型】　通过下拉列表，可以选择长度单位的类型。

☆【精度】　通过下拉列表，可以选择长度的精度，也可以直接输入。

(2)“角度”选项组　设定角度单位的类型和精度。

☆【类型】　通过下拉列表，可以选择角度单位的类型。

☆【精度】　通过下拉列表，可以选择角度的精度，也可以直接输入。

☆【顺时针】　控制角度方向的正负。选中该复选框时，顺时针为正；否则，逆时针为正。

(3)“插入比例”选项组　设置缩放插入内容的单位。

(4)“输出样例”选项组　示出了以上设置后的长度和角度单位格式。

☆[方向(D)...]按钮　单击[方向(D)...]按钮，系统弹出“方向控制”对话框，如图 2-2 所示。从中可以设置基准角度，单击[确定]按钮，返回“图形单位”对话框。

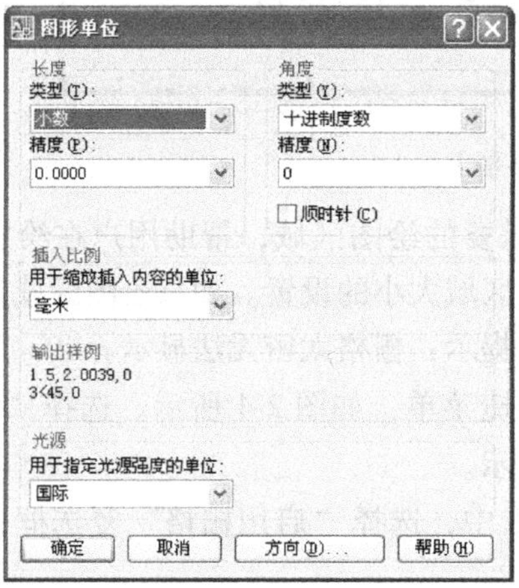

图 2-1　“图形单位”对话框

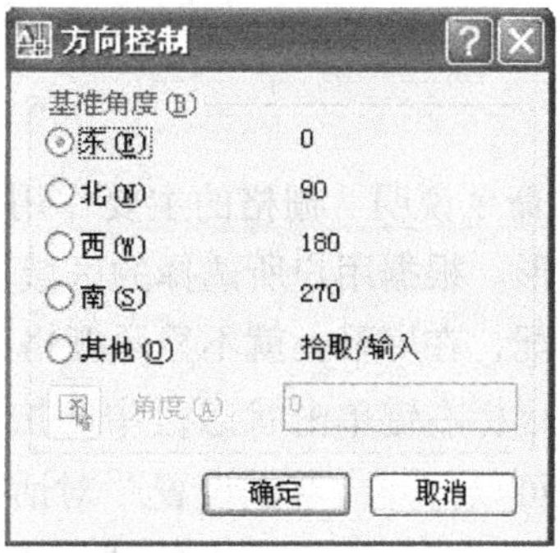

图 2-2　“方向控制”对话框

任务二 AutoCAD 2008 常用辅助绘图工具的运用

一、设置栅格、捕捉和正交模式

1. 栅格模式

栅格类似于坐标纸中格子的概念，若已经打开了栅格模式，则用户在屏幕上可以看见许多小点。这些点并不是屏幕的一部分，但它可以显示绘图界限，并十分便于确定图形比例和定位。

（1）命令输入

状态栏：栅格

按 < F7 > 键

按 < Ctrl + G > 键

启用“栅格”命令后，栅格显示在屏幕上，如图 2-3 所示。

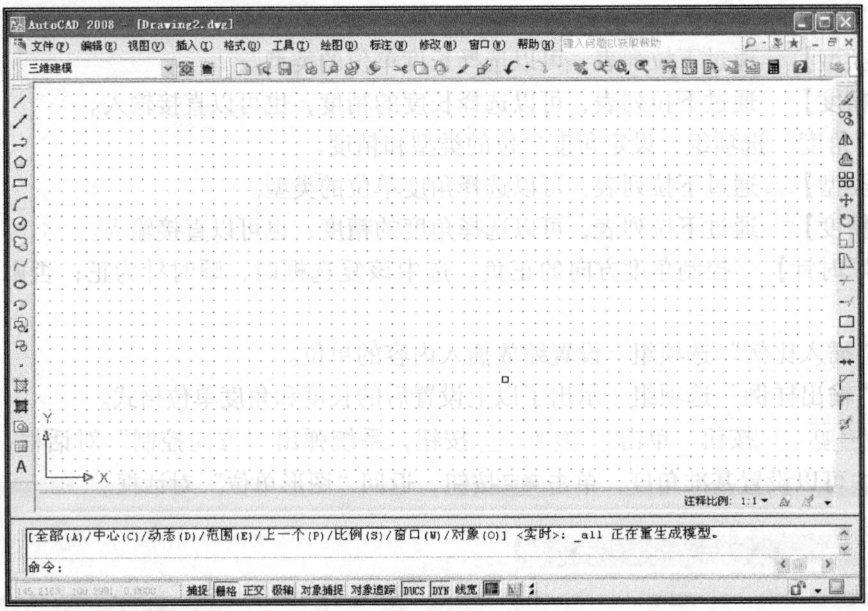

图 2-3 栅格显示在屏幕上

（2）命令说明 栅格的主要作用是显示用户所需要的绘图区域，帮助用户在绘图区域中绘制图形。根据用户所选择的区域，可以进行栅格区域大小的设置。如果绘图区域和栅格大小不匹配，在屏幕上就不显示栅格，并在命令行中提示：栅格太密无法显示。

可用鼠标右键单击状态栏中的按钮栅格，弹出快捷菜单，如图 2-4 所示。选择“设置”选项，就可以打开“草图设置”对话框，如图 2-5 所示。

在“草图设置”对话框的“捕捉和栅格”选项卡中，选择“启用栅格”复选框，开启栅格的显示，反之，则取消栅格的显示。

栅格设置参数：

☆【栅格 X 轴间距】 用于指定经 X 轴方向的栅格间距值。

☆【栅格 Y 轴间距】 用于指定经 Y 轴方向的栅格间距值。

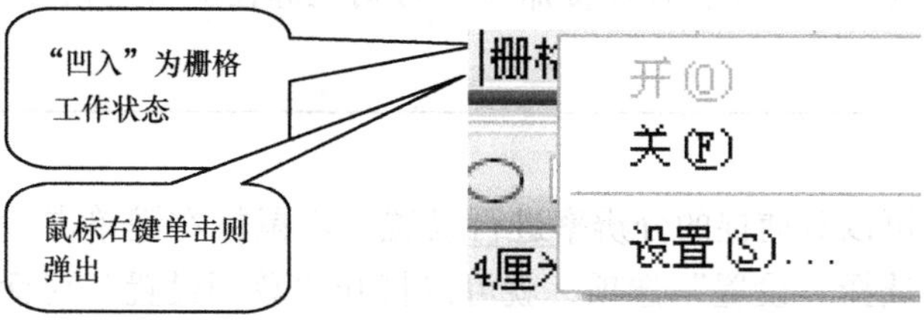

图 2-4　栅格快捷菜单

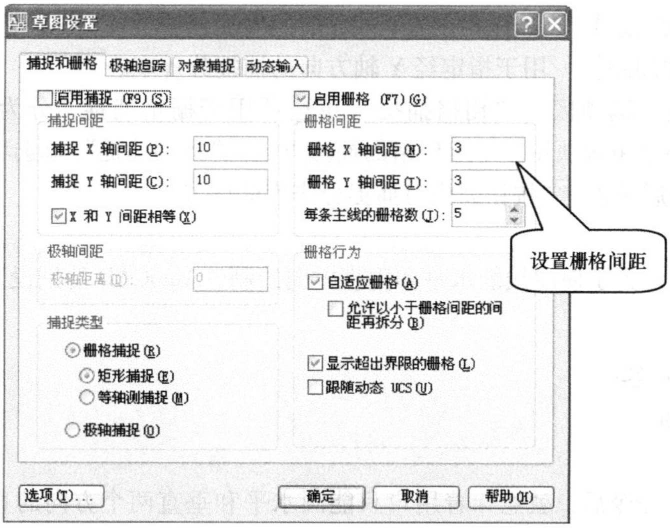

图 2-5　"草图设置"对话框

X、Y 轴间距可根据需要，设置为相等的或不等的数值。

> ✧ 设置栅格间距时，一定要根据所选择的图形界限来匹配设置。如果图形界限大，而栅格间距小，启用栅格时，命令行会提示：栅格太密无法显示。

2. 捕捉模式

捕捉点在屏幕上是不可见的点，若打开捕捉模式，当用户在屏幕上移动光标，十字交点会位于被锁定的捕捉点上。捕捉点间距可以与栅格间距相同，也可不同，通常将后者设为前者的倍数。在 AutoCAD 2008 中，有栅格捕捉和极轴捕捉两种捕捉模式，若选择捕捉模式为栅格捕捉，则光标只能在栅格方向上精确移动；若选择捕捉模式为极轴捕捉，则光标可在极轴方向精确移动。

（1）命令输入

状态栏：捕捉

按 <F9> 键

按 <Ctrl + B> 键

启用"捕捉"命令后，光标只能按照等距的间隔进行移动，所间隔的距离称为捕捉的分辨率，这种捕捉方式被称为间隔捕捉。

✧ 在正常绘图过程中不要打开捕捉命令，否则光标在屏幕上按栅格的间距跳动，不便于绘图。

（2）命令说明

在绘制图样时，可以对捕捉的分辨率进行设置。用鼠标右键单击状态栏中的捕捉按钮，在弹出的快捷菜单中选择“设置”选项，就可以打开“草图设置”对话框。在“草图设置”对话框的左侧为“捕捉间距”选项组，如图2-5所示。

捕捉设置参数：

☆【捕捉X轴间距】　用于指定经X轴方向的捕捉分辨率。

☆【捕捉Y轴间距】　用于指定经Y轴方向的捕捉分辨率。

在“捕捉类型”选项区，“栅格捕捉”单选项用于栅格捕捉，分为“矩形捕捉”与“等轴测捕捉”，两个单选项用于指定栅格的捕捉方式。“极轴捕捉”单选项用于设置以极轴方式进行捕捉。最后单击确定按钮完成对捕捉分辨率的设置。

3. 正交模式

在绘图过程中，为了使图线能水平和垂直方向绘制，AutoCAD特别设置了正交模式。

命令输入

状态栏：正交

按<F8>键

输入ortho

启用“正交”命令后，就意味着用户只能画水平和垂直两个方向的直线。绘图时的正交状态如图2-6所示。

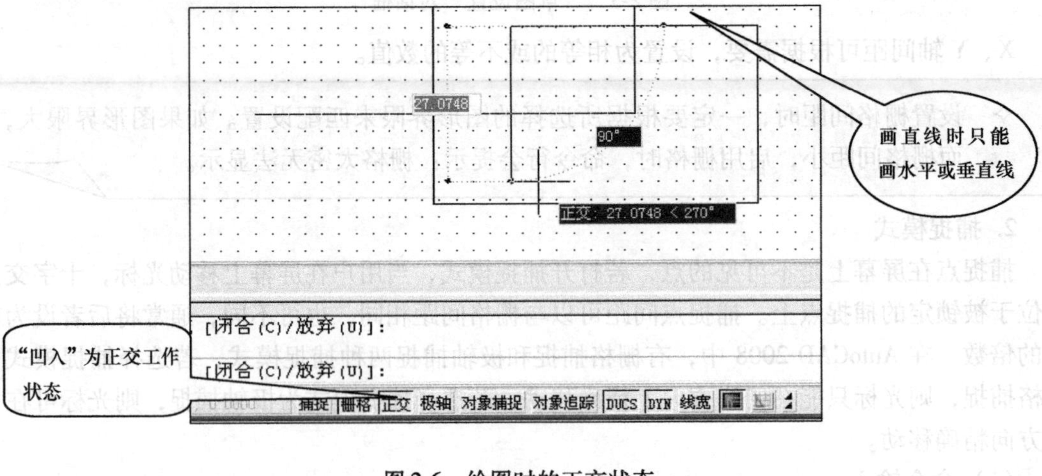

图2-6　绘图时的正交状态

二、设置对象捕捉模式

对象捕捉实际上是AutoCAD为用户提供的一个用于精确拾取图形几何点的工具，它使光标能精确地定位在对象的一个几何特征点上。利用对象捕捉命令，可以帮助用户将十字光标快速、准确地定位在几何特征点上，以便提高绘图效率。

根据对象捕捉模式，可以分为临时对象捕捉和自动对象捕捉两种捕捉模式。临时对象捕捉模式，只能对当前进行的绘制步骤起作用；而自动对象捕捉则可以一直保持目标捕捉状态。如需取消这种捕捉模式，要在设置对象捕捉时取消选择这种捕捉模式。

1. 调整靶框

在绘图过程中，执行某一命令时，光标显示为十字光标或者为小方框的拾取状态，为了方便拾取对象，靶框大小是可以设置的。

命令输入

菜单栏：工具➤草图，调整靶框大小如图 2-7 所示。

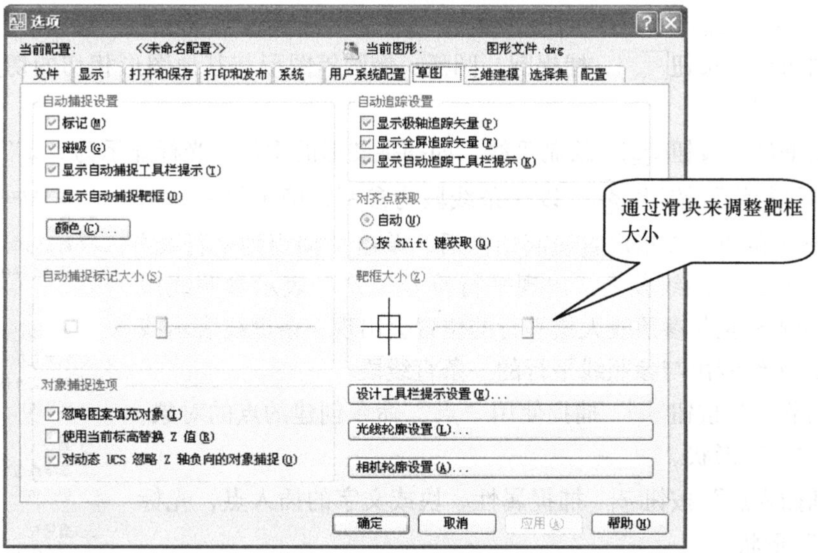

图 2-7　调整靶框显示大小

2. 临时对象捕捉模式

用鼠标右键单击窗口内任意工具栏，在弹出的快捷菜单中选择“对象捕捉”命令，弹出临时“对象捕捉”工具栏，如图 2-8 所示。

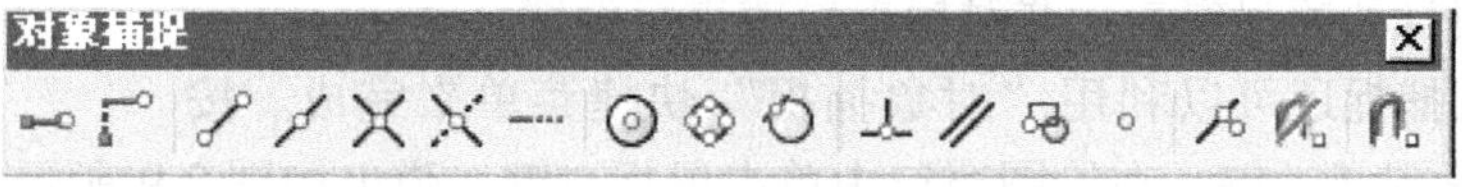

图 2-8　临时“对象捕捉”工具栏

在临时“对象捕捉”工具栏中，各个选项的意义如下：

“临时追踪点”按钮　设置临时追踪点，创建一个对象捕捉时需用的临时点。

“捕捉自”按钮　选择一点，以所选的点为基准点，再输入相对于此点的相对坐标值来确定点的捕捉。

“捕捉到端点”按钮　捕捉线段、矩形、圆弧等线段图形对象的端点，光标显示为“□”形状。

“捕捉到中点”按钮　捕捉线段、弧线、矩形的边线等图形对象的线段中点，光标显示为“△”形状。

“捕捉到交点”按钮　捕捉图形对象间相交或延伸相交的点，光标显示为“×”形状。

"捕捉到外观交点"按钮 在二维空间中，与捕捉到交点按钮的功能相同，可以捕捉到两个对象的视图交点。该捕捉模式还可以在三维空间中捕捉两个对象的视图交点，即交叉点，光标显示为"⊠"形状。

"捕捉到延长线"按钮 使光标从图形的端点处开始移动，沿图形一边以虚线来表示此边的延长线，光标旁边显示对于捕捉点的相对坐标值，光标显示为"—···"形状。

"捕捉到圆心"按钮 捕捉圆、椭圆等图形的圆心位置，光标显示为"⊙"形状。

"捕捉到象限点"按钮 捕捉圆、椭圆等图形上象限点的位置，如0°、90°、180°、270°位置处的点，光标显示为"◇"形状。

"捕捉到切点"按钮 捕捉圆、圆弧、椭圆等图形与其他图形相切的切点位置光标显示为"○"形状。

"捕捉到垂足"按钮 绘制垂线，即捕捉图形的垂足，光标显示为"⊾"形状。

"捕捉到平行线"按钮 以一条线段为参照，确定另一条与之平行的直线上的点。在指定直线起始点后，单击"捕捉到平行线"按钮，移动光标到参照线段上，出现平行符号"//"表示参照线段被选中，移动光标至与参照线大概平行的位置会出现一条虚线表示找到平行线，即可绘制出与参照线平行的一条直线段。

"捕捉到节点"按钮 捕捉使用"点"命令创建的点的对象，光标显示为"⊠"形状。

"捕捉到插入点"按钮 捕捉属性、块或文字的插入点，光标显示为"⊡"形状。

"捕捉到最近点"按钮 捕捉离光标最近的线段、圆、圆弧上的点，光标显示"⊠"形状。

"无捕捉"按钮 单击此按钮取消当前所选的临时捕捉模式。

"对象捕捉设置"按钮 单击此按钮，弹出"草图设置"对话框，可以启用自动捕捉模式，并对捕捉模式进行设置。

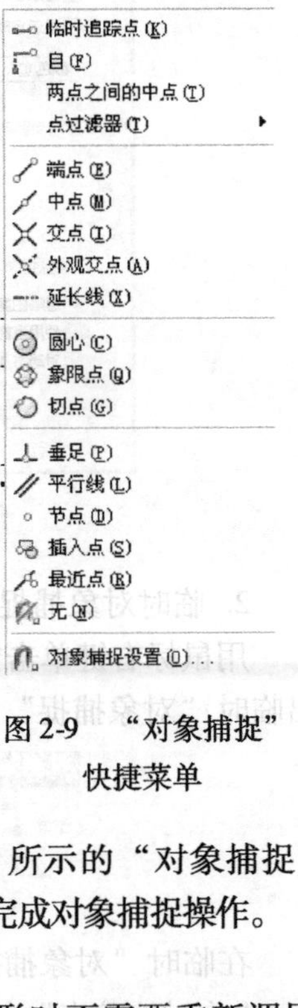

图2-9 "对象捕捉"快捷菜单

临时对象的捕捉还可以利用"对象捕捉"快捷菜单来完成。按住<Ctrl>或者<Shift>键，在绘图窗口中单击鼠标右键，弹出如图2-9所示的"对象捕捉"快捷菜单。在快捷菜单中列出对象捕捉的命令，选择相应的捕捉命令即可完成对象捕捉操作。

3. 自动对象捕捉模式

使用"自动捕捉"命令时，可以保持捕捉模式设置，每次绘制图形时不需要重新调用捕捉方式进行设置，这样就可以节省很多时间。

启用"自动捕捉"命令有3种方法。

(1) 命令输入

状态栏：对象捕捉

单击<F3>键

单击<Ctrl+F>键

(2) 命令说明

AutoCAD 2008提供了比较全面的对象捕捉模式。绘图时可以单独选择一种对象捕捉，也可以同时选择多种对象捕捉模式。

设置“自动对象捕捉”可以通过“草图设置”对话框来完成。

启用“草图设置”命令有3种方法。

菜单：单击工具➤草图设置选项。

状态栏：在对象捕捉按钮上单击鼠标右键，在弹出的快捷菜单中选择“设置”命令。

按住<Ctrl>键或者<Shift>键，在绘图窗口中单击鼠标右键，在弹出的快捷菜单中选择“对象捕捉设置”命令。

启用“草图设置”命令，打开“草图设置”对话框，“对象捕捉”选项卡如图2-10所示。

在“草图设置”对话框中，选择“启用对象捕捉”复选框，在“对象捕捉模式”选项组中提供了13种对象捕捉模式，可以通过选择复选框来选择需要启用的捕捉模式。每个选项的复选框前的图标代表成功捕捉某点时，光标的显示图标。所有列出的捕捉模式和显示图标与前面所介绍的临时对象捕捉模式相同。

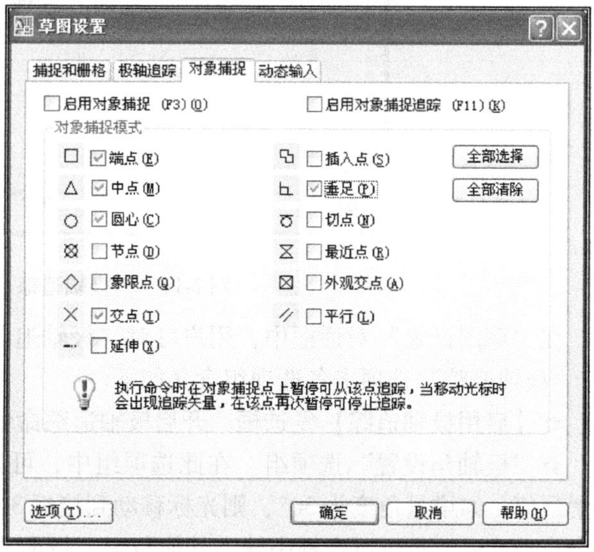

图2-10 “对象捕捉”选项卡

自动对象捕捉的参数：

☆“全部选择”按钮 用于选择全部对象捕捉模式。

☆“全部清除”按钮 用于取消所有设置的对象捕捉模式。

完成对象捕捉设置后，单击状态栏中的对象捕捉按钮，使之处于凹下状态，即可打开对象捕捉开关。

三、设置自动追踪模式

“自动追踪”模式可用于按指定角度绘制对象，或者绘制其他有特定关系的对象。当自动追踪启用时，屏幕上出现的对齐路径（追踪线）有助于用户用精确位置和角度创建对象。自动追踪包含两种追踪选项：极轴追踪和对象捕捉追踪。用户可以通过状态栏上的“极轴追踪”和“对象捕捉追踪”按钮打开或关闭该功能。

1. 极轴追踪

（1）命令输入

状态栏：极轴

单击<F10>键

（2）命令说明

“极轴追踪”的设置可以通过“草图设置”对话框来完成，如图2-11所示。

启用“草图设置”命令有两种方法。

菜单：工具➤草图设置。

在状态栏中的极轴按钮上单击鼠标右键，在弹出的快捷菜单中选择“设置”命令。

启用“草图设置”命令，打开“草图设置”对话框，如图2-11所示。

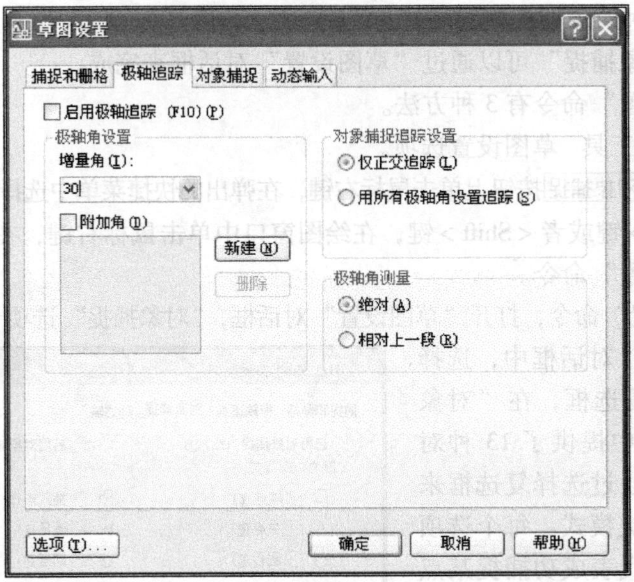

图 2-11 “极轴追踪”的设置

在“草图设置”对话框中，用户可对“极轴追踪”的操作进行设置。

“极轴追踪”选项卡各选项组含义如下。

☆【启用极轴追踪】复选框　开启极轴追踪命令；反之，则取消极轴极追踪命令。

☆“极轴角设置”选项组　在此选项组中，可以选择“增量角”下拉列表中的角度变化增量值，如增量角度为30°，则光标移动到接近30°、45°、30°、75°、90°等方向时，极轴就会自动追踪。也可以在框中输入其他角度。勾选“附加角”复选框，单击“新建”按钮，可以增加极轴角度变化的增量值。

“对象捕捉追踪设置”选项组　在该选项组中，“仅正交追踪”单选按钮用于设置在追踪参考点处显示水平或垂直的追踪路径；“用所有极轴角设置追踪”单选按钮用于在追踪参考点处沿极轴角度所设置的方向显示追踪路径。

☆“极轴角测量”选项组　在此选项组中，“绝对”单选项用于设置以坐标系的X轴为计算极轴角的基准线；“相对上一段”单选项用于设置以最后创建的对象为基准线计算极轴的角度。

(3) 操作实例

启用“极轴追踪”命令绘制如图2-12所示的六边形。

命令:_line 指定第一点:　　//选择直线按钮，单击 *A* 点位置
指定下一点或[放弃(U)]: 50　　//沿30°方向追踪，输入线段长度50到 *B* 点
指定下一点或[放弃(U)]: 50　　//沿120°方向追踪，输入线段长度50到在 *C* 点
指定下一点或[闭合(C)/放弃(U)]: 50　//沿180°方向追踪，输入线段长度50到 *D* 点
指定下一点或[闭合(C)/放弃(U)]: 50　//沿240°方向追踪，输入线段长度50到 *E* 点
指定下一点或[闭合(C)/放弃(U)]: 50　//沿300°方向追踪，输入线段长度50到 *F* 点
指定下一点或[闭合(C)/放弃(U)]:　//按<Enter>键，结束图形绘制。

2. 对象捕捉追踪

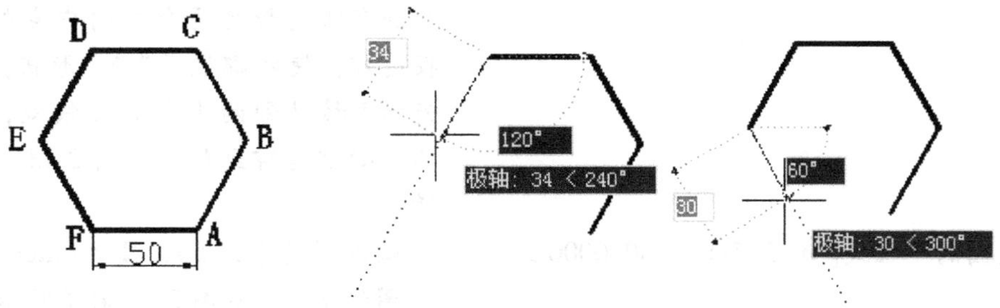

图 2-12　用极轴追踪命令绘制六边形

(1)命令输入

状态栏：对象追踪

单击 <F11> 键

(2)命令说明

使用“对象捕捉追踪”命令时，必须打开“对象捕捉”和“极轴模式”开关。“对象捕捉追踪”设置也可以通过“草图设置”对话框来完成的。

启动“草图设置”命令有 3 种方法。

菜单：工具▸草图设置▸对象捕捉。

状态栏：在对象追踪按钮上单击鼠标右键，在弹出的快捷菜单中选择“设置”命令。

按住 <Ctrl> 或者 <Shift> 键，在绘图窗口中单击鼠标右键，在弹出的快捷菜单中选择“对象捕捉设置”命令。

(3)操作实例

在如图 2-13 所示的四边形中心处绘制一个直径为 $\phi100$ 的圆。

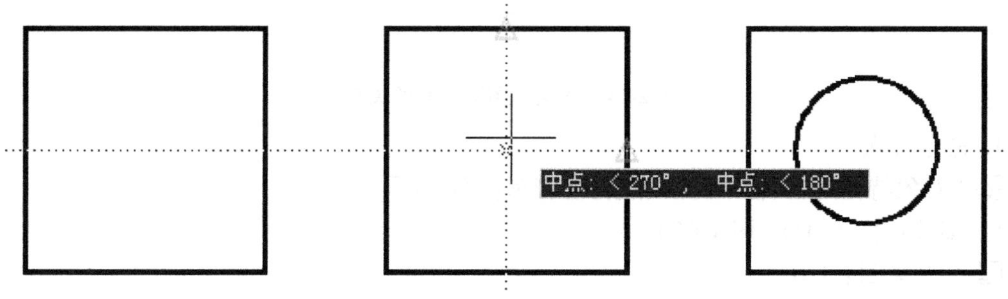

图 2-13　对象捕捉追踪图例

操作步骤如下：

1)用鼠标右键单击状态栏中的对象追踪按钮，弹出快捷菜单，选择“设置”选项，打开“草图设置”对话框，在对话框中选择“对象捕捉”选项，在下拉的 13 个选项中选择“中点”。

2)在绘图窗口中单击状态栏中的对象追踪按钮，使之处于凹下状态，即打开对象追踪开关。

3)绘图过程如下：

命令:_circle 指定圆的圆心或[三点(3P)/两点(2P)/相切、相切、半径(T)]:

//单击绘制“圆”的命令按钮，让光标

分别在四边形的两个边的中点处进行捕捉追踪，使之都显示“△”形状，然后把光标再移动到两中点的交线处，四边形的中心就追踪到位，如图 2-13 中间图形所示。

指定圆的半径或[直径(D)] <50.0000>：　　//输入圆的半经 50，按 <Enter> 键，结束图形绘制，如图 2-13 右图所示。

任务三　AutoCAD 2008 图层及对象特性的设置

可以把图层想象成透明的胶片，图层与图形之间的关系如图 2 – 14 所示。在不同图层上绘制的图形对象，能够同时显示在绘图窗口。AutoCAD 系统通过控制每个图层的显示与否来达到方便组织和管理图形信息的目的。

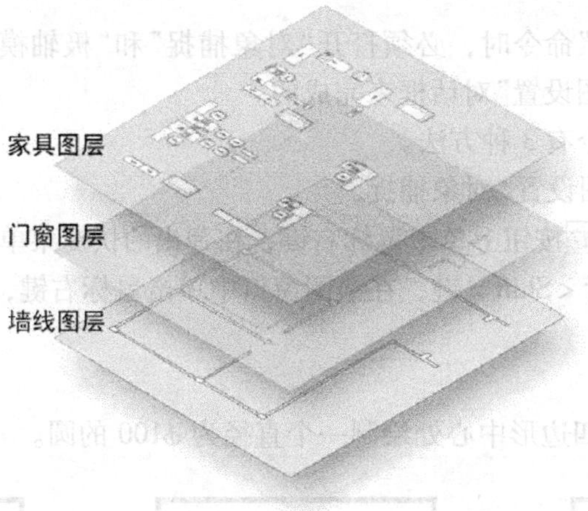

图 2-14　图层与图形之间的关系

1. 命令输入

“对象特性”工具栏中的“图层特性管理器”按钮

菜单：格式(O) ➤ 图层(L)

命令条目：layer

2. 创建图层

用户在使用“图层”功能时，首先要创建图层，然后再应用图层。在同一工程图样中，用户可以建立多个图层。创建“图层”的步骤如下：

(1) 单击“对象特性”工具栏中的“图层特性管理器”按钮，打开“图层特性管理器”对话框如图 2-15 所示。

(2) 单击图 2-15 所示“图层特性管理器”对话框中“新建图层”按钮。

(3) 系统将在新建图层列表中添加新图层，其默认名称为“图层 1”，并且高亮显示，如图 2-16 所示，此时直接在名称栏中输入“图层”的名称，按 <Enter> 键，即可确定新图层的名称。

(4) 使用相同的方法可以建立更多的图层。最后单击确定按钮，退出“图层特性管理器”

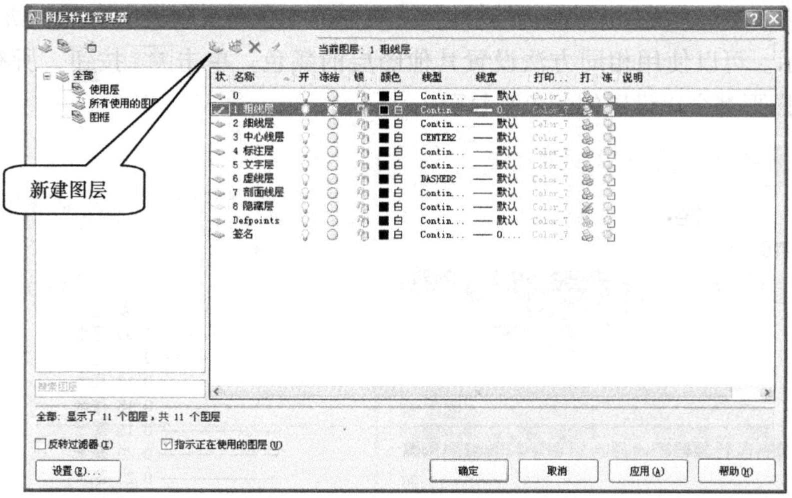

图 2-15　“图层特性管理器”对话框

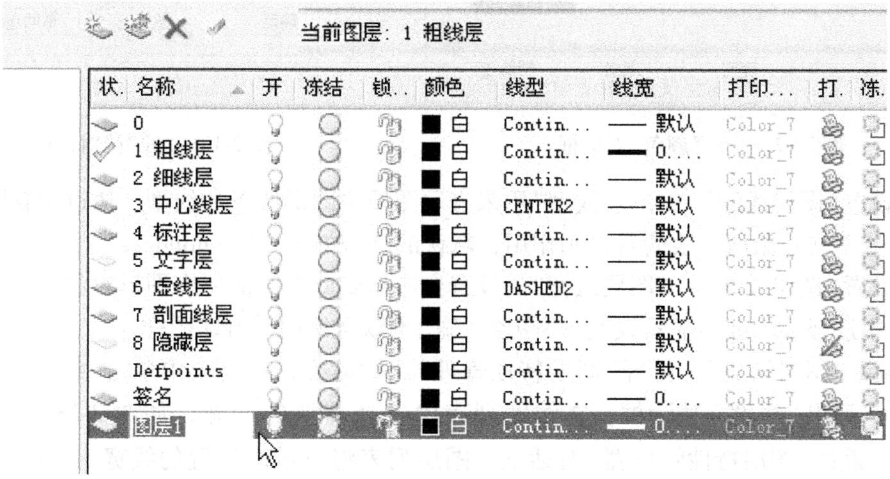

图 2-16　新建图层

对话框。

3. 设置“图层”的颜色、线型和线宽

（1）设置“图层”颜色　图层的默认颜色为“白色”，为了区别每个图层，应该为每个图层设置不同的颜色。绘图时，可以通过设置图层的颜色来区分不同种类的图形对象，AutoCAD 2008 提供了 256 种颜色。通常，在设置图层颜色时都会采用 7 种标准颜色：红、黄、绿、青、蓝、紫以及白色，这 7 种颜色区别较大又有名称，便于识别和调用。设置图层颜色的操作步骤如下：

1）打开“图层特性管理器”对话框，单击列表中需要改变颜色的图层的“颜色”栏图标 ，弹出“选择颜色”对话框，如图 2-17 所示。

2）从颜色列表中选择适合的颜色，此时“颜色”文本框将显示颜色的名称，如图 2-17 所示。

3）单击确定按钮，返回“图层特性管理器”对话框，在图层列表中会显示新设置的颜色，如图 2-16 所示。可以使用相同方法设置其他图层的颜色。单击确定按钮，所有在这个“图层”上绘制的图形都会以设置的颜色来显示。

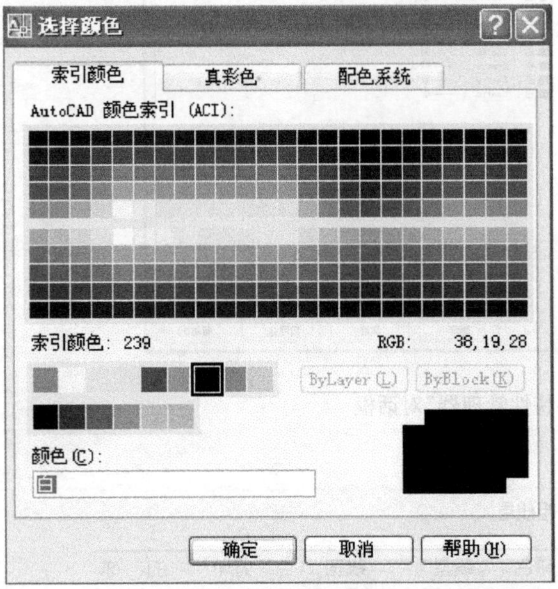

图 2-17 “选择颜色”对话框

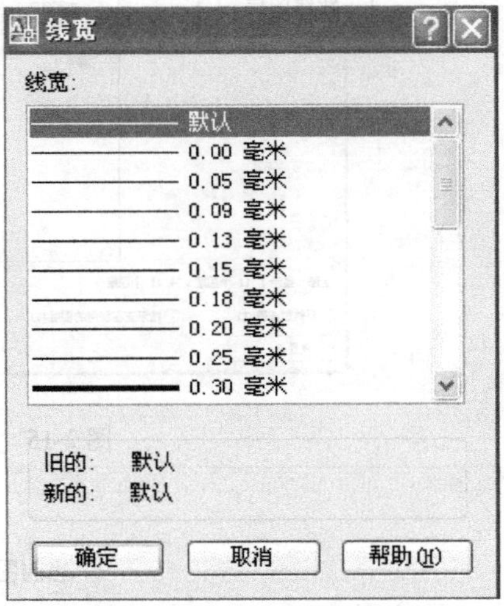

图 2-18 “线宽”对话框

（2）设置“图层线型” “图层线型”用来表示图层中图形线条的线型，通过设置图层的线型可以区分不同对象所代表的含义和作用，默认的线型方式为“Continuous”。

（3）设置“图层线宽” “图层线宽”的设置会应用到此图层的所有图形对象，用户可以在绘图窗口中选择显示或不显示线宽。“图层线宽”可以直接用于打印图样。

1）设置“图层线宽”。打开“图层特性管理器”对话框，在列表中单击“线宽”栏的图标 —— 默认，弹出“线宽”对话框，在线宽列表中选择需要的线宽，如图 2-18 所示。单击确定按钮，返回“图层特性管理器”对话框。图层列表将显示新设置的线宽，单击确定按钮，确认图层设置。

2）显示图层的线宽。单击状态栏中的线宽按钮线宽，可以切换屏幕中线宽显示状态。当按钮处于凸起状态时，不显示线宽；处于凹下状态时，则显示线宽。

✧ 在工程图样中，粗实线一般为 0.3 或 0.6 毫米，细实线一般为 0.13 毫米～0.25 毫米，中心线为 0.09 毫米，用户可以根据图纸的尺寸来确定。通常，在 A4 图纸中，粗实线可以设置为 0.3 毫米，细实线可以设置为 0.13 毫米；在 A0 图纸中，粗实线可以设置为 0.6 毫米，细实线可以设置 0.25 毫米。

4. 控制图层显示状态

如果工程图样中包含大量信息，且有很多图层，则用户可通过控制图层状态，使用编辑、绘制、观察等功能使工作变得更方便。图层状态主要包括“打开”与“关闭”、“冻结”与“解冻”、“锁定”与“解锁”、“打印”与“不打印”等，AutoCAD 采用不同形式的图标来表示这些状态。

(1)打开/关闭　处于打开状态的图层是可见的，而处于关闭状态的图层是不可见的。当图形重新生成时，被关闭的图层将一起被生成。打开/关闭图层有以下两种方法：

1) 单击“对象特征”工具栏中的“图层特性管理器”按钮，打开“图层特性管理器”对话框，在该对话框的“图层”列表中单击灯泡图标或，即可切换图层的打开/关闭状态。如果关闭的图层是当前图层，系统将弹出“AutoCAD”提示框，如图 2-19 所示。

2)单击“图层”工具栏中的图层列表，当列表中弹出图层信息时，单击灯泡图标或，就可以实现图层的打开/关闭，如图 2-20 所示。

图 2-19　“AutoCAD”提示框

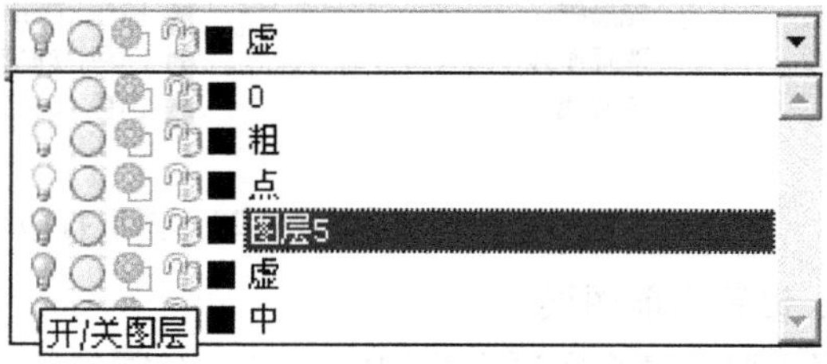

图 2-20　图层的打开/关闭状态

(2)冻结/解冻　冻结图层可以减少复杂图形重新生成时的显示时间，并且可以加快绘图、缩放、编辑等命令的执行速度。处于冻结状态的图层上的图形对象将不能被显示、打印或重生成。解冻图层将重生成并显示该图层上的图形对象。冻结/解冻图层有以下两种方法：

1)单击“对象特征”工具栏中的“图层特性管理器”按钮，打开“图层特性管理器”对话框。在该对话框的“图层”列表中单击图标或，即可切换图层的冻结/解冻状态。但是当前图层是不能被冻结的。

2)单击“图层”工具栏中的图层列表，当列表中弹出图层信息时，单击图标或即可，如图 2-21 所示。

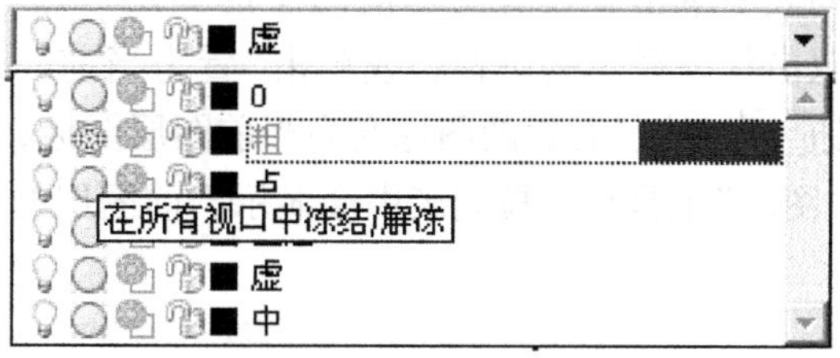

图 2-21　图层的冻结/解冻状态

(3)锁定/解锁　锁定图层，图层中的对象就不能被编辑和选择。但被锁定的图层是可见的，并且可以查看、捕捉该图层上的对象，还可在此图层上绘制新的图形对象。解锁图层是将图层恢复为可编辑和选择的状态。锁定/解锁图层有以下两种方法：

1)单击“对象特征”工具栏中的“图层特性管理器”按钮，打开“图层特性管理器”对话框。在该对话框的“图层”列表中，单击图标或，即可切换图层的锁定/解锁状态。

2)单击“图层”工具栏中的“图层”列表，当列表中弹出图层信息时，单击图标或即可，如图 2-22 所示。

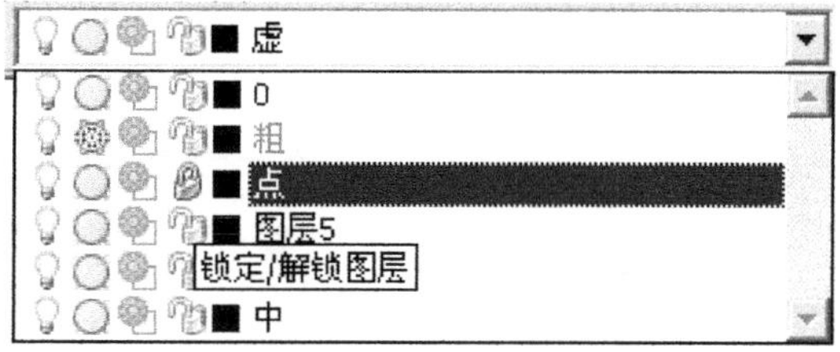

图 2-22　“图层”列表中的图层信息

(4)打印/不打印　当指定某层不打印后，该图层上的对象仍是可见的。图层的不打印设置只对图形中可见的图层(即图层是打开的并且是解冻的)有效。若图层设为可打印但该层是冻结的或关闭的，此时 AutoCAD 将不打印该图层。

打印/不打印图层的方法是在“图层特性管理器”对话框中设置的。单击“对象特征”工具栏中的“图层特性管理器”按钮，打开“图层特性管理器”对话框。在该对话框中的“图层”列表中，单击图标或，即可切换图层的打印/不打印状态，如图 2-23 所示。

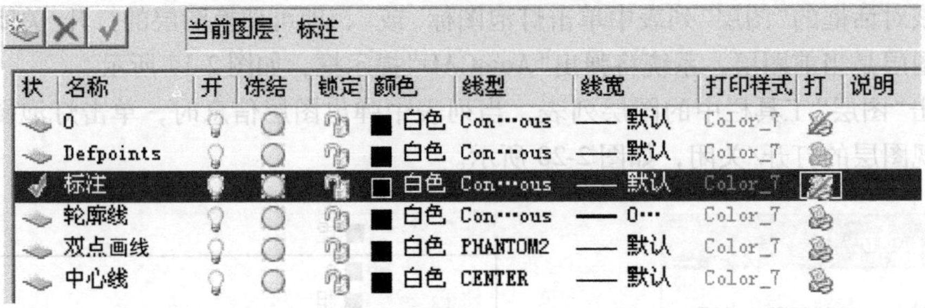

图 2-23 图层打印/不打印状态

5. 设置当前图层

当需要在某个图层上绘制图形时，必须先使该图层为当前层。系统默认的当前层为“0”图层。

(1) 设置现有图层为当前图层 设置现有图层为当前图层有两种方法。

1) 在绘图窗口中不选择任何图形对象，在工具栏“图层”下拉列表中直接选择要设置为当前图层的图层即可，如图 2-24 所示，设置“点”层设为当前图层。

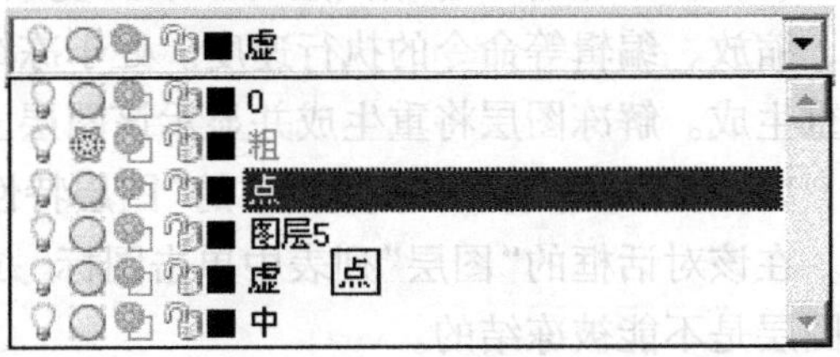

图 2-24 设置“点”层为当前图层

2) 打开“图层特性管理器”对话框，在图层列表中单击要设置为当前图层的图层，然后双击状态栏中的图标，或单击“置为当前”按钮，使状态栏的图标变为当前图层图标，如图 2-25 所示。单击确定按钮，退出对话框。在“图层”工具栏下拉列表中会显示当前图层的设置。

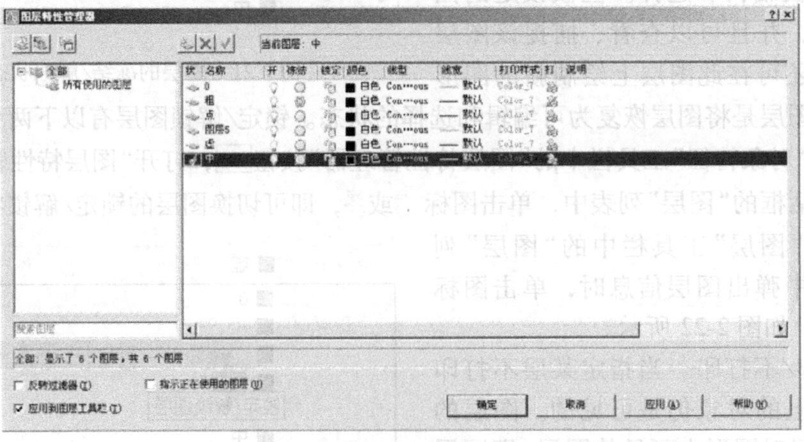

图 2-25 利用“图层特性管理器”设置当前图层

(2)设置对象图层为当前图层　在绘图窗口中，选择已经设置图层的对象，然后在“图层”工具栏中单击“将对象的图层置为当前”按钮，则该对象所在图层即成为当前图层。

(3)返回上一个图层　在“图层”工具栏中，单击“上一个图层”按钮，系统会按照设置的顺序，自动重置上一次设置为当前的图层。

6. 删除指定的图层

在 AutoCAD 中，为了减少图形所占空间，可以删除不使用的图层，其具体操作步骤如下：

1)单击“对象特征”工具栏中的“图层特性管理器”按钮，打开“图层特性管理器”对话框。

2)在“图层特性管理器”对话框的图层列表中选择要删除的图层，单击“删除图层”按钮，或按 < Delete > 键，此时图层的状态图标变为。

3)继续选择下一个图层进行删除操作。此时图层的状态图标将都变为，但不消失，如图 2-26 所示。单击“应用”按钮，即可删除图层。

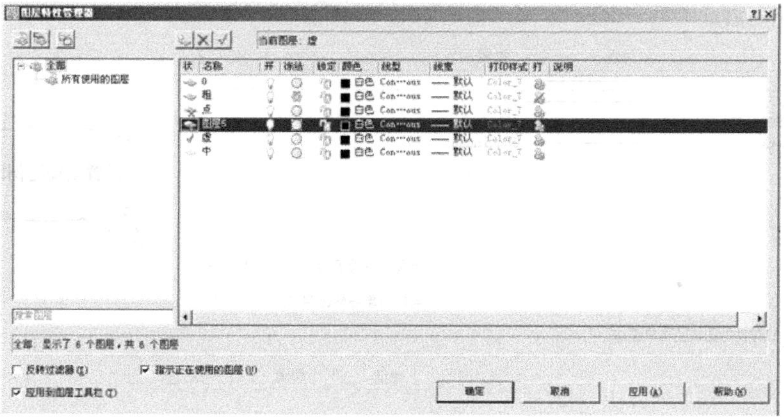

图 2-26　删除指定的图层

系统默认的图层“0”层、包含图形对象的层、当前图层以及使用外部参照的图层是不能被删除的。在“图层特性管理器”对话框的图层列表中，图层名称前的状态图标呈现“蓝色”表示该图层中包含有图形对象；“(灰色)”表示该图层中不包含有图形对象。

7. 重新设置图层的名称

设置图层的名称，将有助于用户对图层的管理。系统提供的图层名称默认为“图层 1”、“图层 2”、“图层 3”等，用户可以对这些图层重新命名，其具体操作步骤如下：

(1)单击“对象特征”工具栏中的“图层特性管理器”按钮，打开“图层特性管理器”对话框。

(2)在“图层特性管理器”对话框图层列表中，选择需要重新命名的图层。

(3)单击图层名称，使之变为文本编辑状态，输入新的名称，单击 < Enter > 键，即可为图层重新设置名称。

8. 设置非连续线型的外观

非连续线是由短横线、空格等重复构成的，如前面遇到的点画线、虚线等。这种非连续线的外观，如短横线的长短、空格的大小等，是可以由其线型的比例因子来控制的。当用户绘制的点画线、虚线等非连续线看上去与连续线一样时，即可调整其线型的比例因子。

9. 设置全局线型的比例因子

改变全局线型的比例因子，AutoCAD 将重生成图形，它将影响图形文件中所有非连续线型的外观。

改变全局线型的比例因子有以下两种方法。

(1)利用菜单命令　利用菜单命令改变全局线型的比例因子的具体步骤如下：

1）菜单栏：格式▶线型，弹出“线型管理器”对话框。

2）在“线型管理器”对话框中，单击“显示/隐藏细节”按钮，在对话框的底部会出现“详细信息”选项组，如图 2-27 所示。

3）在“全局比例因子”文本框内输入新的比例因子，单击确定按钮即可。

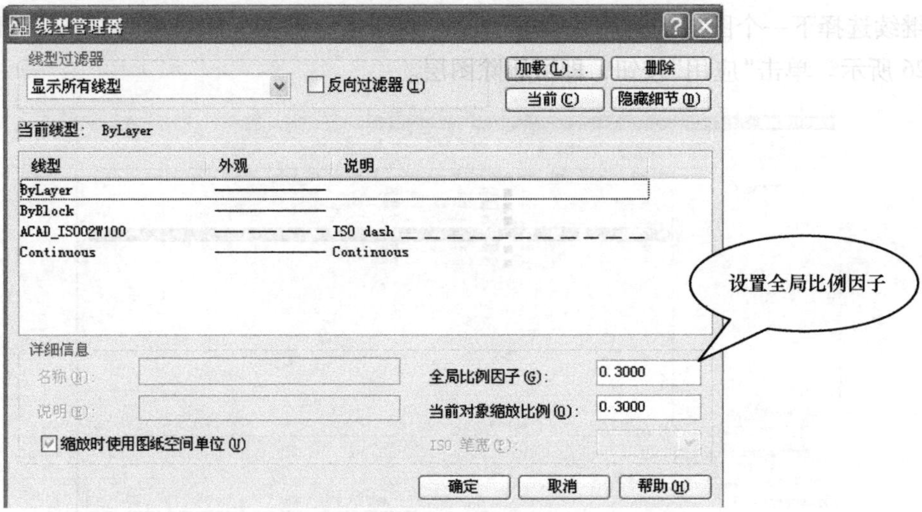

图 2-27　设置非连续线型的外观

(2)“对象特性”工具栏　使用“对象特性”工具栏改变全局线型的比例因子的具体步骤如下。

1）在“对象特性”工具栏中，单击“线型控制”列表框右侧的按钮▼，并在其下拉列表中选择“其他”选项，如图 2-28 所示，弹出“线型管理器”对话框，如图 2-27 所示。

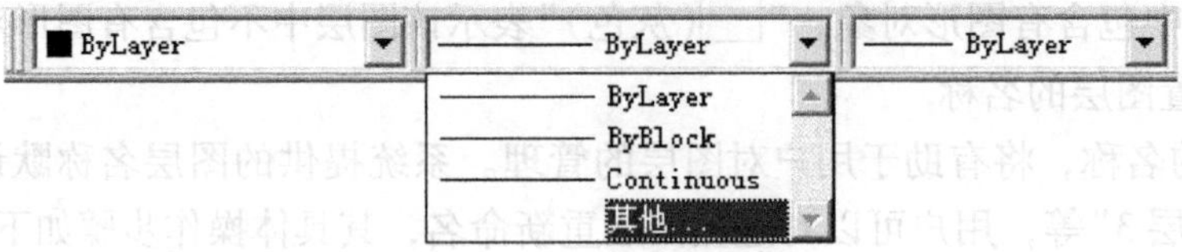

图 2-28　线型特性管理器

2）在“线型管理器”对话框中，单击“显示/隐藏细节”按钮，在对话框的底部会出现“详细信息”选项组，在“全局比例因子”文本框内输入新的比例因子，单击确定按钮即可。

10. 改变当前对象的线型比例因子

改变当前对象的线型比例因子，将改变当前选中的对象中所有非连续线型的外观。改变当前对象的线型比例因子有以下两种方法：

(1)利用“线型管理器”对话框

1）菜单栏：格式➤线型，系统弹出“线型管理器”对话框。

2）在“线型管理器”对话框中，单击“显示/隐藏细节”按钮，在对话框的底部会出现“详细信息”选项组，如图2-27所示。

3）在“当前对象缩放比例”文本框内输入新的比例因子，单击确定按钮即可。

（2）利用“对象特性管理器”对话框

1）菜单栏：〔工具〕→〔选项板〕→〔特性〕，打开“对象特性管理器”对话框，如图2-29a所示。

2）选择需要改变线型比例的对象，此时“对象特性管理器”对话框将显示选中的圆对象的特性设置，如图2-29b所示。

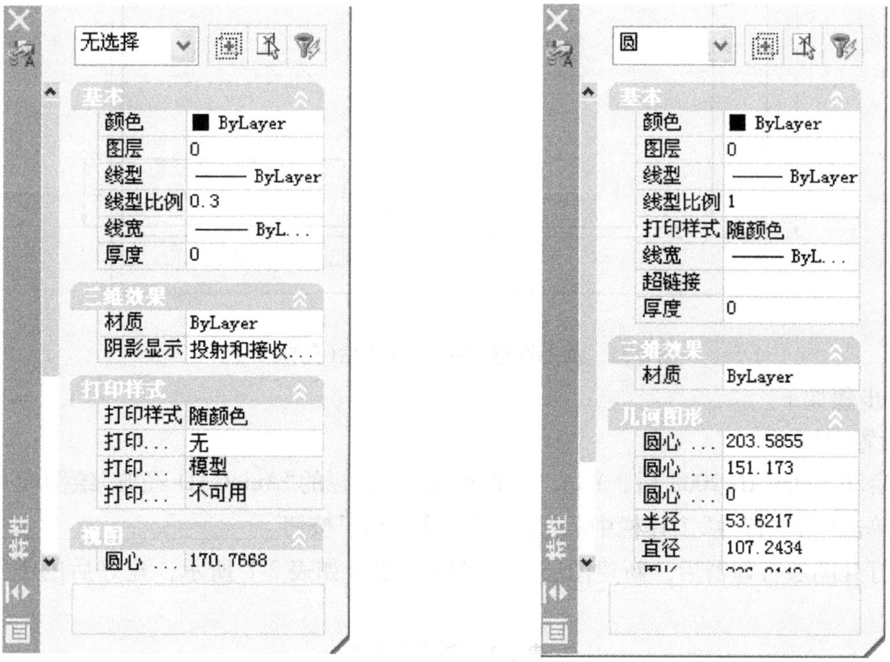

a)　　b)

图2-29　“对象特性管理器”对话框

a）打开　b）显示选中的圆对象的特性设置

3）在“基本”选项组中，单击线型比例选项，将其激活，输入新的比例因子，按<Enter>键确认，即可改变其外观图形。此时其他非连续线型的外观将不会改变，如图2-30所示。

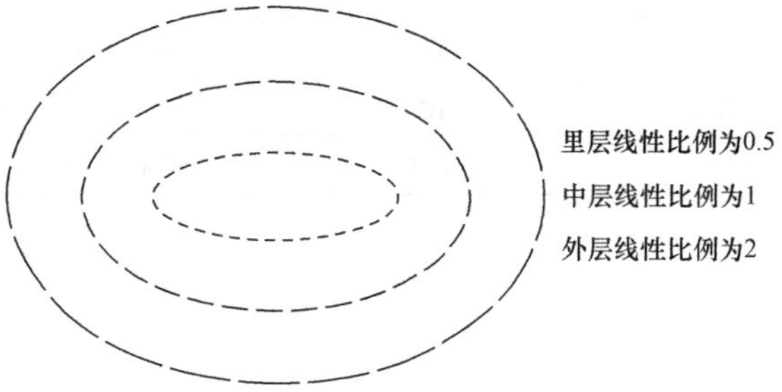

图2-30　不同比例因子的线型

任务四　AutoCAD 2008 简易图框及标题栏的绘制

绘制图2-31所示的简易图框（A4）及标题栏（免标尺寸）。

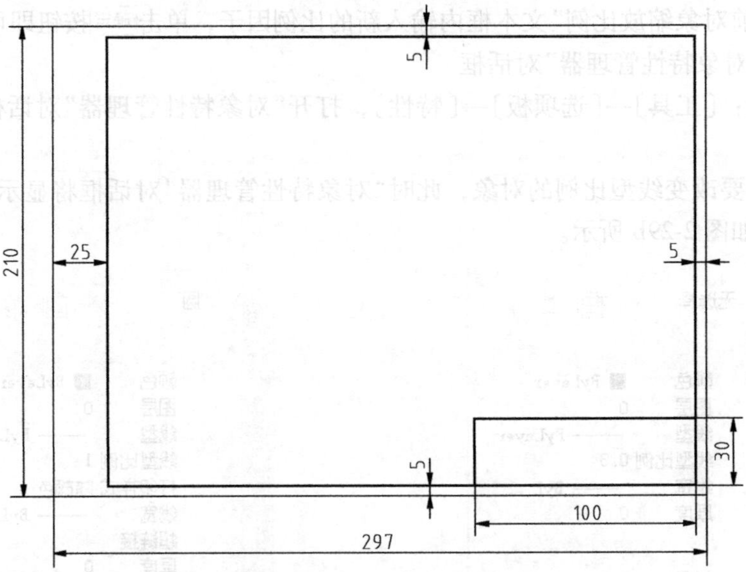

图2-31　简易图框（A4）及标题栏（免标尺寸）

绘制步骤如下。

1. 设置图层

（1）启动 AutoCAD 2008 后，单击“工作空间”工具栏的“AutoCAD 经典”绘图模式。

（2）单击“对象特性”工具栏中的“图层特性管理器”按钮。

（3）打开图层管理器后，新建图层，其各图层要求如表2-1所示，建好后的图层如图2-32。

表2-1　各图层要求

序　号	名　称	颜　色	线　型	线　宽
1	粗线层	白	Continuous	0.3
2	细线层	白	Continuous	0.13
3	中心线层	红	ACAD_ISO04W100	0.09
4	标注层	青	Continuous	0.13
5	文字层	绿	Continuous	0.25
6	隐藏层	黄	ACAD_ISO02W100	0.13
7	剖面线层	洋红	Continuous	0.13

2. 画外边框

单击“细线”图层

输入“L” <Enter>

命令：line 指定第一点：0，0　　　　//设置图框的左下角为（0，0）点

向右水平拖开，直至出现水平橡皮线，输入数字“297”

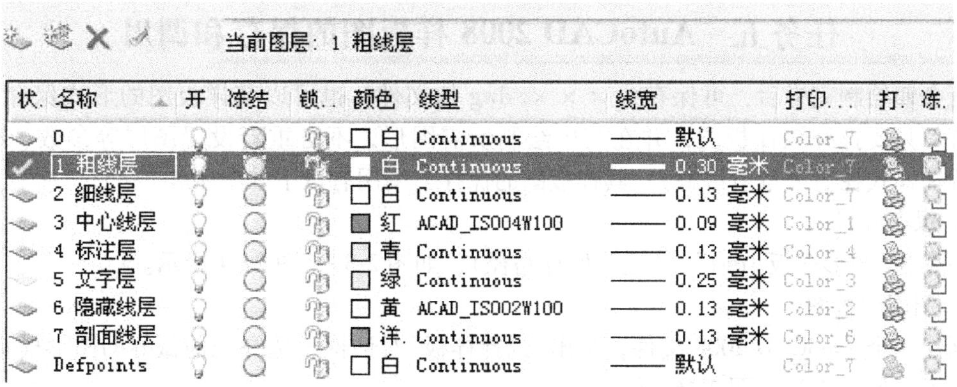

图 2-32　新建图层设置

指定下一点或［放弃(U)］：297　　　　　//绘制出 297 水平线

向右上拖开，直至出现竖直橡皮线，输入数字“210”

指定下一点或［放弃(U)］：210　　　　　//绘制出 210 垂直线

向左水平拖开，直至出现水平橡皮线，输入数字“297”

指定下一点或［闭合(C)/放弃(U)］：297　　　　　//绘制出 297 水平线

指定下一点或［闭合(C)/放弃(U)］：C　　　　　//闭合图框

3. 画内边框(根据机械制图所提供的尺寸)

单击“粗线”图层

输入“L”<Enter>

命令：line 指定第一点：25，5　　　　　//设置图框的左下角为(25，5)点

向右水平拖开，直至出现水平橡皮线，输入数字“267”

指定下一点或［放弃(U)］：267　　　　　//绘制出 267 水平线

向右上拖开，直至出现竖直橡皮线，输入数字“200”

指定下一点或［放弃(U)］：200　　　　　//绘制出 200 垂直线

向左水平拖开，直至出现水平橡皮线，输入数字“267”

指定下一点或［闭合(C)/放弃(U)］：267　　　　　//绘制出 267 水平线

指定下一点或［闭合(C)/放弃(U)］：C　　　　　//闭合图框

4. 画标题栏

输入“L”<Enter>

命令：line 指定第一点：292，5　　　　　//设置图框的左下角为(292，5)点

向右上拖开，直至出现竖直橡皮线，输入数字“30”

指定下一点或［放弃(U)］：30　　　　　//绘制出 30 垂直线

向左水平拖开，直至出现水平橡皮线，输入数字“100”

指定下一点或［闭合(C)/放弃(U)］：100　　　　　//绘制出 100 水平线

向左下拖开，直至出现竖直橡皮线，输入数字“30”

指定下一点或［放弃(U)］：30　　　　　//绘制出 30 水平线

指定下一点或［闭合(C)/放弃(U)］：C　　　　　//闭合图框

任务五 AutoCAD 2008 样板图的保存和调用

任务四绘制完毕后，可保存为 × × ×. dwg 的文件，也可以其样板图的形式保存下来。后续练习只要打开该样板图，并在其中绘制所需图形，不必重新设置图层等参数(文字样式、标注样式在后续章节讲解)。其样板图的保存与调用有以下几个步骤。

1. 保存样板图

另存为“图形样板 . dwt”，(注意保存路径)，如图 2-33、图 2-34 所示。

2. 调用样板图

新建一个 AutoCAD 2008 文件，弹出“选择样板”对话框，选择先前做好的图形样板文件打开即可，如图 2-35、图 2-36 所示。

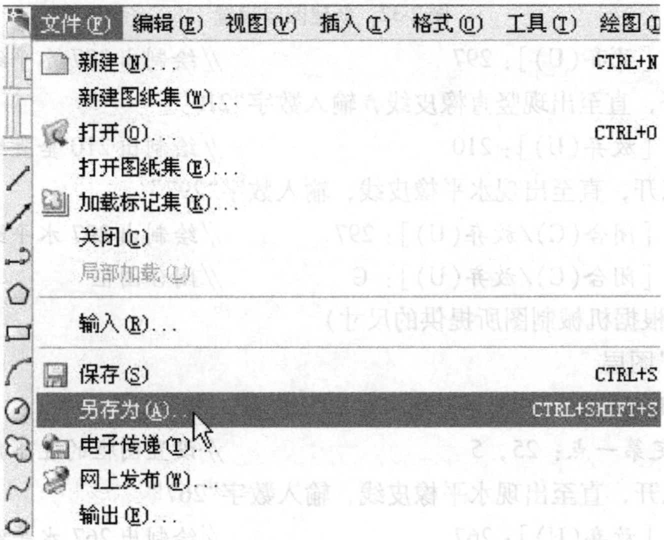

图 2-33　图形样板保存步骤一

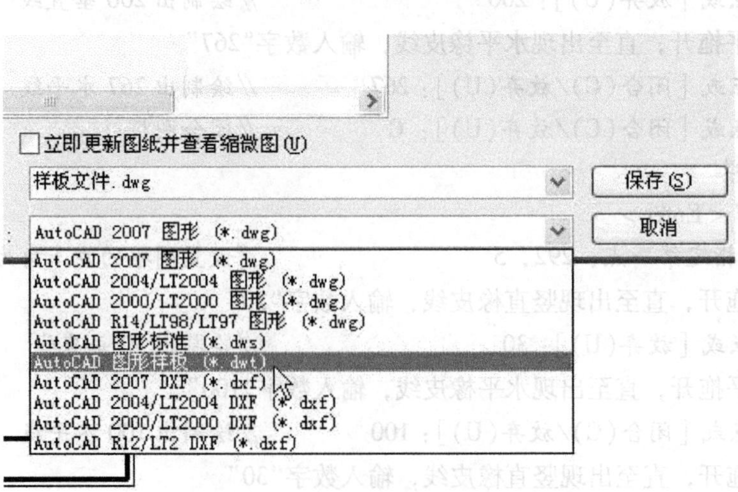

图 2-34　图形样板保存步骤二

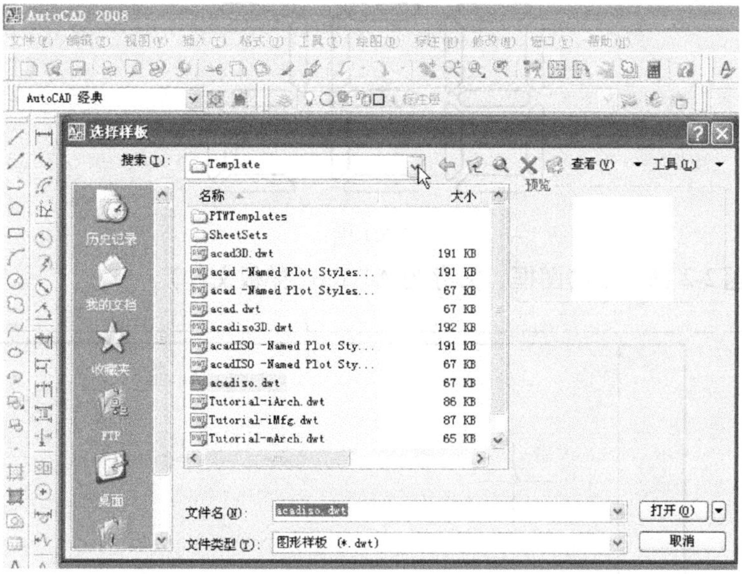

图 2-35　新建文件时弹出的“选择样板”对话框

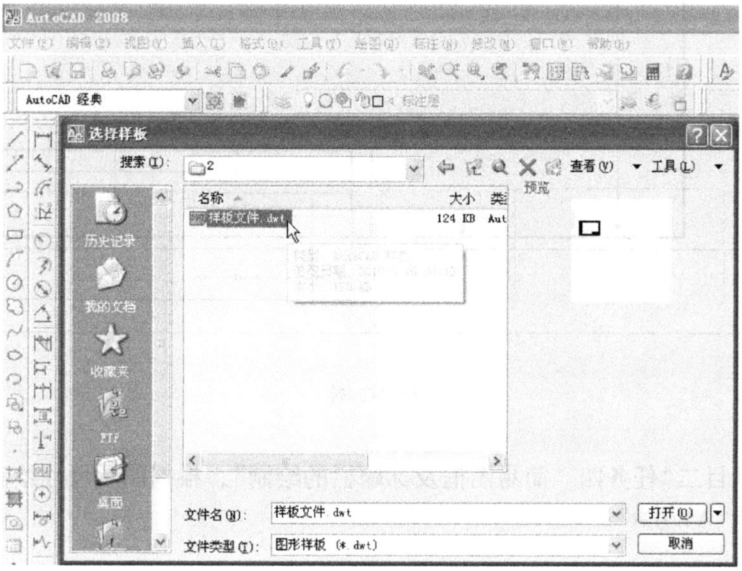

图 2-36　选择样板文件

同步练习二

2-1　打开图形文件“2-1. dwg”，利用图层命令进行数码显示，如显示“3”、“5”字样，如题 2-1 图所示。

提示：

（1）打开图形文件 2-1. dwg，创建 7 个不同颜色的图层(连续线图层)。

（2）分别选择每个封闭区域的对象移动到不同颜色的图层。

（3）先后隐藏不同颜色的图层，呈现不同的文字，如“3”，“5”等数字。

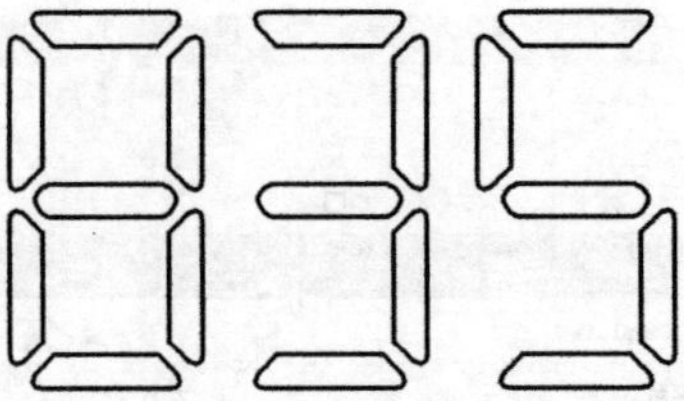

题 2-1 图

2-2　绘制题 2-2 图所示的图框，另存为 A4. dwt（样板文件）。

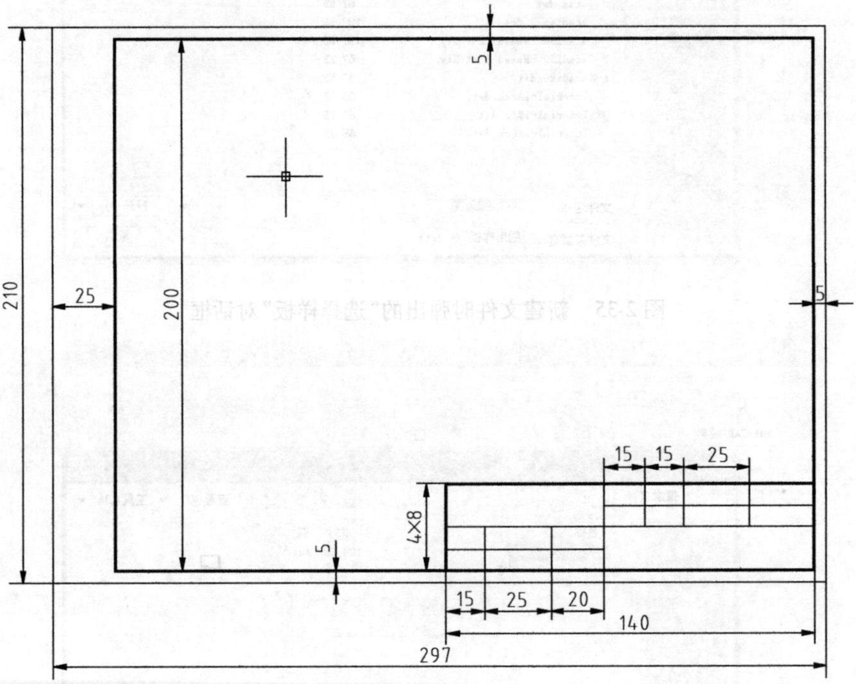

题 2-2 图

提示：

（1）参考项目二“任务四　简易图框及标题栏的绘制”，根据图示尺寸绘制图框。

（2）另存为“A4. dwt”。

项目三　绘 制 扳 手

【项目导入】

绘制图 3-1 所示扳手平面图，免标注。

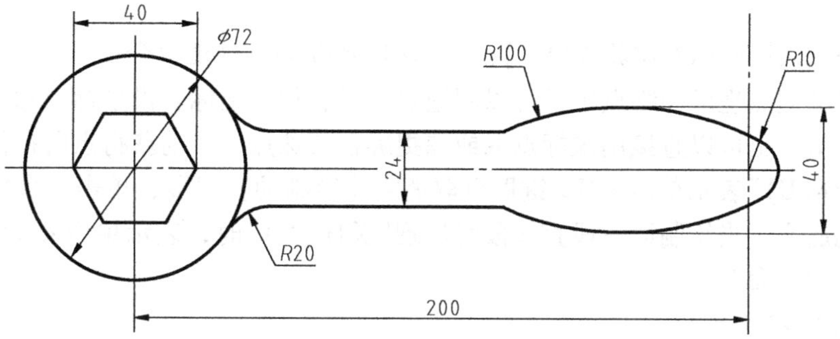

图 3-1　扳手平面图

【项目分析】

扳手平面图是一个典型的平面图形绘制案例。根据图 3-1 所示，此扳手可分为两个部分，左边是一个圆和一个正多边形，右边是一个手柄，中间是一个连接圆杆。可以先画左边，再画右边，最后连接中间、圆角部分。绘制过程将用到直线、圆(圆弧)和多边形命令以及删除、偏移、修剪、圆角等修改命令。

【学习目标】

- 掌握直线、圆(圆弧)和多边形命令的操作和运用
- 掌握删除、偏移、修剪、圆角等修改命令的操作和运用
- 熟悉 AutoCAD 简单图形的绘图思路和作图步骤
- 练习绘图辅助工具的运用

【项目任务】

任务一　直线、圆(圆弧)、矩形和多边形命令的操作和运用

任务二　删除、偏移、修剪、圆角等修改命令的操作和运用

任务三　扳手绘制实例上机指导

任务一　直线、圆(圆弧)、矩形和多边形命令的操作和运用

一、直线的绘制

直线段命令是绘图命令中最基本的命令，可以通过定义直线的第一点(起点)和下一点(终点)来精确绘制直线。在一串由多条直线段连接而成的简单图形中，每条线段都是一个单独的直线对象。

1. 命令输入

工具栏：绘图

菜单：绘图(D) ➤直线(L)

命令条目：line

2. 命令说明

指定第一点： //输入第一点(直线起点)

指定下一点或[放弃(U)]： //输入下一点(直线终点)

指定下一点或[放弃(U)]： //输入下一点(直线终点)，输入"U"可以放弃刚才绘制的直线段

…

指定下一点或[关闭(C)/放弃(U)]： //按 <Enter>键退出命令

输入直线的起点坐标和终点坐标可以用绝对坐标、相对坐标、极坐标、相对极坐标等方式输入坐标数值，也可以直接用鼠标点取或捕捉屏幕特殊点，自动获得点所在位置的坐标。

选项"放弃(U)"表示单击<U>键即可取消刚才绘制的直线段，单击一次取消一段直线段，直至回到起点。当绘制第三段直线段时出现"关闭(C)"时，表示单击<C>键可直接闭合直线段并退出该命令。

3. 命令操作实例

使用"直线"命令绘制图 3-2 所示图形，不考虑尺寸标注和中心线的绘制。

> ✧ 直线的端点坐标可以用鼠标点取，也可以用绝对坐标、相对坐标、相对极坐标、直接距离输入等方式确定，要根据实际情况，灵活应用。

操作步骤如下：

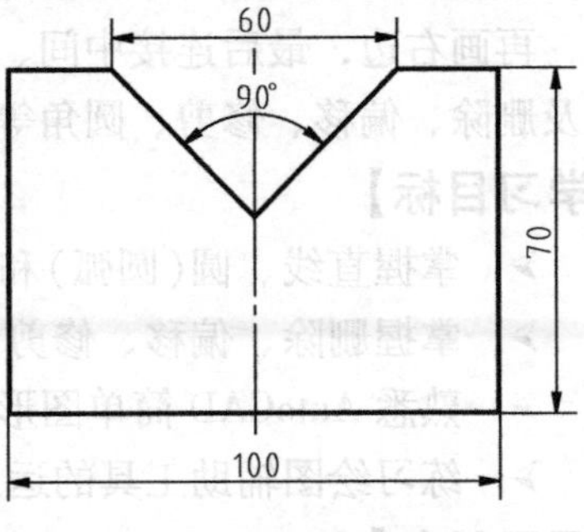

图 3-2 直线绘制实例

(1) 输入直线命令，绘制右侧图形(见图 3-2)

输入"L"

屏幕任取一点，确定水平 100mm 线起点。

向右水平拖拽鼠标，直至出现水平橡皮线，输入数字"100"，绘制出 100mm 水平线。

在右侧向上拖拽鼠标，直至出现竖直橡皮线，输入数字"70"，绘制出右边 70mm 竖直线。

向左水平拖拽鼠标，直至出现水平橡皮线，输入数字"20"，绘制出向左 20mm 水平线。

输入"@60<225"，绘制 V 字形右边的斜线，距离 60mm 为随意确定的值，只要能相交即可。

(2) 输入直线命令，绘制左侧图形(见图 3-2)

输入"L"。

在屏幕上捕捉 100mm 水平线左端点，确定左边竖直线起点。

在左侧向上拖拽鼠标，直至出现竖直橡皮线，输入数字"70"，绘制出左边 70mm 竖直线。

向右水平拖拽鼠标，直至出现水平橡皮线，输入数字"20"，绘制出向右 20mm 水平线。

输入“@60 < -45”，绘制 V 字形左边的斜线。

（3）输入修剪命令修剪图形。

输入“tr”按 < Enter > 键，接受所有线为剪切边。

拾取多余要剪除部分。剪去 V 字形下面多余的部分。

二、圆的绘制

圆命令与直线命令一样，也是绘图命令中最基本的命令。CAD 系统提供了 6 种绘制圆的方法，分别应用于不同的情况，我们可以根据给定的已知条件来选择一种适当的方法。如图 3-3 所示。

1. 命令输入

工具栏：绘图

菜单：绘图(D)➤圆(C)➤圆心、半径(R)

命令条目：circle

2. 命令说明

指定圆的圆心或【三点(3P)/两点(2P)/相切、相切、半径(T)】：指定点或输入选项。

命令说明见表 3-1。

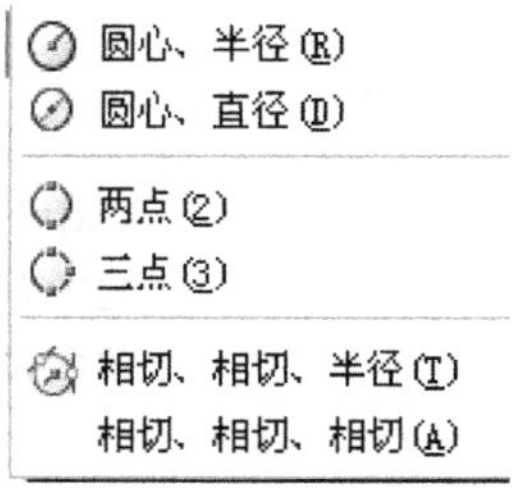

图 3-3　绘制圆的菜单

表 3-1　圆的绘制命令说明

方　式	步　骤	示　例
中 心 点	基于圆心和直径(或半径)绘制圆 指定圆的半径或[直径(D)]：指定点、输入值、输入 d 或单击 < Enter > 键	(无图)
半　径	定义圆的半径。输入半径值，或屏幕指定点“2”，系统自动测量此点与圆心的距离即半径	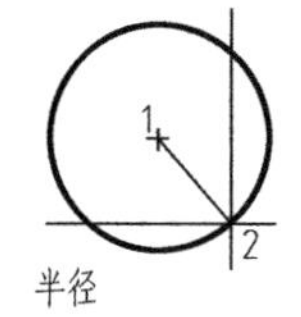
直　径	使用中心点和指定的直径长度绘制圆 指定圆的直径 < 当前 > ：输入直径值或指定点“2”，系统自动测量此点与圆心的距离即直径	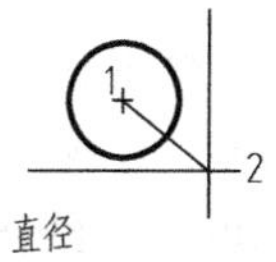
三点(3P)	通过确定圆周上的 3 个点来绘制圆 指定圆上的第一个点：指定点“1” 指定圆上的第二个点：指定点“2” 指定圆上的第三个点：指定点“3”	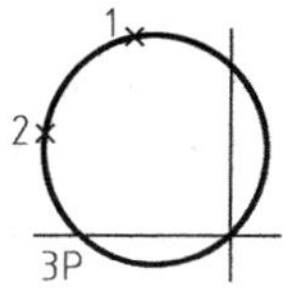
两点(2P)	通过位于圆直径上的两个端点绘制圆 指定圆的直径的第 1 个端点：指定点“1” 指定圆的直径的第 2 个端点：指定点“2”	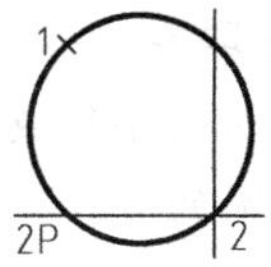

（续）

方 式	步 骤	示 例
TTR（相切、相切、半径）	绘制指定半径并与两个对象相切的圆 捕捉圆与图形对象的第一个切点：选择圆、圆弧或直线(在估计的切点附近选取) 捕捉圆与图形对象的第二个切点：选择圆、圆弧或直线(在估计的切点附近选取) 指定圆的半径＜当前＞：指定半径	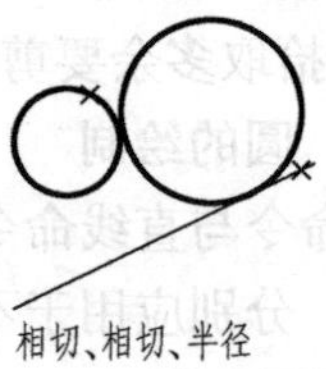 相切、相切、半径
	有时会有多个圆符合指定的条件。程序将绘制具有指定半径的圆，其切点与选定点的距离最近。即要在估计的切点附近选	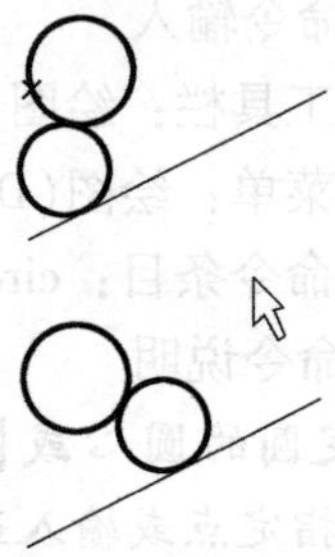

3. 操作实例

使用“直线”和“圆”命令等绘制图3-4所示图形，不考虑尺寸标注。

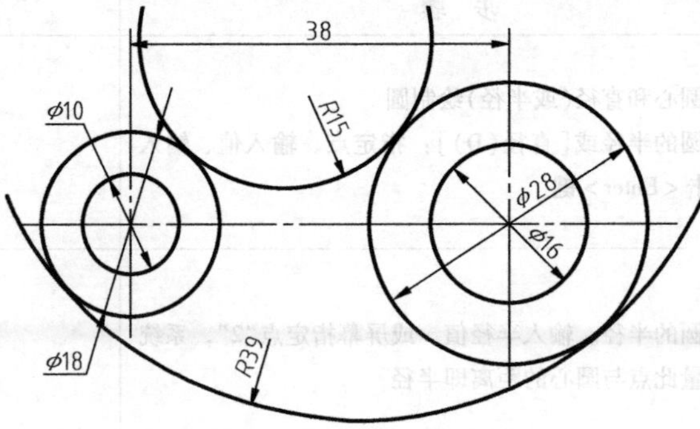

图3-4 绘制圆实例

操作步骤如下：

(1) 画中心线

🖱 选取中心线图层。

⌨ 输入“L”，屏幕任选一点开始，绘制图3-4所示中心线。(略)

(2) 画 ϕ10 圆

🖱 选取“粗实线”图层。

⌨ 输入“C”按＜Enter＞键。

命令：circle 指定圆的圆心或[三点(3P)/两点(2P)/相切、相切、半径(T)]：

🖱 点取左中心线交点　　//指定左中心线交点为圆心点

指定圆的半径或[直径(D)]d　　//可直接输入半径“5”或输入“d”

指定圆的直径＜0.0000＞：10　　//输入直径“10”，完成 ϕ10 圆

(3) 画 ϕ18 圆

输入“C”按 <Enter> 键

命令：circle 指定圆的圆心或[三点(3P)/两点(2P)/相切、相切、半径(T)]：

点取左中心线交点　　//指定左中心线交点为圆心点

指定圆的半径或[直径(D)]d　　//可直接输入半径“9”或输入“d”

指定圆的直径 <0.0000>：18　　//输入直径“18”，完成 ϕ18 圆

(4) 画 ϕ16 圆

输入“C”按 <Enter> 键。

命令：circle 指定圆的圆心或[三点(3P)/两点(2P)/相切、相切、半径(T)]：

点取左中心线交点　　//指定左中心线交点为圆心点

指定圆的半径或[直径(D)]d　　//可直接输入半径“8”或输入“d”

指定圆的直径 <0.0000>：16　　//输入直径“16”，完成 ϕ16 圆

(5) 画 ϕ28 圆

输入“C”按 <Enter> 键。

命令：circle 指定圆的圆心或[三点(3P)/两点(2P)/相切、相切、半径(T)]：

点取左中心线交点　　//指定左中心线交点为圆心点

指定圆的半径或[直径(D)]d　　//可直接输入半径“14”或输入“d”

指定圆的直径 <0.0000>：28　　//输入直径“28”，完成 ϕ28 圆

(6) 画 R15 圆

命令：circle 指定圆的圆心或[三点(3P)/两点(2P)/相切、相切、半径(T)]：

输入“T”按 <Enter> 键　　//采用“相切、相切、半径”方式

指定对象与圆的第 1 个切点：　　//点取 ϕ18 圆(两中心线内侧位置)

指定对象与圆的第 2 个切点：　　//点取 ϕ28 圆(两中心线内侧位置)

指定圆的半径 <0.0000>：15　　//完成 R15 圆

(7) 画 R39 圆

命令：circle 指定圆的圆心或[三点(3P)/两点(2P)/相切、相切、半径(T)]：

输入“T”按 <Enter> 键　　//采用“相切、相切、半径”方式

指定对象与圆的第 1 个切点：　　//点取 ϕ18 圆(两中心线外侧位置)

指定对象与圆的第 2 个切点：　　//点取 ϕ28 圆(两中心线外侧位置)

指定圆的半径 <0.0000>：39　　//完成 R39 圆

三、圆弧的绘制

圆弧和圆一样有许多绘制方法，由于需要确定圆弧首尾位置，因此其绘制方法和圆有一些不同。Auto CAD 系统分 5 组提供了 11 种绘制方法，如图 3-5 所示。大多数情况下还可以用画好圆再修剪的方法来代替圆弧的绘制。

1. 命令输入

工具栏：绘图

菜单：绘图(D)➤圆弧(A)➤三点(P)

命令条目：arc

2. 命令说明

指定圆弧的起点或[中心(C)]：通过从圆弧的起点和圆心开始，确定后续端点、角度、

长度等选项，组合完成 11 种绘制圆弧的方法。

图 3-5 绘制圆弧菜单

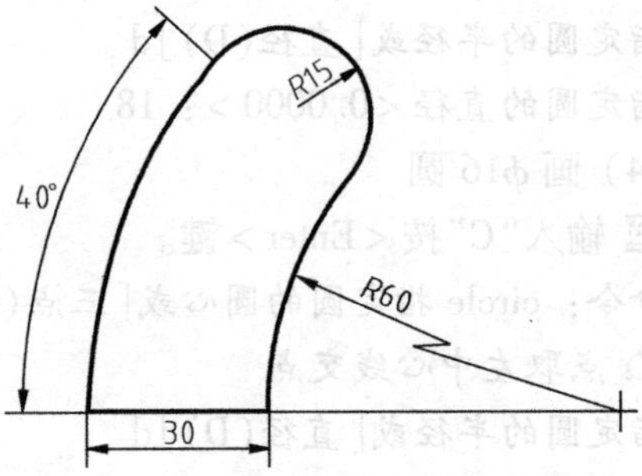

图 3-6 圆弧绘制实例

3. 操作实例

步骤：

(1) 画中心线

选取中心线图层。

输入“L” <Enter>键，屏幕任点一点开始，绘制如图 3-6 中心线。 //水平方向 90 长

(2) 画 30 直线

选取粗实线图层。

输入“L”按 <Enter>键。

命令：line 指定第一点： //确定水平线 30 的起点，选取中心线的左端点

向右水平拖开，直至出现水平橡皮线，输入数字“30” //绘制出 30 的水平线

(3) 画 *R*60 圆弧

输入“arc”按 <Enter>键。

命令：arc 指定圆弧的起点或[圆心(C)]： //选取 30 直线右端点

指定圆弧的第二个点或[圆心(C)/端点(E)]C： //输入“C”

指定圆弧的圆心： //选取中心线右端点作为圆心

指定圆弧的端点或[角度(A)/弦长(L)]：A //输入“A”

指定包含角：-40 //输入 -40，完成 40°*R*60 的圆弧

(4) 画 *R*90 圆弧

输入“arc”按 <Enter>键。

命令：arc 指定圆弧的起点或[圆心(C)]： //选取 30 直线左端点

指定圆弧的第二个点或[圆心(C)/端点(E)]：C //输入“C”

指定圆弧的圆心： //选取中心线右端点作为圆心

指定圆弧的端点或[角度(A)/弦长(L)]：A //输入“A”

指定包含角：-40 //输入-40，完成40°*R*90的圆弧

(5) 画*R*15圆弧

输入"arc"按<Enter>键。

命令：arc 指定圆弧的起点或[圆心(C)]： //选取*R*60圆弧上端点

指定圆弧的第二个点或[圆心(C)/端点(E)]：E //输入"E"，选择端点命令

指定圆弧的端点： //选取*R*90圆弧上端点

指定圆弧的圆心或[角度(A)/方向(D)/半径(R)]：R //输入"R"，选择半径命令

指定圆弧的半径：15 //输入15，完成*R*15的圆弧

> ✧ AutoCAD系统默认以逆时针方向为正方向，包含角度输入负值则绘制出顺时针圆弧。
>
> ✧ 当圆弧的半径为负值时，所画圆弧为优弧(大于半圆的弧)，否则为劣弧(小于半圆的弧)。

四、矩形的绘制

矩形也是工程图样中常见的元素之一，可通过定义两个对角点来绘制矩形，同时可以设定其宽度、圆角和倒角等。

1. 命令输入

菜单栏：【绘图】

工具栏：标准▶矩形

命令条目：rectang

2. 命令说明

启用"矩形"命令后，命令行提示如下：

指定第一个角点或[倒角(C)/标高(E)/圆角(F)/厚度(T)/宽度(W)]：

☆ 【指定第一角点】 定义矩形的一个顶点。

☆ 【指定另一个角点】 定义矩形的另一个角点。

☆ 【倒角(C)】 绘制带倒角的矩形。

第一倒角距离——定义第一倒角距离。

第二倒角距离——定义第二倒角距离。

☆ 【圆角(F)】 绘制带圆角的矩形。

矩形的圆角半径——定义圆角的半径。

☆ 【宽度(W)】 定义矩形的线宽。

☆ 【标高(E)】 矩形的高度。

☆ 【厚度(T)】 矩形的厚度。

3. 操作实例

绘制图3-7所示4种矩形。

命令：_rectang //启动"矩形"命令按钮

指定第一个角点或[倒角(C)/标高(E)/圆角(F)/厚度(T)/宽度(W)]：

//点选*A*点，按<Enter>键

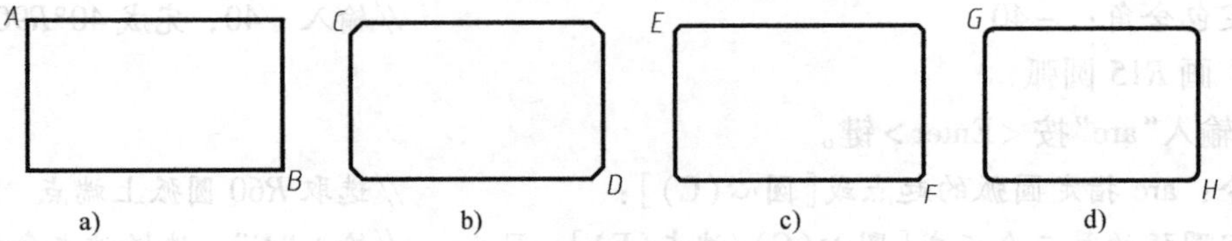

图 3-7 绘制矩形图例

a) 宽度为零 b) 倒角 2×45° c) 圆角为"R"2 d) 宽度为"1"，圆角为"2"

指定另一个角点或[面积(A)/尺寸(D)/旋转(R)]： //点选 *B* 点，按 <Enter> 键

结果如图 3-7a 所示。

命令：_rectang //按 <Enter> 键，重复"矩形"命令

指定第一个角点或[倒角(C)/标高(E)/圆角(F)/厚度(T)/宽度(W)]：C

//输入"C"，设置倒角

指定矩形的第一个倒角距离 <0.0000>：2 //第一倒角距离为"2"

指定矩形的第二个倒角距离 <2.0000>： //按 <Enter> 键

指定第一个角点或[倒角(C)/标高(E)/圆角(F)/厚度(T)/宽度(W)]：

//点选 *C* 点，按 <Enter> 键

指定另一个角点或[面积(A)/尺寸(D)/旋转(R)]： //点选 *D* 点，按 <Enter> 键

结果如图 3-7b 所示。

命令：_rectang //启动"矩形"命令按钮

指定第一个角点或[倒角(C)/标高(E)/圆角(F)/厚度(T)/宽度(W)]：F

//输入"F"，设置圆角

指定矩形的圆角半径 <2.0000>： //圆角半径设置为"2"

指定第一个角点或[倒角(C)/标高(E)/圆角(F)/厚度(T)/宽度(W)]：

//点选 *E* 点，按 <Enter> 键

指定另一个角点或[面积(A)/尺寸(D)/旋转(R)]： //点选 *F* 点，按 <Enter> 键

结果如图 3-7c 所示。

命令：_rectang //按 <Enter> 键，重复"矩形"命令

当前矩形模式：圆角 =2.0000 //当前圆角半径为"2"

指定第一个角点或[倒角(C)/标高(E)/圆角(F)/厚度(T)/宽度(W)]：W

//输入"W"，设置线的宽度

指定矩形的线宽 <0.0000>：1 //线宽值为"1"

指定第一个角点或[倒角(C)/标高(E)/圆角(F)/厚度(T)/宽度(W)]：

//点选 *G* 点，按 <Enter> 键

指定另一个角点或[面积(A)/尺寸(D)/旋转(R)]： //点选 *H* 点，按 <Enter> 键

结果如图 3-7d 所示。

✧ 绘制的矩形是一个整体，编辑时必须通过分解命令使之分解成单个的线段，同时，矩形也失去了线宽性质。

五、多边形的绘制

AutoCAD 系统可以绘制 3 ~ 1024 条边的多边形。有两类绘制方法：一类是知道中心点且与圆相关；另一类是知道一条边的边长及位置（E 方式）。与圆相关的有圆内接多边形（I 方式）和圆外切多边形（C 方式）。I 方式指定外接圆的半径，正多边形的所有顶点都在此圆周上。C 方式指定从正多边形中心点到各边中点的距离，如图 3-8 所示。

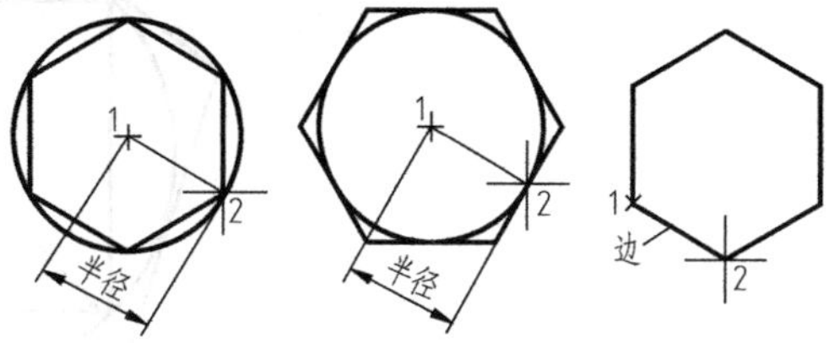

a)　　b)　　c)

图 3-8　正多边形绘图方式

a) I 方式　b) C 方式　c) E 方式

1. 命令输入

工具栏：绘图

菜单：绘图（D）➤正多边形（Y）

命令条目：polygon

输入边数（当前）：输入介于 3 和 1024 之间的值

指定多边形的中心点或[边（E）]：指定点“1”或输入 e

2. 命令说明

正多边形绘制命令说明见表 3-2，绘制实例如图 3-9 所示。

表 3-2　正多边形绘制命令说明

方式		步骤	示例
正多边形中心点	—	定义正多边形中心点 输入选项[内接于圆（I）/外切于圆（C）]<当前>：输入 i 或 c，单击<Enter>键	（无图）
	内接于圆	指定外接圆半径，正多边形的所有顶点都在此圆周上 指定圆半径：指定点“2”或输入数值 用鼠标指定圆半径，将同时确定正多边形的旋转角度和大小 输入圆半径数值将水平放置正多边形	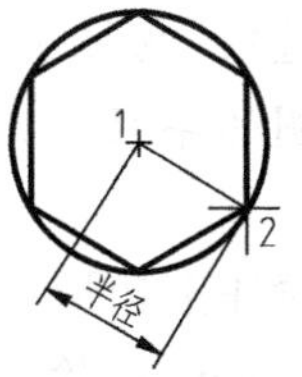
	外切于圆	指定从正多边形中心点到各边中点的距离 指定圆的半径：指定点“2”或输入数值 用鼠标指定半径，将同时确定正多边形的旋转角度和大小 输入半径数值将水平放置正多边形	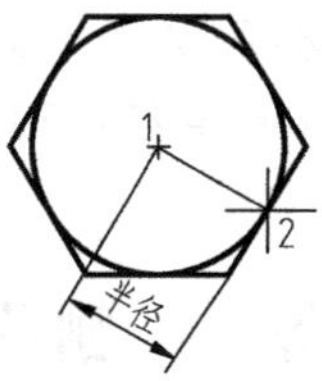
边	—	通过确定多边形的一条边来定义正多边形。此边通过指定边的两个端点来确定边的位置和大小 指定边的第一个端点：指定点“1” 指定边的第二个端点：指定点“2”	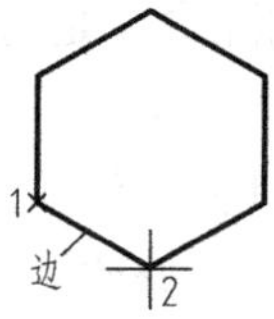

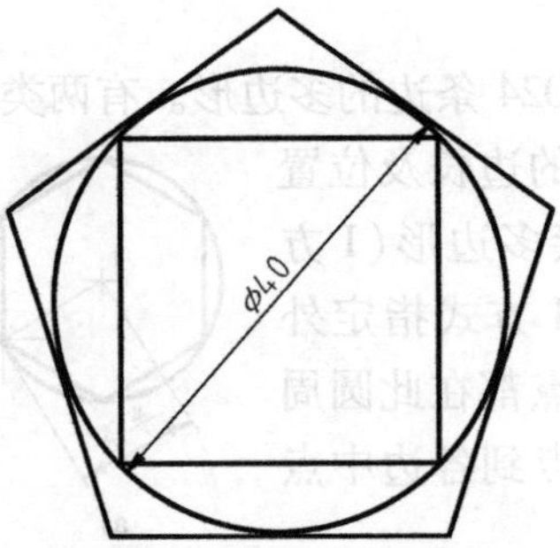

图 3-9 正多边形绘制实例

3. 操作实例

步骤：

(1) 画 ϕ40 圆

选取粗实线图层

输入“C”按 <Enter> 键

命令：circle 指定圆的圆心或[三点(3P)/两点(2P)/相切、相切、半径(T)]：

点取屏幕任一点 //指定圆心位置

指定圆的半径或[直径(D)]d //可直接输入半径“20”或输入“d”

指定圆的直径 <0.0000>：40 //输入直径“40”，完成 ϕ40 圆

(2) 画正四边形

命令：_polygon 输入边的数目 <4>： //默认为“4”，可直接单击 <Enter> 键或 <空格> 键

指定正多边形的中心点或[边(E)]： //选取 ϕ40 圆的圆心

输入选项[内接于圆(I)/外切于圆(C)] <I>：I //输入“I”，选择内接于圆的命令

指定圆的半径：20 //输入内接圆半径“20”，完成正四边形的绘制

(3) 画正五边形

命令：polygon 输入边的数目 <4>：5 //输入“5”，绘制五边形

指定正多边形的中心点或[边(E)]： //选取 ϕ40 圆的圆心

输入选项[内接于圆(I)/外切于圆(C)] <I>：C //输入“C”，选择外切于圆的命令

指定圆的半径：20 //输入内接圆半径“20”，完成正五边形的绘制

任务二 删除、偏移、修剪、圆角等修改命令的操作和运用

一、删除

使用删除命令是将图形中没有价值的图形对象删除掉，如图 3-10 所示。

1. 命令输入

工具栏：修改

菜单：修改▶删除

快捷菜单：选择要删除的对象，在绘图区单击鼠标右键，在弹出的快捷菜单中单击“删

除”选项。

命令条目：erase

2. 命令说明

命令：erase

选择对象：//使用对象选择方法并在完成选择对象时单击 <Enter> 键，选中的图形就被删除。

3. 操作实例

命令：_erase　　//选择“删除”命令按钮或输入“E”

选择对象：找到 1 个　　//单击圆

选择对象：　　//按 <Enter> 键或 <空格> 键

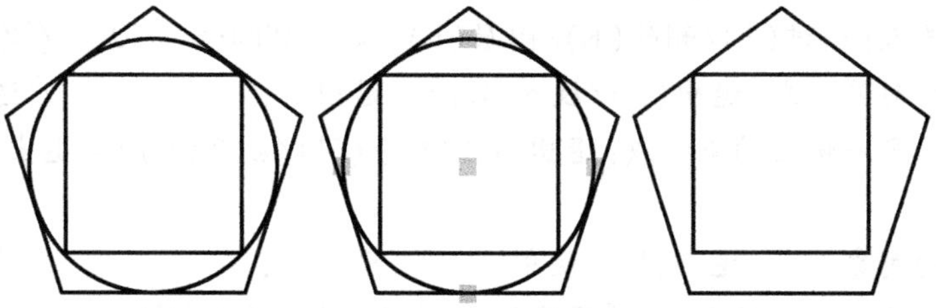

a)　　b)　　c)

图 3-10　删除图例

a）删除前　b）选中对象　c）删除后

二、偏移

绘图过程中，可以将单一对象偏移，从而产生复制的对象。偏移时可根据偏移距离重新计算其大小。偏移对象可以是直线、曲线、圆、封闭图形等。

1. 命令输入

工具栏：修改

菜单：修改▶偏移

命令条目：offset

2. 命令说明

命令：_offset

指定偏移距离或[通过(T)/删除(E)/图层(L)]

指定偏移距离

选择要偏移的对象，或[退出(E)/放弃(U)] <退出>：

指定要偏移的那一侧上的点，或[退出(E)/多个(M)/放弃(U)] <退出>：

☆ 【指定偏移距离或[通过(T)] <当前值>】 输入偏移距离，该距离可以通过键盘输入，也可以通过点取两点来确定。通过(T)指偏移的对象将通过随后点取的点。

☆ 【选择要偏移的对象或 <退出>】 选择要偏移的对象，单击 <Enter> 键则退出偏移命令。

☆ 【指定点以确定偏移所在一侧】 指定点来确定往那个方向偏移。

3. 操作实例

将图 3-11 所示的直线、圆分别向右偏移 20 个单位(mm)。

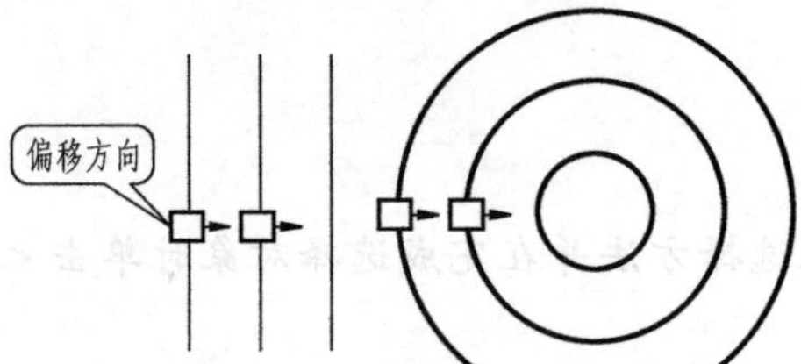

图 3-11 偏移直线、圆

命令：_offset //单击“偏移”命令按钮或输入“0”
当前设置：删除源 = 否 图层 = 源 OFFSETGAPTYPE = 0 //按 <Enter>键
指定偏移距离或[通过(T)/删除(E)/图层(L)] <30.0000>：20 //输入偏移距离
选择要偏移的对象，或[退出(E)/放弃(U)] <退出>： //选择直线
指定要偏移的那一侧上的点，或[退出(E)/多个(M)/放弃(U)] <退出>：
//向右侧单击
选择要偏移的对象，或[退出(E)/放弃(U)] <退出>： //选择第 2 条直线
指定要偏移的那一侧上的点，或[退出(E)/多个(M)/放弃(U)] <退出>：
//向右侧单击
选择要偏移的对象，或[退出(E)/放弃(U)] <退出>： //选择圆
指定要偏移的那一侧上的点，或[退出(E)/多个(M)/放弃(U)] <退出>：
//向内单击
选择要偏移的对象，或[退出(E)/放弃(U)] <退出>： //选择第 2 个圆
指定要偏移的那一侧上的点，或[退出(E)/多个(M)/放弃(U)] <退出>：
//向内单击

三、修剪

绘图过程中经常需要修剪图形，将超出的部分去掉，以使图形精确相交。修剪命令是比较常用的编辑工具，用户在绘图过程中通常是先粗略绘制一些线段，然后使用修剪命令将多余的线段修剪掉。

1. 命令输入

工具栏：修改

菜单：修改▶修剪

命令条目：trim

2. 命令说明

命令：_trim
当前设置：投影 = UCS，边 = 无
选择剪切边...
选择对象或 <全部选择>：
选择对象：
选择要修剪的对象，或按住 <Shift>键选择要延伸的对象，或[栏选(F)/窗交(C)/投影

(P)/边(E)/删除(R)/放弃(U)]：E

输入隐含边延伸模式[延伸(E)/不延伸(N)]<不延伸>：

☆【选择剪切边... 选择对象】 提示选择剪切边，选择对象作为剪切边界。

☆【选择要修剪的对象】 选择要修剪的对象。

☆【栏选(F)】 此选项为使用"栏选"的方式进行剪切。

☆【窗交(C)】 以窗口相交方式剪切对象。

☆【边(E)】 边选项是修剪图形方式之一。输入"E"，按<Enter>键，执行该选项时，系统有如下提示：

输入隐含边延伸模式[延伸(E)/不延伸(N)]<不延伸>：

延伸(E)：输入"E"，单击<Enter>键，则系统按照延伸方式修剪，如果剪切边界没有与被剪切边相交，则不能按正常方式进行修剪，此时系统会假设将剪切边延长，然后再进行修剪。

[不延伸(N)]：输入"N"，单击<Enter>键，则系统按照剪切边界与剪切的实际相交情况修剪。如果被剪切边与剪切边没有相交，则不进行修剪。

放弃(U)：输入"U"，单击<Enter>键，放弃上一次操作。

> ✧ 修剪命令的操作要点是：要有两条相交的线(直线或圆弧等均可)，假想一条线为剪刀，另一条线则为被修剪对象，也可互剪。要注意的是，剪切边选择完毕后要单击<Enter>键，结束前剪切边的选择，再选择被修剪对象。初学者常常不注意结束剪切边的选择，系统认为还仍在选择剪切边，而导致操作不成功。

3. 操作实例

(1) 如图3-12所示，通过"修剪"命令，将图3-12a剪切成图3-12b所示的样子。

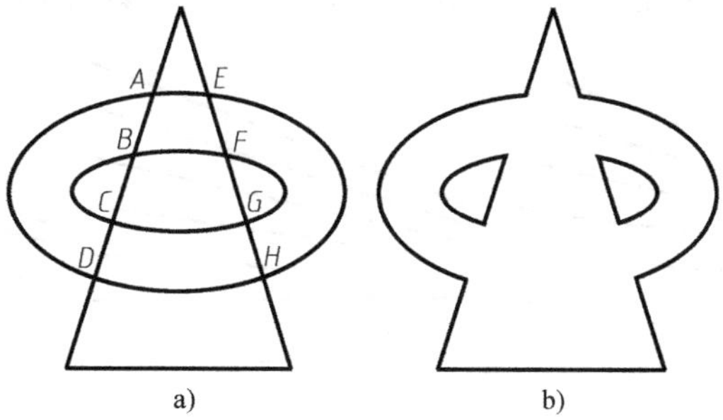

图3-12　修剪图例

a) 修剪前　b) 修剪后

命令：_trim	//选择"剪切"命令按钮
当前设置：投影=UCS，边=无	
选择剪切边......	
选择对象或<全部选择>：找到1个	//单击选择直线*AB*作为剪切边
选择对象：找到1个，总计2个	//单击选择直线*FH*作为剪切边
选择对象：	//按<Enter>键

选择要修剪的对象，或按住<Shift>键选择要延伸的对象，或
[栏选(F)/窗交(C)/投影(P)/边(E)/删除(R)/放弃(U)]： //点选线段*AE*
选择要修剪的对象，或按住<Shift>键选择要延伸的对象，或
[栏选(F)/窗交(C)/投影(P)/边(E)/删除(R)/放弃(U)]： //点选线段*BF*
选择要修剪的对象，或按住<Shift>键选择要延伸的对象，或
[栏选(F)/窗交(C)/投影(P)/边(E)/删除(R)/放弃(U)]： //点选线段*CG*
选择要修剪的对象，或按住<Shift>键选择要延伸的对象，或
[栏选(F)/窗交(C)/投影(P)/边(E)/删除(R)/放弃(U)]： //点选线段*DH*
命令：_trim //选择"剪切"命令按钮
当前设置：投影=UCS，边=无
选择剪切边......
选择对象或<全部选择>：找到 1 个 //单击大椭圆作为剪切边
选择对象：找到 1 个，总计 2 个 //单击小椭圆作为剪切边
选择对象： //按住<Enter>键
选择要修剪的对象，或按住<Shift>键选择要延伸的对象，或
[栏选(F)/窗交(C)/投影(P)/边(E)/删除(R)/放弃(U)]： //点选线段*AB*
选择要修剪的对象，或按住<Shift>键选择要延伸的对象，或
[栏选(F)/窗交(C)/投影(P)/边(E)/删除(R)/放弃(U)]： //点选线段*CD*
选择要修剪的对象，或按住<Shift>键选择要延伸的对象，或
[栏选(F)/窗交(C)/投影(P)/边(E)/删除(R)/放弃(U)]： //点选线段*EF*
选择要修剪的对象，或按住<Shift>键选择要延伸的对象，或
[栏选(F)/窗交(C)/投影(P)/边(E)/删除(R)/放弃(U)]： //点选线段*GH*

结果如图 3-12b 所示。

(2) 如图 3-13 所示，采用"栏选"方式选择剪切边界，修剪图形。

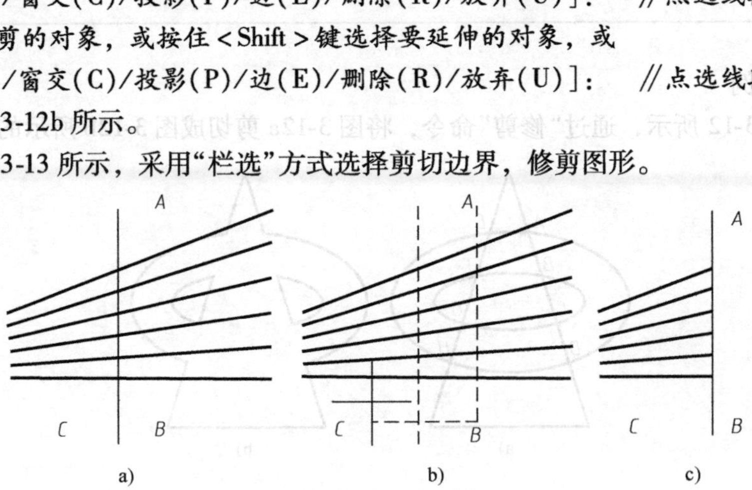

图 3-13 "栏选"方式修剪图例
a) 修剪前 b) 栏选过程 c) 修剪后

命令：_trim //选择剪切工具按钮
当前设置：投影=UCS，边=无
选择剪切边...
选择对象或<全部选择>：找到 1 个 //单击所选*AB*线段为剪切边

选择对象： //按 <Enter> 键

选择要修剪的对象，或按住 <Shift> 键选择要延伸的对象，或

[栏选(F)/窗交(C)/投影(P)/边(E)/删除(R)/放弃(U)]F //输入“f”选择“栏选”命令

指定第一个栏选点： //单击 *A* 点

指定下一个栏选点或[放弃(U)]： //单击 *B* 点

指定下一个栏选点或[放弃(U)]： //单击 *C* 点

选择要修剪的对象，或按住 <Shift> 键选择要延伸的对象，或

[栏选(F)/窗交(C)/投影(P)/边(E)/删除(R)/放弃(U)]： //按 <Enter> 键

(3) 如图 3-14 所示，采用“窗交”方式选择剪切边界，修剪图形。

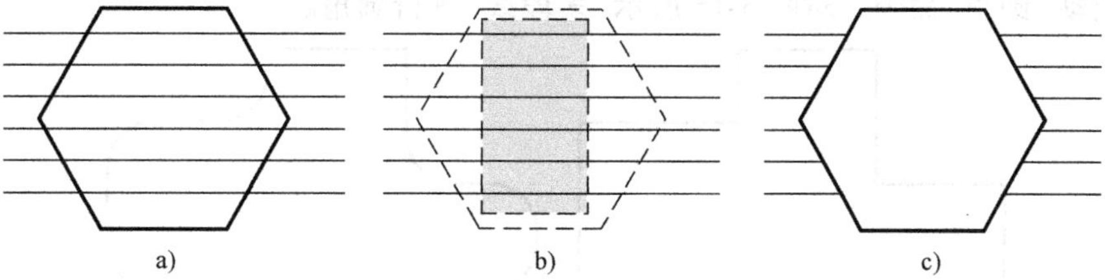

图 3-14 “窗交”方式修剪图例

a) 修剪前 b) 窗交过程 c) 修剪后

命令：_trim //选择剪切工具按钮

当前设置：投影 = UCS，边 = 无

选择剪切边......

选择对象或 <全部选择>：找到 1 个 //单击选择六边形为剪切边

选择对象： //按 <Enter> 键

选择要修剪的对象，或按住 <Shift> 键选择要延伸的对象，或

[栏选(F)/窗交(C)/投影(P)/边(E)/删除(R)/放弃(U)]F

//输入“C”选择“窗交”命令

指定第一个角点： //单击六边形内右上角点

指定对角点： //单击六边形内左下角点

选择要修剪的对象，或按住 <Shift> 键选择要延伸的对象，或

[栏选(F)/窗交(C)/投影(P)/边(E)/删除(R)/放弃(U)]： //按 <Enter> 键

结果如图 3-14c 所示。

四、圆角

通过圆角可将两个图形对象之间绘制成光滑的过渡圆弧线。启动“圆角”命令有 3 种方法。

1. 命令输入

工具栏：修改

菜单：修改➤圆角

命令条目：fillet

2. 命令说明

命令：_fillet

当前设置：模式 = 修剪，半径 = 0.0000

选择第一个对象或[放弃(U)/多段线(P)/半径(R)/修剪(T)/多个(M)]：

☆【多段线(P)】 用于在多段线的每个顶点处进行倒圆角。可以使整个图形的多段线圆角相同，如果多段线的距离小于圆角的距离，将不被圆角。

☆【半径(R)】 用于设置圆角的半径。

☆【修剪(T)】 用于控制圆角操作是否修剪对象。

☆【多个(M)】 用于为多个对象集进行圆角操作，此时 AutoCAD 系统将重复显示提示命令，直到单击 <Enter> 键结束为止。

☆【放弃(U)】 用于恢复在命令中执行的上一个操作。

3. 操作实例

(1) 启动“圆角”命令，对图 3-15 所示“多段线”进行圆角。

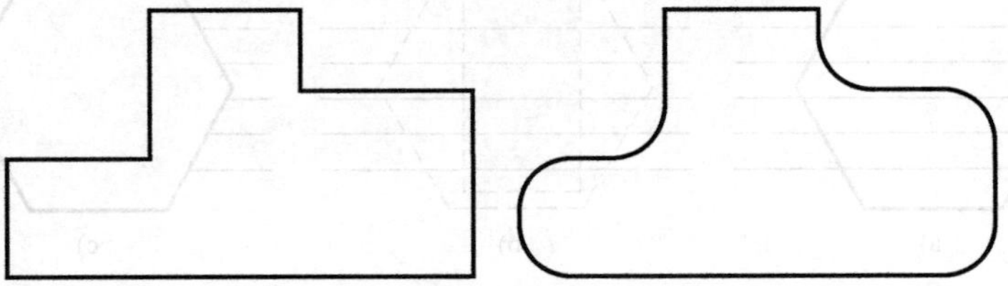

a)　　b)

图 3-15 对“多段线”倒圆角

a) 倒角前 b) 倒角后

命令：_fillet　　//单击“圆角”命令按钮

当前设置：模式 = 修剪，半径 = 5.0000　//当前半径

选择第一个对象或[放弃(U)/多段线(P)/半径(R)/修剪(T)/多个(M)]：

　　//输入“r”选择半径选项，按 <Enter> 键

指定圆角半径 <5.0000>：　　//输入圆角半径值 10，按 <Enter> 键

选择第一个对象或[放弃(U)/多段线(P)/半径(R)/修剪(T)/多个(M)]：

　　//输入“p”，选择“多段线”选项，按 <Enter> 键

选择二维多段线：　　//选择多段线

6 条直线已被倒圆角

1 条太短　　//显示被圆角线段数量

结果如图 3-15b 所示。

(2) 对图 3-16 所示图形进行“不修剪”和“修剪”处理。

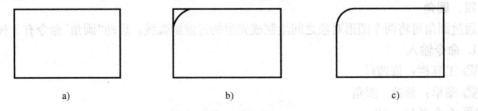

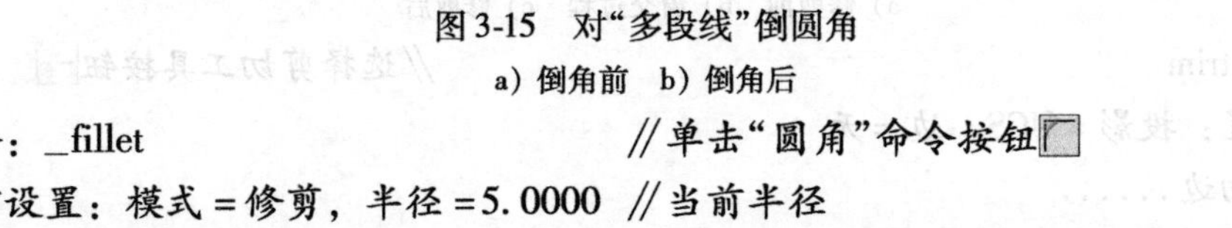

a)　　b)　　c)

图 3-16 设置倒圆角修剪

a) 原图 b) 不修剪 c) 修剪

命令：_fillet　　//单击“圆角”命令按钮

当前设置：模式 = 不修剪，半径 = 10.0000 //当前半径

选择第一个对象或[放弃(U)/多段线(P)/半径(R)/修剪(T)/多个(M)]：

//选择图 3-16a 的左边竖线

选择第二个对象，或按住 <Shift> 键选择要应用角点的对象：

//选择图 3-16a 所示四边形的上边线

结果如图 3-16b 所示。

命令：_fillet //单击"圆角"命令按钮

选择第一个对象或[放弃(U)/多段线(P)/半径(R)/修剪(T)/多个(M)]：T

//输入"T"，选择修剪选项

输入修剪模式选项[修剪(T)/不修剪(N)] <修剪>：T

//输入"T"，选择修剪选项，按 <Enter> 键

选择第一个对象或[放弃(U)/多段线(P)/半径(R)/修剪(T)/多个(M)]：

//选择图 3-16a 的左边竖线

选择第二个对象，或按住 <Shift> 键选择要应用角点的对象：

//选择图 3-16a 所示四边形的上边线

结果如图 3-16c 所示。

任务三 扳手绘制实例上机指导

绘制图 3-1 所示扳手平面图形，免标注。

1. 画中心线(用偏移方式)(见图 3-17)

选取中心线图层。

输入"L" <Enter>，屏幕任选一点开始，向右水平拖曳鼠标。直至出现水平橡皮线，输入数字"300"，水平方向 300mm 长

输入"L"按 <Enter> 键，绘制左边垂直中心线，垂直方向 100mm 长(中点与水平中心线相交)

命令："o" //单击"偏移"命令按钮或输入"o"

当前设置：删除源 = 否 图层 = 源 OFFSETGAPTYPE = 0

//按 <Enter> 键

指定偏移距离或[通过(T)/删除(E)/图层(L)] <30.0000>：200

//输入偏移距离 200

选择要偏移的对象，或[退出(E)/放弃(U)] <退出>：

//选择左边垂直中心线

指定要偏移的那一侧上的点，或[退出(E)/多个(M)/放弃(U)] <退出>：

//向右侧任一点单击

命令："o" //单击偏移命令按钮或输入"o"

当前设置：删除源 = 否 图层 = 源 OFFSETGAPTYPE = 0

//按 <Enter> 键

指定偏移距离或[通过(T)/删除(E)/图层(L)] <30.0000>：20

//输入偏移距离

//偏移水平中心线上下各一条，作为绘制 $R100$mm 圆弧的参考边

选择要偏移的对象，或[退出(E)/放弃(U)]<退出>：//选择水平中心线

指定要偏移的那一侧上的点，或[退出(E)/多个(M)/放弃(U)]<退出>：

//向上侧单击，向下侧单击，绘制上下两条 $R100$mm 圆弧参考线

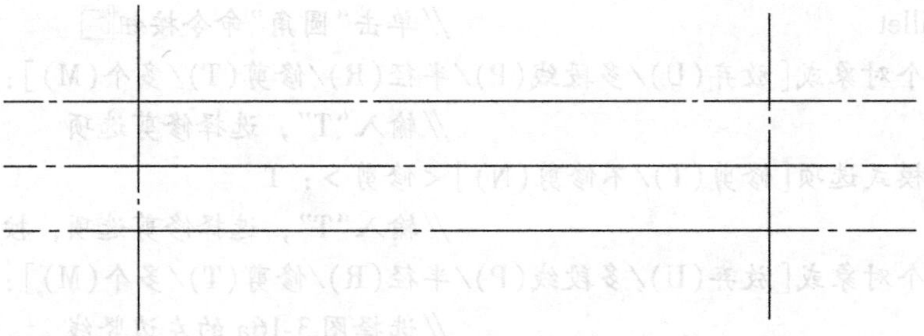

图 3-17 画扳手中心线

2. 画正六边形(见图 3-18)

选取粗实线图层。

输入“POL”按<Enter>键，单击正多边形命令按钮或输入“POL”。

命令：polygon 输入边的数目<4>：6 //输入“6”，绘制正六边形

指定正多边形的中心点或[边(E)]： //选取左边中心线交点作为中心点

输入选项[内接于圆(I)/外切于圆(C)]<I>：C //输入“C”，选择外切于圆的命令

指定圆的半径：20 //输入内接圆半径“20”，完成正六边形的绘制

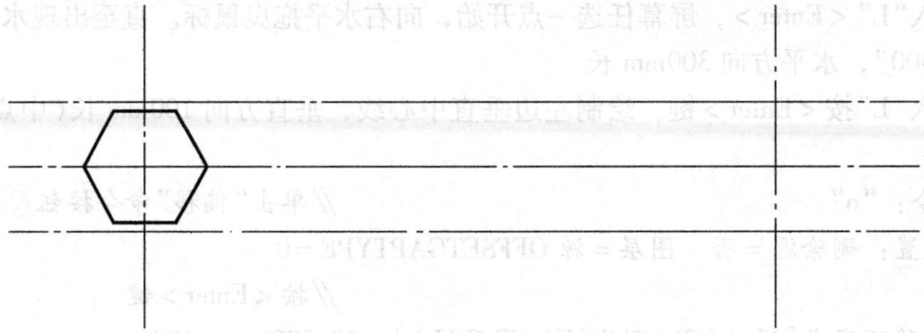

图 3-18 画扳手正六边形

3. 画 $\phi72$ 圆(见图 3-19)

输入“C”<Enter>。

命令：circle 指定圆的圆心或[三点(3P)/两点(2P)/相切、相切、半径(T)]：

点取左中心线交点 //指定左中心线交点为圆心点

指定圆的半径或[直径(D)]d //可直接输入半径“36”或输入“d”

指定圆的直径<0.0000>：72 //输入直径“72”，完成 $\phi72$ 圆

4. 画 $R10$ 圆弧(画圆后修剪)(见图 3-20)

输入“C”<Enter>。

命令：circle 指定圆的圆心或[三点(3P)/两点(2P)/相切、相切、半径(T)]：

点取右中心线交点　　//指定右中心线交点为圆心点

指定圆的半径或[直径(D)]d　　//可直接输入半径“10”或输入“d”

指定圆的直径 <0.0000>：20　　//输入直径“20”，完成 ϕ20 圆

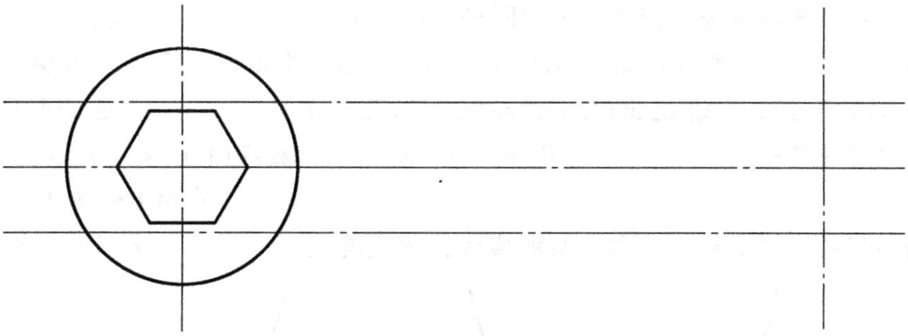

图 3-19　画扳手 ϕ72 圆

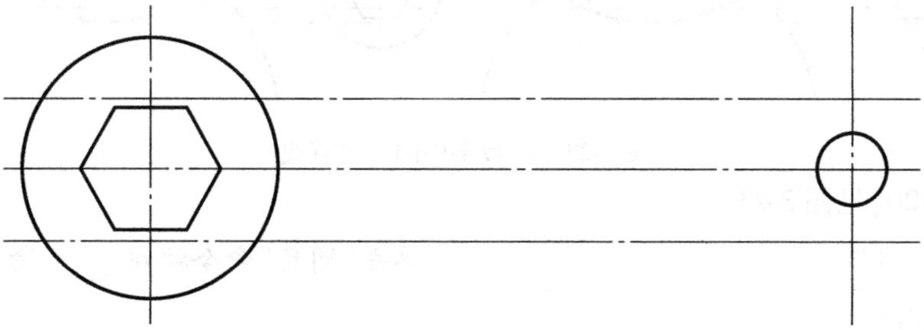

图 3-20　画扳手 *R*10 圆弧

5. 画 *R*100 圆弧(以相切、相切、半径方式绘圆后修剪)(见图 3-21)

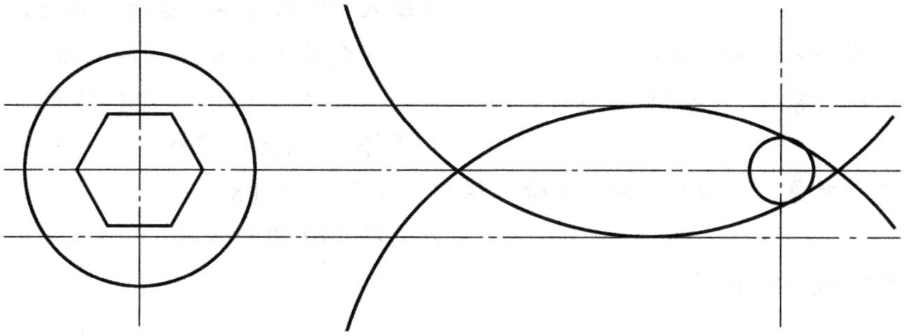

图 3-21　画扳手 *R*100 圆弧

命令：circle 指定圆的圆心或[三点(3P)/两点(2P)/相切、相切、半径(T)]：

输入“T”按 <Enter> 键　　//采用“相切、相切、半径”方式

指定对象与圆的第一个切点：　　//点取 *R*10 圆弧(两中心线内侧位置)

指定对象与圆的第二个切点：　　//点取上侧中心线位置

指定圆的半径 <0.0000>：100　　//输入 100，完成 *R*100 圆(待修剪多余侧)

命令：circle 指定圆的圆心或[三点(3P)/两点(2P)/相切、相切、半径(T)]：

输入“T”按 <Enter> 键　　//采用“相切、相切、半径”方式

指定对象与圆的第一个切点：　　//点取 *R*10 圆弧(两中心线内侧位置)

指定对象与圆的第二个切点：　　//点取下侧中心线位置

指定圆的半径<0.0000>：100　　　　//输入100，完成R100圆(待修剪多余侧)

6. 画中间连接直线(中心线偏移)(见图3-22)

命令："O"　　　　//单击"偏移"命令按钮或输入"O"

当前设置：删除源=否　图层=源 OFFSETGAPTYPE=0　　　　//按<Enter>键

指定偏移距离或[通过(T)/删除(E)/图层(L)]<30.0000>：12　//输入偏移距离12

选择要偏移的对象，或[退出(E)/放弃(U)]<退出>：　　　　//选择水平中心线

指定要偏移的那一侧上的点，或[退出(E)/多个(M)/放弃(U)]<退出>：

//向上侧单击，向下侧单击

点击偏移好的两根直线，选取图层粗实线，改变其线型　　　　//改变线型

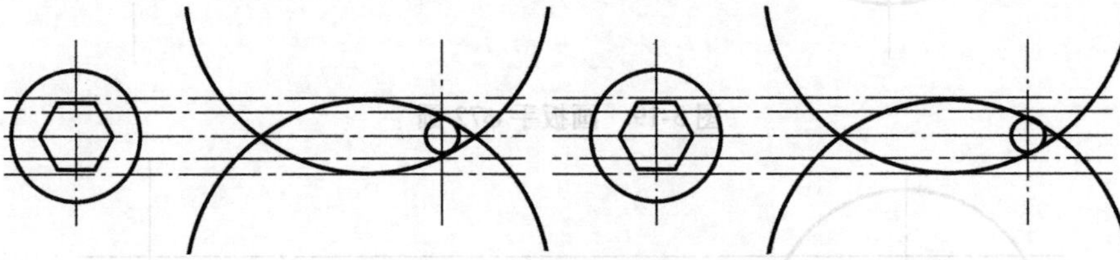

图3-22　画扳手中间连接直线

7. 圆角R20(见图3-23)

命令："F"　　　　//单击"圆角"命令按钮或输入"F"

命令：_fillet

当前设置：模式=修剪，半径=5.0000　//默认半径为5，需修改

选择第一个对象或[放弃(U)/多段线(P)/半径(R)/修剪(T)/多个(M)]：R

//输入"R"选择半径选项，按<Enter>键

指定圆角半径<5.0000>：20　　　　//输入圆角半径值20，按<Enter>键

选择第一个对象或[放弃(U)/多段线(P)/半径(R)/修剪(T)/多个(M)]：

//选择12的上偏移线

选择第二个对象，或按住<Shift>键选择要应用角点的对象

//选择ϕ72圆的上端

同样操作完成下端的圆角。

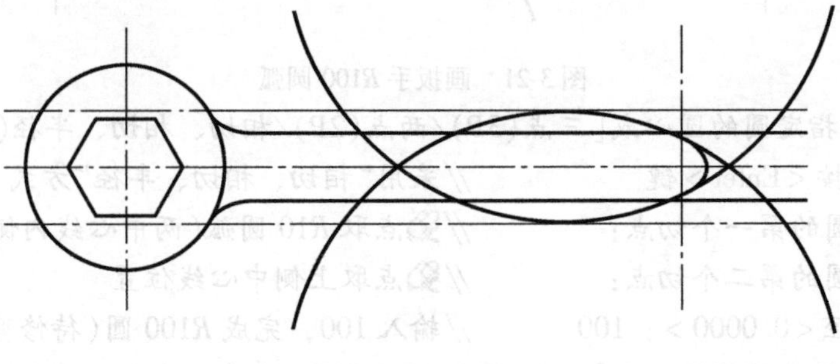

图3-23　扳手圆角R20

8. 修剪、删除多余边(修剪)(见图3-24)

命令："tr"　　　　//单击"剪切"命令按钮或输入"tr"

命令：_trim
当前设置：投影 = UCS，边 = 无
选择剪切边...
选择对象或 <全部选择>：指定对角点：找到 14 个
//鼠标从右向左框选所有线段后单击 <Enter> 键
选择对象： //点选所需要减掉的线
命令："e" //选择"删除"命令按钮或输入"e"
命令：erase
选择对象： //选择需要删除的独立边后单击 <Enter> 键

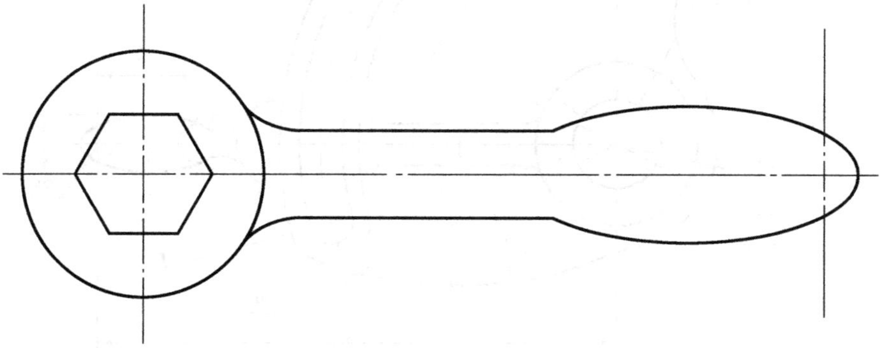

图 3-24 修剪、删除扳手的多余边

同步练习三

3-1 绘制题 3-1 图的图形，免标注。

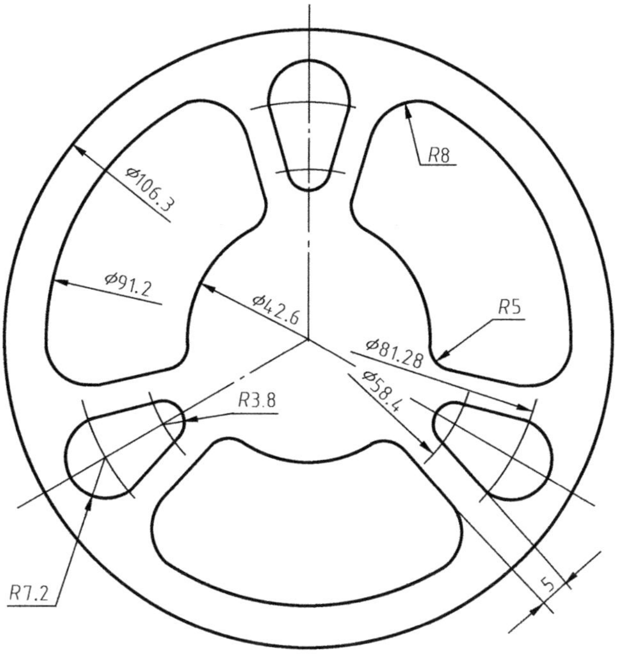

题 3-1 图

提示：

(1) 利用直线命令，以极坐标输入等方式绘制中心线。

(2) 利用圆、偏移、修剪、圆角等命令完成题 3-1 图所示图样。

3-2 绘制题 3-2 图的图形，免标注。

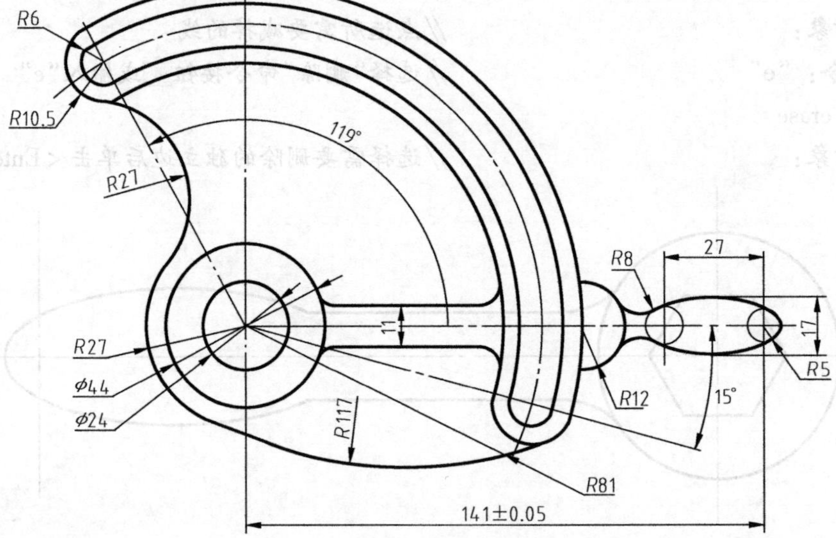

题 3-2 图

项目四　绘制异形件

【项目导入】

绘制图4-1所示异形件平面图形，免标注。

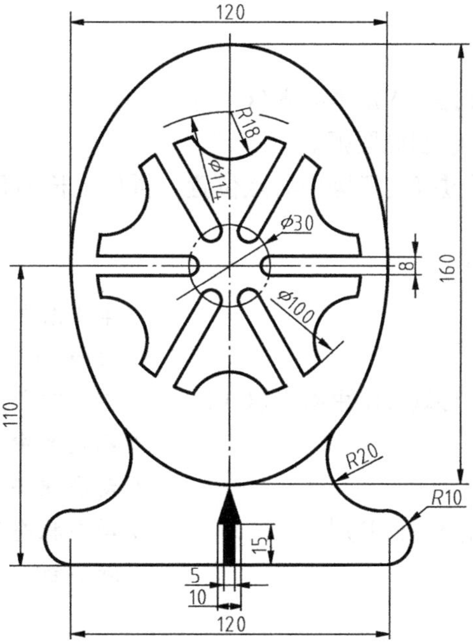

图4-1　异形件平面图形

【项目分析】

异形件平面图形可分为三个部分，一是椭圆外形，二是支撑底座，三是中间规则图形。当一个图形具有较多重复的且有规律的图形特征时，绘制时一般要用到阵列类命令。此异形件可以分为三个部分来绘制，而中间部分可以根据尺寸要求先绘制好上面的圆弧和水平槽后再阵列，并进行剪切修改成形。

【学习目标】

- 椭圆、多段线等绘图命令的操作和运用
- 复制、阵列、移动命令的操作和运用

【项目任务】

任务一　椭圆、椭圆弧、多段线等绘图命令的操作和运用

任务二　复制、阵列、移动命令的操作和运用

任务三　异形件绘制实例上机指导

任务一　椭圆、椭圆弧、多段线等绘图命令的操作和运用

一、椭圆与椭圆弧的绘制

1. 绘制椭圆

椭圆的主要参数是椭圆的长轴和短轴，绘制椭圆的默认方法是指定椭圆的第一根轴线的两个端点及另一半轴的长度，连线即成。

(1) 命令输入

工具栏：绘图

菜单：绘图(D)▶椭圆(E)▶中心点(C)

命令条目：ellipse

(2) 命令说明：

命令：_ellipse

指定椭圆的轴端点或[圆弧(A)/中心点(C)]：

☆ 【圆弧(A)】 用于绘制椭圆弧。

☆ 【中心点(C)】 通过确定椭圆中心点位置，再指定长轴和短轴的长度来绘制椭圆。

(3) 操作实例

绘制如图 4-2 所示的椭圆。

命令：_ellipse	//单击绘制“椭圆”命令按钮，按 <Enter> 键
指定椭圆的轴端点或[圆弧(A)/中心点(C)]：	//输入“C”，选择“中心点”选项
指定椭圆的中心点：	//指定两中心线的交点为中心点
指定轴的端点：	//动态状态点取 A 点，按 <Enter> 键
指定另一条半轴长度或[旋转(R)]：	//动态状态下输入长度为 30，按 <Enter> 键

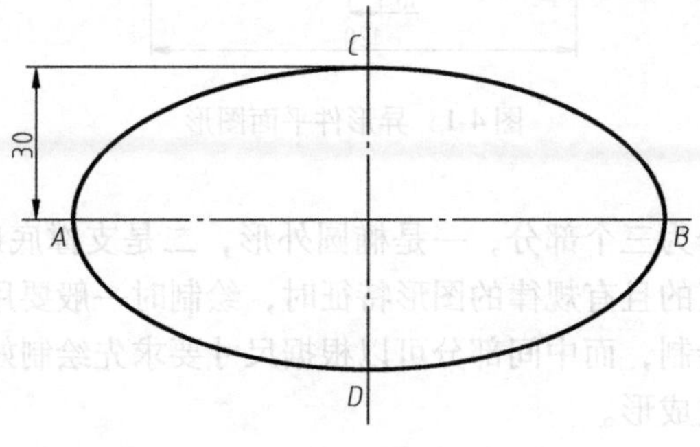

图 4-2 绘制椭圆

2. 绘制椭圆弧

“绘制椭圆弧”其实是绘制椭圆中的一个选项，其操作方法与绘制椭圆相似。首先确定椭圆的长轴和短轴，然后再输入椭圆弧的起始角和终止角即可。

(1) 命令输入

工具栏：绘图

菜单：绘图(D)▶椭圆(E)▶圆弧(A)

命令条目：ellipse

(2) 命令说明

命令：_ellipse

指定椭圆轴的端点或[圆弧(A)/中心点(C)]：A

(3) 操作实例

绘制如图4-3所示的椭圆弧。

命令：_ellipse　//单击"椭圆弧"命令按钮，按<Enter>键

指定椭圆的轴端点或[圆弧(A)/中心点(C)]：　//输入"*A*"

指定椭圆弧的轴端点或[中心点(C)]：C　//输入"*C*"。

指定椭圆弧的中心点：　//确定椭圆弧中心点*O*

指定轴的端点：　//单击*A*点，确定长轴的一个端点

指定另一条半轴长度或[旋转(R)]：　//单击*C*点，确定短半轴的端点

指定起始角度或[参数(P)]：　//输入起始角度值0，从*A*点开始

指定终止角度或[参数(P)/包含角度(I)]：　//输入终止角度值300，按<Enter>键

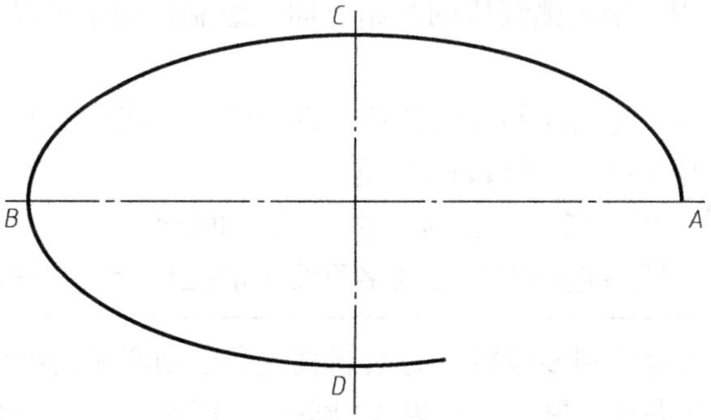

图4-3　绘制椭圆弧

二、多段线的绘制

多段线可以看作是由多条直线或圆弧组成的组合线，它是作为单个对象创建的相互连接的组合线段。多段线提供单一直线组合不具备的一些功能，比如多段线宽度(和图线的宽度属性不同)。

1. 命令输入

工具栏：绘图

菜单：绘图(D)➤多段线(P)

命令条目：pline

2. 命令说明

命令：_pline

指定起点：

当前线宽为0.0000

指定下一个点或[圆弧(A)/半宽(H)/长度(L)/放弃(U)/宽度(W)]：

☆ 【指定下一个点】 该选项为默认选项。指定多段线的下一点，生成一段直线。命令行提示：

指定下一点或[圆弧(A)/闭合(C)/半宽(H)/长度(L)/放弃(U)/宽度(W)]：可以继续输入下一点，连续不断地重复操作。单击<Enter>键，结束命令。

☆【圆弧(A)】 用于绘制圆弧并添加到多段线中。绘制的圆弧与上一线段相切。

☆【长度(L)】 在与前一线段相同的角度方向上绘制指定长度的直线段。如果前一线段为圆弧，AutoCAD将绘制与该弧线段相切的新线段。

☆【半宽(H)】 用于指定从有宽度的多段线线段的中心到其一边的宽度。“起点半宽”将成为默认的端点半宽，“端点半宽”在再次修改线段半宽之前将作为所有后续线段的统一半宽，宽线段的起点和端点位于宽线的中心。

☆【宽度(W)】 用于指定下一条直线段或弧线段的宽度。与半宽的设置方法相同，可以分别设置线段起始点与终止点的宽度，也可以绘制箭头图形或者其他变化宽度的多段线。

☆【闭合(C)】 从当前位置到多段线的起始点绘制一条直线段用以闭合多段线。

☆【角度(A)】 指定圆弧线段从起始点开始的包含角。输入正值将按逆时针方向创建弧线段；输入负值将按顺时针方向创建弧线段。

☆【方向(D)】 用于指定弧线段的起始方向。绘制过程中可以用鼠标单击来确定圆弧弦的方向。

☆【直线(L)】 用于退出绘制圆弧选项，返回绘制直线的初始提示。

☆【半径(R)】 用于指定弧线段的半径。

☆【第二点选项】 用于指定三点圆弧的第二点和端点。

☆【放弃(U)】 删除最近一次添加到多段线上的弧线段或直线段。

> ✧ 在操作时可以认为绘制多段线分为绘制直线和绘制圆弧两种状态，默认处于绘制直线状态，此状态只绘制直线；输入“圆弧(A)”选项进入绘制圆弧状态，此状态只绘制圆弧，可以参照绘制圆弧命令的各项参数绘制圆弧；输入“直线(L) ”选项回到直线状态绘制直线。

3. 操作实例

(1) 绘制如图4-4所示多段线。

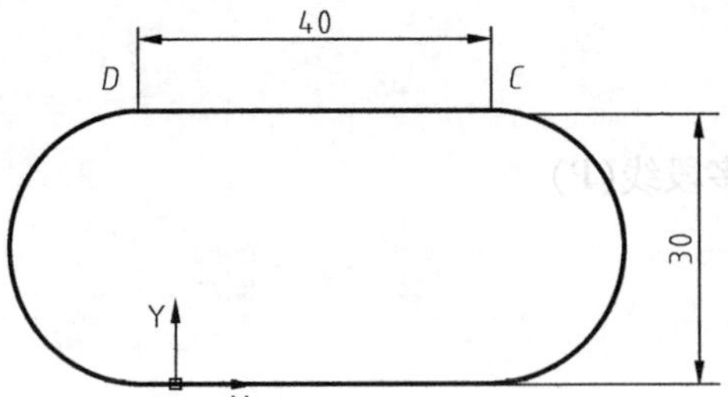

图4-4 多段线实例——长圆形

命令：pl //单击“多段线”命令按钮

PLINE

指定起点： //绘制多段线从A点(0, 0)开始

当前线宽为0.0000 //第一次使用多段线默认线宽为0mm，需设置

指定下一个点或[圆弧(A)/半宽(H)/长度(L)/放弃(U)/宽度(W)]：W

指定起点宽度 <0.0000 >： //线条起点线宽设置为 1mm

指定端点宽度 <1.0000 >： //线条终点线宽设置为 1mm

指定下一个点或[圆弧(A)/半宽(H)/长度(L)/放弃(U)/宽度(W)]：@40，0

//相对坐标 *B* 点

指定下一点或[圆弧(A)/闭合(C)/半宽(H)/长度(L)/放弃(U)/宽度(W)]：A

//选择圆弧模式

指定圆弧的端点或[角度(A)/圆心(CE)/闭合(CL)/方向(D)/半宽(H)/直线(L)/半径(R)/第二个点(S)/放弃(U)/宽度(W)]：@0，30

//相对坐标，选择圆弧终点 *C* 点

指定圆弧的端点或[角度(A)/圆心(CE)/闭合(CL)/方向(D)/半宽(H)/直线(L)/半径(R)/第二个点(S)/放弃(U)/宽度(W)]：L

//选择直线模式

指定下一点或[圆弧(A)/闭合(C)/半宽(H)/长度(L)/放弃(U)/宽度(W)]：@ -40，0

//*D* 点坐标

指定下一点或[圆弧(A)/闭合(C)/半宽(H)/长度(L)/放弃(U)/宽度(W)]：A

//选择圆弧模式

指定圆弧的端点或[角度(A)/圆心(CE)/闭合(CL)/方向(D)/半宽(H)/直线(L)/半径(R)/第二个点(S)/放弃(U)/宽度(W)]：Cl

//选择闭合模式，完成绘图

(2) 绘制如图 4-5 所示多段线。(说明略)

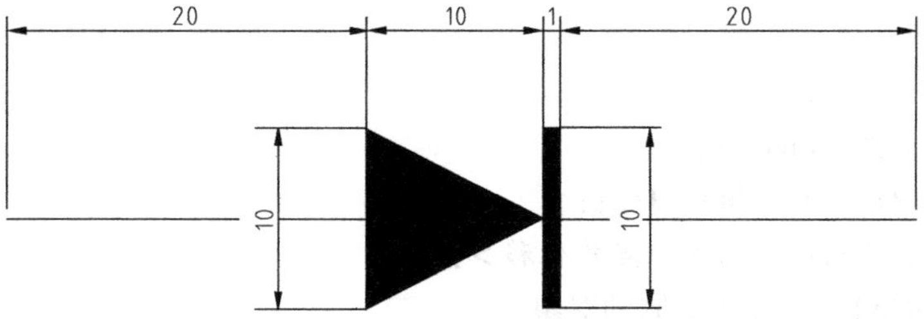

图 4-5 多段线绘制实例——二极管

命令：pl

PLINE

指定起点：0，0

当前线宽为 0.0000

指定下一个点或[圆弧(A)/半宽(H)/长度(L)/放弃(U)/宽度(W)]：20，0

指定下一点或[圆弧(A)/闭合(C)/半宽(H)/长度(L)/放弃(U)/宽度(W)]：W

指定起点宽度 <0.0000 >：10

指定端点宽度 <10.0000 >：0

指定下一点或[圆弧(A)/闭合(C)/半宽(H)/长度(L)/放弃(U)/宽度(W)]：30，0

指定下一点或[圆弧(A)/闭合(C)/半宽(H)/长度(L)/放弃(U)/宽度(W)]：W

指定起点宽度 <0.0000 >：10

指定端点宽度<10.0000>：10

指定下一点或[圆弧(A)/闭合(C)/半宽(H)/长度(L)/放弃(U)/宽度(W)]：31，0

指定下一点或[圆弧(A)/闭合(C)/半宽(H)/长度(L)/放弃(U)/宽度(W)]：W

指定起点宽度<10.0000>：0

指定端点宽度<0.0000>：0

指定下一点或[圆弧(A)/闭合(C)/半宽(H)/长度(L)/放弃(U)/宽度(W)]：51，0

指定下一点或[圆弧(A)/闭合(C)/半宽(H)/长度(L)/放弃(U)/宽度(W)]：(结束，按<Enter>键)

任务二 复制、阵列、移动命令的操作和运用

一、复制

对图形中相同的或相近的对象，不论其复杂程度如何，只要完成一个后，便可以通过复制命令产生其他的若干个，并可在指定方向上按指定距离多次复制对象。

1. 命令输入

工具栏：修改

菜单：修改(M)➤复制(Y)

命令条目：copy

快捷菜单：选择要复制的对象，在绘图区域中单击鼠标右键，在弹出的快捷菜单选取"复制"选项。

2. 命令说明

命令：_copy

选择对象：

选择对象：单击<Enter>键

指定基点或[位移(D)/模式(O)]：

指定位移的第二点或<用第一点作位移>：

☆ 【选择对象】 选择要复制的对象。

☆ 【基点】 确定复制对象的参考点。

☆ 【位移】 在原对象和目标对象之间的位移。

☆ 【模式(O)】 设定使用同一基点复制对象的重复个数。有单个对象和多个对象两种模式选择。

☆ 【指定位移的第二点】 指定第二点来确定位移，以第一点为基点。

☆ 【用第一点确定位移】 在提示输入第二点时按<Enter>键，则从第一点移动到第二点。

3. 操作实例

将图4-6a所示的基点图形，通过复制绘制成图4-6b所示的楼梯图形。

命令：_copy //单击"复制"命令按钮

选择对象：指定对角点：找到2个 //窗口选小图形

选择对象： //按<Enter>键

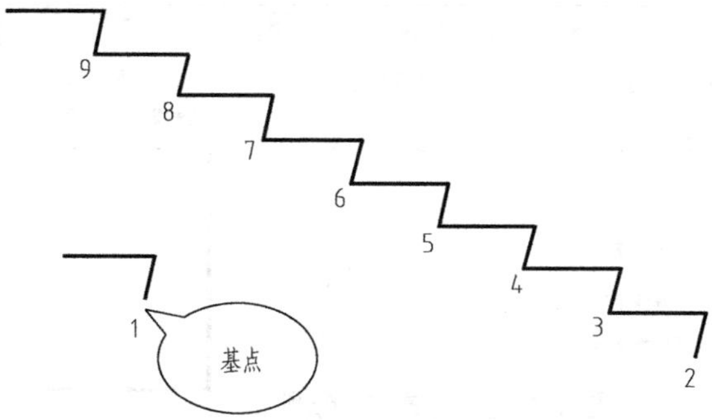

a)　　　　b)

图 4-6　复制图例

a）基点　b）楼梯图形

指定基点或[位移(D)] <位移>：<对象捕捉 开>指定第二个点或<使用第一个点作为位移>：

　　　　//单击点 1

指定第二个点或[退出(E)/放弃(U)] <退出>：　　//单击点 2

指定第二个点或[退出(E)/放弃(U)] <退出>：　　//单击点 3

指定第二个点或[退出(E)/放弃(U)] <退出>：　　//单击点 4

指定第二个点或[退出(E)/放弃(U)] <退出>：　　//单击点 5

指定第二个点或[退出(E)/放弃(U)] <退出>：　　//单击点 6

指定第二个点或[退出(E)/放弃(U)] <退出>：　　//单击点 7

指定第二个点或[退出(E)/放弃(U)] <退出>：　　//单击点 8

指定第二个点或[退出(E)/放弃(U)] <退出>：　　//单击点 9

指定第二个点或[退出(E)/放弃(U)] <退出>：　　//按 <Enter> 键

二、阵列

阵列主要用于复制规则分布的图形，有矩形阵列和环形阵列两种模式。矩形阵列用于行列均匀分布的图形，环形阵列用于绕一中心点均匀分布的图形。

1. 命令输入

工具栏：修改

菜单：修改(M)➤阵列(A)

命令条目：array

2. 命令说明

阵列分“矩形阵列”和“环形阵列”两种。

(1) 矩形阵列　“阵列”对话框“矩形阵列”选项设置如图 4-7 所示。

☆　“选择对象”按钮　单击该按钮，就可以选择要进行阵列的图形对象，完成后按 <Enter> 键或者单击鼠标右键结束。

☆　【行】文本框　用于输入阵列对象的行数。

☆　【列】文本框　用于输入阵列对象的列数。

☆　【行偏移】文本框　用于输入阵列对象的行间距。用户也可以单击其右侧的按钮，然后在绘图窗口中拾取两个点(两点的水平距离值自动显示在【行偏移】文本框内)。

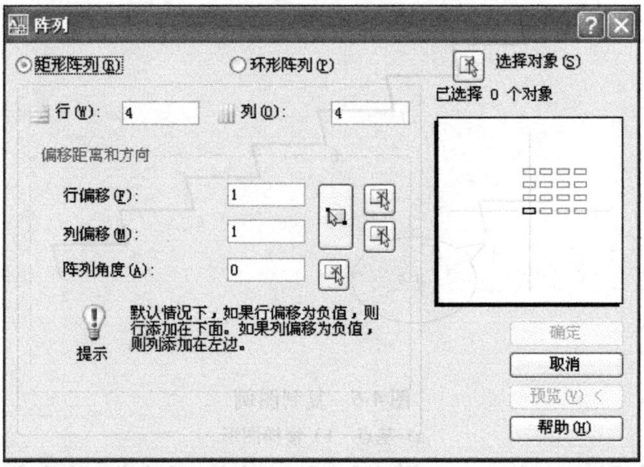

图 4-7 “阵列”对话框——“矩形阵列”选项

☆ 【列偏移】文本框 用于输入阵列对象的列间距。用户也可以单击其右侧的按钮，然后在绘图窗口中拾取两个点(两点的水平距离值自动显示在【列偏移】文本框内)。

☆ 【阵列角度】文本框 用于输入阵列对象的旋转角度。

(2) 环形阵列 “阵列”对话框“环形阵式”选项设置如图 4-8 所示。

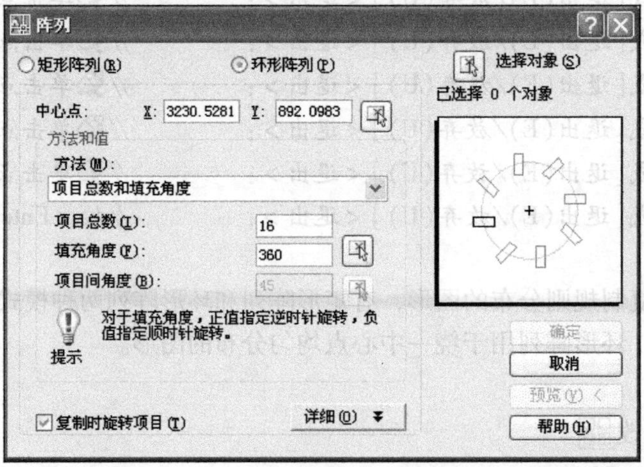

图 4-8 “阵列”对话框——“环形阵列”选项

☆ 【选择对象】按钮 单击该按钮，就可以选择要进行阵列的图形对象，完成后按 <Enter>键。

☆ 【中心点】文本框 用于输入环形阵列中心点的坐标值。用户也可以单击其右侧按钮，在绘图窗口拾取阵列中心。

☆ 【方法】下拉列表框 用于确定阵列的方法，其中列出 3 种不同的方法。

“项目总数和填充角度”选项：通过指定阵列对象的数目和阵列中第一个对象与最后一个对象之间包含的角度来设置环形阵列方式。

“项目总数和项目间的角度”选项 通过指定阵列对象的数目和相邻阵列对象之间包含的角度来设置阵列方式。

"填充角度和项目间的角度"选项　通过指定阵列中第一个对象与最后一个对象之间包含的角度及相邻阵列对象之间的包含角度来设置环形阵列方式。

☆　【项目总数】文本框　用于输入阵列中的对象数目，默认值是6。

☆　【填充角度】文本框　用于输入阵列中第一个对象与最后一个对象之间的包含角度，默认值是360°，不能为0。当该值为负值时，沿逆时针方向作环形阵列；当该值为正值时，沿顺时针方向作环形阵列。

☆　【项目间角度】文本框　用于输入相邻阵列对象之间的包含角度，该数值只能是正值，默认值是90°。

☆　【复制时旋转项目】　若选中该复选框，则阵列对象将相对中心点旋转，否则不旋转。

3. 操作实例

（1）将图4-9a所示基本图形，通过矩形阵列绘制成图4-9b所示阵列图形。

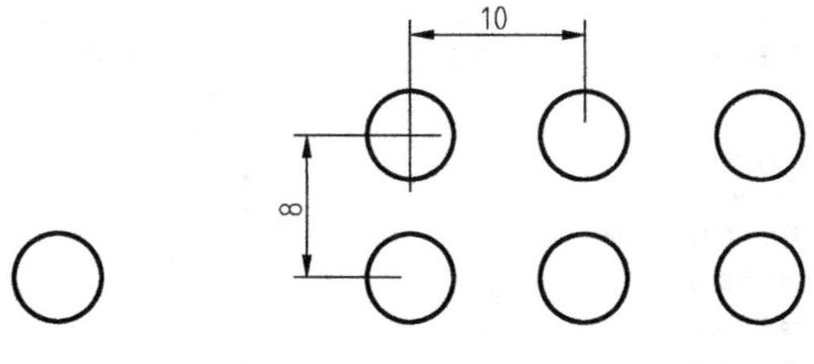

a)　　　　b)

图4-9　矩形阵列图例

a）基本图形　b）矩形阵列图形

命令：array　　//选择"阵列"命令按钮弹出如图4-7所示对话框用鼠

　　//标单击"选择对象"按钮，选择小圆

选择对象：找到1个　　//重新弹出如图4-7所示对话框，参数设置如图4-10所示

选择对象：　　//设置好后，单击 确定 按钮，完成阵列图形。

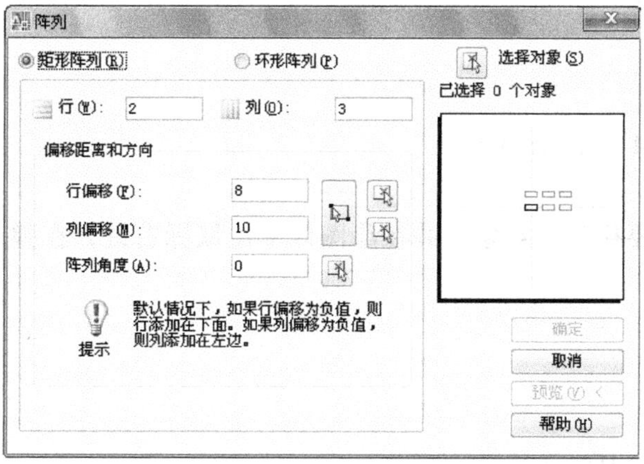

图4-10　"矩形阵列"对话框参数设置

（2）通过"环形阵列"将图4-11a所示基本图形*A*圆绕*B*圆环形阵列，如图4-11b所示。

命令：array　　//选择阵列按钮弹出如图4-7所示对话框，单击"环形阵列"

　　//选项（图4-8），单击"选择对象"按钮，选择*A*圆，再单击

//“中心点”按钮，选择 *B* 圆

选择对象：找到 1 个 //重新弹出如图 4-8 所示对话框，设置参数如图 4-12 所示

选择对象： //设置好后，点击确定按钮，完成环形阵列图形。

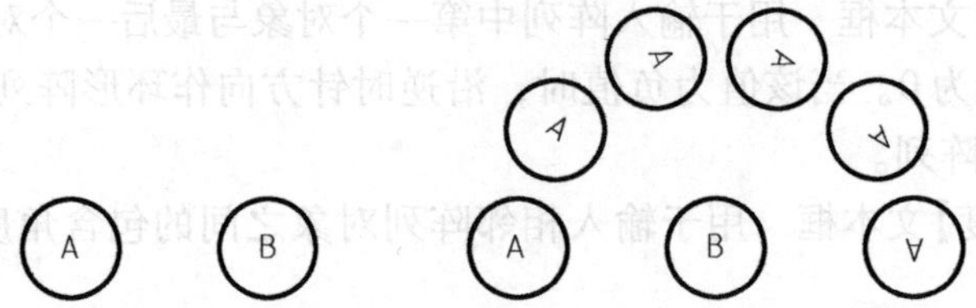

a) b)

图 4-11 “环形阵列”设置

a）基本图形 b）环形阵列图形

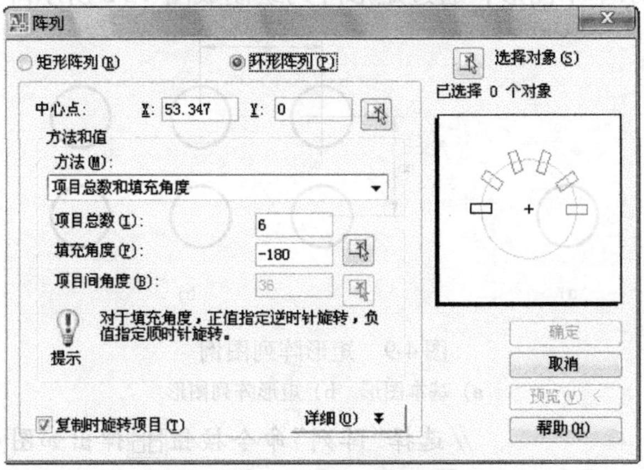

图 4-12 “环形阵列”对话框参数设置

三、移动

移动命令可以将一组或一个对象从一个位置移动到另一个位置。移动操作与复制操作一样，只是不保留原对象。

1. 命令输入

工具栏：修改

菜单：修改(M)➤移动(V)

命令条目：move

快捷菜单：选择要移动的对象，并在绘图区单击鼠标右键，在弹出的快捷菜单中选取“移动”选项。

2. 命令说明

命令：_move

选择对象：

指定基点或[位移(D)]<位移>：

☆ 【选择对象】 选择要移动的对象。

☆ 【指定基点或[位移(D)]<位移>】 指定移动的基点或直接输入位移值。

☆【指定第二个点或<使用第一个点作为位移>】 如果点取了某点为移动的基点，则指定移动的第二点。如果直接按<Enter>键，则用第一点数值作为位移值来移动对象。

3. 操作实例

将图 4-13 所示的小圆，从直线的 *A* 端移动到 *B* 端。

命令：_move　　//单击“移动”命令按钮

选择对象：找到 1 个　　//选择小圆

选择对象：　　//按 <Enter>键

指定基点或[位移(D)] <位移>：<对象捕捉开>　　//鼠标单击小圆圆心为便于捕捉小

//圆圆心，可打开“对象捕捉”(对

//象捕捉的设置请参看前面章节)

指定第二个点或 <使用第一个点作为位移>：　　//鼠标单击直线右端点

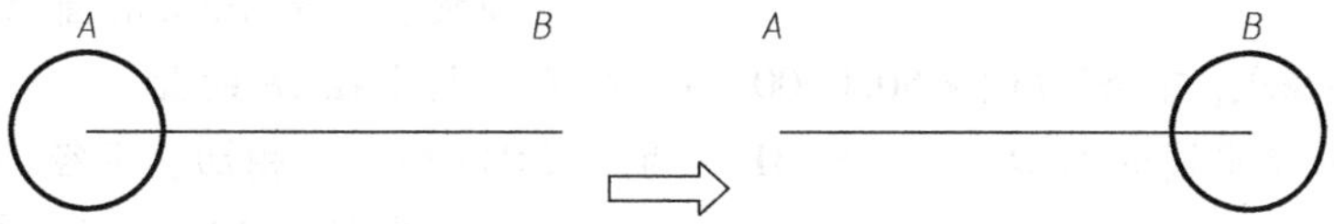

图 4-13　移动图例

任务三　异形件绘制实例上机指导

绘制图 4-1 所示异形件平面图，免标注。

1. 绘制中心线

绘制图 4-1 所示异形件中心线如图 4-14 所示。

启动 AutoCAD 2008，打开准备好的样板文件。

选取“中心线”图层。

输入“L”，从屏幕左中区域任点一点开始，水平向右约 130mm 长绘制水平中心线。

输入“L”，屏幕中上区域任点一点开始，垂直向下约 200mm 长绘制垂直中心线。

输入“C”，选取中心线交点为圆心。

命令：circle 指定圆的圆心或[三点(3P)/两点(2P)/相切、相切、半径(T)]：

指定圆的半径或[直径(D)]：d 指定圆的直径：30　　//绘制直径为 30mm 的圆

命令：circle 指定圆的圆心或[三点(3P)/两点(2P)/相切、相切、半径(T)]：

指定圆的半径或[直径(D)] <15.0000>：d 指定圆的直径 <30.0000>：114

//再次绘制直径为 114mm 的圆

此部分完成后图形如图 4-14 所示。

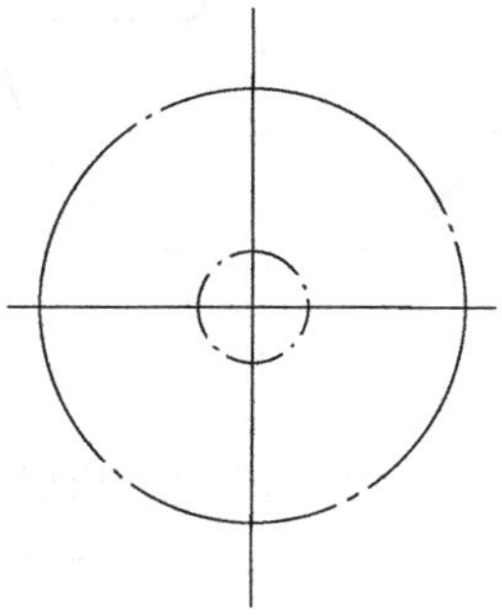

图 4-14　绘制中心线及圆

2. 画中间规则图形

启动复制、阵列、修剪等命令，绘制异形件中间规则图形的步骤及参数设置如图 4-15 ~ 4-17 所示。

选择“粗线”图层。

命令：circle 指定圆的圆心或[三点(3P)/两点(2P)/相切、相切、半径(T)]：
//捕捉中心线交点为圆心

指定圆的半径或[直径(D)] <18.0000>：d 指定圆的直径 <36.0000>：100
//绘制直径为 100mm 的圆

命令：circle 指定圆的圆心或[三点(3P)/两点(2P)/相切、相切、半径(T)]：
//捕捉直径为 100mm 圆上象限点为圆心

指定圆的半径或[直径(D)] <50.0000>：18 //绘制半径 18 的圆

命令：circle 指定圆的圆心或[三点(3P)/两点(2P)/相切、相切、半径(T)]：
//捕捉直径为 30mm 圆右象限点为圆心

指定圆的半径或[直径(D)] <18.0000>：d 指定圆的直径 <36.0000>：8
//绘制直径为 8mm 的小圆

命令：line 指定第一点： //捕捉直径为 8mm 圆上象限点为直线起点

指定下一点或[放弃(U)]：40 //水平向右拉出橡皮线，绘制长度为 40mm 的直线

指定下一点或[放弃(U)]： //按 <Enter> 键结束直线命令

命令：copy 找到 1 个 //复制，选定刚画的水平线

当前设置：复制模式 = 多个

指定基点或[位移(D)/模式(O)] <位移>：指定第二个点或 <使用第一个点作为位移>：

指定第二个点或[退出(E)/放弃(U)] <退出>：//复制，绘制第二条水平线

此部分完成图形如图 4-15 所示。

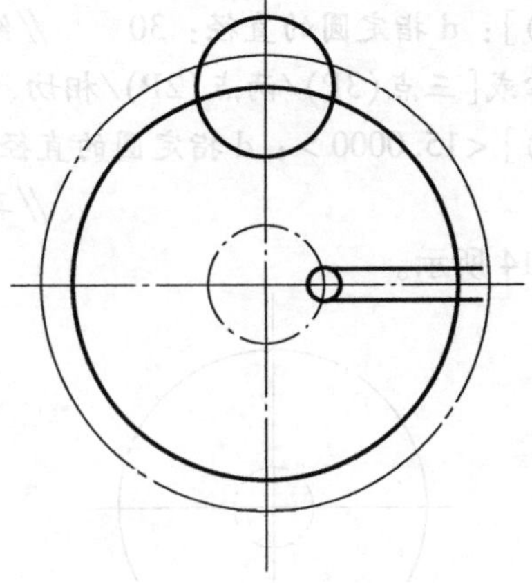

图 4-15 绘制中间规则图形

命令：array //阵列命令

指定阵列中心点： //指定中心线交点为阵列中心

选择对象：找到 1 个　　　　　　　　　　//选择图 4-15 上的圆
选择对象：指定对角点：找到 3 个，总计 4 个//选择图 4-15 中间两水平线及线间小圆
选择对象：　　　　　　　　　　　　　　//如图 4-16a 所示，确定阵列项目总数为
//6 个，填充角度为 360°。确定得到图
//4-16b所示图形

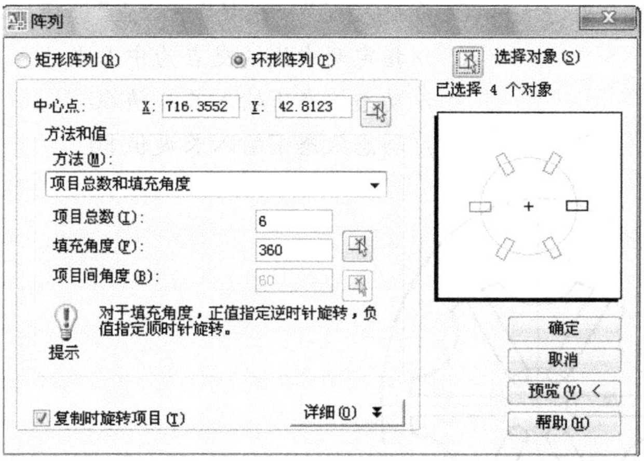

a)

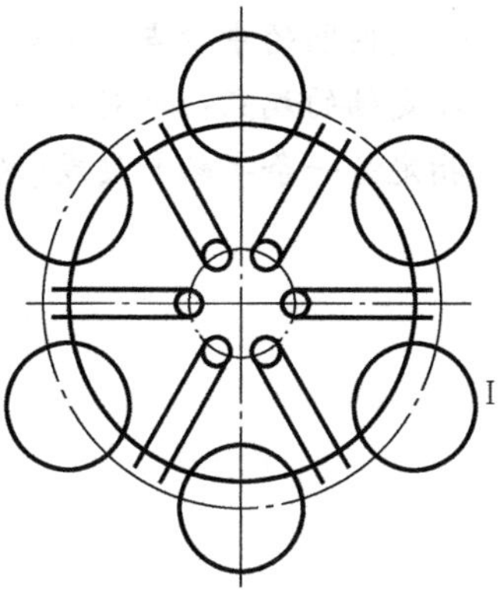

b)

图 4-16　阵列参数
a）确定阵列项目数　b）完成的图形

命令：trim　　　　　　　　　　　　　　//修剪命令
当前设置：投影 = UCS，边 = 延伸
选择剪切边...
选择对象或 <全部选择>：　　　　　　　//用窗口方式选择所有图形为剪切边
选择对象：
选择要修剪的对象，或按住 <Shift> 键选择要延伸的对象，或
[栏选(F)/窗交(C)/投影(P)/边(E)/删除(R)/放弃(U)]：
//选择被修剪对象如图 4-17 所示

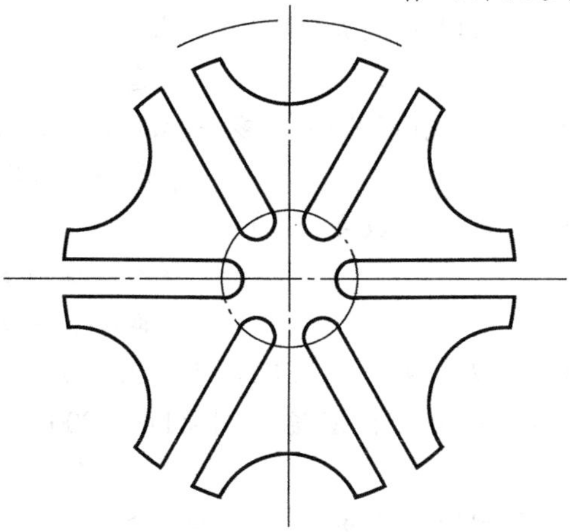

图 4-17　阵列中间规则图形

3. 画椭圆

绘制异形件椭圆外形如图 4-18 所示。

选择"粗实线"图层。

命令：_ellipse //启动绘制"椭圆"命令按钮，按 <Enter>键

指定椭圆的轴端点或[圆弧(A)/中心点(C)]：C //输入"C"，选择"中心点"选项

指定椭圆的中心点：<对象捕捉开> //指定两中线的交点为中心点

指定轴的端点：<对象捕捉 关> //动态状态下输入长度值 60

指定另一条半轴长度或[旋转(R)]：80 //动态状态下输入长度值 80

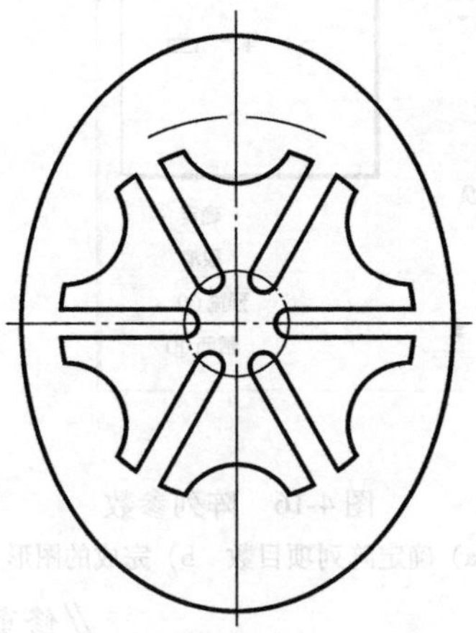

图 4-18 异形件椭圆外形

4. 画支撑底座

绘制异形件支撑底座如图 4-19 ~ 图 4-22 所示。

命令：offset //偏移命令

当前设置：删除源 = 否 图层 = 源 OFFSETGAPTYPE = 0

指定偏移距离或[通过(T)/删除(E)/图层(L)] <110.0000>：

//指定偏移距离为 110mm

选择要偏移的对象，或[退出(E)/放弃(U)] <退出>：

//选择水平中心线为偏移对象

指定要偏移的那一侧上的点，或[退出(E)/多个(M)/放弃(U)] <退出>：

//水平中心线下取一点指定偏移方向

选择要偏移的对象，或[退出(E)/放弃(U)] <退出>：

//按 <Enter>键结束命令

命令：offset //再次偏移命令

当前设置：删除源 = 否 图层 = 源 OFFSETGAPTYPE = 0

指定偏移距离或[通过(T)/删除(E)/图层(L)] <110.0000>：

//指定偏移距离为 10mm

选择要偏移的对象，或[退出(E)/放弃(U)] <退出>：

//选择刚偏移出的水平线为偏移对象

指定要偏移的那一侧上的点，或[退出(E)/多个(M)/放弃(U)] <退出>：
　　　　　　　　　　　　　　//向上偏移
选择要偏移的对象，或[退出(E)/放弃(U)] <退出>：
　　　　　　　　　　　　　　//按 <Enter> 键结束命令
命令：offset　　　　　　　　//再次偏移命令
当前设置：删除源 = 否　图层 = 源　OFFSETGAPTYPE = 0
指定偏移距离或[通过(T)/删除(E)/图层(L)] <10.0000>：
　　　　　　　　　　　　　　//指定偏移距离为 60mm
选择要偏移的对象，或[退出(E)/放弃(U)] <退出>：
　　　　　　　　　　　　　　//选择垂直中心线为偏移对象
指定要偏移的那一侧上的点，或[退出(E)/多个(M)/放弃(U)] <退出>：
　　　　　　　　　　　　　　//向右偏移
选择要偏移的对象，或[退出(E)/放弃(U)] <退出>：
　　　　　　　　　　　　　　//再次选择垂直中心线为偏移对象
指定要偏移的那一侧上的点，或[退出(E)/多个(M)/放弃(U)] <退出>：
　　　　　　　　　　　　　　//向左偏移
选择要偏移的对象，或[退出(E)/放弃(U)] <退出>：
　　　　　　　　　　　　　　//按 <Enter> 键结束命令

此部分完成图形如图 4-19 所示。
修改底线线型如图 4-20 所示。

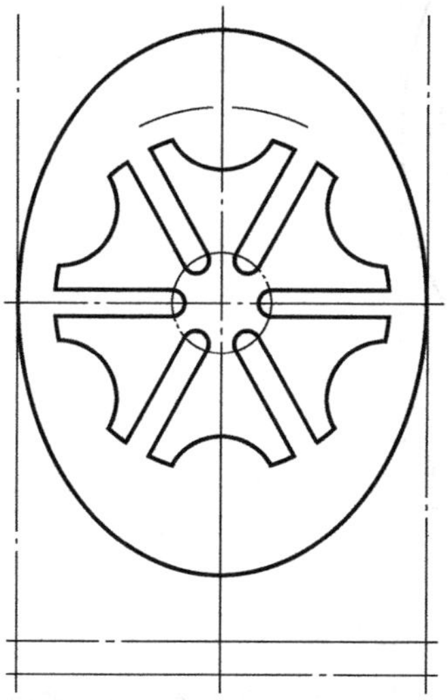

图 4-19　绘制辅助中心线图形

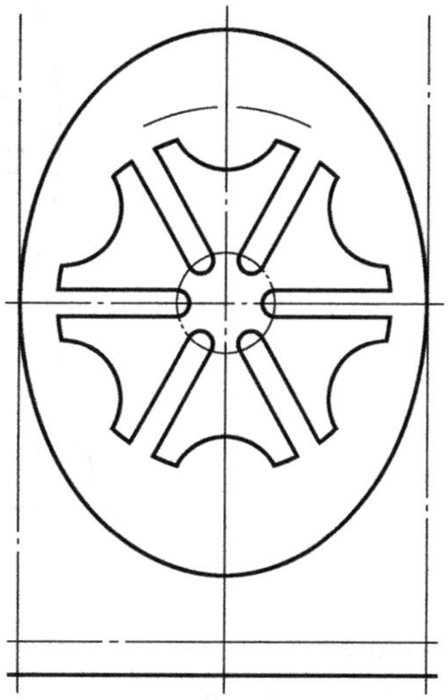

图 4-20　修改底线线型

命令：circle 指定圆的圆心或[三点(3P)/两点(2P)/相切、相切、半径(T)]：
　　　　　　　　　　　　　　//指定图 4-20 所示左下水平垂直两条直线交点为圆心

指定圆的半径或[直径(D)]<10.0000>：//绘制半径为 10mm 的小圆
命令：circle 指定圆的圆心或[三点(3P)/两点(2P)/相切、相切、半径(T)]：
指定圆的半径或[直径(D)]<10.0000>：//绘制右边的小圆
命令：fillet //圆角命令
当前设置：模式 = 修剪，半径 = 20.0000
选择第一个对象或[放弃(U)/多段线(P)/半径(R)/修剪(T)/多个(M)]：r 指定圆角半径<20.0000>：20 //指定圆角半径为 20mm
选择第一个对象或[放弃(U)/多段线(P)/半径(R)/修剪(T)/多个(M)]：
//选择椭圆左边
选择第二个对象，或按住<Shift>键选择要应用角点的对象：
//选择左边小圆
命令：fillet //重复圆角命令
当前设置：模式 = 修剪，半径 = 20.0000
选择第一个对象或[放弃(U)/多段线(P)/半径(R)/修剪(T)/多个(M)]：
//选择椭圆右边
选择第二个对象，或按住<Shift>键选择要应用角点的对象：
//选择右边小圆

此部分完成图形如图 4-21 所示。

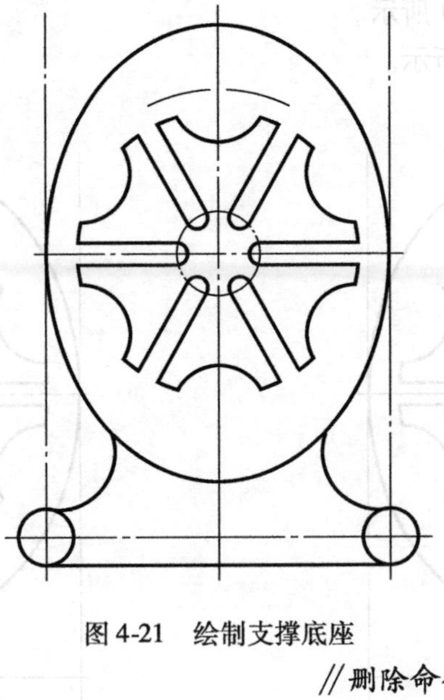

图 4-21　绘制支撑底座

命令：erase //删除命令
选择对象：找到 1 个 //依次选择要删除的 3 个辅助线
选择对象：找到 1 个，总计 2 个
选择对象：找到 1 个，总计 3 个
选择对象：
命令：trim //修剪命令
当前设置：投影 = UCS，边 = 延伸选择剪切边...
选择对象或<全部选择>：指定对角点：找到 3 个
//窗口选择底部图形为剪切边
选择对象：指定对角点：找到 3 个(1 个重复)，总计 5 个
选择对象：　　//按<Enter>键结束剪切边选择
选择要修剪的对象，或按住<Shift>键选择要延伸的对象，或
[栏选(F)/窗交(C)/投影(P)/边(E)/删除(R)/放弃(U)]：
//选择被修剪小圆部分如图 4-22 所示

此部分完成图形如图 4-22 所示。

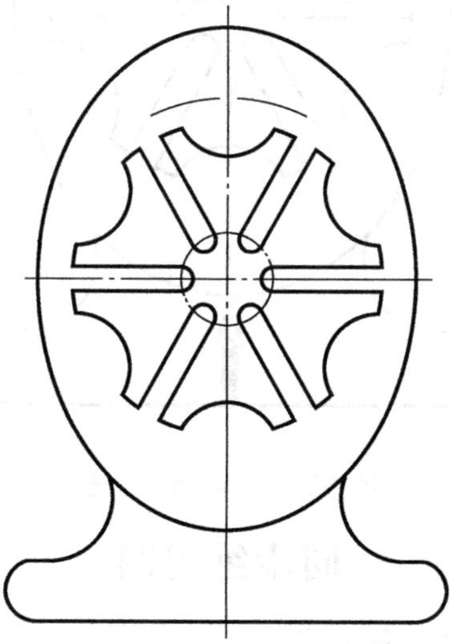

图 4-22　修剪小圆部分

5. 画方向指示标志

命令：pline　　//多段线命令
指定起点：
当前线宽为 0.0000
指定下一个点或[圆弧(A)/半宽(H)/长度(L)/放弃(U)/宽度(W)]：W
//输入选项 W，设置线宽
指定起点宽度<0.0000>：5　　//设置起点宽度为 5mm
指定端点宽度<5.0000>：　　//设置端点宽度为 5mm
指定下一个点或[圆弧(A)/半宽(H)/长度(L)/放弃(U)/宽度(W)]：
//竖直向上确定直线长度为 15mm
指定下一点或[圆弧(A)/闭合(C)/半宽(H)/长度(L)/放弃(U)/宽度(W)]：W
//输入选项 W，重设线宽
指定起点宽度<5.0000>：10　　//设置起点宽度为 10mm
指定端点宽度<10.0000>：0　　//设置端点宽度为 0mm
指定下一点或[圆弧(A)/闭合(C)/半宽(H)/长度(L)/放弃(U)/宽度(W)]：
//捕捉椭圆下象限点为端点

指定下一点或[圆弧(A)/闭合(C)/半宽(H)/长度(L)/放弃(U)/宽度(W)]:

//按<Enter>键结束命令

最后绘制图形见图4-23所示。

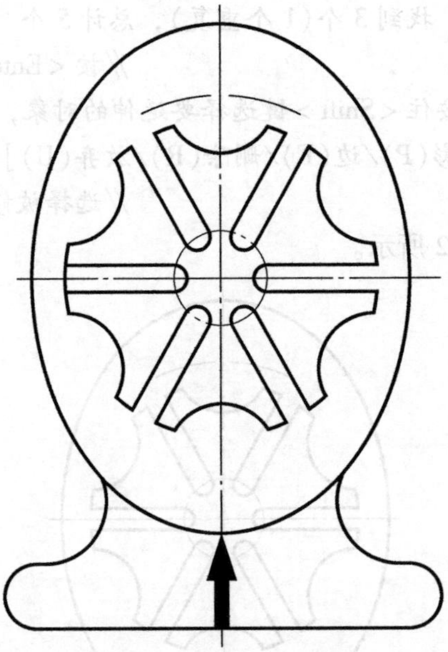

图4-23 方向指示标志

同步练习四

4-1 绘制题4-1图所示图样，免标注。

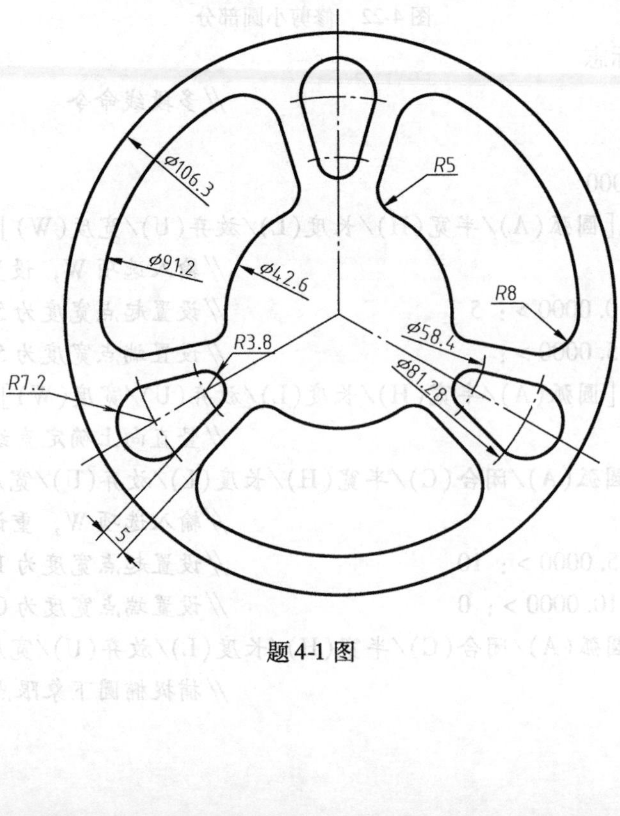

题4-1图

提示：

（1）利用直线命令绘制竖直中心线，以“阵列”方式复制其他中心线。

（2）利用圆、偏移、修剪、圆角、阵列等命令完成题 4-1 图所示图形。

4-2　绘制题 4-2 图所示图样，免标注。

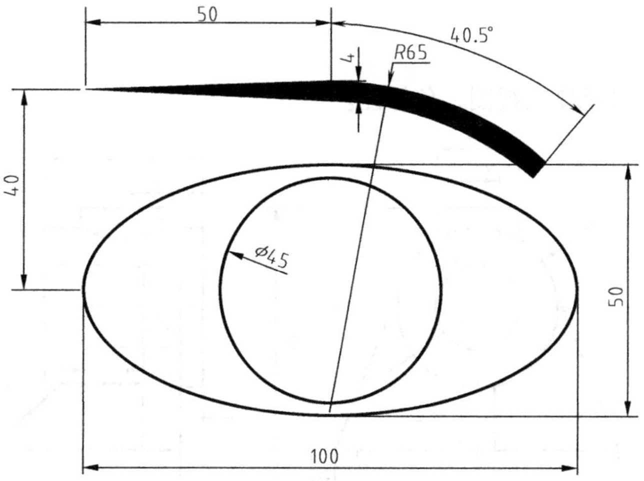

题 4-2 图

提示：

（1）绘制 ϕ45 的圆。

（2）绘制长轴为 100mm，短轴为 50mm 的椭圆。

（3）绘制多段线，线宽设置从 0 ~ 4mm。

项目五　绘制三视图

【项目导入】

绘制图 5-1 所示轴承座三视图，免标注。

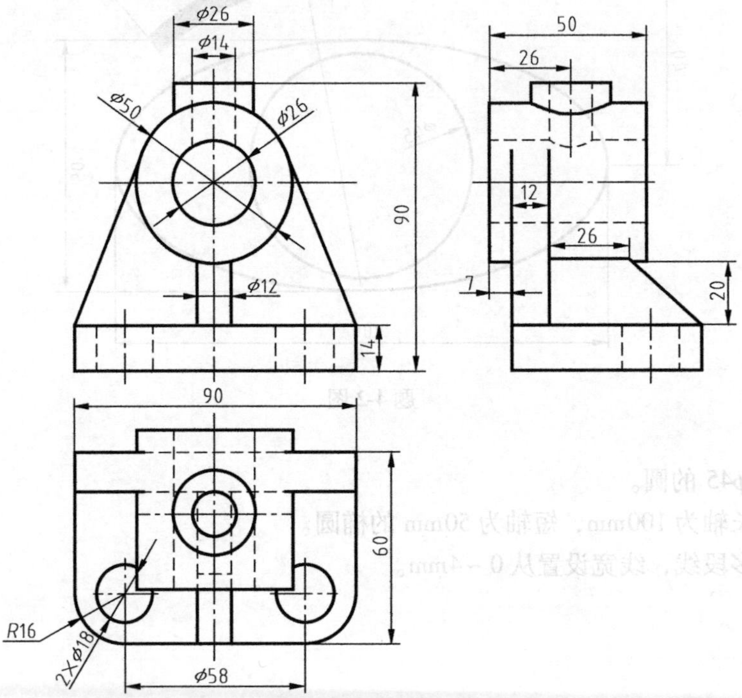

图 5-1　轴承座三视图

【项目分析】

图 5-1 所示轴承座一个典型的形体分析体，其结构可分为底板、轴承圆筒、注油孔、支撑板和加强筋五块，每个部分的结构在三个视图上都有所体现，可相互配合绘图。如主视图，可以先画基准线后再按结构特征绘图，如俯视图，可先在俯视图上绘制底板特征，在其他视图上可根据对正关系延伸或直接复制，轴承圆筒等均可这样。

【学习目标】

- 夹点命令的操作和运用
- 镜像、旋转、打断、合并、拉伸命令的操作使用
- 互相配合的组合体视图的绘制思路

【项目任务】

任务一　夹点命令的操作和运用

任务二　镜像、旋转、打断、合并命令的操作和运用

任务三　三视图绘制实例上机指导

任务一　夹点命令的操作和运用

使用夹点编辑对象

夹点即在图形对象上可以控制对象位置、大小的关键点。就直线而言，中心点可以控制其位置，而两个端点可以控制其长度和位置，所以直线有三个夹点。使用夹点编辑图形时，要先选择作为基点的夹点(激活)，这个选定的夹点叫基夹点(热点)。选择夹点后可以单击 < Enter > 键轮换进行移动、拉伸、旋转、镜像、比例缩放等编辑操作。

当在命令行提示下选择了图形对象时，会在图形对象上显示出小方框表示的夹点。不同对象其夹点分布也不同，如图 5-2 所示。

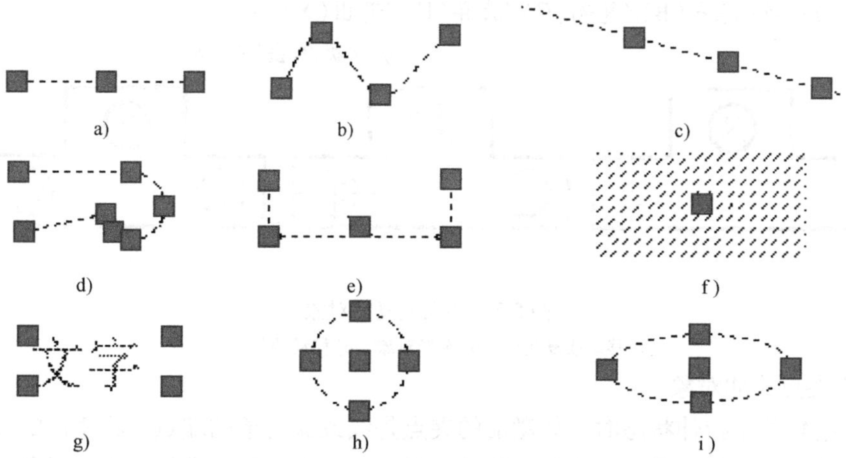

图 5-2　常见对象夹点

a)、c) 直线　b) 样条曲线　d) 多段线　e) 尺寸标注　f) 图案填充　g) 文字　h) 圆　i) 椭圆

1. 利用夹点移动或复制对象

利用夹点移动对象，只需选中想要移动对象的夹点，则所选对象会与光标一起移动，在目标点单击鼠标左键即可。

操作实例：

将图 5-3 所示图形中的 *A* 圆利用夹点移动或复制的方法，移动或复制到 *B* 点和 *C* 点位置。

命令：　　//单击 *A* 圆

命令：　　//单击 *A* 点圆心夹点

* * 拉伸 * *

指定拉伸点或[基点(B)/复制(C)/放弃(U)/退出(X)]：

//按 < Enter > 键可以轮换夹点进行编辑，使其处于移动状态

* * 移动 * *

指定移动点或 [基点(B)/复制(C)/放弃(U)/退出(X)]：

//输入“C”选择复制选项，按 < Enter > 键

* * 移动 * *

指定移动点或［基点(B)/复制(C)/放弃(U)/退出(X)］：<正交 关><对象捕捉开>B //输入“B”选择基点选项，按<Enter>键

＊＊ 移动(多重)＊＊

指定移动点或［基点(B)/复制(C)/放弃(U)/退出(X)］：

//捕捉单击“*A*”点

＊＊ 移动(多重)＊＊

指定移动点或［基点(B)/复制(C)/放弃(U)/退出(X)］：

//捕捉单击“*B*”点

＊＊ 移动(多重)＊＊

指定移动点或［基点(B)/复制(C)/放弃(U)/退出(X)］：

//捕捉单击“*C*”点

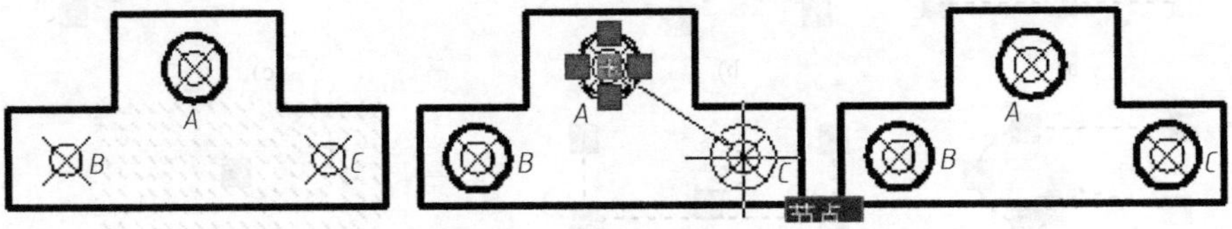

a)　　b)　　c)

图 5-3　移动或复制对象

a)移动或复制前　b)选择对象　c)移动或复制后

2. 利用夹点拉伸对象

当夹点编辑处于拉伸状态时，如激活的夹点是线或弧对象的端点，将激活的夹点移动到新位置时，此时线或弧对象的一个端点移动，另一个端点不动，即拉伸了此对象。

操作实例：

将图 5-4 所示直线 *AB* 拉伸到直线 *C*。

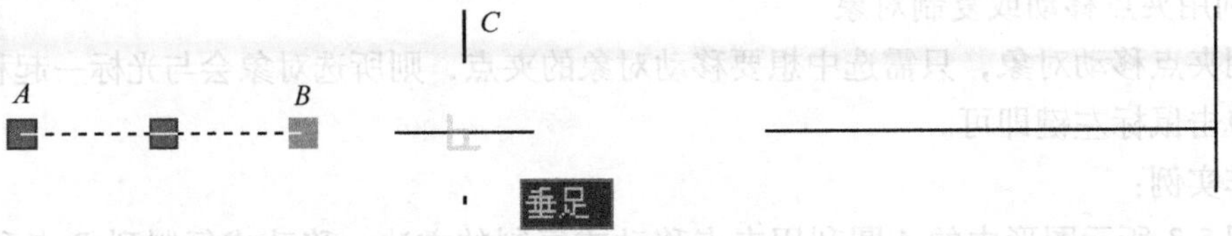

a)　　b)

图 5-4　利用夹点拉伸对象

a)拉伸过程　b)拉伸结果

命令： //单击直线 *AB*

命令： //单击直线 *AB* 夹点 *B*

＊＊ 拉伸 ＊＊

指定拉伸点或［基点(B)/复制(C)/放弃(U)/退出(X)］：

//将 *B* 点拉伸到直线 *C*

3. 利用夹点旋转对象

利用夹点可将选定的对象进行旋转。在操作过程中用户选中的夹点即是对象的旋转中心，用户可以指定其他点作为旋转中心。

操作实例：

利用夹点旋转如图 5-5 所示的小门，以 *A* 点为基点顺时针旋转 30°。

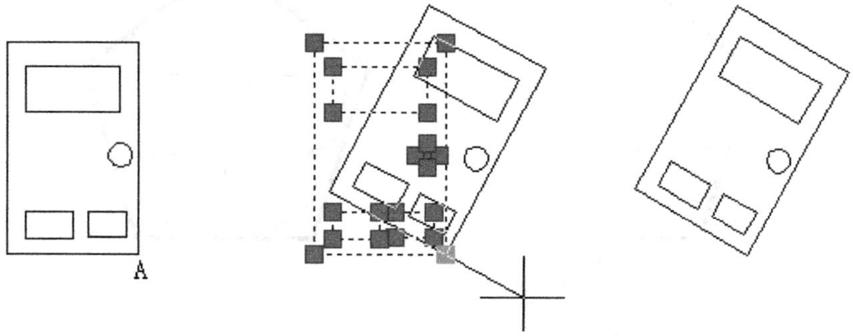

a)　　b)　　c)

图 5-5　夹点旋转对象

a) 夹点旋转前　b) 夹点旋转过程　c) 夹点旋转后

命令：　　//用窗口选择全部图形

命令：　　//选中夹点 *A*

* * 拉伸 * *

指定拉伸点或［基点(B)/复制(C)/放弃(U)/退出(X)］：

　　//按 <Enter> 键

* * 移动 * *

指定移动点或［基点(B)/复制(C)/放弃(U)/退出(X)］：

　　//按 <Enter> 键

* * 旋转 * *

指定旋转角度或［基点(B)/复制(C)/放弃(U)/参照(R)/退出(X)］：<正交　关> B

　　//输入"B"，选择基点选项，按 <Enter> 键

指定基点：　　//单击 *A* 点

* * 旋转 * *

指定旋转角度或［基点(B)/复制(C)/放弃(U)/参照(R)/退出(X)］：30

　　//输入旋转的角度 30°，按 <Enter> 键

4. 利用夹点镜像对象

利用夹点可将选定的对象进行镜像。在操作过程中，用户选中的夹点即是镜像线的第一点，在选取第二点后，即可形成一条镜像线。

操作实例：

利用夹点镜像如图 5-6 所示的图形。

命令：　　//窗口选择全部图形

命令：　　//选中夹点 *A*

* * 拉伸 * *　　//进入拉伸模式

指定拉伸点或［基点(B)/复制(C)/放弃(U)/退出(X)］：

　　//按 <Enter> 键

* * 移动 * *

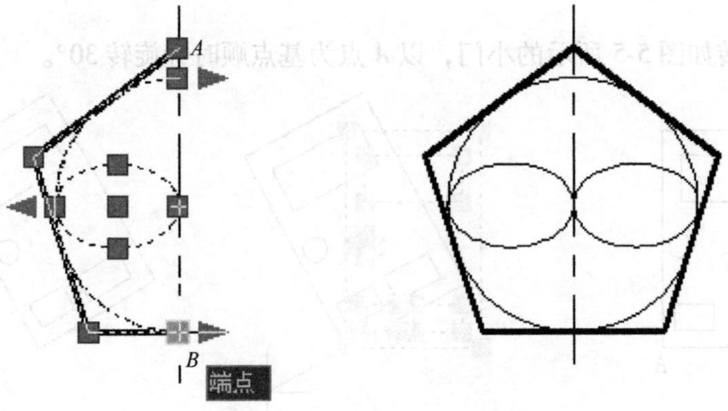

图 5-6　利用夹点镜像图形

a) 夹点镜像前　b) 夹点镜像后

指定移动点或 [基点(B)/复制(C)/放弃(U)/退出(X)]:

//按 <Enter> 键

* * 旋转 * *

指定旋转角度或 [基点(B)/复制(C)/放弃(U)/参照(R)/退出(X)]:

//按 <Enter> 键

* * 比例缩放 * *

指定比例因子或 [基点(B)/复制(C)/放弃(U)/参照(R)/退出(X)]:

//按 <Enter> 键，进入镜像模式

* * 镜像 * *

指定第二点或 [基点(B)/复制(C)/放弃(U)/退出(X)]: C

//输入"C"选择复制选项，按 <Enter> 键

* * 镜像 (多重) * *

指定第二点或 [基点(B)/复制(C)/放弃(U)/退出(X)]: <对象捕捉　开>

//鼠标捕捉 B 点

* * 镜像 (多重) * *

指定第二点或 [基点(B)/复制(C)/放弃(U)/退出(X)]:

//按 <Enter> 键

结果如图 5-6b 所示。

5. 利用夹点缩放对象

利用夹点可将选定的对象进行比例缩放。在操作过程中用户选中的夹点是缩放对象的基点。

操作实例:

利用夹点缩放把原图形中的椭圆缩小一半，如图 5-7 所示。

命令:　　//选中图形中的椭圆

命令:　　//选中椭圆中心夹点

* * 拉伸 * *　　//进入拉伸模式

指定拉伸点或 [基点(B)/复制(C)/放弃(U)/退出(X)]:

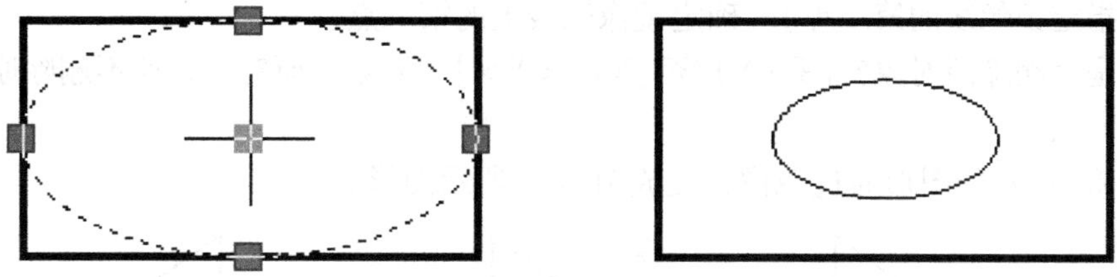

a)　　　　　b)

图 5-7　利用夹点缩放图形

a) 夹点缩放前　b) 夹点缩放后

//按 <Enter> 键

＊＊ 移动 ＊＊

指定移动点或 [基点(B)/复制(C)/放弃(U)/退出(X)]:

//按 <Enter> 键

＊＊ 旋转 ＊＊

指定旋转角度或 [基点(B)/复制(C)/放弃(U)/参照(R)/退出(X)]:

//按 <Enter> 键

＊＊ 比例缩放 ＊＊

指定比例因子或 [基点(B)/复制(C)/放弃(U)/参照(R)/退出(X)]:

//输入比例因子 0.5，按 <Enter> 键

结果如图 5-7b 所示。

任务二　镜像、旋转、打断、合并命令的操作和运用

一、镜像

镜像是指将已绘制图形对象通过指定轴对称进行复制的操作。对称对象使用镜像命令进行复制非常有效，只需要绘制一半图形或者更少，再使用镜像完成其他对称部分。

1. 命令输入

工具栏：修改

菜单：修改(M) ➤ 镜像(I)

命令条目：mirror

2. 命令说明

启用"镜像"命令后，命令行提示如下。

命令：mirror

选择对象：

选择对象：

指定镜像线的第一点：

指定镜像线的第二点：

是否删除源对象？[是(Y)/否(N)] <N>:

☆ 【选择对象】　选择要镜像的图形对象。

☆ 【指定镜像线的第一点】　确定镜像轴线上的第一点。

☆ 【指定镜像线的第二点】 确定镜像轴线上的第二点。

☆ 【是否删除源对象？[是(Y)/否(N)]<N>】 Y删除原对象，N不删除原对象。

3. 操作实例

将图5-8a所示的图形通过镜像，变成图5-8b所示图形。

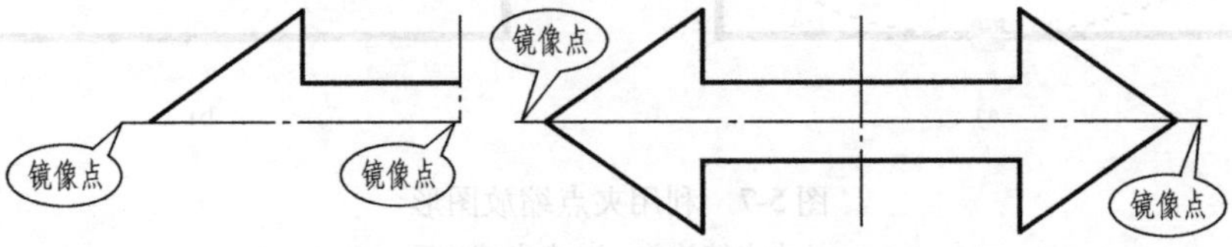

a)　　　　b)

图5-8　镜像图例

a）镜像前　b）镜像后

命令：mirror　　　　//选择镜像按钮

选择对象：指定对角点：找到6个　　　　//利用窗口选择中线以上的图形对象

选择对象：　　　　//按<Enter>键

指定镜像线的第一点：　　　　//单击轴线上一点

指定镜像线的第二点：　　　　//单击轴线上另一点

要删除源对象吗？[是(Y)/否(N)]<N>：//按<Enter>键。

命令：mirror　　　　//选择镜像按钮

选择对象：指定对角点：找到7个　　　　//利用窗口选择竖直中线左侧图形对象

选择对象：　　　　//按<Enter>键

指定镜像线的第一点：　　　　//单击轴线上一点

指定镜像线的第二点：　　　　//单击轴线上另一点

要删除源对象吗？[是(Y)/否(N)]<N>：//按<Enter>键，完成如图5-8所示图形

二、旋转

旋转命令可将图形对象绕一基点旋转一个角度。

1. 命令输入

工具栏：修改

菜单：修改(M)➤旋转(R)

快捷菜单：选择要旋转的对象，在绘图区中单击鼠标右键，在弹出的快捷菜单中单击“旋转”。

命令条目：rotate

2. 命令说明

命令：_rotate

UCS当前的正角方向：ANGDIR=逆时针　ANGBASE=0

选择对象：

指定基点：

指定旋转角度，或[复制(C)/参照(R)]<0>：

☆ 【选择对象】：选择要旋转的对象。

☆ 【选择对象】：按 <Enter> 键。

☆ 【指定基点】：指定旋转的基点。

☆ 【指定旋转角度，或[复制(C)/参照(R)] <0>】：输入旋转的角度或采用参照方式旋转对象。

3. 操作实例

将图 5-9a 所示的图形，通过旋转命令变为图 5-9b 所示图形。

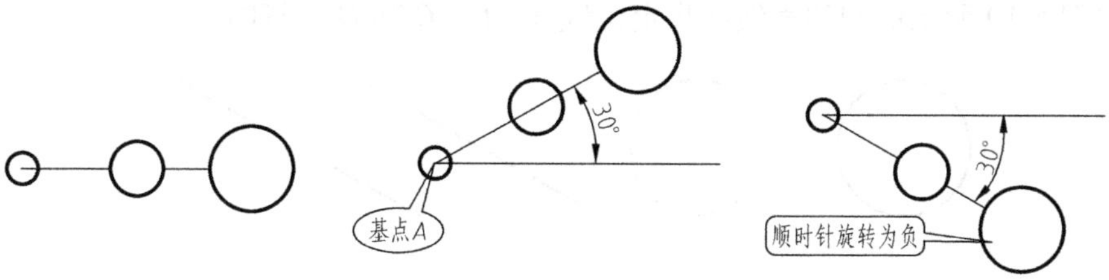

a)　　b)

图 5-9　旋转图例

a) 旋转前　b) 旋转后

命令：rotate　　//选择旋转按钮

UCS 当前的正角方向：ANGDIR = 逆时针　ANGBASE = 0

　　//按 <Enter> 键

选择对象：指定对角点：找到 5 个　　//窗口选择整个图形

选择对象：　　//按 <Enter> 键

指定基点：<对象捕捉　开>　　//单击 A 点

指定旋转角度，或 [复制(C)/参照(R)] <30>：30

　　//输入旋转角度，按 <Enter> 键。

用同样的方法对图 5-9a 输入旋转角度 -30°。

三、打断

打断命令可将某一对象一分为二或去掉其中一段减少其长度。AutoCAD 2008 提供了两种用于打断的命令："打断"和"打断于点"命令。可以进行打断操作的对象包括直线、圆、圆弧、多段线、椭圆、样条曲线等。

1. 命令输入

工具栏：修改

菜单：修改(M) ➤ 打断(K)

命令条目：break

2. 命令说明

(1) "打断"命令　可将对象打断，并删除所选对象的一部分，从而将其分为两个部分。

(2) "打断于点"命令　用于打断所选的对象，使之成为两个对象，但不删除其中的部分。启动"打断于点"命令的方法是直接单击标准工具栏上的"打断于点"按钮。

启动"打断"命令后，命令行提示如下。

命令：break

选择对象：

指定第二个打断点或[第一点(F)]:

☆ 【选择对象】 选择打断的对象。如果在后面的提示中不输入 F 来重新定义第一点，则拾取该对象的点为第一点。

☆ 【指定第二个打断点或[第一点(F)]】 拾取打断的第二点。如果输入@指第二点和第一点相同，即将选择对象分成两段。

3. 操作实例

(1)将图 5-10 所示的圆和直线在指定位置 *A*、*B*、*C* 和 *D* 点打断。

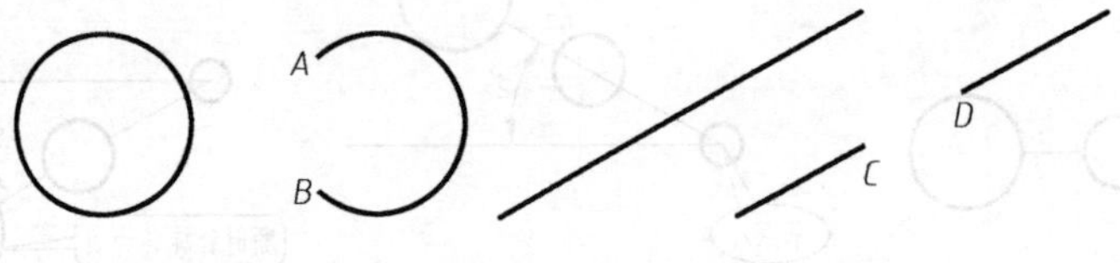

a) b)

图 5-10 打断图例
a)打断圆 b)打断直线

命令: _break

选择对象: //单击"打断"命令按钮，在圆和直线分别选择 *A* 点和 *C* 点位置

指定第二个打断点或[第一点(F)]:

//在 *B* 点和 *D* 点附近单击鼠标，完成结果如图 5-10 所示

(2) 将图 5-11 所示的圆弧在 *A* 点打断成两部分。

命令: break

选择对象: //单击"打断于点"命令按钮，单击圆弧

指定第二个打断点 或 [第一点(F)]:_f

指定第一个打断点: //在圆弧上单击，确定打断点

指定第二个打断点: @//按 <Enter> 键

命令: //在图 5-11 所示的右端圆弧上单击，可以发现圆弧变成两部分。

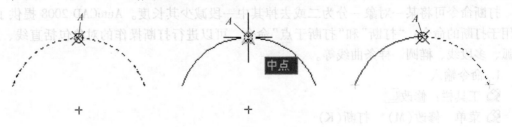

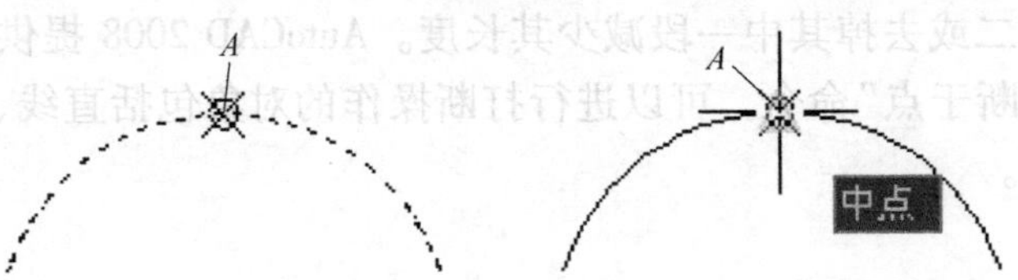

图 5-11 打断于点图例

四、合并

合并命令是 AutoCAD 2008 提供的新功能，利用它可以将直线、圆、椭圆和样条曲线等独立的线段合并为一个对象。

1. 命令输入

工具栏: 修改

菜单: 修改(M)➤ 合并(J)

命令条目: join

2. 命令说明

启用“合并”命令后，命令行提示如下。

命令：join

选择源对象：

选择圆弧，以合并到源或进行[闭合(L)]：

☆【选择源对象】 选择合并对象其中一个作为源对象。

☆【选择圆弧，以合并到源或进行[闭合(L)]】 选择其他的对象合并到源对象。如果输入“L”，选择圆、椭圆这样的封闭图形就会形成闭合图形。

3. 操作实例

将图 5-12 所示的椭圆弧 *A*、椭圆弧 *B* 合并成椭圆，圆弧 *C*、圆弧 *D* 进行合并。

命令：join

选择源对象：　　　　//启用“合并”命令按钮，单击椭圆弧 *A*

选择椭圆弧，以合并到源或进行[闭合(L)]：L

　　　　//输入“L”，已成功地闭合椭圆

结果如图 5-11b 所示。

命令：join

选择源对象：　　　　//单击“合并”命令按钮，单击圆弧 *C* 点附近

选择圆弧，以合并到源或进行[闭合(L)]：//单击 *D* 点附近的圆弧

选择要合并到源的圆弧：找到 1 个　　　　//按 <Enter> 键

已将 1 个圆弧合并到源

结果如图 5-11d 所示。

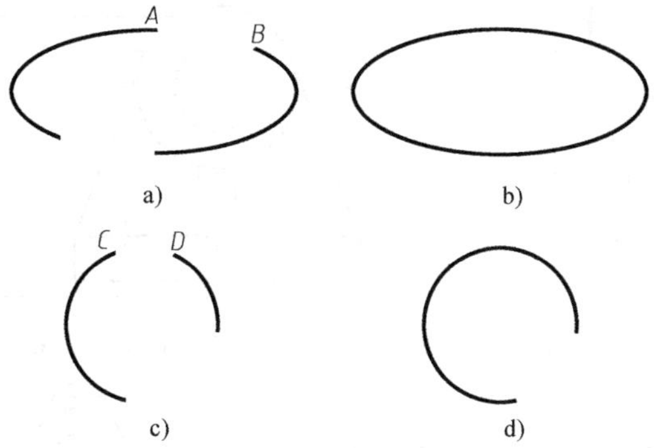

图 5-12　合并图例

a)合并前　b)合并后　c)合并前　d)合并后

任务三　三视图绘制实例上机指导

绘制图 5-1 所示轴承座三视图，免标注。

绘制图形前，首先对轴承座的三视图进行形体分析。轴承座组合体由五个部分组成，即底座、大圆柱筒、小圆柱筒、支撑架、中间加强肋板。画图时先画各部分，根据各部分之间的关系再组合整体。绘制三视图必须保证视图之间的投影规律，即主、俯视图“长对正”，

主、左视图“高平齐”，俯、左视图“宽相等”。为了能保证实现视图之间的投影关系，绘图过程中通过作辅助线或是画圆等方式来保证。

1. 绘制三个方向的定位基准

启动 AutoCAD 2008，打开准备好的样板文件。

选取“中心线”图层，绘制如图 5-13 所示的定位基准。（本章以后，操作步骤从简）

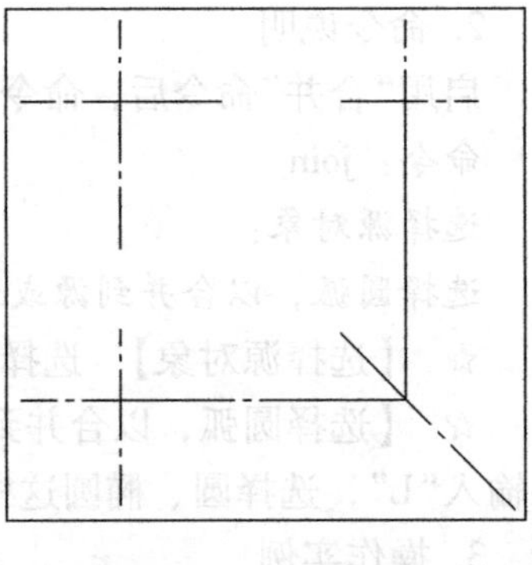

图 5-13　绘制定位基准

先绘制主视图，主要从大圆柱筒为基准开始，绘制水平中心线长为 90mm，垂直中心线长为 100mm。俯视图中心线以小圆柱筒为基准，左视图中心线以大圆柱筒及小圆柱筒中心为基准，在俯视图与左视图基准相交处绘制 45°斜线。

2. 绘制主视图

先后用圆、直线、偏移、修剪、镜像等命令绘制如图 5-14 所示主视图。

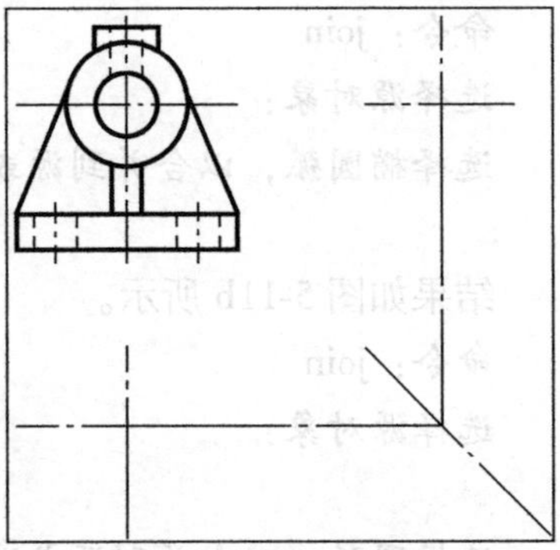

图 5-14　绘制主视图

3. 绘制俯视图、左视图的大圆柱筒及小圆柱筒

先后运用圆、直线、偏移、修剪等命令绘制如图 5-15 所示俯视图、左视图。其中，在绘制大圆柱筒与小圆柱筒相交的相贯线时可绘制如图 5-16 所示的辅助线，然后应用样条曲线按钮绘制图 5-17 所示左视图。

4. 绘制俯视图、左视图的底座

先后用直线、偏移、圆、圆角、修剪等命令绘制如图 5-18 所示底座图形。

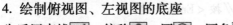

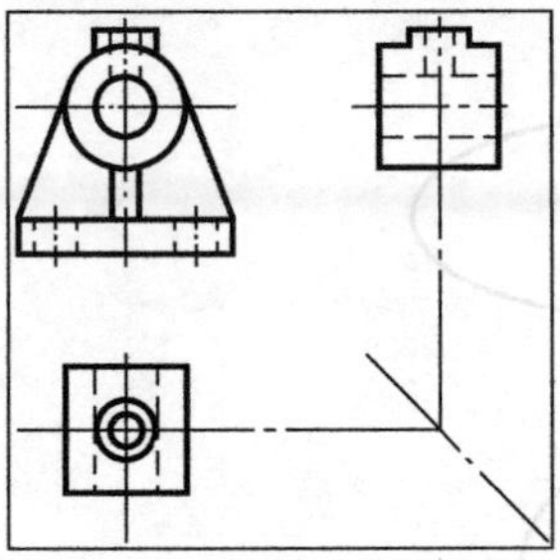

图 5-15　绘制俯视图、左视图

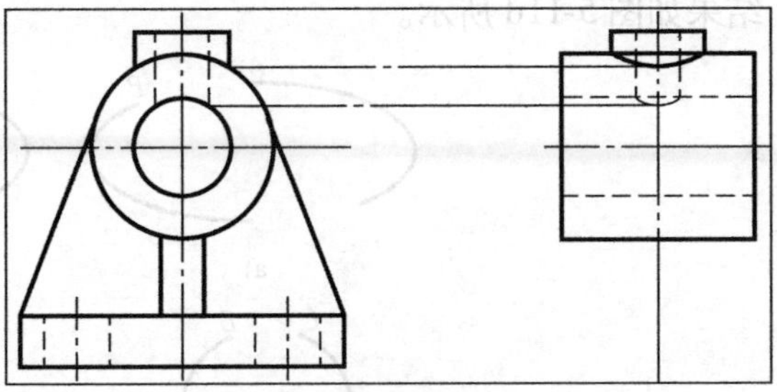

图 5-16　绘制辅助线

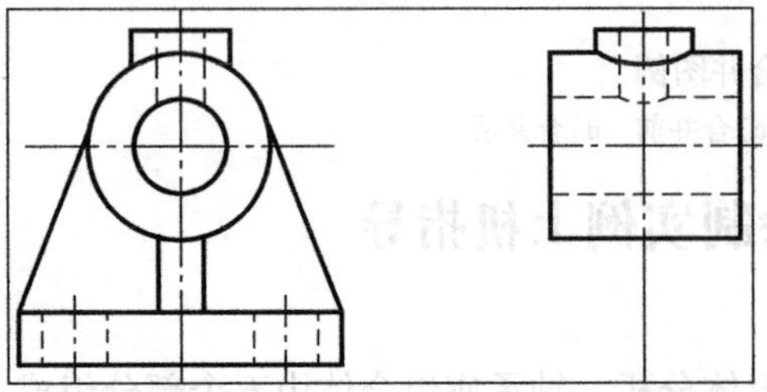

图 5-17　绘制左视图

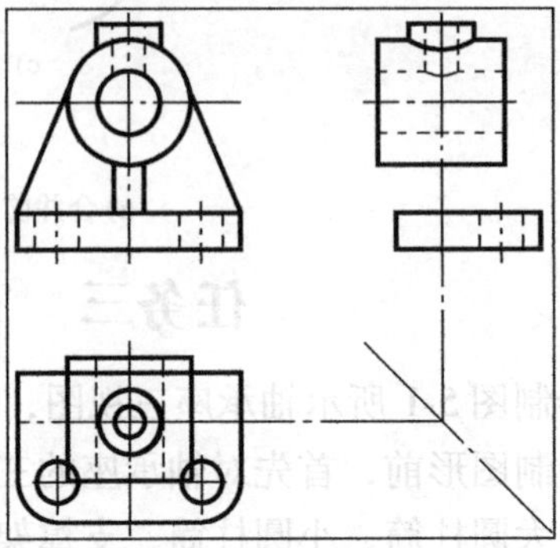

图 5-18　绘制底座图形

5. 绘制俯视图、左视图的支撑架

先后运用直线、偏移等命令以及辅助线绘制如图 5-19 所示支撑架图形。先后运用打断、修剪命令修剪完成图 5-20 所示支撑架图形。

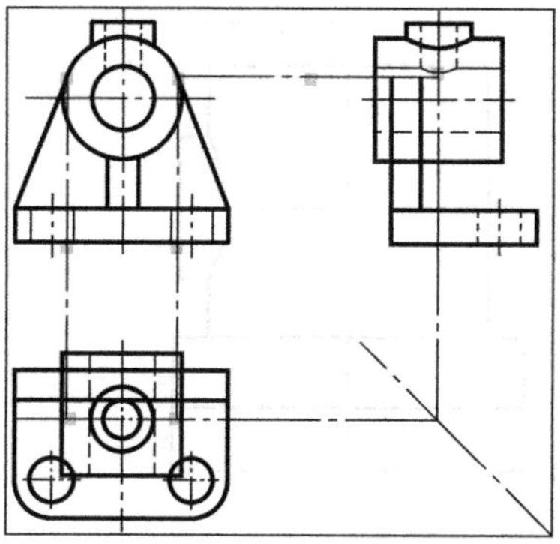

图 5-19　绘制支撑架

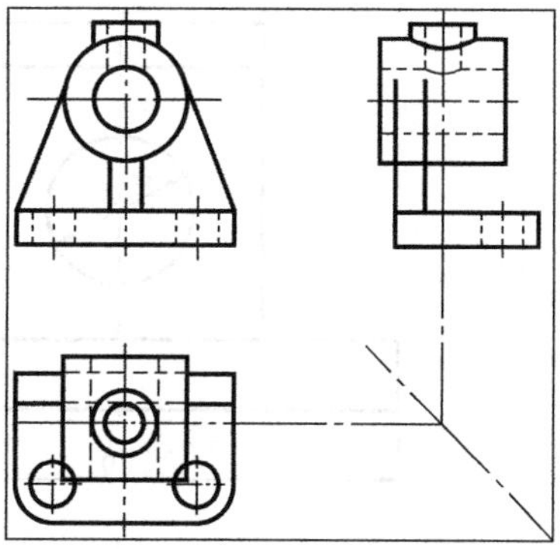

图 5-20　修剪完成支撑架图形

6. 绘制俯视图、左视图的加强肋板

先后运用直线、偏移等命令绘制图 5-21 所示加强肋板图形。先后用打断、修剪命令修剪完成图 5-22 所示加强肋板图形。

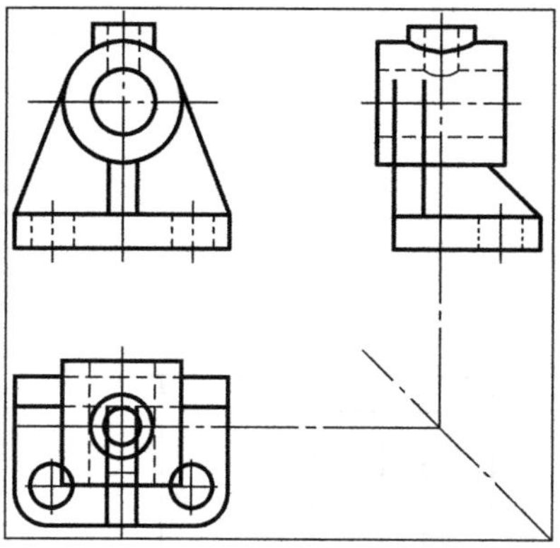

图 5-21　绘制加强肋板

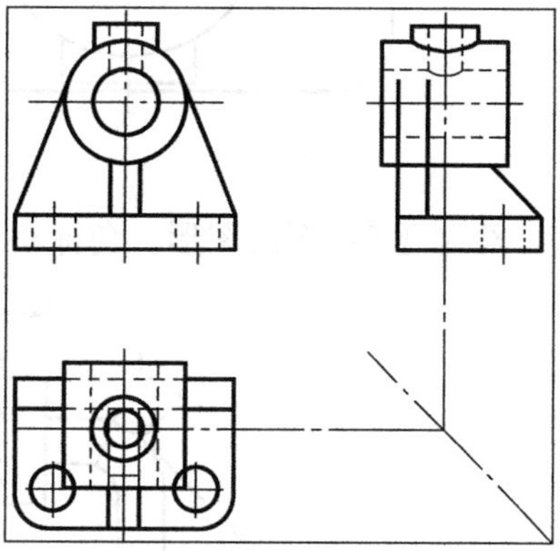

图 5-22　修剪完成加强肋板

7. 整理图形

先后运用夹点操作、修剪、移动等命令绘制如图 5-23 所示轴承座三视图。

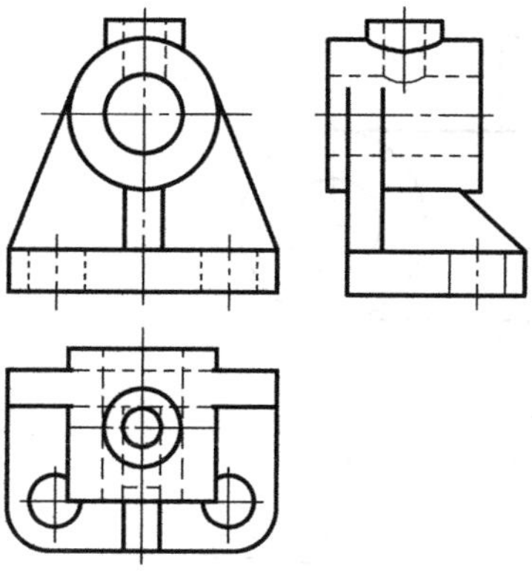

图 5-23　轴承座三视图

同步练习五

5-1　绘制题 5-1 图的图形，免标注。

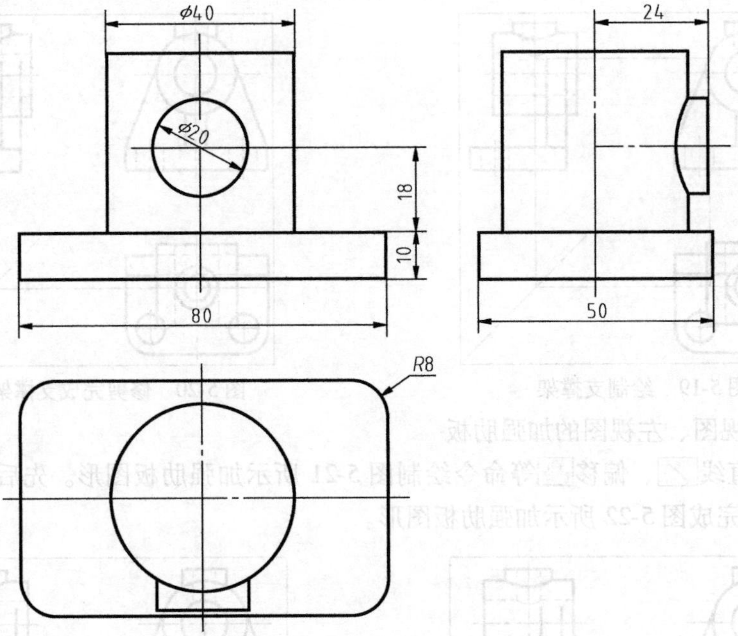

题 5-1 图

5-2　绘制题 5-2 图的图形，免标注。

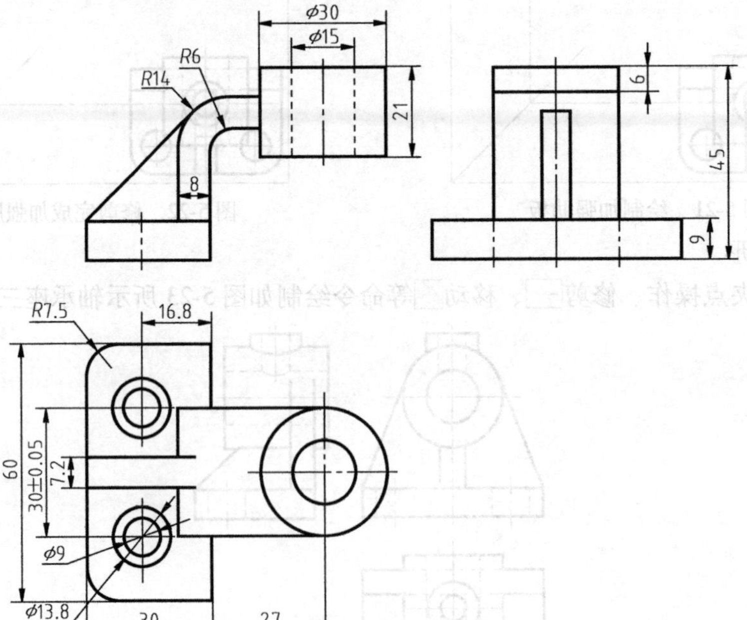

题 5-2 图

项目六　绘制阶梯轴

【项目导入】

绘制图 6-1 所示阶梯轴零件图，免标注。

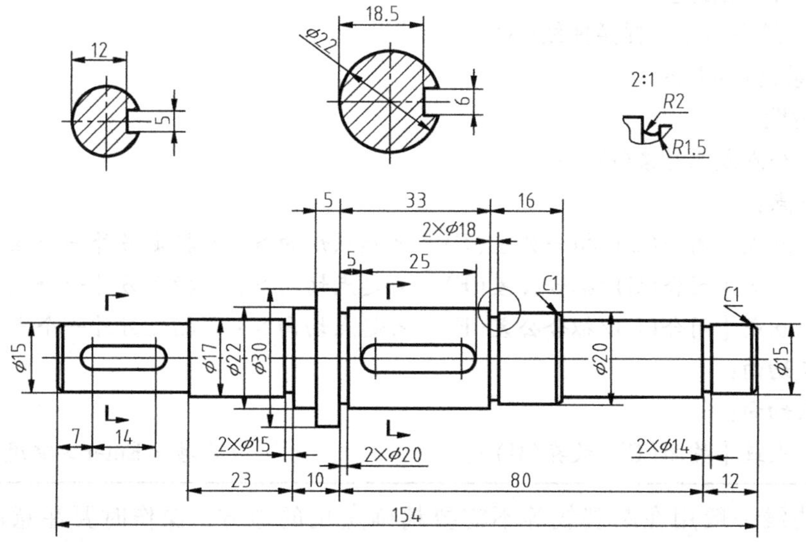

图 6-1　阶梯轴零件图

【项目分析】

阶梯轴是一个典型的轴套类零件，其特征是由一系列不同轴径的圆柱体组成，其上分布一些退刀槽、倒角、键槽等结构。绘图时一般先绘制主体结构，把细小结构如倒角、退刀槽等放到后面绘制。阶梯轴是一典型的对称结构，可以只绘制一半后镜像完成图形，也可以将其看作是一个个的矩形拼装而成。根据尺寸标注情况，阶梯轴主体一般可以有两种画法，矩形堆积和轮廓线法，不建议采用直线偏移画法。键槽的剖面线等一般是最后绘制。本项目采用矩形堆积法绘制阶梯轴，学习后可自行采用轮廓线法绘制，以便体会不同绘图方式的不同特点。

【学习目标】

- 样条曲线、图案填充等命令的操作和运用
- 拉伸、比例缩放、分解、倒角等命令的操作和运用
- 阶梯轴零件图绘制实例上机指导

【项目任务】

任务一　样条曲线、图案填充等命令的操作和运用

任务二　拉伸、比例缩放、分解、倒角等命令的操作和运用

任务三　阶梯轴零件图绘制实例上机指导

任务一　样条曲线、图案填充等命令的操作和运用

一、样条曲线的绘制

样条曲线是由多条线段光滑过渡而形成的曲线，其形状是由数据点、拟合点及控制点来控制的。其中，数据点是在绘制样条曲线时由用户确定的；拟合点和控制点是由系统自动产生，用来编辑样条曲线的。

1. 命令输入

工具栏：绘图

菜单：绘图(D)▶ 样条曲线(S)

命令条目：spline

2. 命令说明

指定第一个点或［对象(O)］：

指定下一点：

指定下一点或［闭合(C)/拟合公差(F)］<起点切向>：//指定另外一个点

指定下一点或［闭合(C)/拟合公差(F)］<起点切向>：//指定另外一个点

指定下一点或［闭合(C)/拟合公差(F)］<起点切向>：//指定另外一个点

指定起点切向：

指定端点切向：

指定下一点或［关闭(C)/放弃(U)］：　　//按<Enter>键退出命令

> ☆ 样条曲线一般用在断裂线等不需要精确定位的地方，操作时要注意的是当按<Enter>键结束点输入后，要指定起点切向和端点切向，这与其他绘图命令操作模式有一定区别，初学者常常不习惯。

3. 操作实例

利用以上方法启用“样条曲线”命令，绘制如图 6-2 所示的样条曲线。

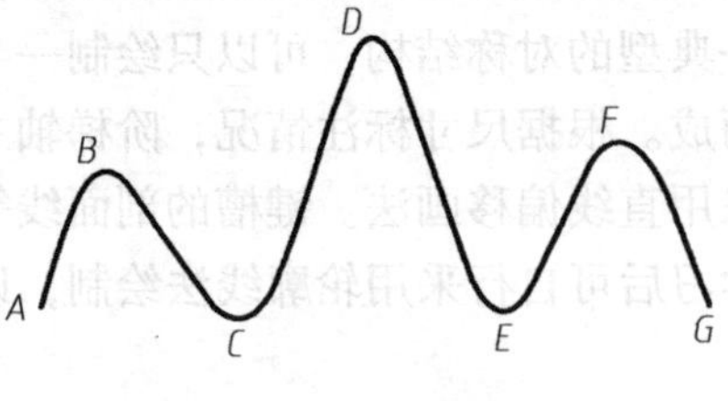

图 6-2　样条曲线的绘制

命令:_spline　　//单击“样条曲线”命令按钮

指定第一个点或［对象(O)］：　　//单击确定 A 点的位置

指定下一点：　　//单击确定 B 点的位置

指定下一点或［闭合(C)/拟合公差(F)］<起点切向>：//单击确定 C 点的位置

指定下一点或［闭合(C)/拟合公差(F)］<起点切向>：//单击确定 D 点的位置

指定下一点或［闭合(C)/拟合公差(F)］<起点切向>：//单击确定 E 点的位置

指定下一点或［闭合(C)/拟合公差(F)］<起点切向>：//单击确定 *F* 点的位置
指定下一点或［闭合(C)/拟合公差(F)］<起点切向>：//单击确定 *G* 点的位置
指定下一点或［闭合(C)/拟合公差(F)］<起点切向>：//按 <Enter> 键
指定起点切向：　//移动鼠标，单击确定起点方向
指定端点切向：　//移动鼠标，单击确定端点方向

二、图案填充

图案填充就是用某种图案充满图形中指定的封闭区域。一般需要在剖视图、断面图上绘制填充图案作为剖面线。AutoCAD 2008 有图案填充和渐变色填充两种模式，以对话框方式确定填充图案和填充范围来完成剖面线绘制。

1. 命令输入

工具栏：绘图

菜单：绘图(D)➤ 图案填充(H)

命令条目：bhatch

启动“图案填充”命令后，系统将弹出如图 6-3 所示“图案填充和渐变色”对话框。

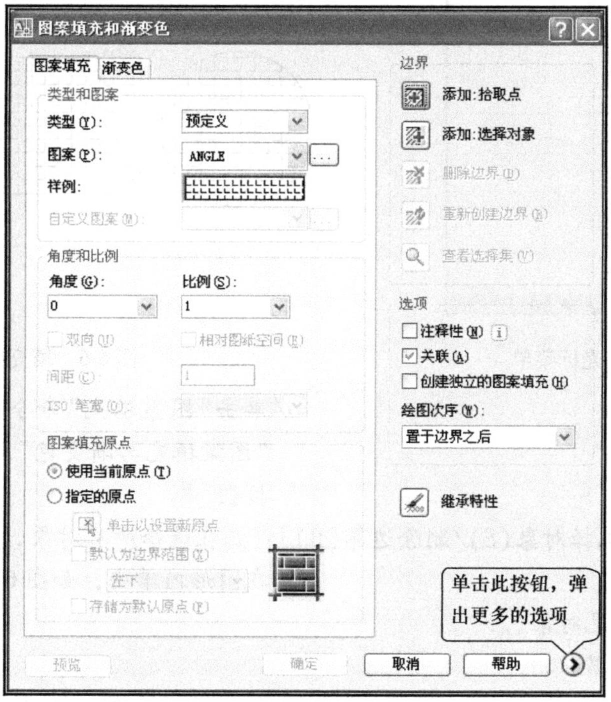

图 6-3　“图案填充和渐变色”对话框

2. 命令说明

(1) 选择图案填充区域　在图 6-3 所示的“图案填充和渐变色”对话框中，右侧排列的“按钮”与“选项”用于选择图案填充的区域。在“图案填充和渐变色”对话框中，各选项组的意义如下：

1)“边界”选项组　在该选项组中可以选择“图案填充”的区域。其各个选项的意义如下。

“添加：拾取点”按钮　根据图中现有对象自动确定填充区域的边界。该方式要求图形对象必须构成一个闭合区域。应用时系统提示用户拾取闭合区域内部的一个点。系统自动以虚线形式显示用户选中闭合区域的边界，如图6-4所示。

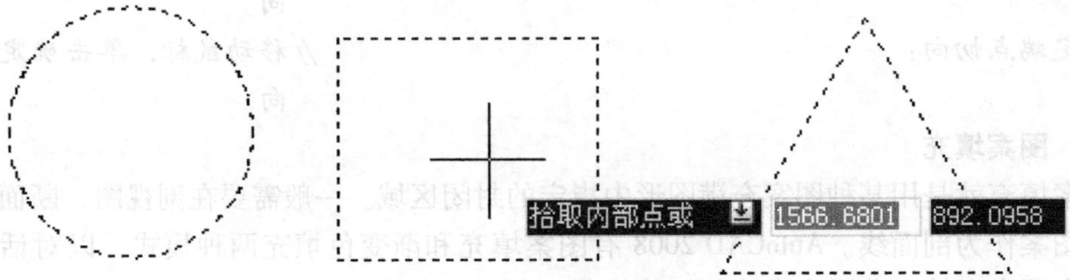

图6-4　以虚线形式显示闭合区域的边界

确定完图案填充边界后，在绘图区域内单击鼠标右键，弹出的快捷菜单如图6-5所示，可以单击“预览”选项来预览图案填充的效果，如图6-6所示。

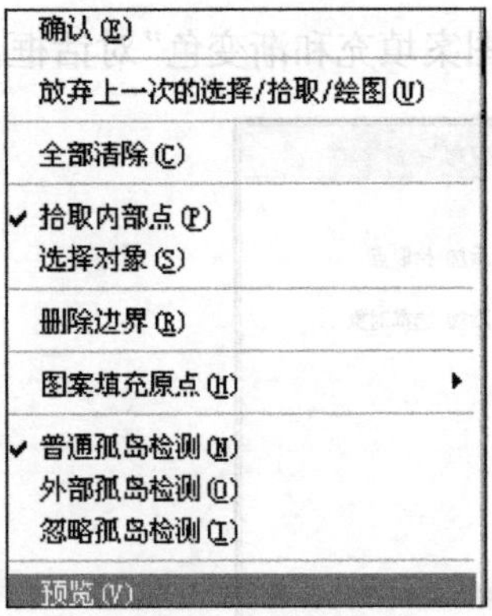

图6-5　光标菜单

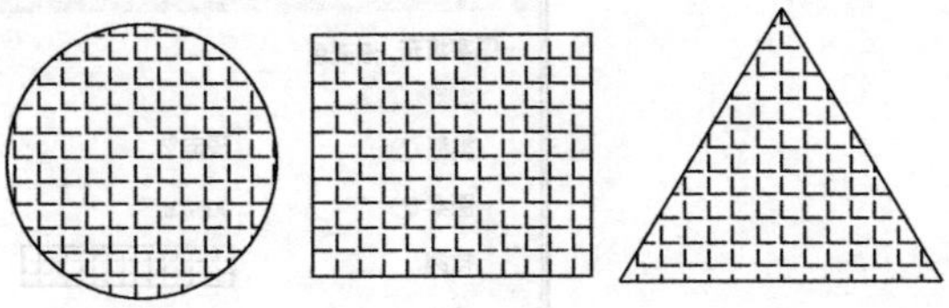

图6-6　填充效果

命令：_bhatch　//单击“图案填充”命令按钮，在弹出的“图案填充与渐变色”对话框中单击拾取点按钮

拾取内部点或[选择对象(S)/删除边界(B)]：正在选择所有对象...
//在图形内单击，如图6-4所示

正在选择所有可见对象...

正在分析所选数据...

正在分析内部孤岛...　//边界变为虚线，单击鼠标右键，弹出快捷菜单，选择“预览”选项，如图6-5所示

拾取内部点或[选择对象(S)/删除边界(B)]：

拾取或单击<Esc>键返回到对话框或<单击鼠标右键接受图案填充>：
//单击鼠标右键，填充效果如图6-6所示

“添加：选择对象”按钮　用于选择图案填充的边界对象，该方式需要用户逐一选择

图案填充的边界对象，选中的边界对象将变为虚线，如图 6-7 所示，系统不会自动检测内部对象。

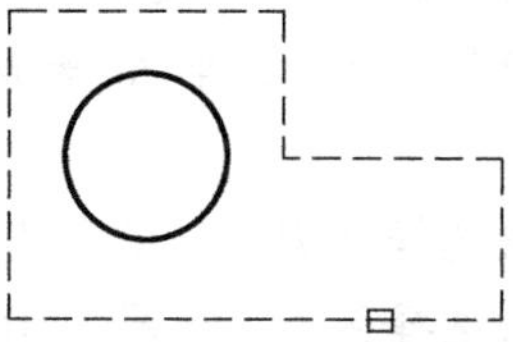

图 6-7　选中边界

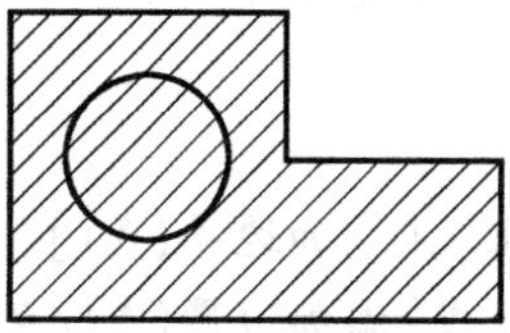

图 6-8　填充效果

命令：bhatch　　//单击“图案填充”命令按钮，在弹出的“图案填充与渐变色”对话框中单击“选择对象”按钮

选择对象或[拾取内部点(K)/删除边界(B)]：找到 1 个　　//依次单击各个边

选择对象或[拾取内部点(K)/删除边界(B)]：找到 1 个，总计 2 个

选择对象或[拾取内部点(K)/删除边界(B)]：找到 1 个，总计 3 个

选择对象或[拾取内部点(K)/删除边界(B)]：找到 1 个，总计 4 个

选择对象或[拾取内部点(K)/删除边界(B)]：找到 1 个，总计 7 个

选择对象或[拾取内部点(K)/删除边界(B)]：找到 1 个，总计 6 个

选择对象或[拾取内部点(K)/删除边界(B)]：　//单击鼠标右键，弹出快捷菜单，选择“预览”选项，如图 6-5 所示 <预览填充图案>

拾取或单击 <Esc> 键返回到对话框或 <单击鼠标右键接受图案填充>：　　//单击鼠标右键

填充效果如图 6-8 所示。

“删除边界”按钮　用于从边界定义中删除以前添加的任何对象，如图 6-9 所示。

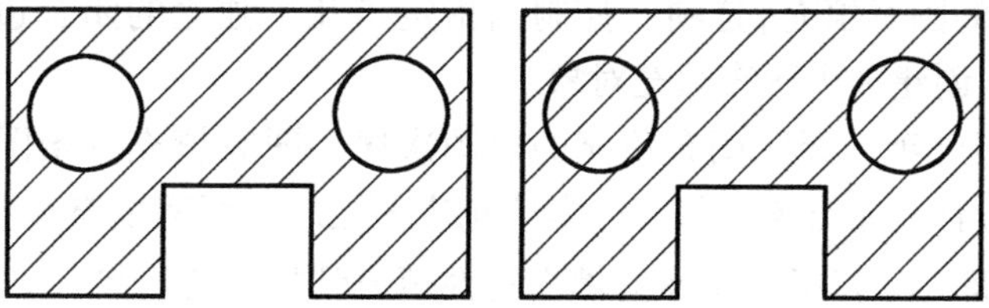

a)　　b)

图 6-9　删除图案填充边界

a) 删除边界前　b) 删除边界后

命令：bhatch　　//单击“图案填充”命令按钮，在弹出的“图案填充与渐变色”对话框中单击“拾取点”按钮

拾取内部点或[选择对象(S)/删除边界(B)]：　//单击 *A* 点附近位置，如图 6-10a 所示

正在选择所有可见对象...

正在分析所选数据...

正在分析内部孤岛...

拾取内部点或[选择对象(S)/删除边界(B)]：　//按<Enter>键，返回"图案填充和渐变色"对话框，单击"删除边界"按钮

选择对象或[添加边界(A)]：　//单击选择圆 *B*，如图 6-10b 所示

选择对象或[添加边界(A)/放弃(U)]：　//单击选择圆 *C*，如图 6-10b 所示

选择对象或[添加边界(A)/放弃(U)]：　//按<Enter>键，返回"图案填充和渐变色"对话框，单击 确定 按钮

结果如图 6-10c 所示。

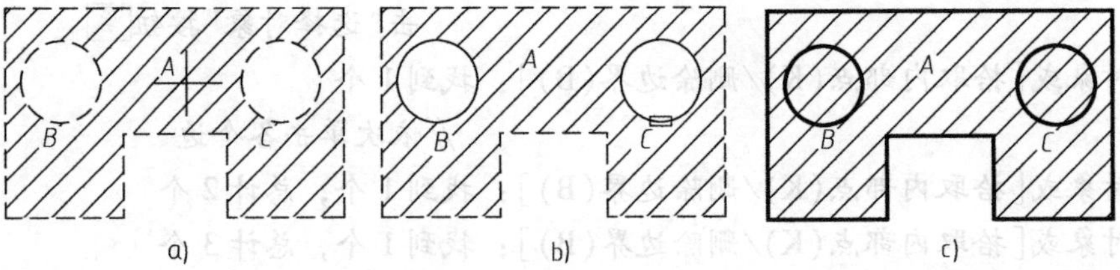

图 6-10　删除边界过程

a) 拾取点　b) 选择删除边界　c) 删除边界后

"重新创建边界"按钮　围绕选定的图形边界或填充对象创建多段线或面域，并使其与图案填充对象相关联(可选)。如果未定义图案填充，则此选项不可选用。

"查看选择集"按钮　单击查看选择集按钮选项，系统将显示当前选择的填充边界。如果未定义边界，则此选项不可选用。

2)"选项"选项组　在"选项"选项组中有几个常用的图案填充或填充控制选项。

☆　【关联】选项　用于创建关联图案的填充。关联图案是指图案与边界相链接，当用户修改边界时，填充图案将自动更新。

☆　【创建独立的图案填充】选项　控制当指定了几个独立的闭合边界时，是创建单个图案填充对象，还是创建多个图案填充对象。

☆　【绘图次序】选项　指定图案填充的绘图次序。图案填充的绘图次序可以放在所有其他对象之后或是所有其他对象之前、图案填充边界之后或图案填充边界之前。

"继承特性"按钮　将指定图案的填充特性填充到指定的边界。单击"继承特性"按钮，并选择某个已绘制的图案，系统即可将该图案的特性填充到当前填充区域中。

(2) 选择图案样式　在"图案填充"选项卡中，"类型和图案"选项组可以选择图案填充的样式。"图案"下拉列表用于选择图案的样式，如图 6-11 所示，所选择的样式将在其下的"样例"显示框中显示出来，需要时可以通过滚动条来选取自己所需要的样式。

单击"图案"下拉列表框右侧的按钮 ... 或单击"样例"显示框，弹出"填充图案选项板"对话框，如图 6-12 所示，列出了所有预定义图案的预览图像。

在"填充图案选项板"对话框中，各个选项卡的意义如下：

☆　【ANSI】选项卡　用于显示系统附带的所有 ANSI 标准图案，如图 6-12 所示。

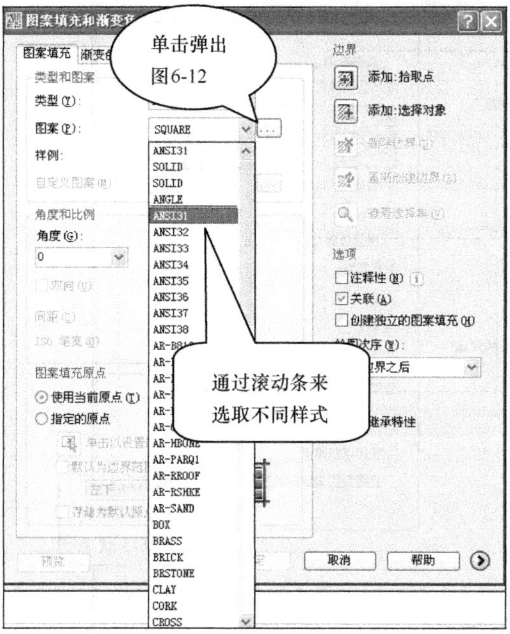

图 6-11　选择图案样式

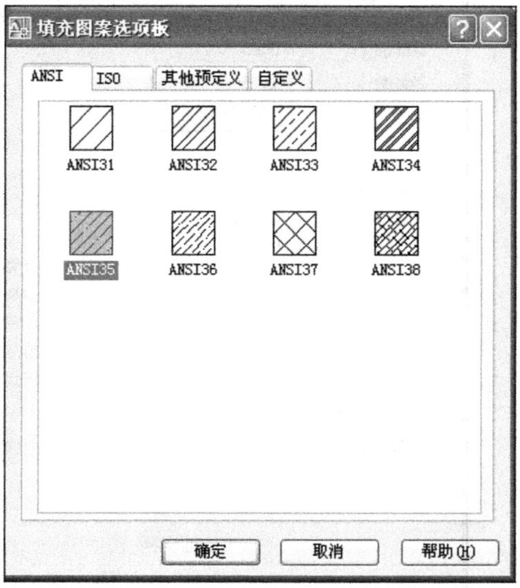

图 6-12　“填充图案选项板”对话框

☆　【ISO】选项卡　用于显示系统附带的所有 ISO 标准图案，如图 6-13 所示。

☆　【其他预定义】选项卡　用于显示所有其他样式的图案，如图 6-14 所示。

☆　【自定义】选项卡　用于显示所有已添加的自定义图案。

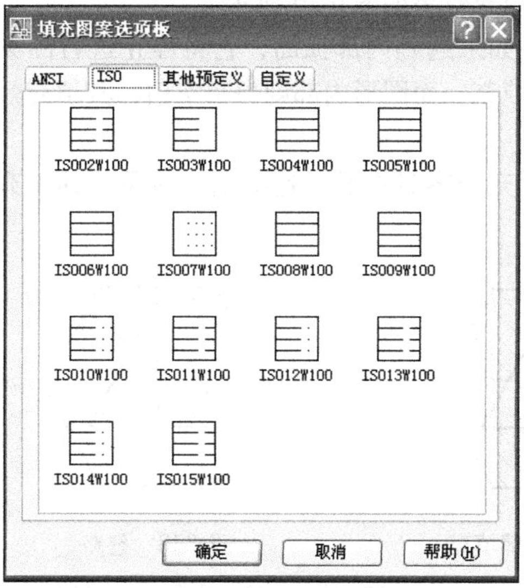

图 6-13　“ISO”选项卡

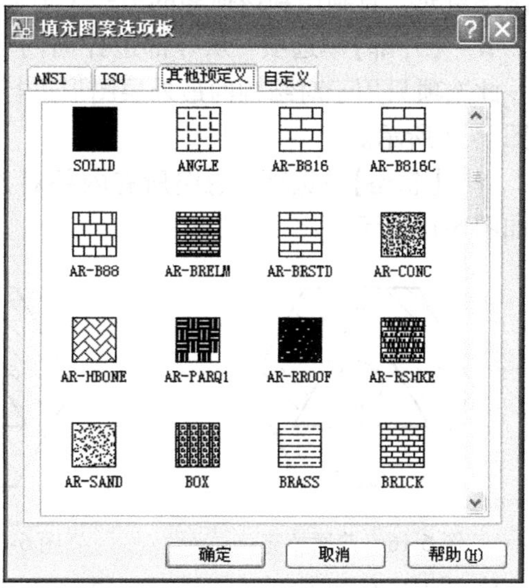

图 6-14　“其他预定义”选项卡

（3）孤岛的控制　在“图案填充与渐变色”对话框中，单击“更多”选项按钮⊙，展开“孤岛”选项组，可以控制“孤岛”的样式。“图案填充和渐变色”对话框“孤岛”选项组如图 6-15 所示。

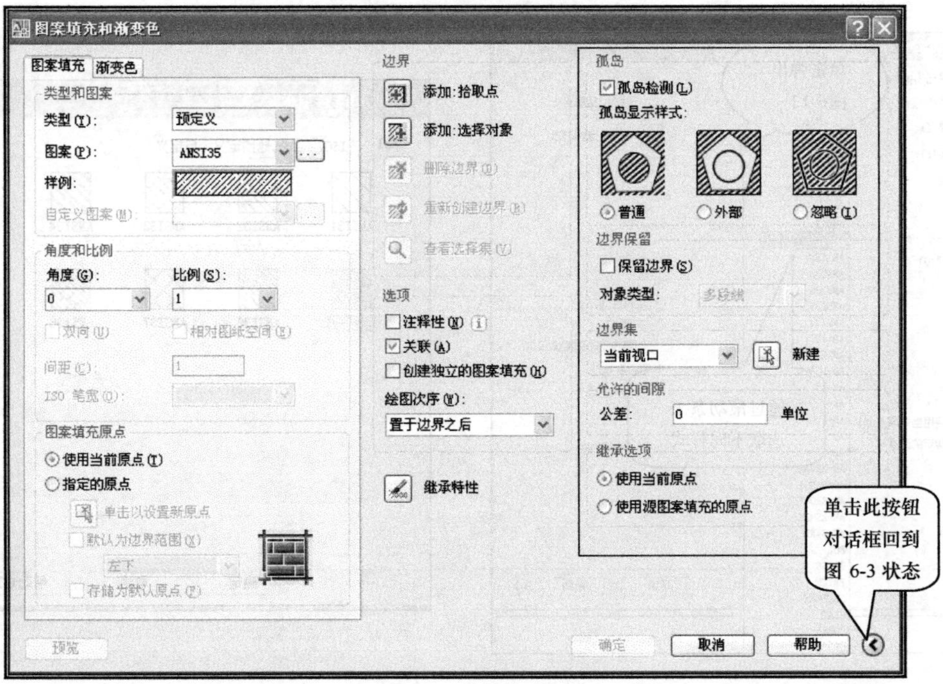

图 6-15 “孤岛”选项组

1)“孤岛”选项组 “孤岛”选项组各选项的意义如下。

☆ 【孤岛检测】选项 控制是否检测内部闭合边界。

☆ 【普通】单选项 从外部边界向内填充。如果系统遇到一个内部孤岛，它将停止进行图案填充，直到遇到该孤岛的另一个孤岛。其填充效果如图 6-16 所示

☆ 【外部】单选项 从外部边界向内填充。如果遇到内部孤岛，它将停止进行图案填充。此选项只用于对结构的最外层图形进行图案填充，而图形内部则保留空白；其填充效果如图 6-17 所示。

☆ 【忽略】单选项 忽略所有内部对象，填充图案时将通过这些图形对象，其填充效果如图 6-18 所示。

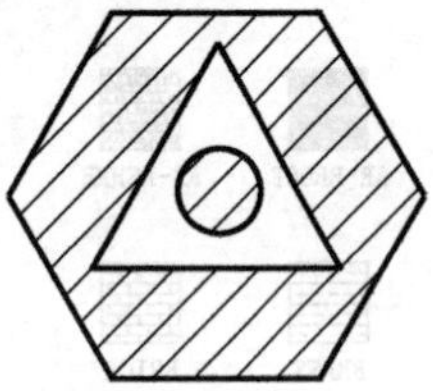

图 6-16 普通填充

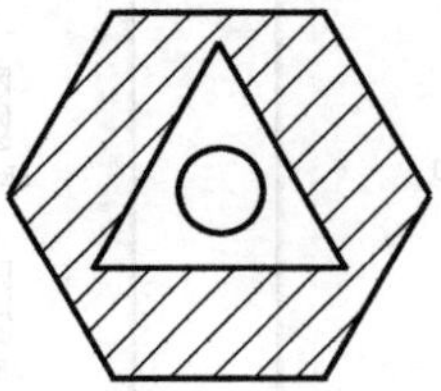

图 6-17 外部填充

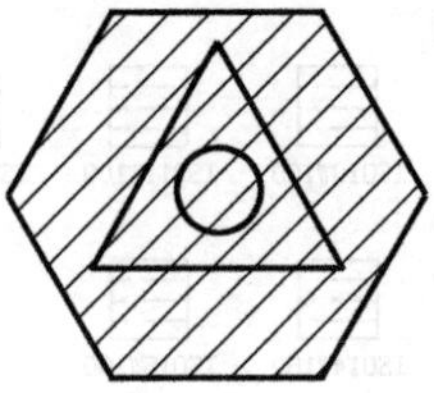

图 6-18 忽略

2)“边界保留”选项组 在“边界保留”选项组中，可指定是否将边界保留为图形对象，并确定应用于这些对象的对象类型。

3)“边界集”选项组 在“边界集”选项组中，可定义当从指定点定义边界时要分析的对象集。当应用“选择对象”定义边界时，选定的边界集无效。

“新建”按钮 提示用户选择用来定义边界集的对象。

4）“允许的间隙”选项组　在“允许的间隙”选项组中，设置将对象用作图案填充边界时可以忽略的最大间隙。默认值为0，此值指定对象必须是封闭区域而没有间隙。

☆　【公差】文本框　按图形单位输入一个值(从0～700)，以设置将对象用作图案填充边界时可以忽略的最大间隙。任何小于等于指定值的间隙都将被忽略，并将边界视为封闭。

5）“继承选项”选项组　使用该选项创建图案填充时，这些设置将控制图案填充原点的位置。

☆　【使用当前原点】单选项　设置应用当前的图案填充原点为基点。

☆　【使用源图案填充的原点】　使用源图案填充的图案填充原点。

(4) 选择图案的角度与比例　在“图案填充”选项卡中，“角度和比例”选项组可以定义图案填充角度和比例。“角度”下拉列表框用于选择预定义填充图案旋转的角度，用户也可以在该列表框中输入其他角度值，如图6-19所示，若输入角度值为“0°”，则图案角度如图6-19a所示；若输入“45°”，则图案角度如图6-19b所示；若输入“90°”，则图案角度如图6-19c所示。

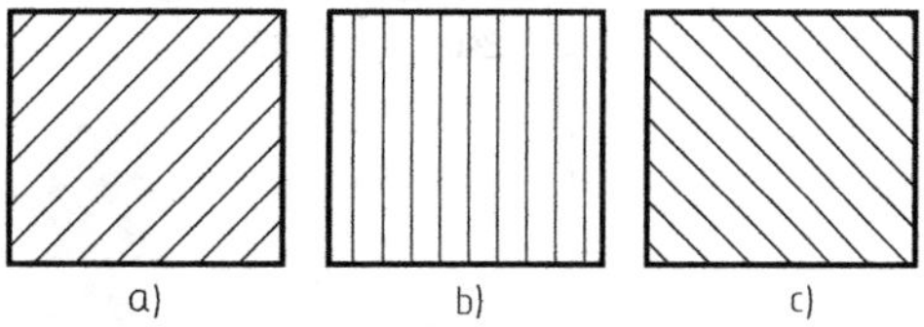

图6-19　填充图案角度
a)角度为0°　b)角度为45°　c)角度为90°

“比例”下拉列表框用于指定放大或缩小预定义图案或自定义图案的填充，用户也可在该列表框中输入其他缩放比例值，如图6-20所示。

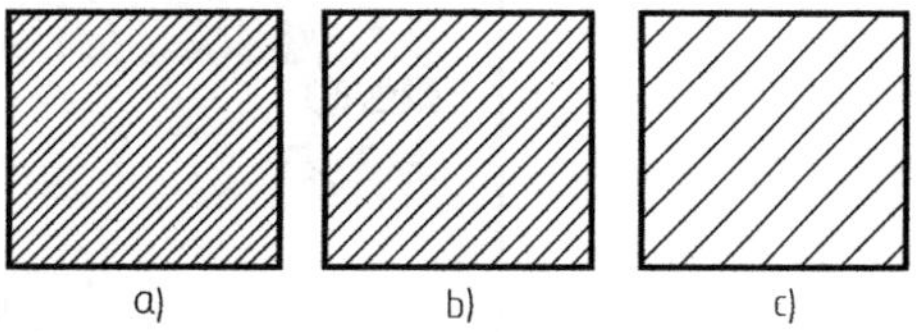

图6-20　填充比例
a)比例为0.7　b)比例为1　c)比例为2

(5) 渐变色填充

在“图案填充与渐变色”对话框中，选择“渐变色”选项卡，可以选择填充图案为渐变色。也可以直接单击标准工具栏上“渐变色填充”按钮，启动“渐变色”命令，系统将弹出图6-21所示“渐变色”选项卡。

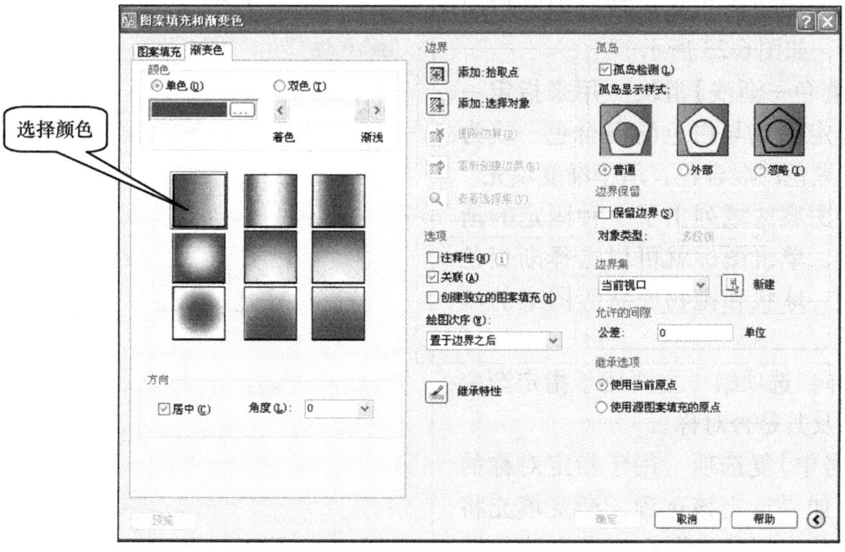

图6-21　“渐变色”选项卡

在“渐变色”选项卡中，各选项组的意义如下：

1）“颜色”选项组　“颜色”选项组，主要用于设置渐变色的颜色。

☆【单色】单选项　从较深的着色到较浅色调平滑过渡的单色填充。单击图 6-21 所示选择颜色按钮[...]，系统弹出如图 6-22 所示的“选择颜色”对话框，从中可以选择系统所提供的“索引颜色”、“真彩色”或“配色系统”颜色。

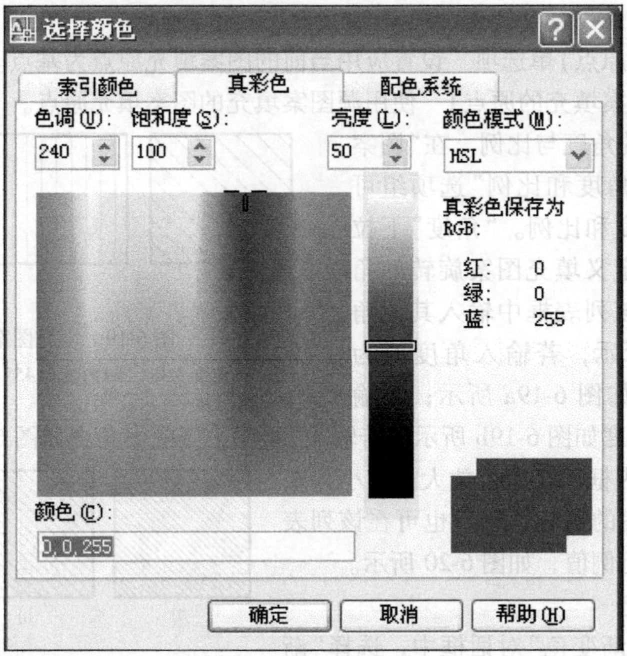

图 6-22　“选择颜色”对话框

☆【双色】单选项　在两种颜色之间平滑过渡的双色渐变填充。AutoCAD 2008 分别为颜色 1 和颜色 2 显示带有浏览按钮的颜色样例，如图 6-23 所示。

☆【着色—渐浅】滑块　用来指定一种颜色为选定颜色与白色的混合色，或为选定颜色与黑色的混合色，用于渐变填充。

在渐变图案区域列出了 9 种固定的渐变图案图标，单击图标就可以选择渐变色填充为线状、球状和抛物面状等图案的填充方式。

2）“方向”选项组　主要用于指定渐变色的角度以及其是否对称。

☆【居中】复选项　用于指定对称的渐变配置。如果选定该选项，渐变填充将朝左上方变化，创建光源在对象左边的图案。

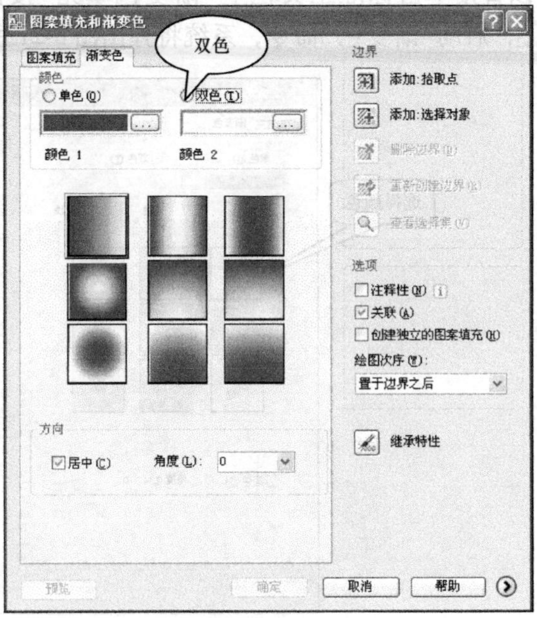

图 6-23　双色选项

☆ 【角度】文本框　用于指定渐变色的角度。此选项与指定给图案填充的角度互不影响。平面图形“渐变色”填充效果如图 6-24 所示。

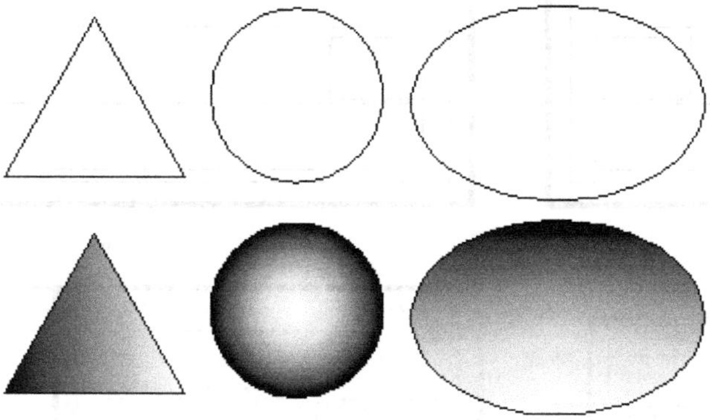

图 6-24　平面图形“渐变色”填充效果

任务二　拉伸、比例缩放、分解、倒角等命令的操作和运用

一、拉伸

使用拉伸命令可以在一个方向上按用户所指定的尺寸拉伸、缩短对象。拉伸命令是通过改变端点位置来拉伸或缩短图形对象的，编辑过程中除被伸长、缩短的对象外，其他图形对象间的几何关系将保持不变。可进行拉伸的对象有圆弧、椭圆弧、直线、多段线、二维实体、射线和样条曲线等。

1. 命令输入

工具栏：修改

菜单：修改(M)➤ 拉伸(H)

命令条目：stretch

2. 命令说明

命令：_stretch

以交叉窗口或交叉多边形选择要拉伸的对象...

选择对象：

指定基点或 [位移(D)] <位移>：

指定第二个点或 <使用第一个点作为位移>：

3. 操作实例

如图 6-25 所示，将图 6-25a 所示图形通过拉伸命令，绘制成图 6-25b 所示图形。

命令：_stretch　　//单击“拉伸”命令按钮

以交叉窗口或交叉多边形选择要拉伸的对象：　　//以交叉窗口选择被拉伸图形，如图 6-25c 所示

选择对象：　　//按 <Enter> 键

指定基点或 [位移(D)] <位移>：　　//打开正交模式，单击 A 点。

指定第二个点或 <使用第一个点作为位移>：　　//选定目标点，如图 6-25d 所示，按 <Enter> 键

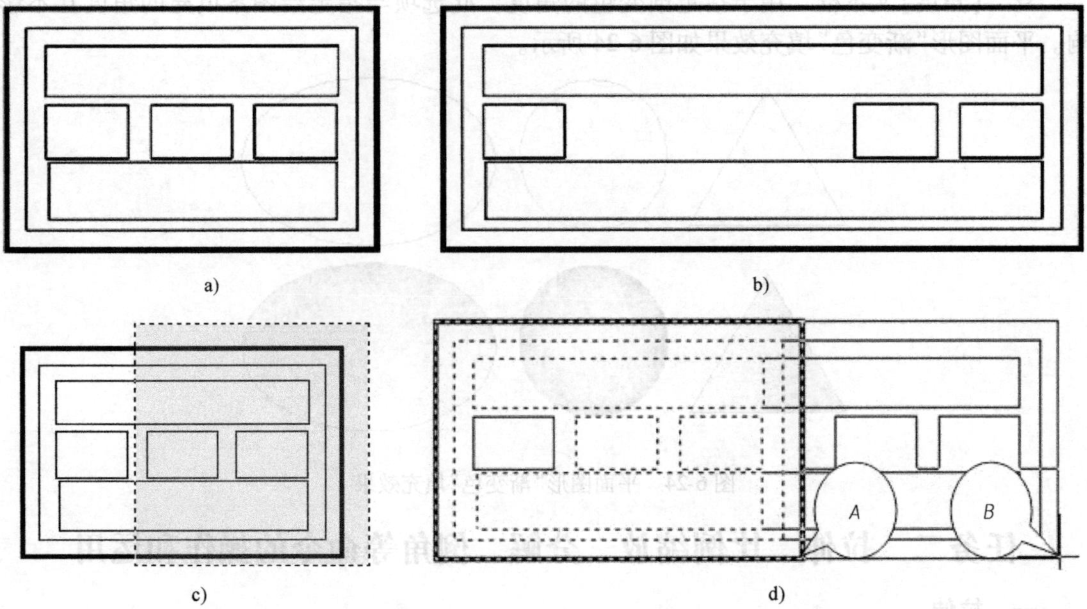

图 6-25 拉伸图例

a) 原图 b) 拉伸后的图形 c) 窗口选择 d) 拉伸到指定点

二、比例缩放

比例缩放命令可以根据用户的需要将对象按指定比例因子相对于基点放大或缩小。比例缩放命令可以真正改变原来图形的大小，是用户在绘图过程中经常用到的命令。

1. 命令输入

工具栏：修改

菜单：修改(M)➤ 缩放(L)

命令条目：scale

2. 命令说明

启动“缩放”命令后，命令行提示如下：

命令:_scale

选择对象:

指定对角点:

选择对象:

指定基点:

指定比例因子或[复制(C)/参照(R)] <1.0000>:

3. 操作实例

如图 6-26 所示，通过缩放命令，把原来图形的直径 ϕ50mm 绘制成 ϕ80mm。

命令: _scale //单击“旋转”命令按钮

选择对象: 指定对角点: //交叉窗口选择整个图形

选择对象: //按 <Enter> 键

指定基点: //单击圆的中心

指定比例因子或［复制(C)/参照(R)］<0.5000>：R
　　//输入参照命令“R”
指定参照长度 <1.0000>：指定第二点：　　//点击 *A* 点和 *B* 点
指定新的长度或［点(P)］<1.0000>：80　　//输入新的长度为 80，按 <Enter> 键
结果如图 6-26b 所示。

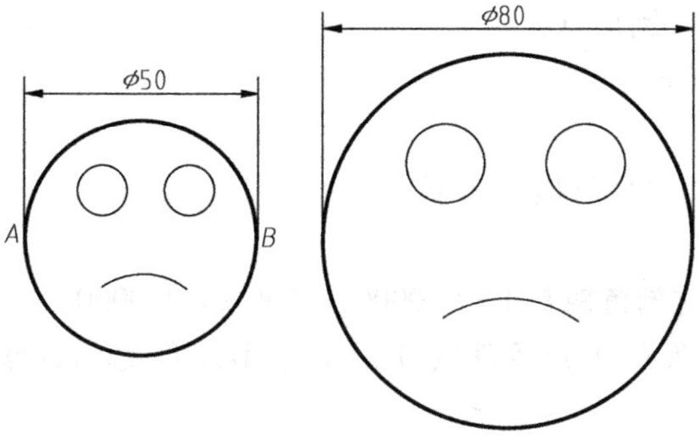

a)　　　　b)

图 6-26　缩放图例
a) 缩放前　b) 缩放后

三、分解

使用分解命令可以把复杂的图形对象或用户定义的图块分解成简单的基本图形对象，这样就可以编辑图形了。

1. 命令输入

工具栏：修改

菜单：修改(M) ➤ 分解(X)

命令条目：explode

2. 命令说明

命令：explode
选择对象：　　//指定对角点：找到 1 个
选择对象：　　//按 <Enter> 键

3. 操作实例

将图 6-27 所示的四边形进行分解。

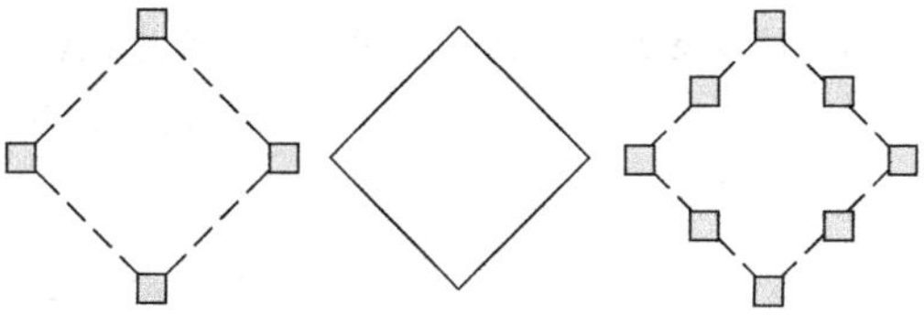

a)　　b)　　c)

图 6-27　分解图例
a) 分解前　b) 原图　c) 分解后

命令：_explode　　//单击“分解”命令按钮
选择对象：找到 1 个　　//选择四边形

选择对象： //按 <Enter> 键

四、倒角

倒角是机械图样中常见的结构，它可以通过倒角命令直接产生。

1. 命令输入

工具栏：修改

菜单：修改(M)➤倒角(C)

命令条目：chamfer

2. 命令说明

启动“倒角”命令后，命令行提示如下：

命令：_chamfer

(“不修剪”模式) 当前倒角距离 1 =0.0000，距离 2 =0.0000

选择第一条直线或[放弃(U)/多段线(P)/距离(D)/角度(A)/修剪(T)/方式(E)/]：

3. 操作实例

将图 6-28 所示六边形进行倒角，倒角距离为 10mm，角度为 65°。

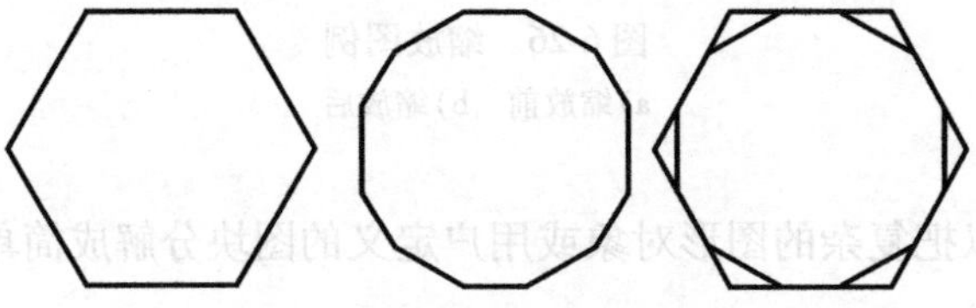

a) b) c)

图 6-28 设置倒角修剪图例一

a) 原图 b) 修剪 c) 不修剪

命令：_chamfer //单击“倒角”命令按钮

(“不修剪”模式) 当前倒角距离 1 =0.0000，距离 2 =0.0000

选择第一条直线或[放弃(U)/多段线(P)/距离(D)/角度(A)/修剪(T)/方式(E)/多个(M)]：D //输入“D”，按 <Enter> 键

指定第一个倒角距离 <0.0000>：10 //输入第一个倒角距离

指定第二个倒角距离 <10.0000>： //按 <Enter> 键

选择第一条直线或 [放弃(U)/多段线(P)/距离(D)/角度(A)/修剪(T)/方式(E)/多个(M)]：M //输入“M”选择多个，按 <Enter> 键

选择第一条直线或 [放弃(U)/多段线(P)/距离(D)/角度(A)/修剪(T)/方式(E)/多个(M)]： //依次单击各边即可

修剪结果如图 6-28b 所示。

命令：_chamfer //单击“倒角”命令按钮

(“不修剪”模式) 当前倒角距离 1 =0.0000，距离 2 = 0.0000

选择第一条直线或 [放弃(U)/多段线(P)/距离(D)/角度(A)/修剪(T)/方式(E)/多个(M)]：D //输入“D”，按 <Enter> 键

指定第一个倒角距离 <0.0000>：10 //输入第一个倒角距离

指定第二个倒角距离 <10.0000>： //按 <Enter> 键

选择第一条直线或[放弃(U)/多段线(P)/距离(D)/角度(A)/修剪(T)/方式(E)/多个(M)]：T　　//输入"T"，选择"修剪"选项，按<Enter>键

输入修剪模式选项［修剪(T)/不修剪(N)］<不修剪>：　　//默认"不修剪"选项，按<Enter>键

选择第一条直线或［放弃(U)/多段线(P)/距离(D)/角度(A)/修剪(T)/方式(E)/多个(M)］：M　　//输入"M"选择多个，按<Enter>键

选择第一条直线或［放弃(U)/多段线(P)/距离(D)/角度(A)/修剪(T)/方式(E)/多个(M)］：　　//依次单击各边即可

不修剪结果如图6-28c所示。

任务三　阶梯轴零件图绘制实例上机指导

绘制图6-1所示阶梯轴零件图，免标注。

1. 绘制中心线(用偏移命令)

选取"中心线"图层。

输入"L"按<Enter>键，鼠标单击屏幕任一点，开始向右水平拖曳鼠标，直至出现水平橡皮线，键入数字"200"，表示水平方向为200mm长，指定下一点或［放弃(U)］，按<Enter>键，绘制中心线如图6-29所示。

图6-29　绘制中心线

2. 绘制矩形

选取"粗实线"图层。

输入"rec"<Enter>，鼠标单击屏幕任一点，开始向右水平拖开，绘制矩形如图6-30~图6-34所示。

指定第一个角点或［倒角(C)/标高(E)/圆角(F)/厚度(T)/宽度(W)］：

指定另一个角点或［面积(A)/尺寸(D)/旋转(R)］：d

指定矩形的长度<10.0000>：12

指定矩形的宽度<10.0000>：15

指定另一个角点或［面积(A)/尺寸(D)/旋转(R)］：　　//按<Enter>键

命令：move

选择对象：　　//选择矩形

选择对象：

指定基点或［位移(D)］<位移>：　　//矩形中点

指定第二个点或<使用第一个点作为位移>：中心线

命令：rectang

指定第一个角点或［倒角(C)/标高(E)/圆角(F)/厚度(T)/宽度(W)］：

指定另一个角点或［面积(A)/尺寸(D)/旋转(R)］：d

图6-30 绘制矩形一

指定矩形的长度 <31.0000>：2

指定矩形的宽度 <17.0000>：14

指定另一个角点或［面积(A)/尺寸(D)/旋转(R)］：

//按<Enter>键

命令：move

选择对象： //矩形中点

选择对象：

指定基点或［位移(D)］<位移>： //矩形中点

指定第二个点或 <使用第一个点作为位移>： //矩形中点

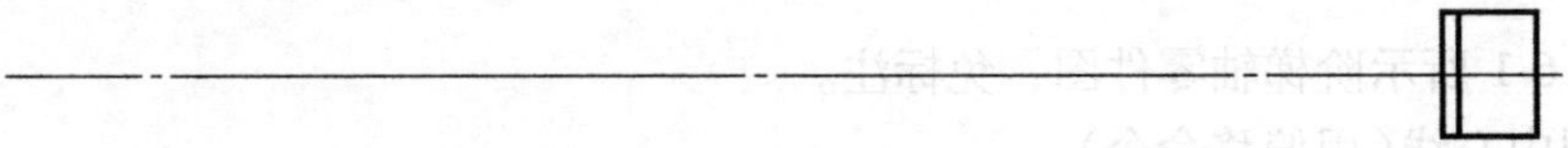

图6-31 绘制矩形二

命令：rectang

指定第一个角点或［倒角(C)/标高(E)/圆角(F)/厚度(T)/宽度(W)］：

指定另一个角点或［面积(A)/尺寸(D)/旋转(R)］：d

指定矩形的长度 <12.0000>：31

指定矩形的宽度 <15.0000>：17

指定另一个角点或［面积(A)/尺寸(D)/旋转(R)］：

//按<Enter>键

命令：move

选择对象：找到 1 个 //矩形中点

选择对象：

指定基点或［位移(D)］<位移>： //矩形中点

指定第二个点或 <使用第一个点作为位移>： //矩形中点

图6-32 绘制矩形三

命令：rectang

指定第一个角点或［倒角(C)/标高(E)/圆角(F)/厚度(T)/宽度(W)］：

指定另一个角点或［面积(A)/尺寸(D)/旋转(R)］：d

指定矩形的长度 <2.0000>：16

指定矩形的宽度 <14.0000>：20

指定另一个角点或［面积(A)/尺寸(D)/旋转(R)］：

//按<Enter>键

命令：move
选择对象：　　//矩形中点
选择对象：
指定基点或［位移(D)］<位移>：　　//矩形中点
指定第二个点或 <使用第一个点作为位移>：　　//矩形中点

图 6-33　绘制矩形四

依照上述方法画出图形如图 6-34 所示。

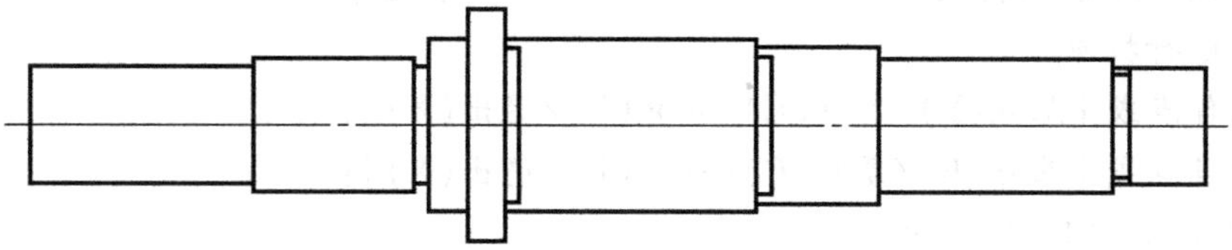

图 6-34　绘制矩形五

3. 对图形进行倒边角

命令：chamfer　　//单击命令按钮或输入“cha”
(“修剪”模式) 当前倒角距离 1 =20.0000，距离 2 =20.0000
(倒边角步骤略。)

倒边角后的图形如图 6-35 所示。

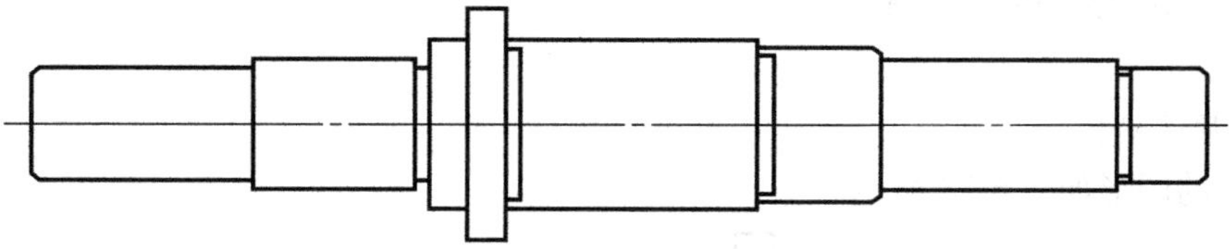

图 6-35　倒边角后的图形

4. 在倒边角的地方画直线

输入“L”按 <Enter> 键。

命令：line 指定第一点：　　//选择右边矩形倒角边的上面一点
指定下一点或［放弃(U)］：　　// 选择右边矩形倒角边的下面一点
指定下一点或［放弃(U)］：　　//按 <Enter> 键
命令：line 指定第一点：　　//选择中间矩形倒角边的上面一点
指定下一点或［放弃(U)］：　　//选择中间矩形倒角边的下面一点
指定下一点或［放弃(U)］：　　//按 <Enter> 键
命令：line 指定第一点：　　//选择左边矩形倒角边的上面一点
指定下一点或［放弃(U)］：　　//选择左边矩形倒角边的下面一点
指定下一点或［放弃(U)］：　　//按 <Enter> 键

完善倒边角图形如图 6-36 所示。

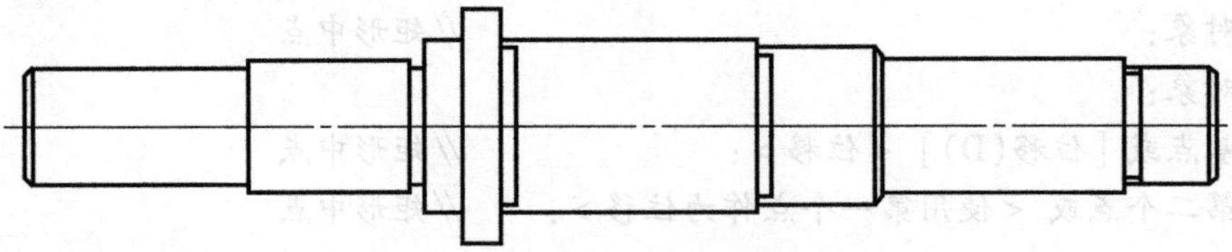

图 6-36 完善倒边角图形

5. 对图形进行分解

键入“X”按 <Enter> 键。

命令：explode

选择对象：指定对角点： //选择以上图形

对图形进行拉伸

指定拉伸点或［基点(B)/复制(C)/放弃(U)/退出(X)］：

指定拉伸点或［基点(B)/复制(C)/放弃(U)/退出(X)］：

分解后的图形如图 6-37 所示。

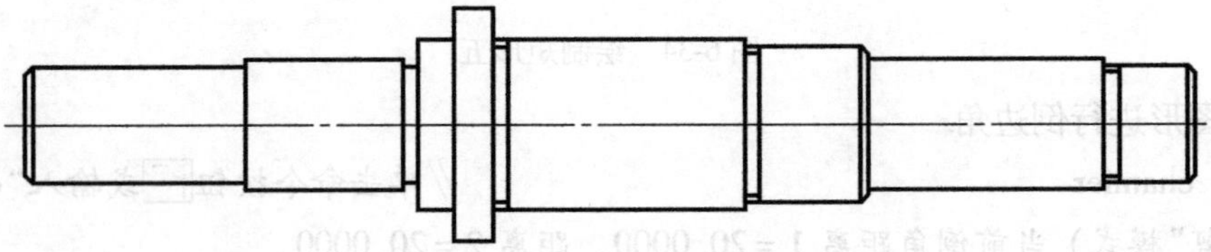

图 6-37 分解后的图形

6. 对图形进行修剪

输入“tr”按 <Enter> 键。

命令：trim

(修剪步骤略)

修剪后的图形如图 6-38 所示。

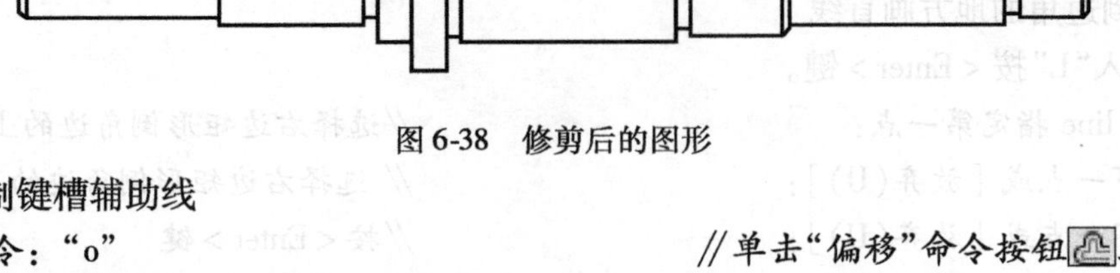

图 6-38 修剪后的图形

7. 绘制键槽辅助线

命令：“o” //单击“偏移”命令按钮或输入“o”

当前设置：删除源 = 否 图层 = 源 OFFSETGAPTYPE = 0

//按 <Enter> 键

指定偏移距离或［通过(T)/删除(E)/图层(L)］ <30.0000>：7

//输入偏移距离 7

选择要偏移的对象，或［退出(E)/放弃(U)］ <退出>：

//选择左边最外面的线

指定要偏移的那一侧上的点，或［退出(E)/多个(M)/放弃(U)］<退出>：
//向右侧任一点单击
命令：“o”　//单击“偏移”命令按钮或键入“o”
当前设置：删除源=否　图层=源 OFFSETGAPTYPE=0
//按<Enter>键
指定偏移距离或［通过(T)/删除(E)/图层(L)］<30.0000>：14
//输入偏移距离 14
选择要偏移的对象，或［退出(E)/放弃(U)］<退出>：
//选择上一步偏移的线
指定要偏移的那一侧上的点，或［退出(E)/多个(M)/放弃(U)］<退出>：
//向右侧任一点单击
用同样的方法偏移 5 和 25 来绘制另外一个键槽的辅助线
绘制键槽辅助线如图 6-39 所示。

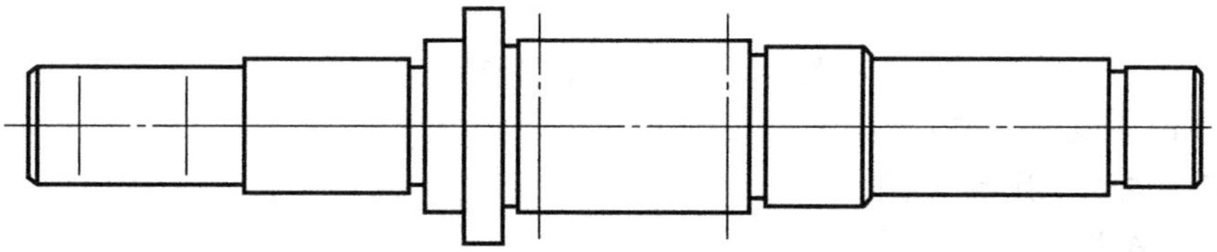

图 6-39　绘制键槽辅助线

8. 绘制键槽

绘制键槽步骤如图 6-40～图 6-43 所示。
命令：circle 指定圆的圆心或［三点(3P)/两点(2P)/相切、相切、半径(T)］：
//左边中心线的交点
指定圆的半径或［直径(D)］：d　//5
命令：circle 指定圆的圆心或［三点(3P)/两点(2P)/相切、相切、半径(T)］：
指定圆的半径或［直径(D)］<5.0000>：d 指定圆的直径 <10.0000>：5

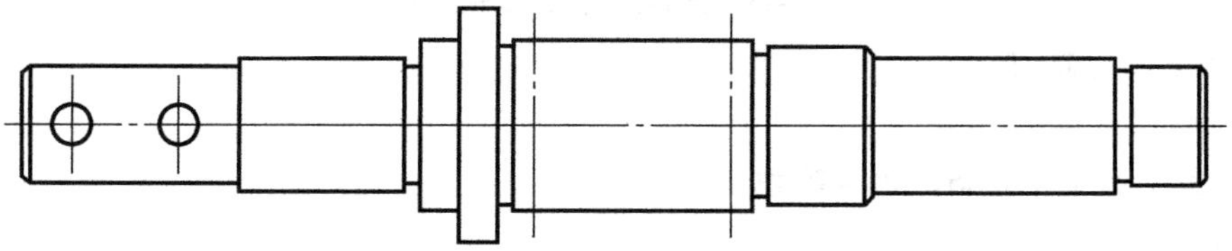

图 6-40　绘制键槽一(步骤一)

命令：line 指定第一点：
指定下一点或［放弃(U)］：
指定下一点或［放弃(U)］：
命令：line 指定第一点：
指定下一点或［放弃(U)］：
指定下一点或［放弃(U)］：
命令：circle 指定圆的圆心或［三点(3P)/两点(2P)/相切、相切、半径(T)］：

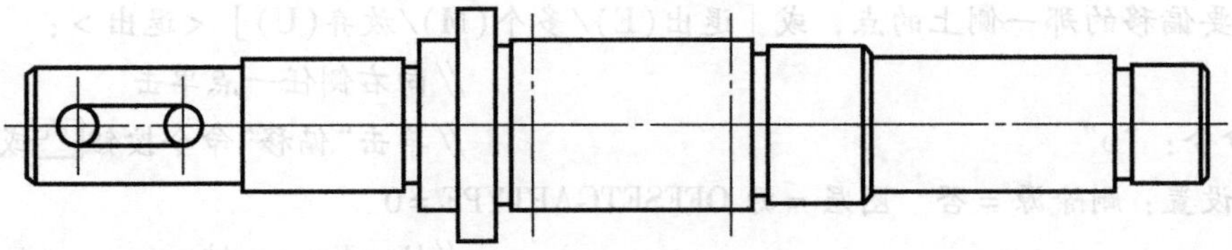

图 6-41　绘制键槽一(步骤二)

指定圆的半径或［直径(D)］<2.5000>：3
命令：circle 指定圆的圆心或［三点(3P)/两点(2P)/相切、相切、半径(T)］：
指定圆的半径或［直径(D)］<3.0000>：3

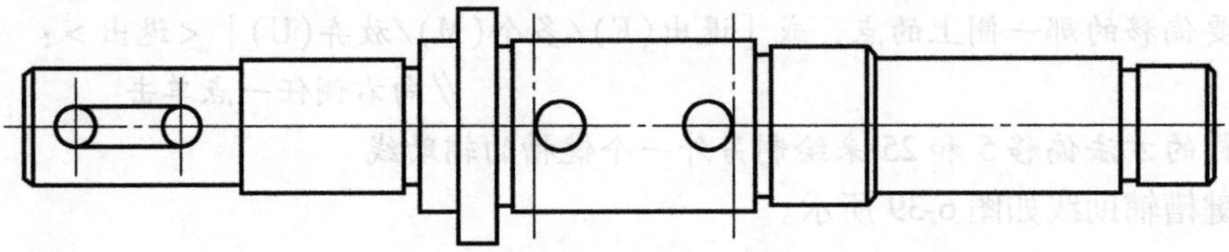

图 6-42　绘制键槽二(步骤一)

命令：line 指定第一点：
指定下一点或［放弃(U)］：
指定下一点或［放弃(U)］：
命令：line 指定第一点：
指定下一点或［放弃(U)］：
指定下一点或［放弃(U)］：

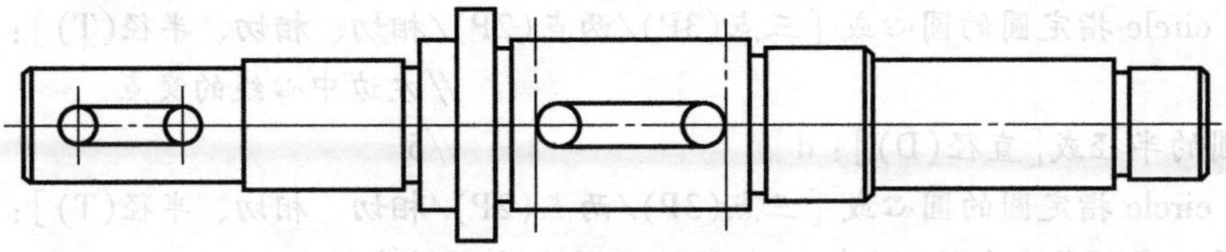

图 6-43　绘制键槽二(步骤二)

9. 对键槽进行修剪

命令：trim
当前设置：投影=UCS，边=延伸
选择剪切边...
选择对象或 <全部选择>：　　//选择 4 条直线
选择对象：　　//按 <Enter> 键
选择要修剪的对象，或按住 <Shift> 键选择要延伸的对象，或
［栏选(F)/窗交(C)/投影(P)/边(E)/删除(R)/放弃(U)］：
//选择要修剪的圆弧
选择要修剪的对象，或按住 <Shift> 键选择要延伸的对象，或
［栏选(F)/窗交(C)/投影(P)/边(E)/删除(R)/放弃(U)］：
//按 <Enter> 键

修剪键槽后的图形如图 6-44 所示。

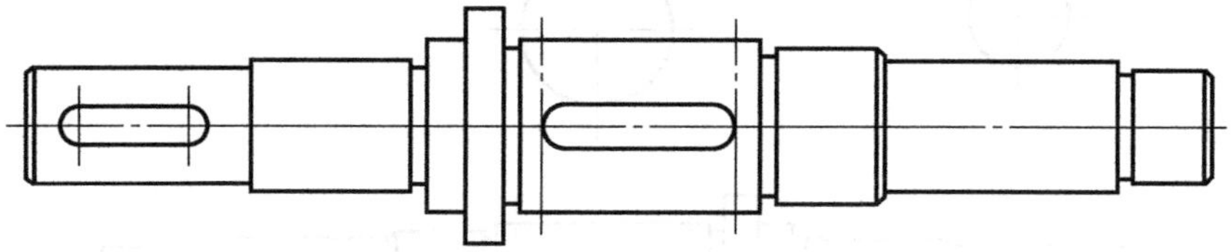

图 6-44　修剪键槽后的图形

10. 画键槽的向视图

选取“中心线”图层

输入“L” 按 <Enter> 键。

命令：line(在键槽正上方处绘制中心线，步骤略。)

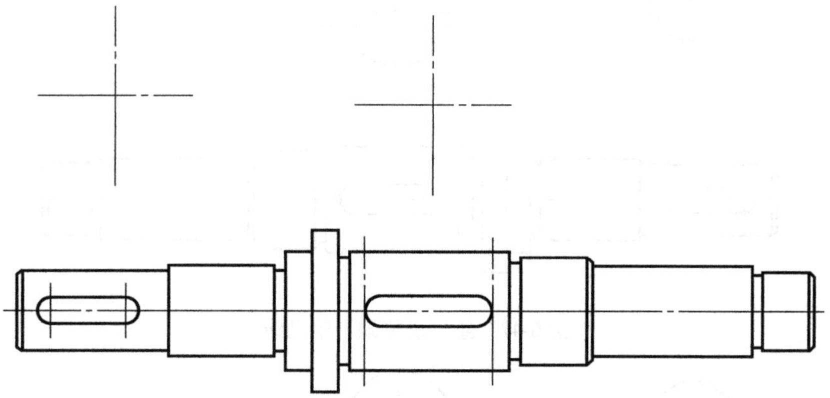

图 6-45　绘制键槽向视图中心线

输入“C”按 <Enter> 键。

命令：circle 指定圆的圆心或 [三点(3P)/两点(2P)/相切、相切、半径(T)]：

点取左中心线交点　　//指定左中心线交点为圆心点

指定圆的半径或 [直径(D)] d　　//可直接输入半径“7.5”或输入“d”

指定圆的直径 <0.0000>：15　　//输入直径“15”，完成 $\phi15$ 圆

命令：circle 指定圆的圆心或 [三点(3P)/两点(2P)/相切、相切、半径(T)]：

点取左中心线交点　　//指定右中心线交点为圆心点

指定圆的半径或 [直径(D)] d　　//可直接输入半径“11”或输入“d”

指定圆的直径 <0.0000>：22　　//输入直径“22”，完成 $\phi22$ 的圆

绘制键槽向视图基圆如图 6-46 所示。

输入：“O” <Enter>。

命令：offset　　//启用偏移命令或输入“O”

(用偏移命令绘制键槽缺口辅助线，步骤略。)

绘制键槽缺口辅助线如图 6-47 所示。

命令：trim

(画出键槽部分并对用修剪命令对其修剪，步骤略。)

修剪后的键槽向视图如图 6-48 所示。

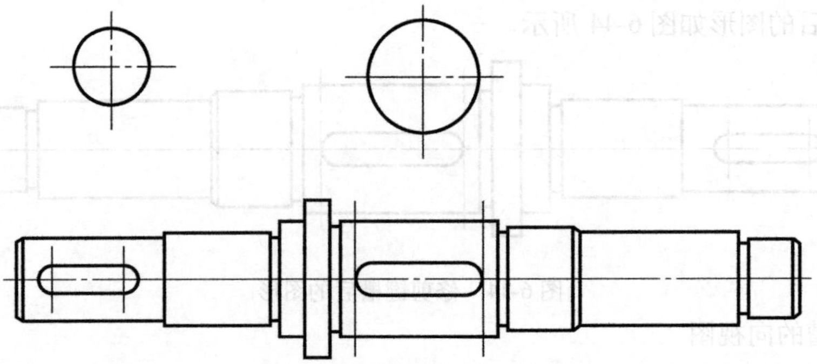

图 6-46　绘制键槽向视图基圆

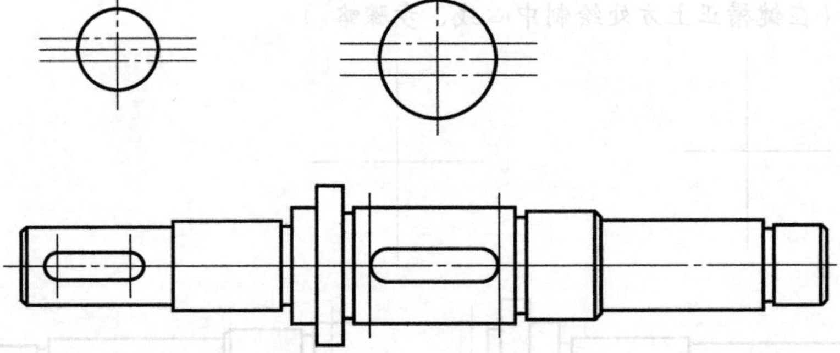

图 6-47　绘制键槽缺口辅助线

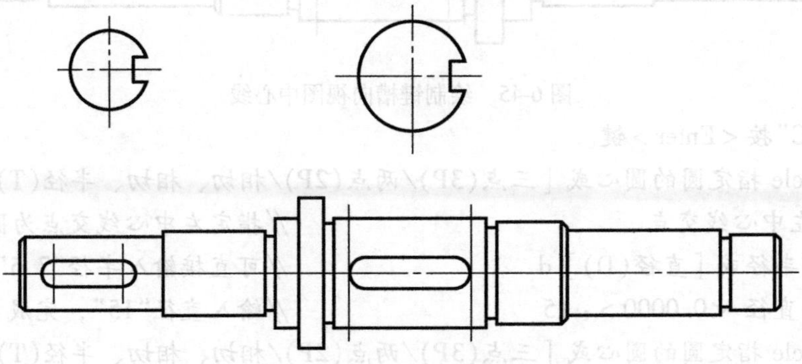

图 6-48　修剪后的键槽向视图

11. 填充图案

选取“剖面线”图层。

命令：b hatch

拾取内部点或［选择对象(S)/删除边界(B)］：正在选择所有对象...

(填充键槽向视图，步骤略。)

绘制剖面线后的键槽向视图如图 6-49 所示。

12. 画局部放大图

命令：copy

在退刀槽处绘制圆，如图 6-50 所示，鼠标从右向左选择圆圈部分图形，利用复制命令，在轴承上方复制出该将要放大的图形。

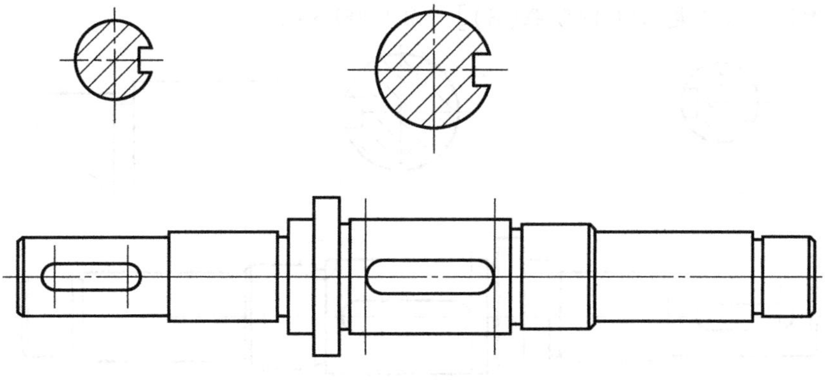

图 6-49　绘制剖面线后的键槽向视图

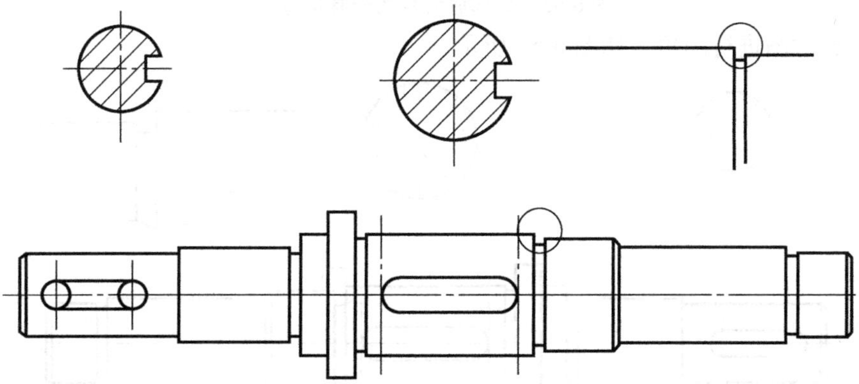

图 6-50　局部放大视图绘制步骤一

用样条曲线画出局部放大图的边界，并对其修剪，如图 6-51 所示。

命令：_spline

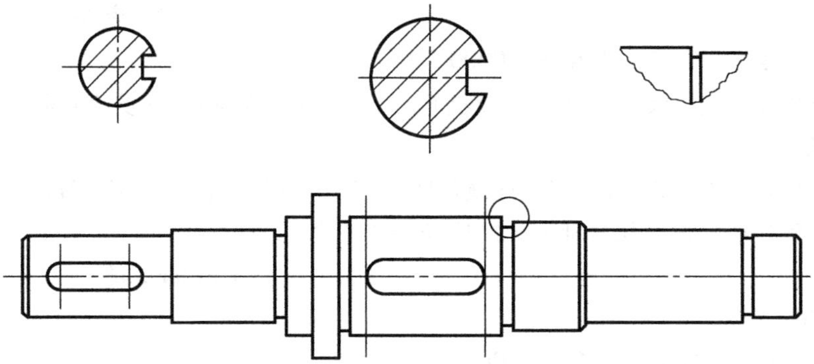

图 6-51　局部放大视图绘制步骤二

对局部图进行缩放如图 6-52 所示。

⌨ 输入"sc"按 <Enter> 键。

命令：scale

选择对象：指定对角点：　　//全选/找到 8 个

选择对象：

指定基点：

指定比例因子或 [复制(C)/参照(R)] <2.0000>：2

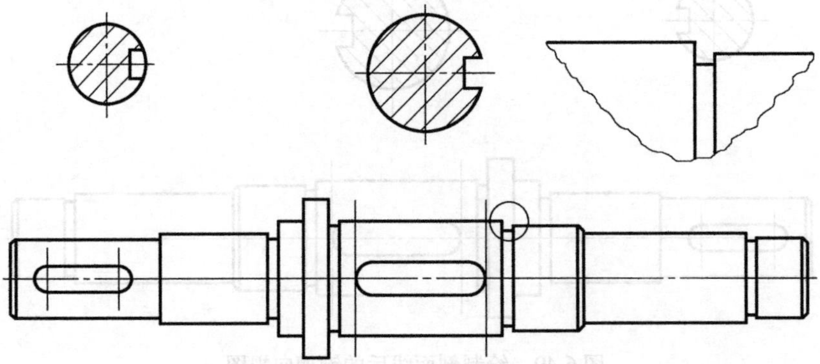

图 6-52 局部放大视图绘制步骤三

对局部放大图进行圆角，如图 6-53 所示。

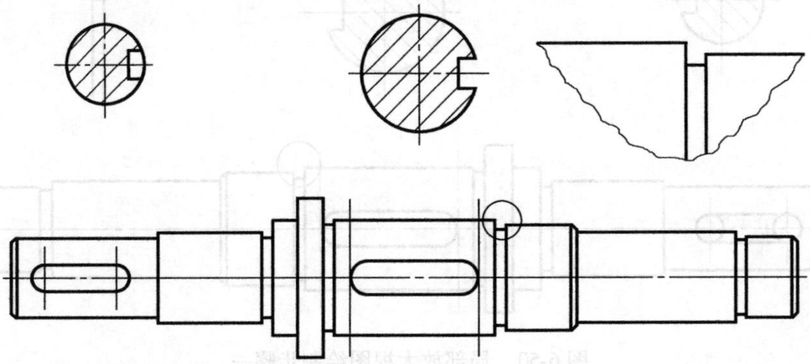

图 6-53 局部放大视图绘制步骤四

输入"F"按 <Enter> 键。

命令：fillet //启动"圆角"命令

当前设置：模式 = 修剪，半径 = 0.0000

选择第一个对象或 [放弃(U)/多段线(P)/半径(R)/修剪(T)/多个(M)]：r 指定圆角半径 <0.0000>：2

选择第一个对象或 [放弃(U)/多段线(P)/半径(R)/修剪(T)/多个(M)]：

选择第二个对象，或按住 <Shift> 键选择要应用角点的对象：

//按 <Enter> 键

命令：fillet

当前设置：模式 = 修剪，半径 = 2.0000

选择第一个对象或 [放弃(U)/多段线(P)/半径(R)/修剪(T)/多个(M)]：r 指定圆角半径 <2.0000>：1.5

选择第一个对象或 [放弃(U)/多段线(P)/半径(R)/修剪(T)/多个(M)]：

选择第二个对象，或按住 <Shift> 键选择要应用角点的对象：

//按 <Enter> 键

13. 绘制完毕

修改完善图形如图 6-53 所示。

同步练习六

6-1　绘制题 6-1 图的图形，免标注。

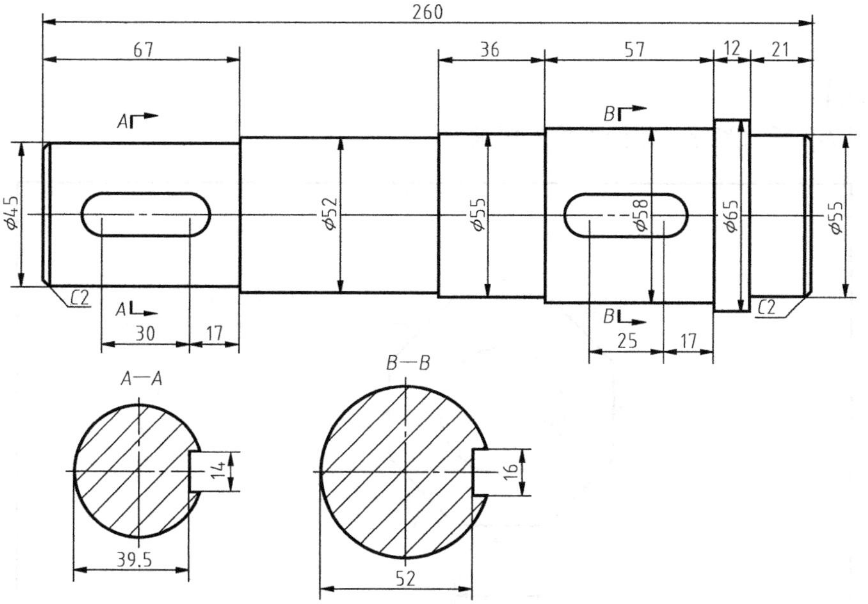

题 6-1 图

6-2　绘制题 6-2 图的图形，免标注。

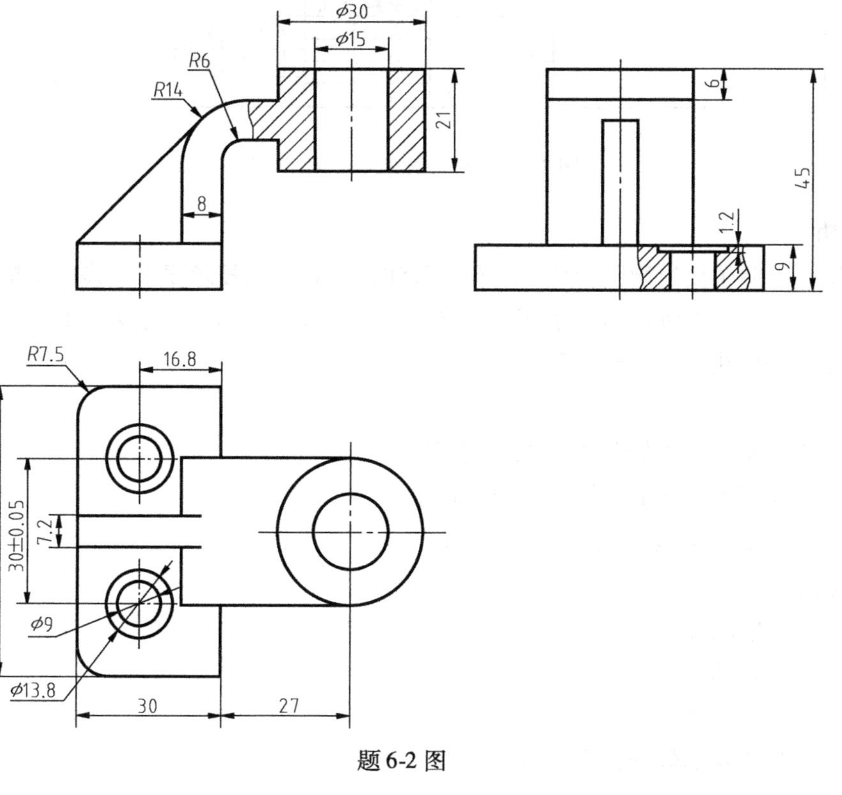

题 6-2 图

项目七　技术要求的标注

【项目导入】

绘制图 7-1 所示图形，并标注技术要求。

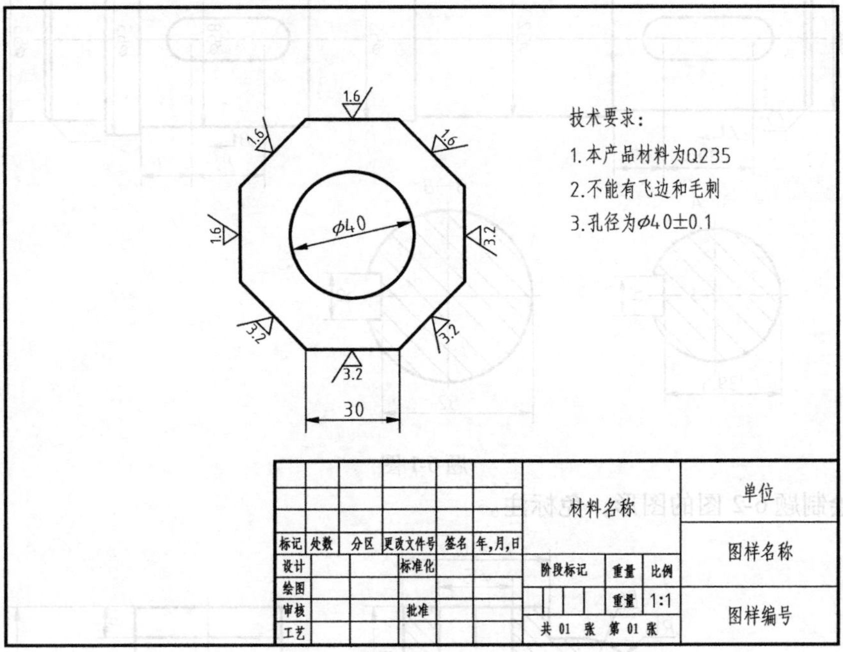

图 7-1　零件图技术要求标注实例

【项目分析】

在工程图中除了要绘制图形外，还有一些注释信息，如技术要求、表面粗糙度、尺寸等需要标注，本项目主要练习与文字相关的 AutoCAD 标注方法。一是技术要求的注写；二是图框和标题栏的创建；三是表面粗糙度的创建。

【学习目标】

- 文字的创建、修改及文字样式的使用
- 表格的创建、修改及表格样式的使用
- 块的定义、插入块及块属性的使用

【项目任务】

任务一　文字的注写

任务二　表格的绘制

任务三　图块的创建及应用

任务四　技术要求标注实例上机指导

任务一　文字的注写

文字样式的设置包括字体、高宽比例、倾斜比例、倾斜角度以及反向、颠倒、垂直、对齐等内容。

一、创建文字样式

1. 命令输入

菜单：格式➤文字样式

工具栏：文字样式管理器

命令条目：style

启动“文字样式”命令后，系统弹出“文字样式”对话框，如图7-2所示。

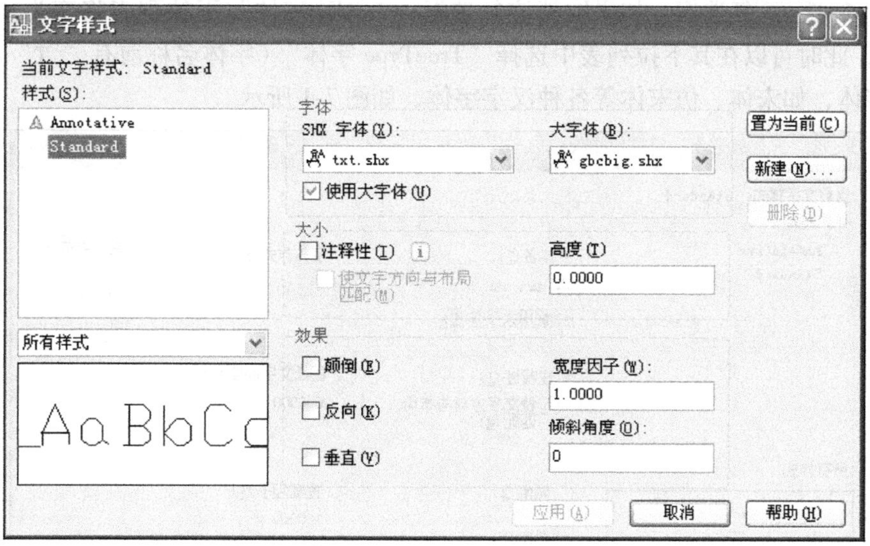

图7-2　“文字样式”对话框

2. 命令说明

在“文字样式”对话框中，各选项组意义如下：

（1）“按钮区”选项组 在“文字样式”对话框的右侧和下方有若干按钮，它们用于对文字样式进行最基本的管理操作。

☆ 置为当前(C) 　将在“样式”列表中选择的文字样式设置为当前文字样式。

☆ 新建(N)... 　用来创建新字体样式。单击该按钮，弹出“新建文字样式”对话框，如图7-3所示。在“新建方字样式”对话框的编辑框中输入用户所需要的样式名，单击 确定 按钮，返回到“新建文字样式”对话框，在对话框中对新命名的文字进行设置。

☆ 删除(D) 　用来删除在“样式”列表区选择的文字样式，但不能删除当前文字样式以及已经用于图形中的文字样式。

☆ 应用(A) 　在修改了文字样式的某些参数后，该按钮变为有效。单击该按钮，可使设置生效，并将所选文字样式设置为当前文字样式。此时 取消 按钮将变为 关闭(C) 按钮。

（2）“字体”设置选项组　该设置区用来设置文字样式的字体类型及大小。

☆ SHX 字体(X): 下拉列表　通过该选项可以选择文字样式的字体类型。默认情况下，

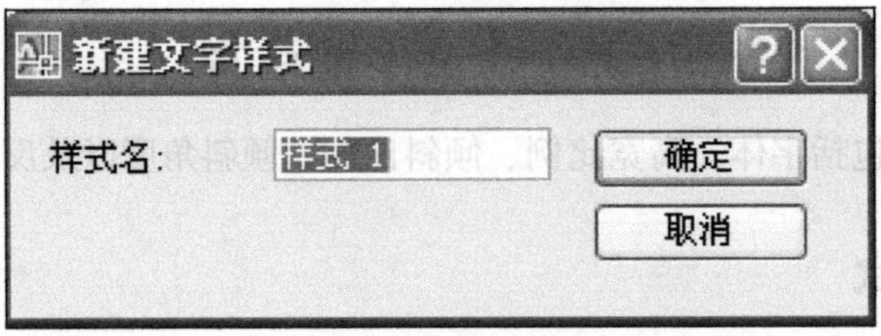

图 7-3 “新建文字样式”对话框

☑使用大字体(U)复选框被选中，此时只能选择扩展名为“. shx”的字体文件。

☆大字体(B):下拉列表　选择为亚洲语言设计的大字体文件，例如，gbcbig. txt 代表简体中文字体，chineseset. txt 代表繁体中文字体，bigfont. txt 代表日文字体等。

☆☐使用大字体(U)复选框　如果取消该复选框，“SHX 字体”下拉列表将变为“字体名”下拉列表，此时可以在其下拉列表中选择“TrueType 字体”（字体名称前有“T”标志）或“. shx”字体，如宋体、仿宋体等各种汉字字体，如图 7-4 所示。

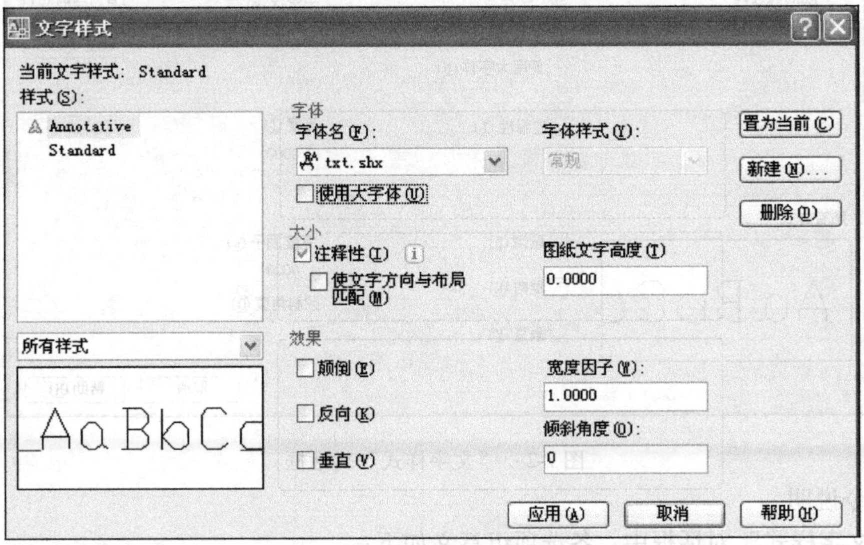

图 7-4 选择 txt. shx 字体

> ✧ 一旦在“字体名”下拉列表中选择“TrueType 字体”，☑使用大字体(U)复选框将变为无效，而后面的“字体样式”下拉列表将变为有效。利用“字体样式”下拉列表可设置字体的样式（常规、粗体、斜体等，该设置只对英文字体有效，并且字体不同，字体样式下拉列表的内容也不同）。

（3）“大小”设置选项组

☆高度(T)文本框　在此框中设置文字样式的默认高度，其默认值为 0。如果该数值为 0，则在创建单行文字时，必须设置文字高度；而在创建多行文字或作为标注文本样式时，文字的默认高度均被设置为 2.5，用户可以根据情况进行修改。如果该数值不为 0，无论是创建单行、多行文字，还是标注文本样式，该数值都将被作为文字的默认高度。

☆ ☑注释性(I) ⓘ 复选框　如果勾选该复选框，表示使用此文字样式创建的文字使用注释比例，此时“高度”文本框将变为“图样文字高度”文本框，如图7-5所示。

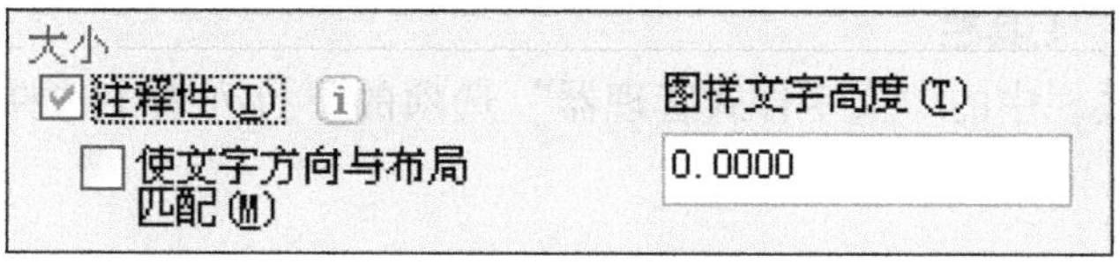

图7-5　“注释性”复选框的意义

(4)“效果”设置选项组　“效果”设置用来设置文字样式的外观效果，如图7-6所示。

☆ □颠倒(E)　颠倒显示字符，也就是通常所说的“大头向下”。

☆ □反向(K)　反向显示字符。

☆ □垂直(V)　字体垂直书写，该选项只有在选择“.shx”字体时才可使用。

☆ 宽度因子(W):　在不改变字符高度情况下，控制字符的宽度。宽度比例小于1，字的宽度被压缩，此时可制作瘦高字；宽度比例大于1，字的宽度被扩展，此时可制作扁平字。

☆ 倾斜角度(O):　控制文字的倾斜角度，用来制作斜体字。

> ✧　设置文字倾斜角 α 的取值范围是：$-85° \leqslant \alpha \leqslant 85°$

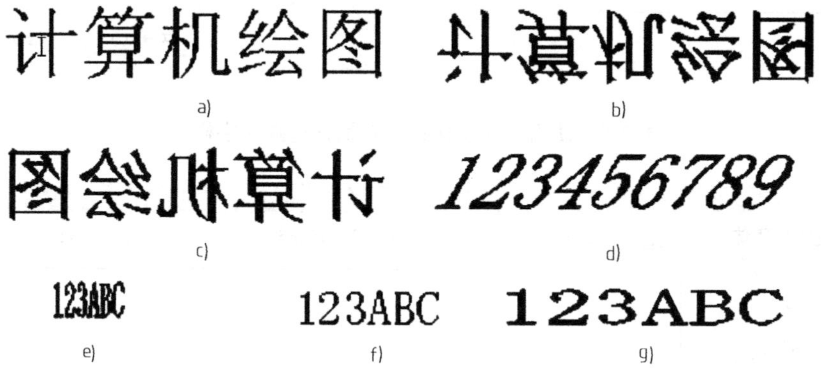

图7-6　各种文字的外观效果

a）正常效果　b）颠倒效果　c）反向效果　d）倾斜效果

e）宽度因子为0.5　f）宽度因子为1　g）宽度因子为2

(5)“样式”显示区　在“样式”显示区，随着字体的改变和效果的修改，动态显示文字样例如图7-7所示。

二、选择文字样式

在图形文件中输入文字的样式是根据当前使用的文字样式决定的。将某一个文字样式设置为当前文字样式有两种方法。

图7-7　“样式”显示

1. 使用“文字样式”对话框

打开“文字样式”对话框，在“样式名”下拉列表中选择要使用的文字样式，单击 关闭(C) 按钮，关闭对话框，完成文字样式的选择，如图 7-8 所示。

2. 使用“样式”工具栏

在“样式”工具栏中的“文字样式管理器”选项的下拉列表中选择需要的文字样式即可，如图 7-9 所示。

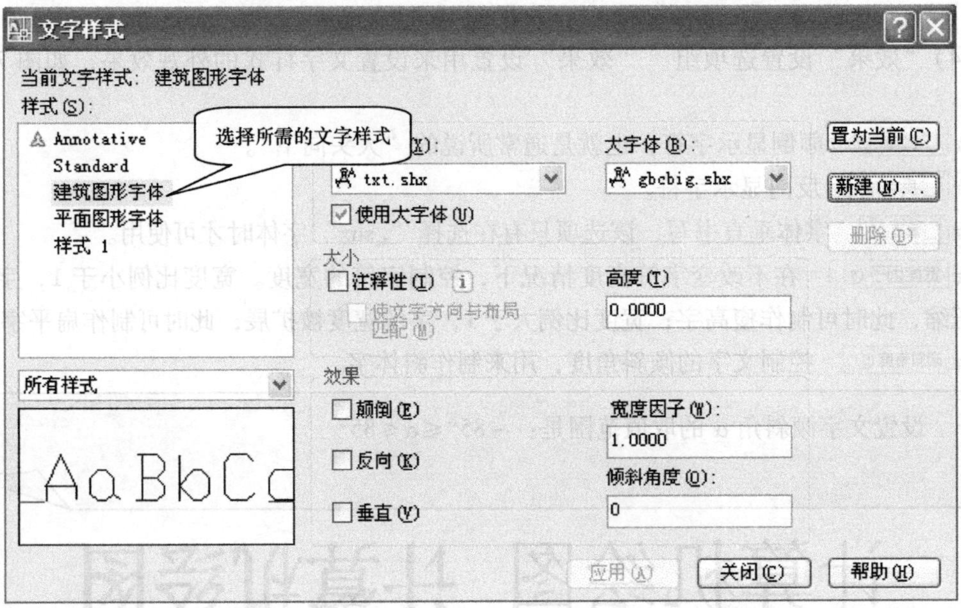

图 7-8　使用“文字样式”对话框选择文字样式

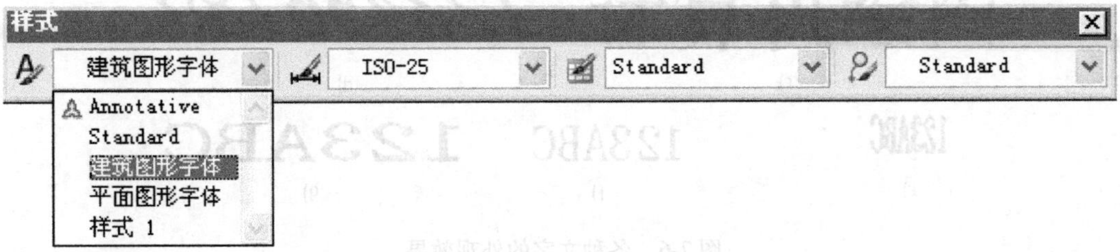

图 7-9　使用“样式”工具栏选择需要的文字样式

三、单行文字

添加到图形中的文字可以表达各种信息。它可以是复杂的规格说明、标题块信息、标签文字或图形的组成部分，也可以是最简单的文本信息。对于不需要使用多种字体的简短信息内容，可使用“Text”或“Dtext”命令创建单行文字。单行文字标注方式可以为图形标注一行或几行文字，而每行文字都是一个独立的对象，读者可以对其重定位、调整格式或进行其他修改。

1. 创建单行文字

(1) 命令输入

菜单：“绘图”➤“文字”➤“单行文字”

命令条目：text

（2）命令说明

启动“单行文字”命令后，命令行提示如下：

命令：dtext

当前文字样式：样式3 当前文字高度：2.5000

指定文字的起点或［对正（J）/样式（S）］：

☆【指定文字的起点】　该选项为默认选项，用于输入或拾取注写文字的起点位置。当确定起点位置后，命令行提示：

指定高度 <2.5000>：（输入文字的高度。也可以输入或拾取两点，以两点之间的距离为字高。当系统确定文字高度值后，命令行继续提示）

指定文字的旋转角度 <0>：（输入所注写的文字与 *X* 轴正方向的夹角，也可以输入或拾取两点，以两点的连线与 *X* 轴正方向的夹角为旋转角。命令行继续提示）

输入文字：（输入需要注写的文字。用 <Enter> 键换行，连续两次单击 <Enter> 键，结束命令）

☆【对正（J）】　该选项用于确定文本的对齐方式。在 AutoCAD 2008 中，确定文本位置采用 4 条线，即顶线、中线、基线和底线，如图 7-10 所示。

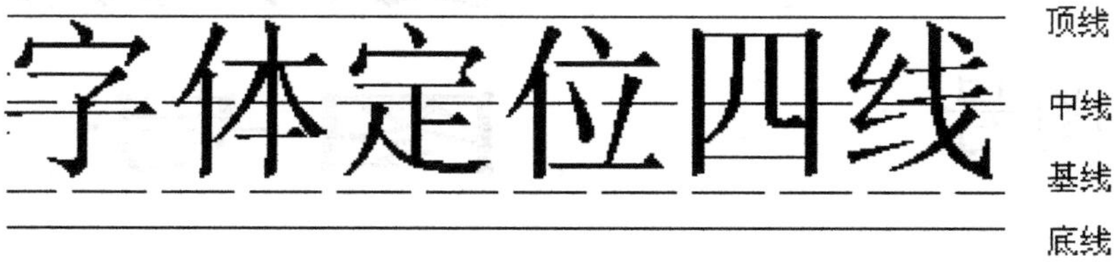

图 7-10　文本排列位置的基准线

输入 J 后，命令行提示：

输入选项［对齐（A）/调整（F）/中心（C）/中间（M）/右（R）/左上（TL）/中上（TC）/右上（TR）/左中（ML）/正中（MC）/右中（MR）/左下（BL）/中下（BC）/右下（BR）］：

各种定位方式含义如下。

☆【对齐（A）】　该选项是通过输入两点（◇表示定位点）确定字符串底线的长度，如图 7-11 所示。这种定位方式根据输入文字的多少确定字高，字高与字宽比例不变。也就是说两对齐点位置不变的情况下，输入的字数越多，字就越小。

☆【调整（F）】　该选项是通过输入两点确定字符串底线的长度，以及用原设定好的字高确定字的定位，即字高始终不变。当两定位点确定之后，输入的字就变窄，反之字就变宽，如图 7-12 所示。

☆【中心（C）】　该选项是将定位点设定在字符串基线的中点。

☆【中间（M）】　该选项是将定位点设定在字符串的中间。当所输入字符只占从顶线到底线或从中线到基线间的位置，那么该定位点位于中线与基线之间；当所输入字符只占从顶线到基线的位置，该定位点位于中线上；当所输入字符只占从顶线到基线，该定位点位于基线上。

☆【右（R）】　该选项是将定位点设定在字符串基线的右端。

图 7-11　用“对齐”方式定位文字

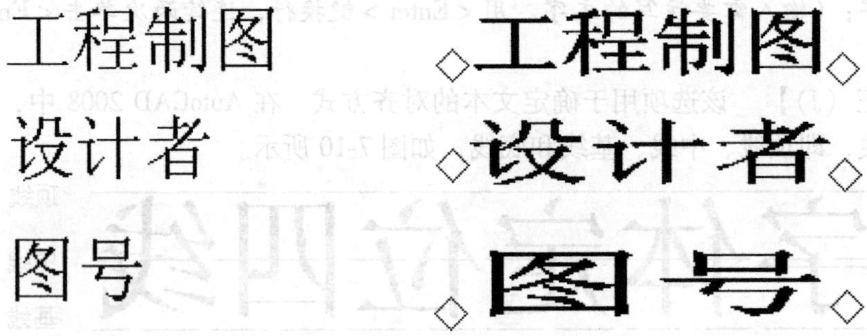

图 7-12　用“调整”方式定位文字

☆【左_E（TL)】　该选项是将定位点设定在字符串顶线的左端。

☆【中上（TC)】　该选项是将定位点设定在字符串顶线的中间。

☆【右_E（TR)】　该选项是将定位点设定在字符串顶线的右端。

☆【左中（ME)】　该选项是将定位点设定在字符串中线的左端。

☆【正中（MC)】　该选项是将定位点设定在字符串中线的中间。

☆【右中（MR)】　该选项是将定位点设定在字符串中线的右端。

☆【左T（BL)】　该选项是将定位点设定在字符串底线的左端。

☆【中下（BC)】　该选项是将定位点设定在字符串底线的中间。

☆【右下（BR)】　该选项是将定位点设定在字符串底线的右端。

各项设置的基点位置如图 7-13 所示。

图 7-13　各项设置的基点位置

☆【样式（S）】　该选项用于改变当前文字样式。输入 S，命令行提示：

输入样式名或［?］<Standard>：

输入的样式名必须是已经设置好的文字样式。系统默认的样式名为 Standard，其字体文件名为仅 txt. shx，采用“单行文字”命令时，这种字体不能用于输入中文字符，输入的汉字只能显示为“?”。

在上句提示行中输入“?”并单击 <Enter> 键后，屏幕上弹出“AutoCAD 文本窗口”，显示已设置的文字样式名及其所选字体文件名，如图 7-14 所示。

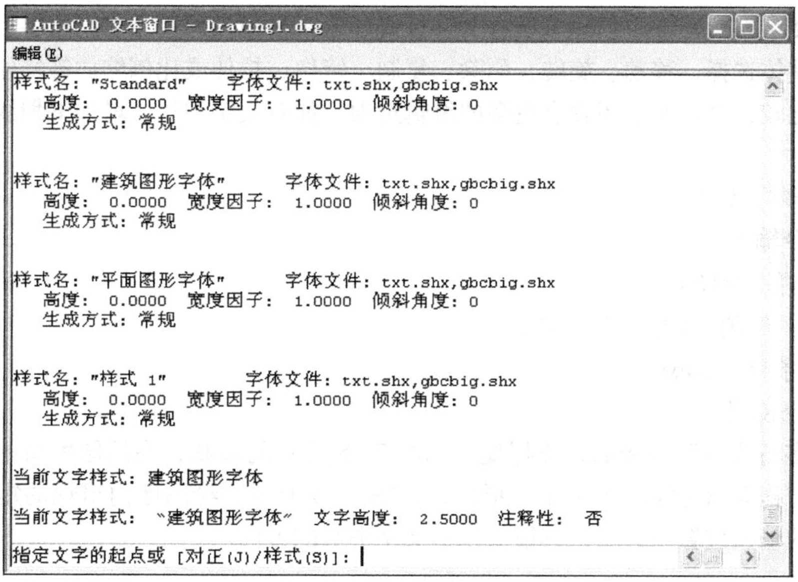

图 7-14　文字样式

2. 输入特殊字符

创建单行文字时，用户还可以在文字行中输入特殊字符，例如，直径符号“ϕ”、百分号“%”、正负公差符号“±”、文字的上画线、下画线等，但是这些特殊符号一般不能由键盘直接输入，为此系统提供了专用的代码。每个代码是由“%%”与一个字符所组成，如%%C、%%D、%%P 等。表 7-1 为用户提供了特殊字符的代码。

表 7-1　特殊字符的代码

输入代码	对应字符	输入效果
%%O	上画线	$\overline{\text{文字说明}}$
%%U	下画线	$\underline{\text{文字说明}}$
%%D	度数符号“°”	90°
%%P	公差符号“±”	±100
%%C	直径标注符号“ϕ”	ϕ80
%%%	百分号“%”	98%
\U+2220	角度符号“∠”	∠A
\U+2248	几乎相等“≈”	X≈A
\U+2260	不相等“≠”	A≠B

（续）

输 入 代 码	对 应 字 符	输 入 效 果
\U+00B2	上角标2	X^2
\U+2082	下角标2	X_2

四、多行文字

当需要标注的文字内容较长、较复杂时，可以使用“Mtext”命令进行多行文字标注。多行文字又称为段落文字，它是由任意数目的文字行或段落所组成。与单行文字不同的是，在一个多行文字编辑任务中创建的所有文字行或段落将被视为同一个多行文字对象，读者可以对其进行整体选择、移动、旋转、删除、复制、镜像、拉伸或比例缩放等操作。另外，与单行文字相比较，多行文字还具有更多的编辑选项，如对文字加粗、增加下划线、改变字体颜色等。

1. 创建多行文字

（1）命令输入

工具栏：绘图 A

菜单：绘图▶文字▶多行文字

命令条目：mtext

（2）命令说明

启动“多行文字”命令后，光标变为如图7-15所示的形状，在绘图窗口中，单击指定一点并向下方拖动鼠标绘制出一个矩形框，如图7-16所示。绘图区内出现的矩形框用于指定多行文字的输入位置与大小，其箭头指示文字书写的方向。

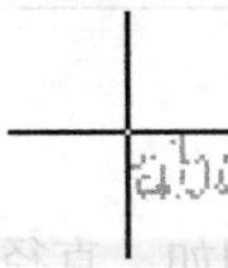

图7-15 光标形状

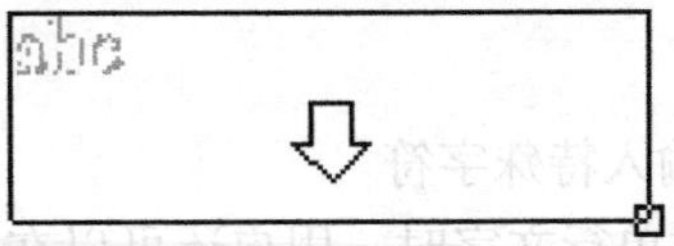

图7-16 拖动鼠标绘出一矩形框

拖动鼠标到适当位置后单击，弹出“在位文字编辑器”，它包括一个顶部带标尺的“文字编辑区”和“文字格式”工具栏，如图7-17所示。

在“文字编辑区”输入需要的文字，当文字达到定义边框的边界时会自动换行排列，如图7-18a所示。输入完成后，单击 确定 按钮，此时文字显示在用户指定的位置，如图7-18b所示。

2. 使用文字格式工具栏

“文字格式”工具栏控制多行文字对象的文字样式和选定文字的字符格式。工具栏中的各参数的意义如下。

☆【文字样式】下拉列表框　单击“文字样式”下拉列表框右侧的按钮，弹出其下拉列表，从中即可对多行文字对象设置文字样式。

☆【字体文件】下拉列表框　单击“字体”下拉列表框右侧的按钮，弹出其下拉列表，从中即可为新输入的文字指定字体或改变所选定文字的字体。

☆【字体高度】下拉列表框　单击“字体高度”下拉列表框右侧的按钮，弹出其下

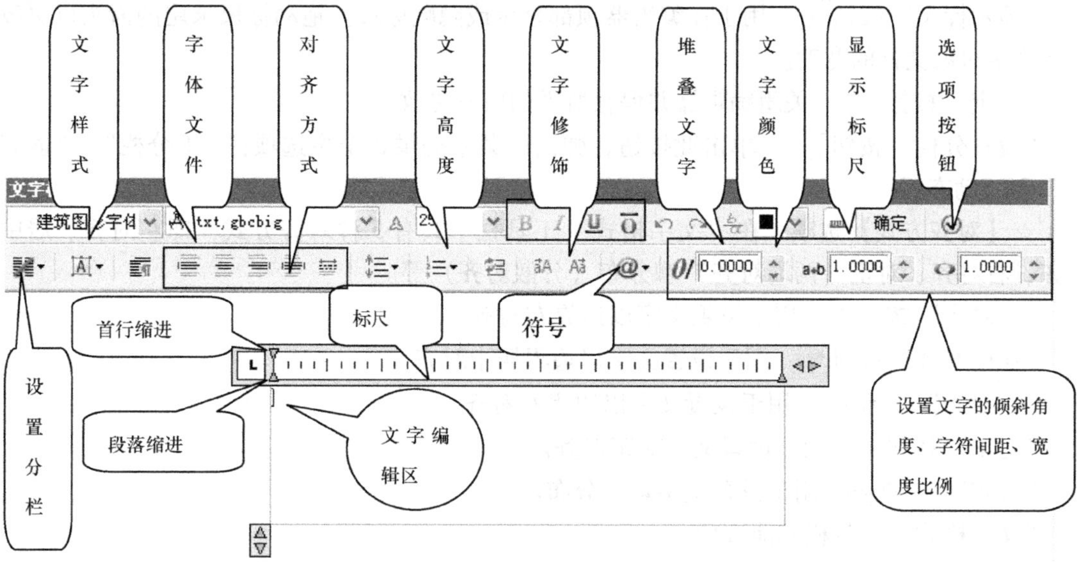

图 7-17　在位文字编辑器（已经修改）

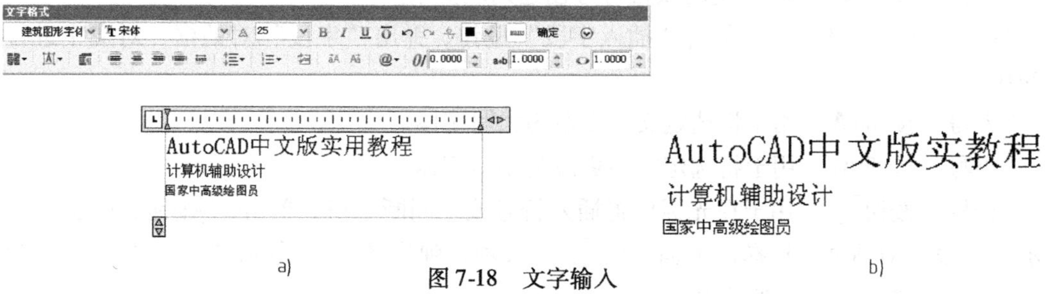

图 7-18　文字输入

a）输入文字　b）图形文字显示

拉列表，从中即可按图形单位设置新文字的字符高度或修改所选定文字的高度。

☆【文字修饰】选项　可对文字进行“粗体”、“斜体”、“上画线”、“下画线”、“放弃或重做”以及“堆叠文字”的设置。

“粗体”按钮 **B** 　若用户所选的字体用粗体，则单击此按钮，为新建文字或所选定文字打开或关闭粗体格式。

“斜体”按钮 *I* 　若用户所选的字体需用斜体，则单击此按钮，为新建文字或所选定文字打开或关闭斜体格式。

“下画线”按钮 U 　单击“下划线”按钮 U 为新建文字或所选定文字打开或关闭下划线格式。

“上画线”按钮 O 用于将直线放置到选定文字上方。

“放弃”按钮与“重做”按钮　用于在“在位文字编辑器”中放弃和重做的操作。

“堆叠文字”按钮　用于创建堆叠文字（选定文字中包含堆叠字符，如插入符（^）、正向斜杠（/）和磅符号（#）时），堆叠字符左侧的文字将堆叠在字符右侧的文字之上。如果选定已堆叠的文字，单击“堆叠文字”按钮，则取消文字的堆叠。

☆【文字颜色】下拉列表框　用于为新输入的文字指定颜色或修改选定文字的颜色。

“显示标尺”按钮 用于在编辑器顶部显示或隐藏标尺。拖动标尺末尾的箭头可更改多行文字对象文件的宽度。

“确定”按钮 关闭编辑器并保存所做的所有更改。

“设置分栏”按钮 单击此按钮，弹出的菜单提供 3 个栏选项：“不分栏”、“静态栏”和“动态栏”。

☆【对齐方式】选项 在“文字格式”工具栏中共有 5 种对齐方式，即左对齐、居中对齐、右对齐、对正（两端对齐）和分布（分散对齐）等。

“左对齐”按钮 用于设置文字以边界左对齐。

“居中对齐”按钮 用于设置文字以边界居中对齐。

“右对齐”按钮 用于设置文字以边界右对齐。

“对正”按钮 用于设置文字对正对齐。

“分布”按钮 用于设置文字均匀分布。

“文字格式”工具栏其他选项：

“编号”按钮 使用编号创建带有句点的列表文本。

“项目符号”按钮 使用项目符号创建列表文本。

“插入字段”按钮 单击“插入字段”按钮，弹出“字段”对话框，对文字进行插入操作。

“大写”按钮 用于将选定文字更改为大写字体。

“小写”按钮 用于将选定文字更改为小写字体。

“符号”按钮 用于在光标位置插入符号或不间断空格。单击 按钮，弹出图 7-19 所示“字段”对话框，选择最下面 其他(O)... 选项，弹出图 7-20 所示“字符映射表”对话框，在其中可选择所需要的符号。

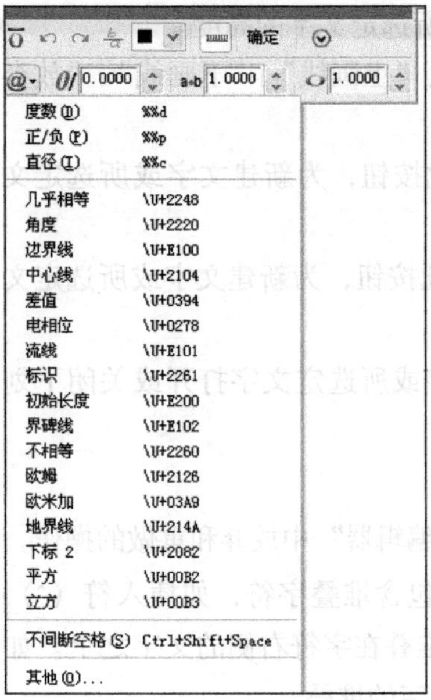

图 7-19 “字段”对话框

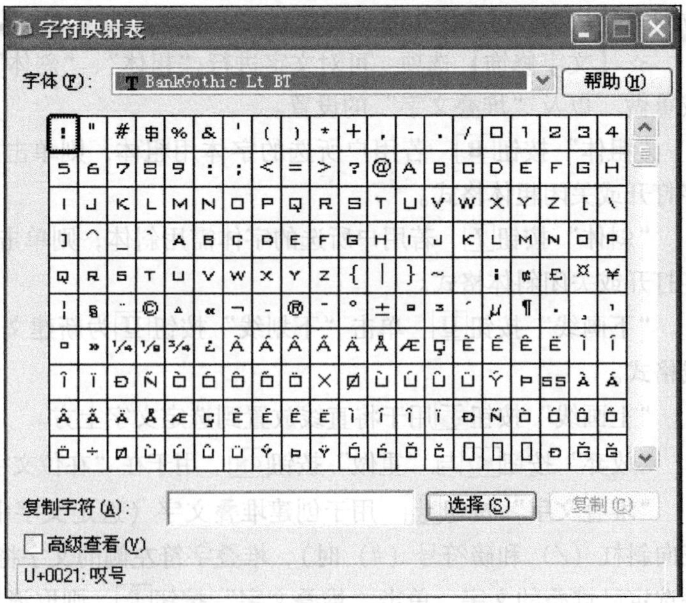

图 7-20 “字符映射表”对话框

☆【倾斜角度】列表框 0/ 0.0000 用于确定文字是向右倾斜还是向左倾斜。倾斜角度表示的是相对于90°角方向的偏移角度。输入一个 -85°~85°之间的数值使文字倾斜。倾斜角度值为正时文字向右倾斜，倾斜角度为负值时文字向左倾斜。图 7-21 所示的文字倾斜角度为 $-30° \leqslant \alpha \leqslant 30°$。

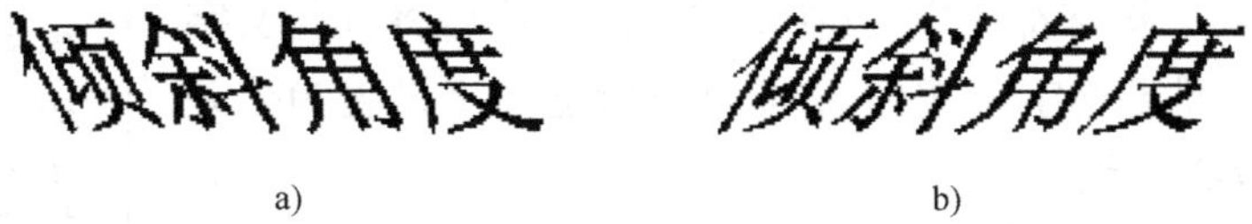

图 7-21 不同倾斜角度显示文字

a）角度值为 -30° b）角度值为 30°

☆【字符间距】列表框 a•b 1.0000 用于增大或减小选定字符之间的间距。默认值为 1.0 是常规间距。设置值大于 1.0 可以增大间距，反之减小该间距，如图 7-22 所示。

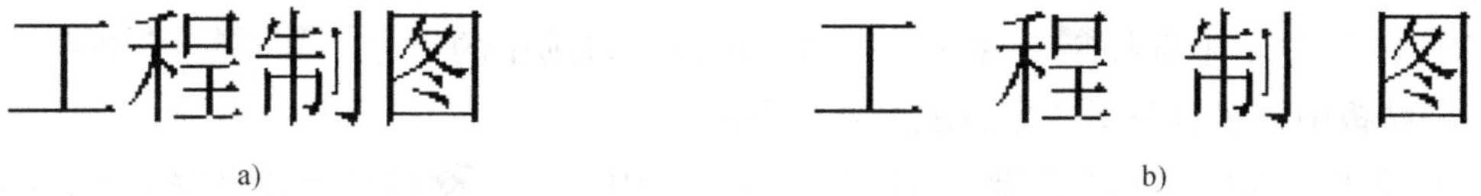

图 7-22 不同字符间距值显示效果

a）字符间距值为 1.0 b）字符间距值为 2.0

☆【宽度因子】列表框 1.0000 用于扩展或收缩选定字符的宽度。默认值为 1.0，代表字体的常规宽度。设置值大于 1.0 可以增大字符宽度，反之减小字符宽度，如图 7-23 所示。

图 7-23 不同宽度因子显示

a）宽度因子为 1.0 b）宽度因子为 2.0

“选项”按钮 单击后显示“选项”菜单，如图 7-24 所示。该菜单可控制“文字格式”工具栏的显示并提供了其他编辑命令。

3. 操作实例

实例一 文字的堆叠

应用“文字格式”工具栏中的“堆叠文字”按钮设置分数、上下角标、公差等形式的文字。通常使用“/”、“^”、或“#”等符号设置文字的堆叠。文字的堆叠形式如下：

（1）分数形式 使用“/”或“#”连接分子与分母。选择分数文字，单击“堆叠文字”按钮 即可显示为分数的表示形式，效果如图 7-25 所示。

（2）上角标形式 使用“^”字符标识文字，将“^”放在文字之后，然后将其与文字都选中，并单击“堆叠文字”按钮即可设置所选文字为上角标形式，效果如图 7-26 所示。

（3）下角标形式　将“^”放在文字之前，然后将其与文字都选中，并单击“堆叠文字”按钮即可设置所选文字为下角标形式，效果如图 7-27 所示。

（4）公差形式　将字符“^”放在文字之间，然后将其与文字都选中，并单击“堆叠文字”按钮即可将所选文字设置为公差形式，效果如图 7-28 所示。

实例二　特殊字符的操作

输入图 7-29 所示 4 个特殊字符。

（1）在图 7-20 所示“字符映射表”对话框中，在“字体”下拉列表中选择 Symbol 文件，如图 7-30 所示，系统弹出图 7-31 所示的“字符映射表”对话框“特殊符号”表。如果需要的话，此时可以选择多个特殊符号。

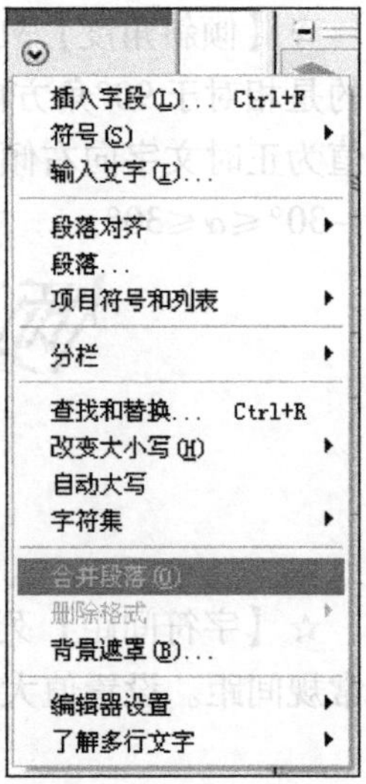

图 7-24　“选项”菜单

（2）在图 7-31 中选择♥，单击 复制(C) 按钮，将选中的符号复制到剪贴板中，然后关闭“字符映射表对话框”。

（3）单击 <Ctrl + V> 组合键，将保存在剪贴板中的符号♥粘贴到文字编辑区，如图 7-32 所示。

（4）方法同上，对其余 3 个特殊符号进行选择与粘贴。

图 7-25　分数形式

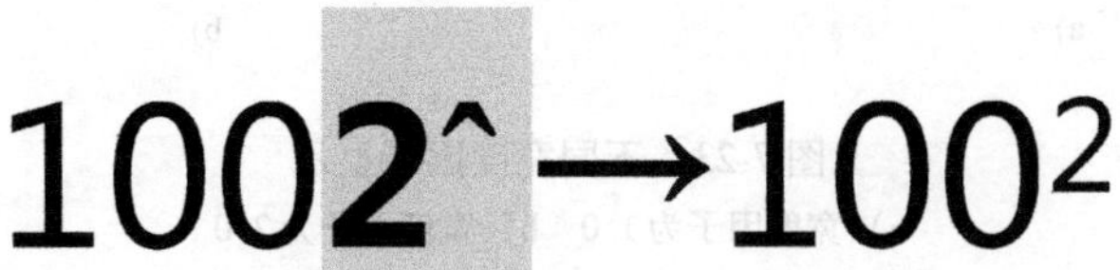

图 7-26　上角标形式

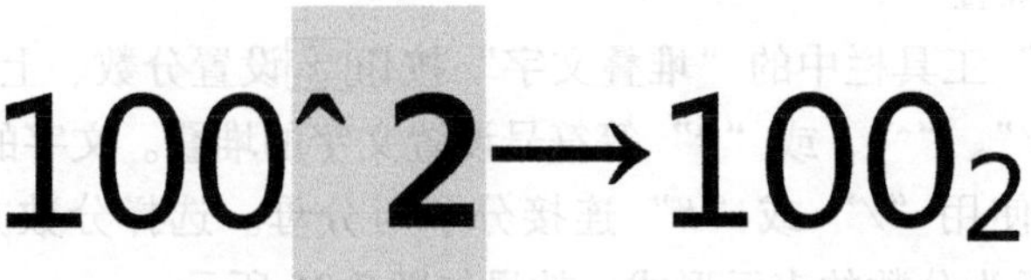

图 7-27　下角标形式

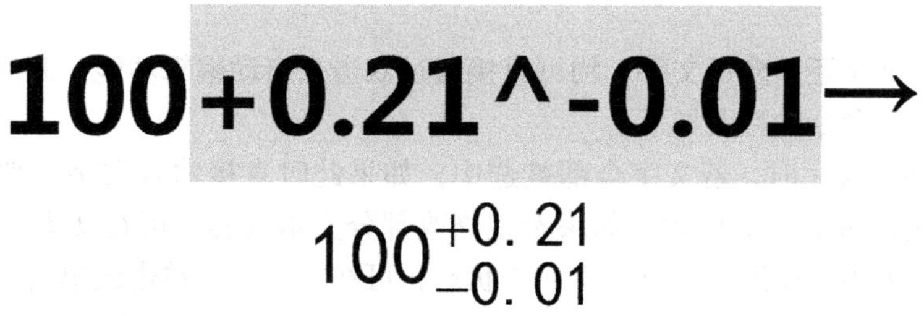

图 7-28　公差形式

图 7-29　特殊字符

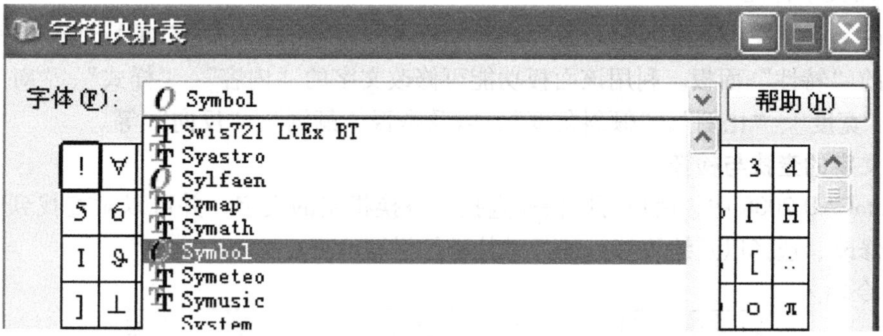

图 7-30　选择 Symbol（符号）文件

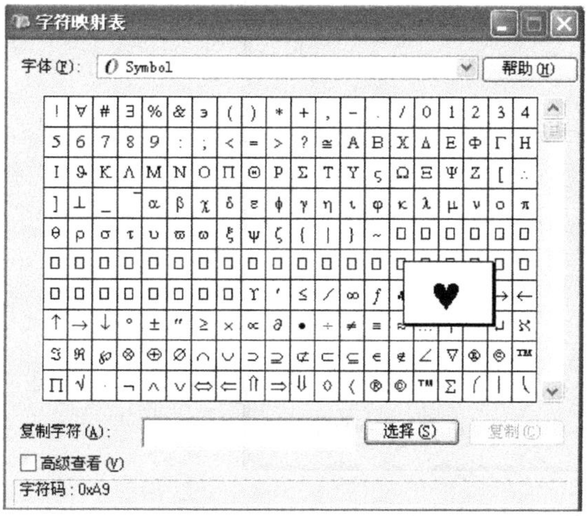

图 7-31　“字符映射表”对话框“特殊符号”表

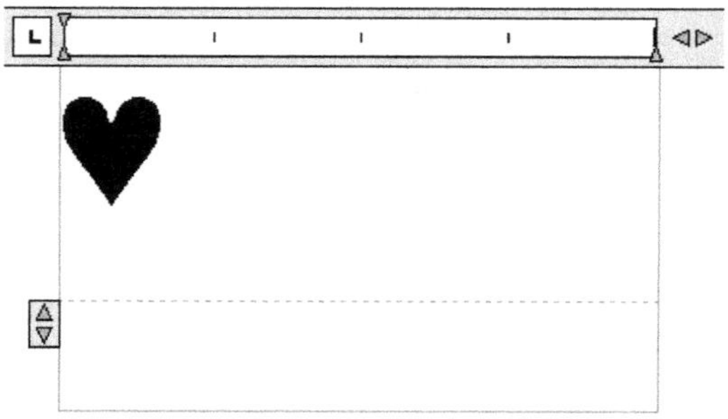

图 7-32　在文字编辑区粘贴符号

五、文字的修改

1. 编辑文字

无论是单行文字还是多行文字，均可直接通过双击来启动编辑功能，此时实际上是执行了 ddedit 命令，该命令的特点如下。

（1）编辑单行文字时，若文字全部被选中，如果此时直接输入文字，则被选中的文本原内容均被替换，如图 7-33 所示。如果希望修改部分文本内容，可在文本框中单击要修改内容进行替换。如果希望退出单行文字编辑状态，可在其他位置单击或单击 <Enter> 键。

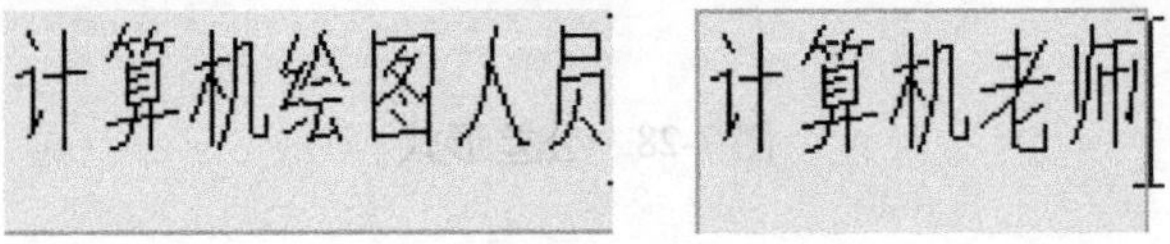

图 7-33 编辑单行文字

（2）编辑多行文字时，将打开“文字格式”工具栏和文字编辑区，与在文字编辑区中输入多行文字时完全相同。

（3）退出当前文字编辑状态后，可继续编辑其他单行或多行文字。

（4）如果希望结束编辑命令，可在退出文字编辑状态后按 <Enter> 键。

2. 修改文字特性

要修改文字特性，可在选中文字后单击“标准”工具栏中的“对象特性”按钮打开单行文字的“特性”面板。利用该面板功能可修改文字的“内容”、“样式”、“对正方式”、“高度”、“宽度”、“比例”、“倾斜角度”，以及是否“颠倒”、“反向”等。

六、文字的查找与检查

在 AutoCAD 2008 中，用户可以快速查找、替换指定的文字，并可以对查找到的文字进行替换、修改、选择以及缩放等。还可对其进行拼写检查。

1. 命令输入

图 7-34 “查找和替换”对话框

菜单：编辑➤查找

命令条目：find

快捷菜单：单击鼠标右键，从弹出的快捷菜单中选择“查找”选项

2. 命令说明

利用上述任意一种方法启动“查找”命令，弹出“查找和替换”对话框，如图 7-34 所示。

在该对话框中，用户可以进行文字查找、替换、修改、选择以及缩放等操作。

在“查找和替换”对话框中，其各个选项与按钮的意义如下：

☆【查找字符串】下拉列表　用于输入或选取要查找的文字。

☆【改为】下拉列表　用于输入替换后的文字。

☆【搜索范围】下拉列表　用于选择文字的查找范围。其中，“整个图形”选项用于在整个图形中查找文字；“当前选择”选项用于在指定的文字对象中查找文字。在确定搜索范围后单击按钮即可进行搜索。

任务二　表格的绘制

利用 AutoCAD 2008 的表格功能，可以方便、快速地绘制图样所需的表格，如明细栏、标题栏等。在本任务中，通过创建图 7-35 所示表格来说明在 AutoCAD 2008 中创建表格的方法。

姓名	考号	数学	物理	化学
杨军	1036	97	92	68
李杰	1045	88	79	74
王东鹤	1021	64	83	82
吴天	1062	75	96	86
王群	1013	93	85	72
小计		417	435	382

图 7-35　表格示例

一、创建和修改表格样式

在绘制表格之前，用户需要启用“表格样式”命令来设置表格的样式。表格样式用于控制表格单元的填充颜色、内容对齐方式、数据格式，表格文本的文字样式、高度、颜色，以及表格边框等。

1. 命令输入

菜单：格式➤ 表格样式

工具栏：样式

命令条目：tablestyle

2. 命令说明

（1）启用“表格样式”命令后，系统将弹出“表格样式”对话框，如图 7-36 所示。

（2）单击 修改(M)... 按钮，打开图 7-37 所示“修改表格样式”对话框。打开“基本”选项卡中的“对齐”下拉列表，选择“正中”选项，如图 7-38 所示。

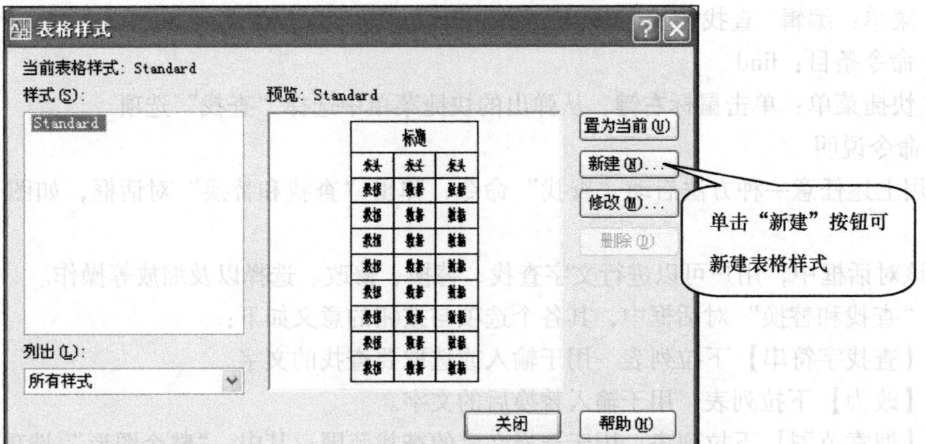

图 7-36 “表格样式”对话框

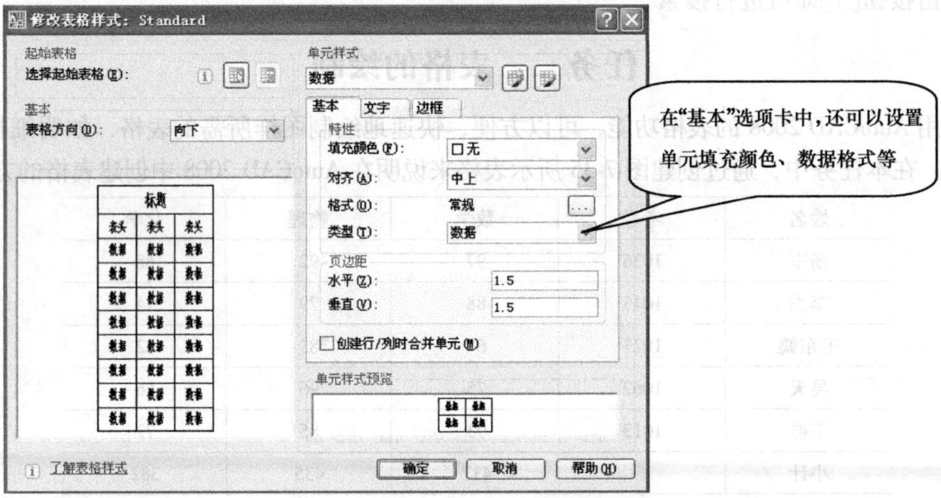

图 7-37 “修改表格样式”对话框

（3）打开“修改表格样式”对话框右侧的“文字”选项卡，设置“文字高度”为 4.5，如图 7-39 所示。

（4）单击“文字样式”下拉列表框右侧的[...]按钮，打开“文字样式”对话框，取消“大字体”复选框，将“字体名”设置为“宋体”，如图 7-40 所示。依次单击[应用(A)]和[关闭(C)]按钮，关闭“文字样式”对话框。

（5）单击[确定]按钮，关闭“修改表格样式”对话框。单击[关闭(C)]按钮，关闭“表格样式”对话框。

二、创建表格

创建表格时，可设置表格样式，表格列数、列宽、行数、行高等。创建结束后系统自动进入表格编辑状态，其具体操作如下。

（1）单击“绘图”工具栏中的“表格”按钮或选择【绘图】→【表格】菜单选项，打开“插入表格”对话框。

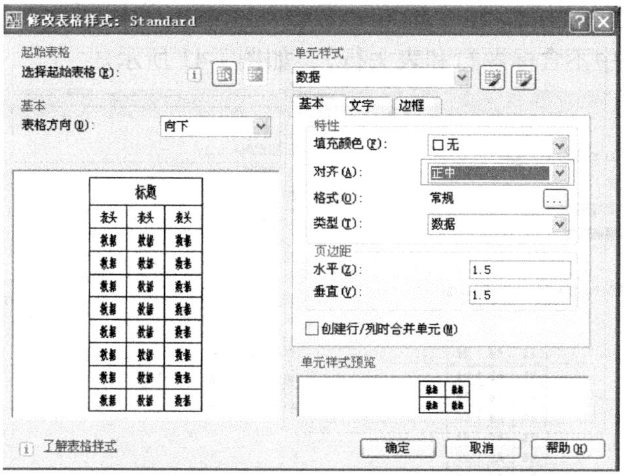

图 7-38　设置单元格内容对齐方式

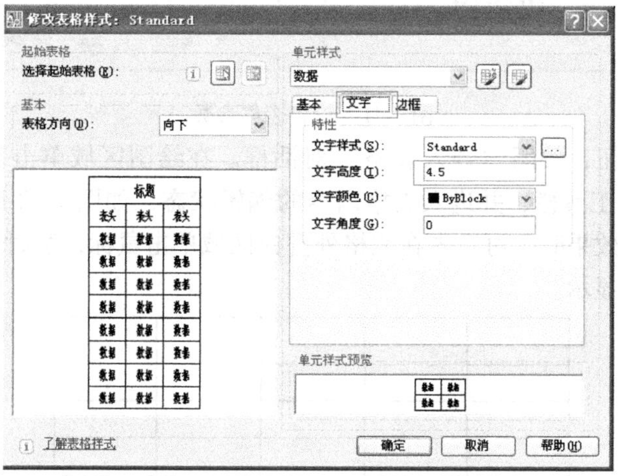

图 7-39　设置文字高度

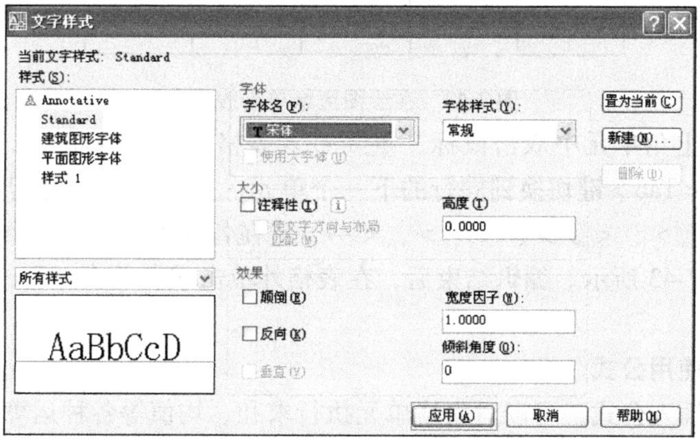

图 7-40　修改文字样式——字体

（2）在“插入表格”对话框“列和行设置”选项组设置表格列数为 5，列宽为 25，行数为 5（默认行高为 1 行）；在“设置单元样式”选项组依次打开“第一行单元样式”和

“第二行单元样式”下拉列表，从中选取“数据”选项，将标题行和表头行均设置为“数据”类型（表示表格中不含标题行和表头行），如图 7-41 所示。

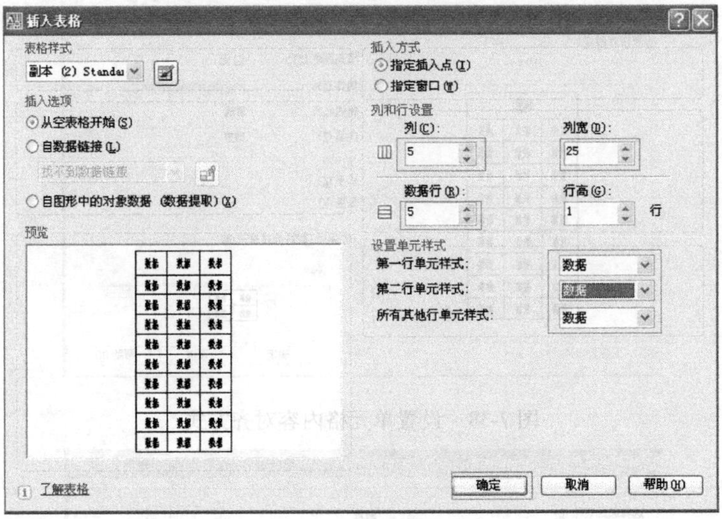

图 7-41　设置表格参数

（3）单击确定按钮，关闭“插入表格”对话框。在绘图区域单击表格，此时系统将自动打开“文字格式”工具栏，并进入表格内容的编辑状态，如图 7-42 所示。如果表格尺寸较小，无法看到编辑效果时，可首先在表格外空白区域单击鼠标，暂时退出表格内容编辑状态，放大表格后即可显示。

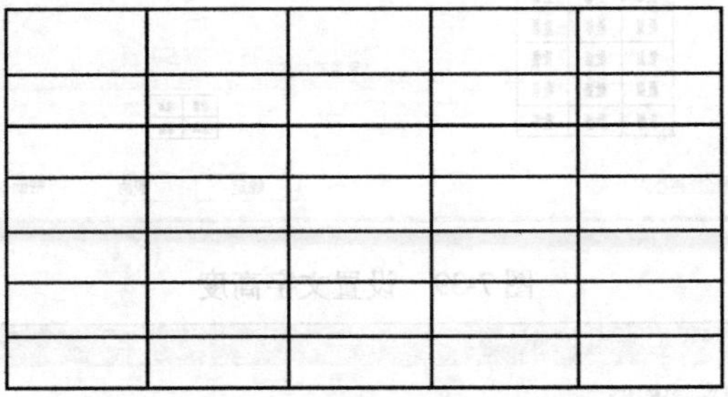

图 7-42　在绘图区域单击表格

（4）在表格左上角单元中双击鼠标，重新进入表格内容编辑状态，然后输入“姓名”等文本内容，通过 < Tab > 键切换到同行的下一个单元，按 < Enter > 键切换同一列的下一个表单元，或单击 < ↑ >、< ↓ >、< ← >、< → > 键在各表单元之间切换，为表格的其他单元输入内容，如图 7-43 所示。编辑结束后，在表格外单击或者单击 < Esc > 键退出表格编辑状态。

三、在表格中使用公式

通过在表格中插入公式，可以对表格单元执行求和、均值等各种运算。例如，要在如图 7-43 所示表格中使用求和公式计算表中数学、物理和化学分数之和，具体操作步骤如下。

（1）单击选中表单元 C6，单击“表格”工具栏中的“公式”按钮 fx ▾，从弹出的公式列表中选择“求和”，如图 7-44 所示。

（2）分别在 C2 和 C6 表单元中单击鼠标，确定选取表单元范围的第一个角点和第二个

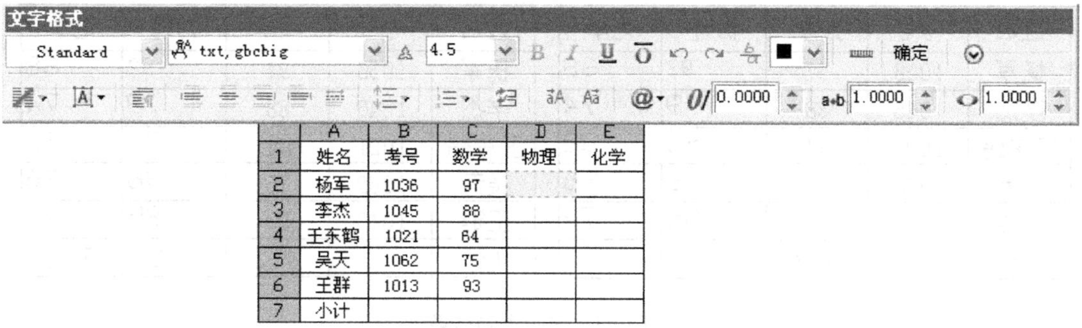

	A	B	C	D	E
1	姓名	考号	数学	物理	化学
2	杨军	1036	97		
3	李杰	1045	88		
4	王东鹤	1021	64		
5	吴天	1062	75		
6	王群	1013	93		
7	小计				

图 7-43　为表格单元输入内容

	A	B	C	D	E
1	姓名	考号	数学		化学
2	杨军	1036	97	92	68
3	李杰	1045	88	79	74
4	王东鹤	1021	64	83	82
5	吴天	1062	75	96	86
6	王群	1013	93	85	72
7	小计				

图 7-44　执行求和操作

角点，显示并进入公式编辑状态，如图 7-45 和图 7-46 所示。

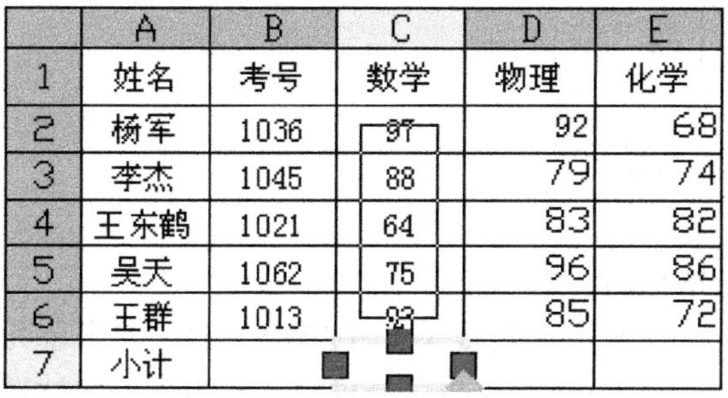

	A	B	C	D	E
1	姓名	考号	数学	物理	化学
2	杨军	1036	97	92	68
3	李杰	1045	88	79	74
4	王东鹤	1021	64	83	82
5	吴天	1062	75	96	86
6	王群	1013	93	85	72
7	小计				

图 7-45　选择要求和的表单元

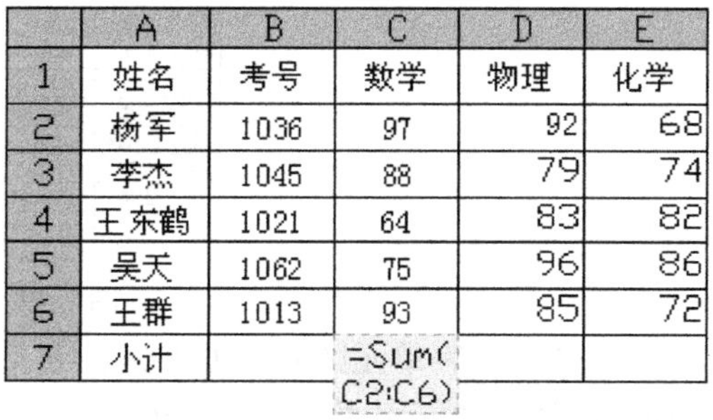

	A	B	C	D	E
1	姓名	考号	数学	物理	化学
2	杨军	1036	97	92	68
3	李杰	1045	88	79	74
4	王东鹤	1021	64	83	82
5	吴天	1062	75	96	86
6	王群	1013	93	85	72
7	小计		=Sum(C2:C6)		

图 7-46　进入公式编辑状态

（3）单击”文字格式“工具栏中的按钮[确定]，求和结果如图 7-47 所示。依据类似方法，对其他表单元进行求和。

四、编辑表格

在 AutoCAD 2008 中，用户可以方便地编辑表格内容，合并表单元，以及调整表单元的行高与列宽等。

1. 选择表格与表单元

要调整表格外观，例如合并表单元，插入或删除行或列，应首先掌握如何选择表格或表单元，具体方法如下。

姓名	考号	数学	物理	化学
杨军	1036	97	92	68
李杰	1045	88	79	74
王东鹤	1021	64	83	82
吴天	1062	75	96	86
王群	1013	93	85	72
小计		417		

姓名	考号	数学	物理	化学
杨军	1036	97	92	68
李杰	1045	88	79	74
王东鹤	1021	64	83	82
吴天	1062	75	96	86
王群	1013	93	85	72
小计		417	435	382

图 7-47 显示求和结果

（1）要选择整个表格，可直接单击表线或利用选取窗口选取整个表格。表格被选中后，表格框线将显示为断续线，并显示了一组夹点，如图 7-48 所示。

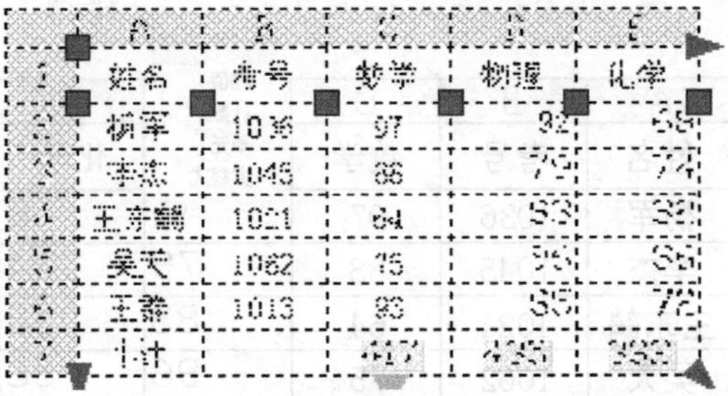

图 7-48 选择表格

（2）要选择一个表单元，可直接在该表单元中单击鼠标，此时将在所选表单元四周显示夹点，如图 7-49 所示。

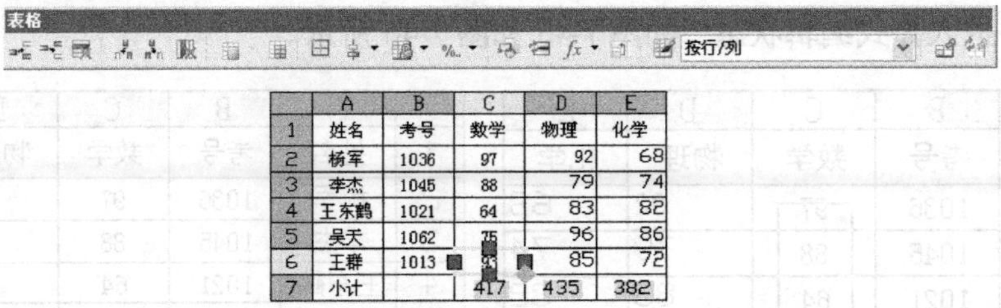

图 7-49 选择表单元

（3）要选择表单元区域，可首先在表单元区域的左上角表单元中单击，然后向表单元区域的右下角表单元中拖动，则释放鼠标后，选择框所包含或与选择框相交的表单元均被选中，如图 7-50 所示。此外，在单击选中表单元区域中某个角点的表单元后，按住 <Shift> 键，在所选表单元区域的对角表单元中单击，也可选中表单元区域。

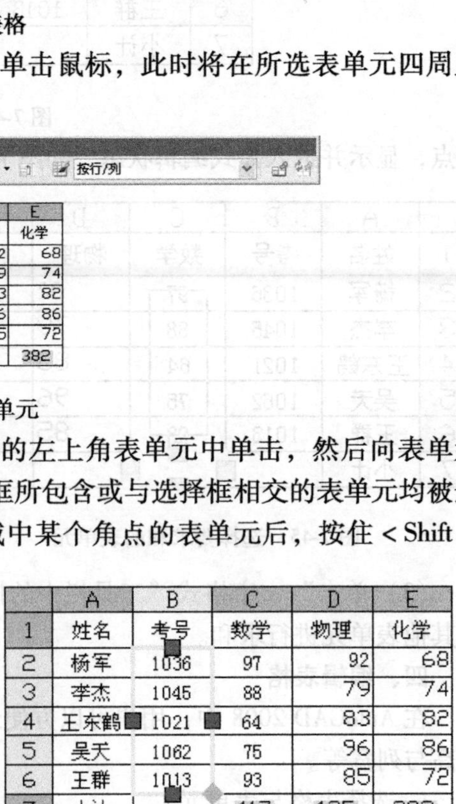

图 7-50 选择表单元区域

（4）要取消表单元选择状态，可单击 <Esc> 键，或者直接在表格外单击即可。

2. 编辑表格内容

要编辑表格内容，只需鼠标双击表单元进入文字编辑状态即可。要删除表单元中的内容，可选中欲删除内容的表单元，然后单击 <Delete>

键。

3. 调整表格的行高与列宽

选中表格、表单元或表单元区域后，通过拖动不同夹点可移动表格的位置，或者调整表格的行高与列宽，各夹点的功能如图 7-51 所示。

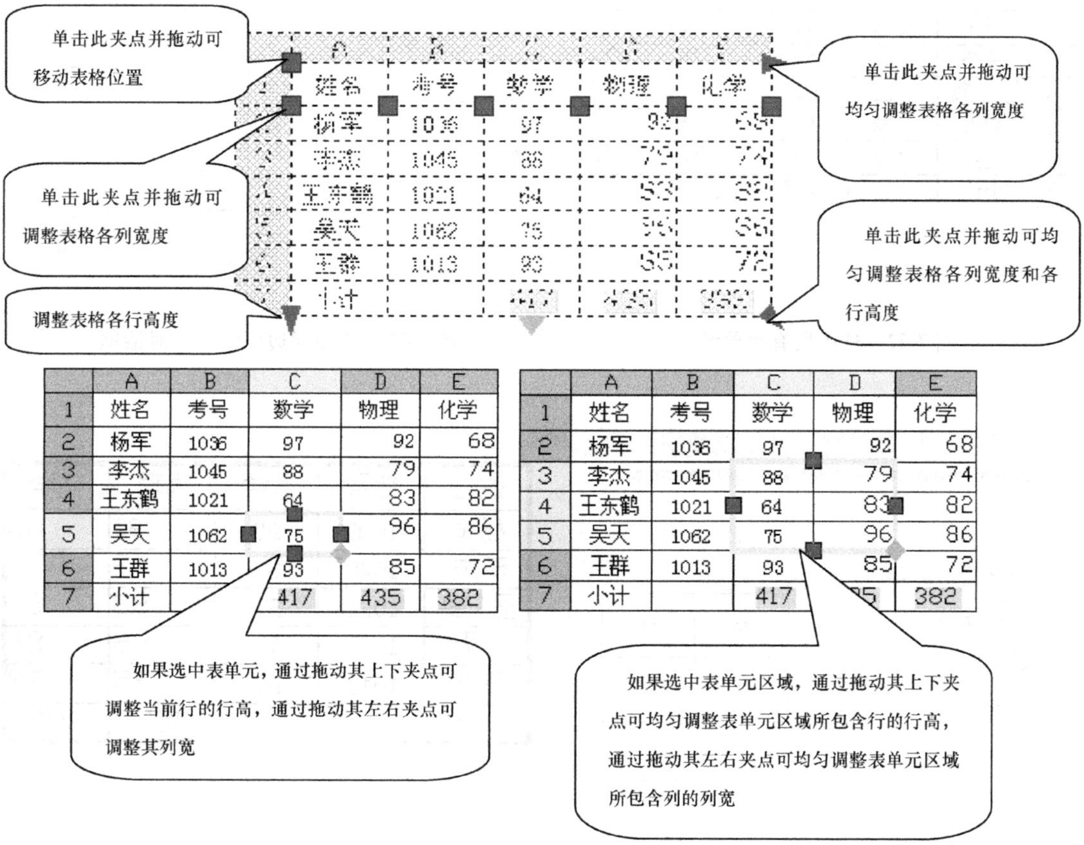

图 7-51　表格各夹点的功能

4. 利用“表格”工具栏编辑表格

在选中表单元或表单元区域后，“表格”工具栏被自动打开，通过单击其中的按钮，可对表格进行插入或删除行或列，以及合并单元、取消单元合并、调整单元边框等操作。例如，要调整表格外边框，可执行如下操作。

（1）表格边框的编辑

1）单击所选表格的左上角表单元，然后按住 <Shift> 键，在表格右下角表单元中单击，从而选中所有表单元，如图 7-52 所示。

2）单击“表格”工具栏中的“单元边框”按钮田，打开图 7-53 所示“单元边框特性”对话框。

3）在“边框特性”设置区打开“线宽”下拉列表，设置“线宽”为 0.3，在“应用于”设置区中单击“外边框”按钮回，如图 7-54 所示。

4）单击确定按钮，按 <Esc> 键退出表格编辑状态。单击状态栏上的线宽按钮以显示线宽，结果如图 7-55 所示。

A
B
C
D
E
1 姓名 考号 数学 物理 化学
2 杨军 1036 97 92 68
3 李杰 1045 88 79 74
4 王东鹤 1021 64 83 82
5 吴天 1062 75 96 86
6 王群 1013 93 85 72
7 小计 417 435 382

图 7-52 选中所有表单元

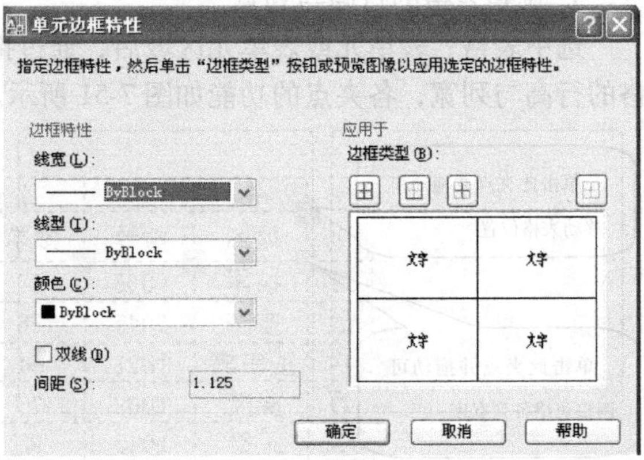

图 7-53 “单元边框特性”对话框

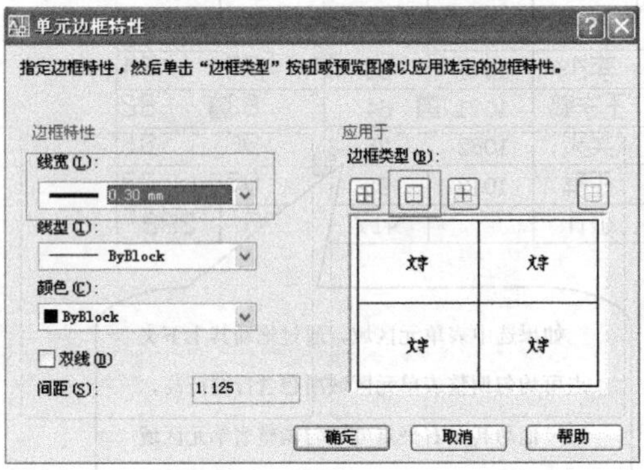

图 7-54 设置线宽和应用范围

姓名 考号 数学 物理 化学
杨军 1036 97 92 68
李杰 1045 88 79 74
王东鹤 1021 64 83 82
吴天 1062 75 96 86
王群 1013 93 85 72
小计 417 435 382

图 7-55 调整表格外边框线宽结果

(2) 合并表格

1）单击鼠标左键选定 A1、B2 区域，系统弹出图 7-56 所示“表格”工具栏。

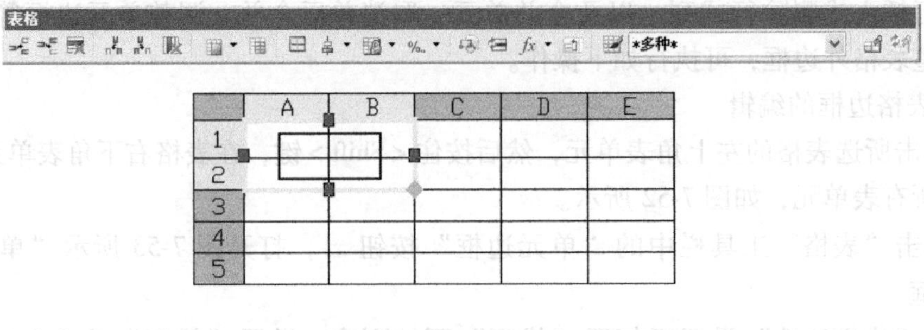

图 7-56 合并的“表格”工具栏

2）单击“表格”工具栏上[按钮图标]按钮，选择“全部”，表格合并完成，如图 7-57 所示。

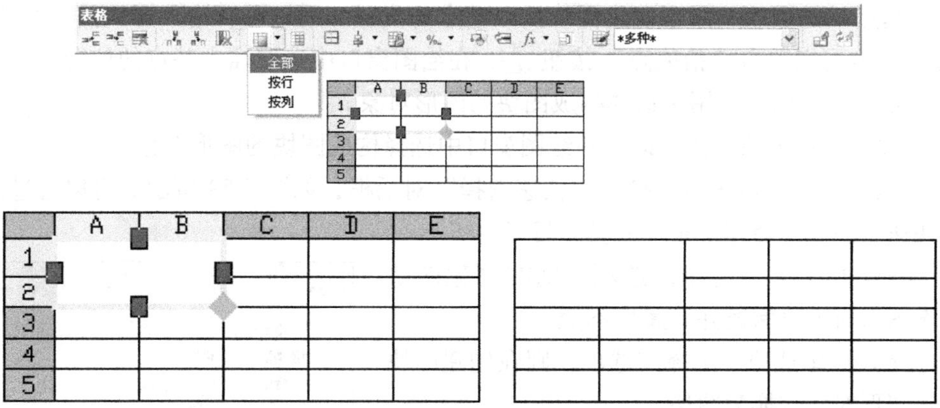

图 7-57　表格合并过程显示

任务三　图块的创建及应用

一、创建图块

1. 定义图块

定义图块就是将图形中选定的一个或多个对象组合成一个整体，为其命名保存，并在以后使用过程中将它视为一个独立、完整的对象进行调用和编辑。

（1）命令输入

工具栏：绘图

菜单：绘图▶块▶创建

命令条目：block

（2）命令说明

启用“块”命令后，系统弹出“块定义”对话框，如图 7-58 所示。在该对话框中对图形进行块的定义，然后单击确定按钮就可以创建图块。

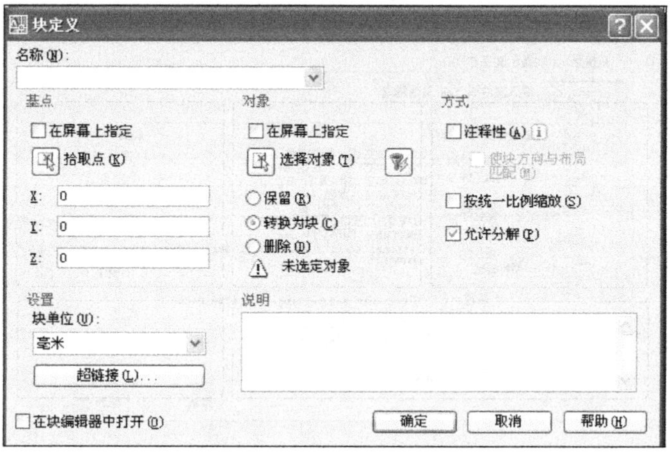

图 7-58　“块定义”对话框

在“块定义”对话框中各个选项的意义如下。

1）名称(N):下拉列表框　用于输入或选择图块的名称。

2）“基点”选项组　用于确定图块插入基点的位置。用户可以输入图块插入基点的 X、Y、Z 坐标，也可以单击“拾取点”按钮，在绘图窗口中选取插入基点的位置。

3）“对象”选项组　用于选择构成图块的图形对象。

☆按钮　单击该按钮，即可在绘图窗口中选择构成图块的图形对象。

☆按钮　单击该按钮，打开“快速选择”对话框，如图 7-59 所示。可以通过该对话框进行快速过滤来选择满足条件的实体目标。

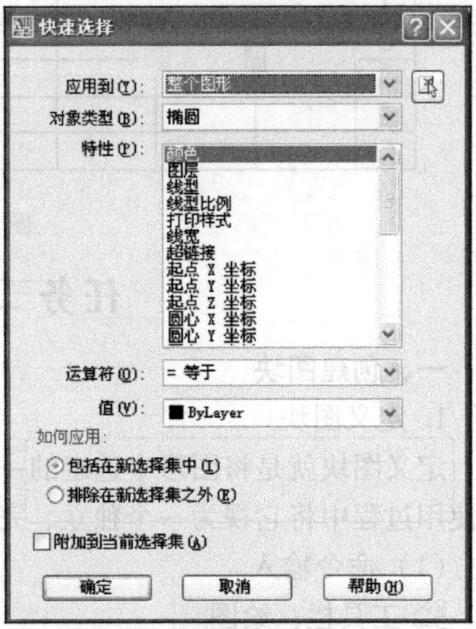

图 7-59　“快速选择”对话框

☆ 保留(R) 单选项　选择该选项，则在创建图块后，所选图形对象仍保留并且属性不变。

☆ 转换为块(C) 单选项　选择该选项，则在创建图块后，所选图形对象转换为图块。

☆ 删除(D) 单选项　选择该选项，则在创建图块后，所选图形对象将被删除。

4）“设置”选项组　用于指定块的设置。

☆ 块单位(U): 下拉列表框　指定图块参照插入单位。

☆ 超链接(L)... 按钮　将某个超链接与块定义相关联，单击该按钮，弹出“插入超链接”对话框，如图 7-60 所示，从列表或指定的路径，可以将超链接与块定义相关联。

☆ 在块编辑器中打开(O) 复选项　用于在块编辑器中打开当前的块定义，主要用于创建动态图块。

5）“方式”选项组　用于图块的方式设置。

☆ 按统一比例缩放(S) 复选项　指定块参照是否按统一比例缩放。

☆ 允许分解(P) 复选项　指定块参照是否可以被分解。

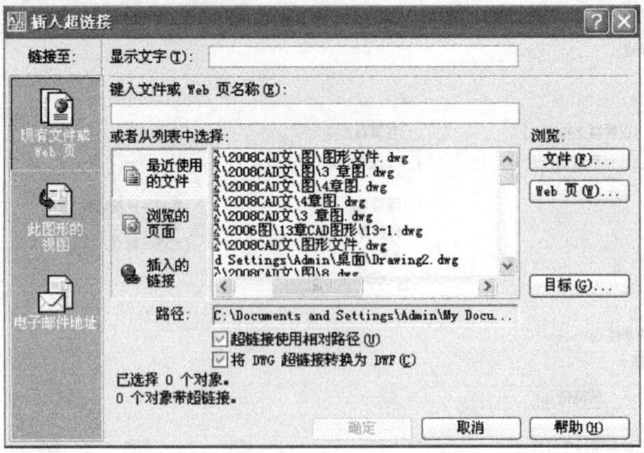

图 7-60　“插入超链接”对话框

☆“说明”文本框　用于输入图块的说明文字。

（3）操作实例

通过“定义块”命令将图 7-61 所示的图形创建成图块，名称为“标高”。

操作步骤如下：

1）单击工具栏上“创建块”按钮，弹出“块定义”对话框。

2）在“块定义”对话框的“名称”下拉列表框中输入图块的名称“标高”。

3）在“块定义”对话框中，单击“对象”选项组中的“选择对象”按钮，在绘图窗口中选择图形，此时图形以虚线显示，如图7-62所示。单击<Enter>键确认。

4）在“块定义”对话框中，单击“基点”选项组中的“拾取点”按钮，在绘图窗口中拾取圆心作为图块的插入基点，如图7-63所示。

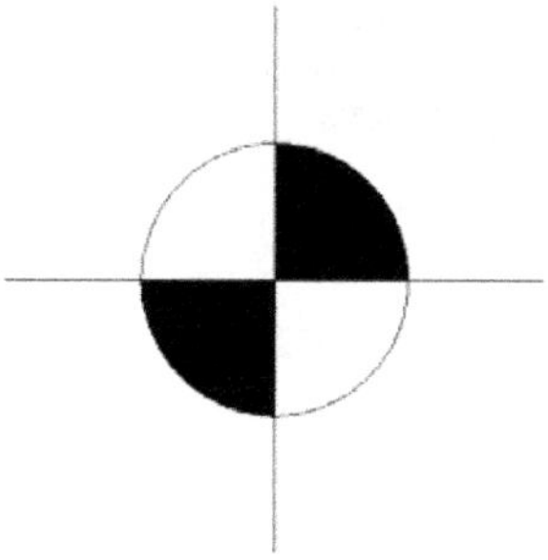

图7-61　“标高”图块

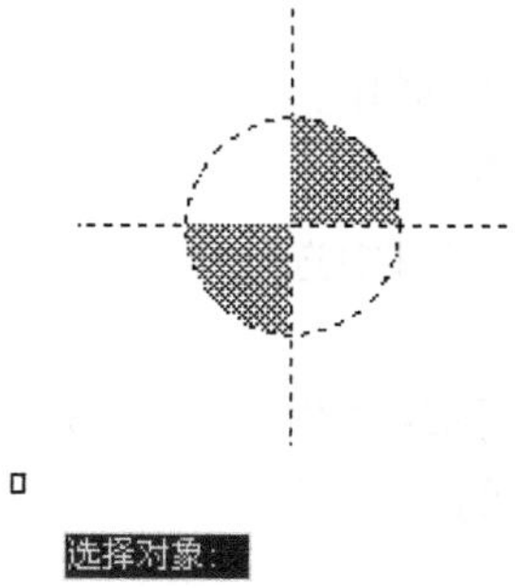

图7-62　“选择对象”图形

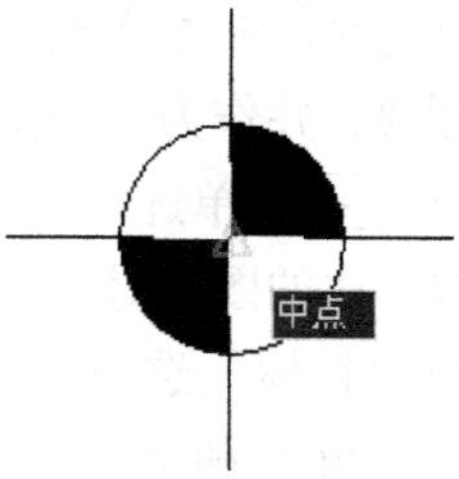

图7-63　拾取图块的插入基点

5）单击确定按钮，即可创建“标高”图块。创建完成后的“块定义”对话框如图7-64所示。

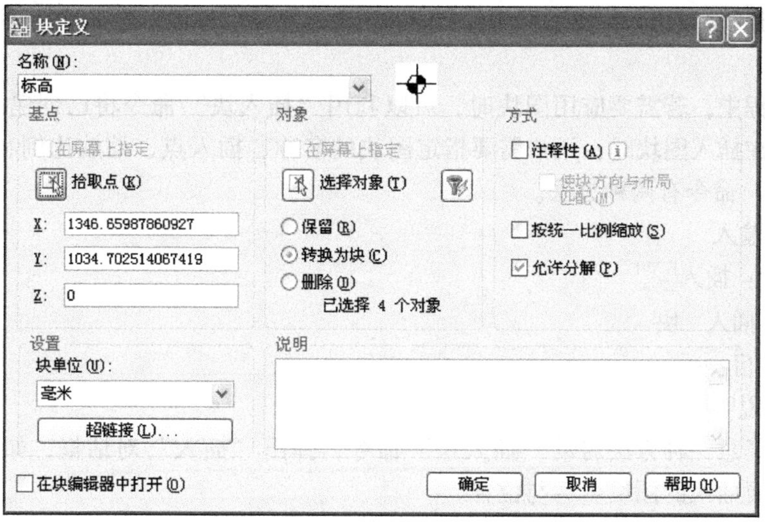

图7-64　创建完成后的“块定义”对话框

2. 写块

前面定义的图块，只能在当前图形文件中使用，如果需要在其他图形中使用已定义的图块，如标题栏、图框以及一些通用的图形对象等，可以将图块以图形文件形式保存下来。这时，它就和一般图形文件没有什么区别，可以被打开、编辑，也可以以图块形式方便地插入到其他图形文件中。“保存图块”也就是我们通常所说的“写块”。

（1）命令输入

命令条目：wblock

（2）命令说明

启用命令后，系统将弹出如图 7-65 所示的“写块”对话框。

在“写块”对话框中各主要选项的意义如下。

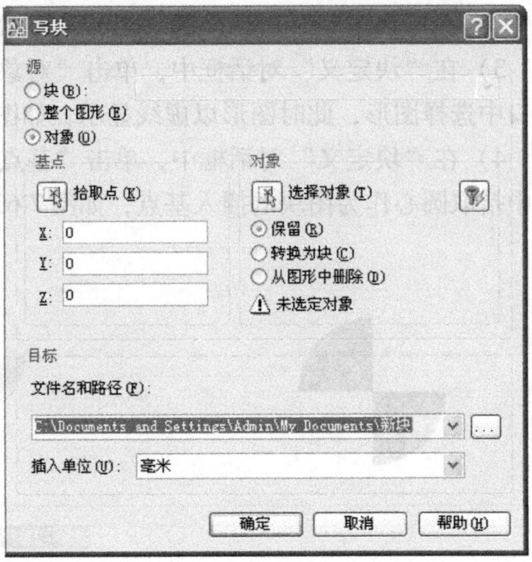

图 7-65 “写块”对话框

1）“源”选项组 用于选择图块和图形对象，将其保存为文件并为其指定插入点。

☆ ○块(B): 单选项 用于从列表中选择要保存为图形文件的现有图块。

☆ ○整个图形(E) 单选项 将当前图形作为一个图块，并作为一个图形文件保存。

☆ ⊙对象(O) 单选项 用于从绘图窗口中选择构成图块的图形对象。

2）“目标”选项组 用于指定图块文件的名称、位置和插入图块时使用的测量单位。

☆ 文件名和路径(F): 下拉列表框 用于输入或选择图块文件的名称、保存位置。单击右側的 ... 按钮，弹出“浏览图形文件”对话框，即可指定图块的保存位置，并指定图块的名称。设置完成后，单击 确定 按钮，将图形存储到指定的位置，在绘图过程中需要时即可调用。

3. 插入块

在绘图过程中，若需要应用图块时，可以利用“插入块”命令将已创建的图块插入到当前图形中。在插入图块时，用户需要指定图块的名称、插入点、缩放比例和旋转角度等。启用“插入块”命令有两种方法。

（1）命令输入

工具栏：插入

菜单：插入➤块

命令条目：insert

（2）命令说明

利用上述任意一种方法启动“插入块”命令，弹出“插入”对话框，如图 7-66 所示，从中即可指定要插入的图块名称与位置。

在“插入”对话框中各个选项的意义如下：

☆ 名称(N): 下拉列表框 用于输入或选择需要插入的图块名称。

若需要使用外部文件（即利用“写块”命令创建的图块），可以单击 浏览(B)... 按钮，在弹出的“选择图形文件”对话框选择相应的图块文件，单击 确定 按钮，即可将该文件中的图形作为图块插入到当前图形。

1）“输入点”选项组 用于指定图块的插入点的位置。用户可以利用鼠标在绘图窗口中指定插入点的位置，也可以输入 X、Y、Z 坐标。

2）“比例”选项组 用于指定图块的缩放比例。用户可以直接输入图块的 X、Y、Z 方向的比例因子，也可以利用鼠标在绘图窗口中指定图块的缩放比例。

3）“旋转”选项组　用于指定图块的旋转角度。在插入图块时，用户可以按照设置的角度旋转图块。也可以利用鼠标在绘图窗口中指定图块的旋转角度。

☆□分解(D)复选框　若选择该复选框，则插入的图块不是一个整体，而是被分解为各个单独的图形对象。

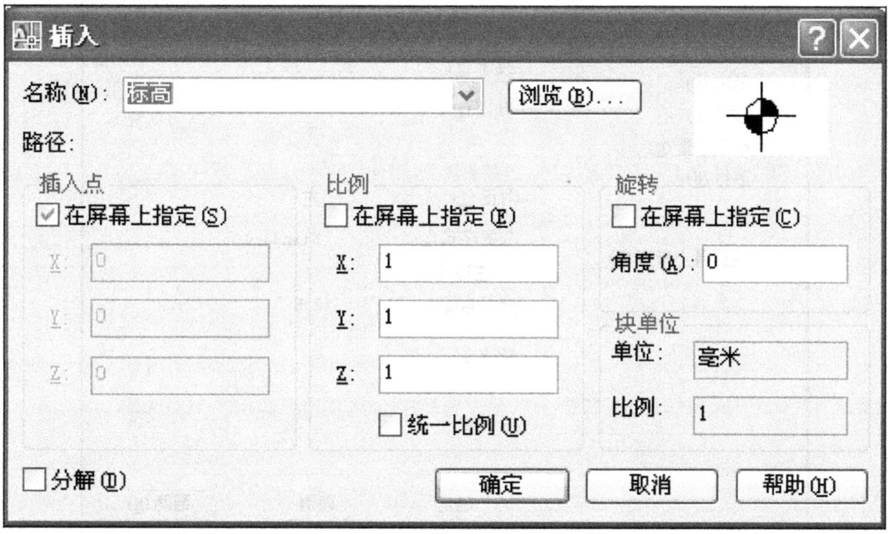

图 7-66　“插入”对话框

4. 分解图块

在图形中使用图块时，只能对整个图块进行编辑。AutoCAD 2008 将图块作为单个的对象处理。如果用户需要编辑组成图块的某个元素时，需要将块的组成元素分解为单一个体。

将图块分解，有以下几种方法。

1）插入图块时，在“插入”对话框中，选择“分解”复选项，再单击确定按钮，插入的图形仍保持原来的形式，但可以对其中某个对象进行修改。

2）插入图块对象后，单击工具栏中的按钮，将图块分解为多个对象。分解后的对象将还原为原始的图层属性设置状态。如果分解带有属性的图块，属性值将丢失，并重新显示其属性定义要求。

二、创建带属性的图块

图块属性是附加在图块上的文字信息，在 AutoCAD 2008 中经常利用图块属性来预定义文字的位置、内容或默认值等。在插入图块时，输入不同的文字信息，可以使相同的图块表达不同的信息，如表面粗糙度就是利用图块属性设置的。

1. 创建与应用图块属性

定义带有属性的图块时，需要有作为图块的图形与标记图块属性的信息，将这两个部分进行属性的定义后，再定义为图块即可。

（1）命令输入

菜单：绘图➤块➤定义属性

命令条目：attdef

（2）命令说明

利用上述任意一种方法启动“定义属性”命令，弹出“属性定义”对话框，如图 7-67 所示，从中可以定义图块模式、图块属性、图块属性值、图块插入点以及属性的文字设置选项等。

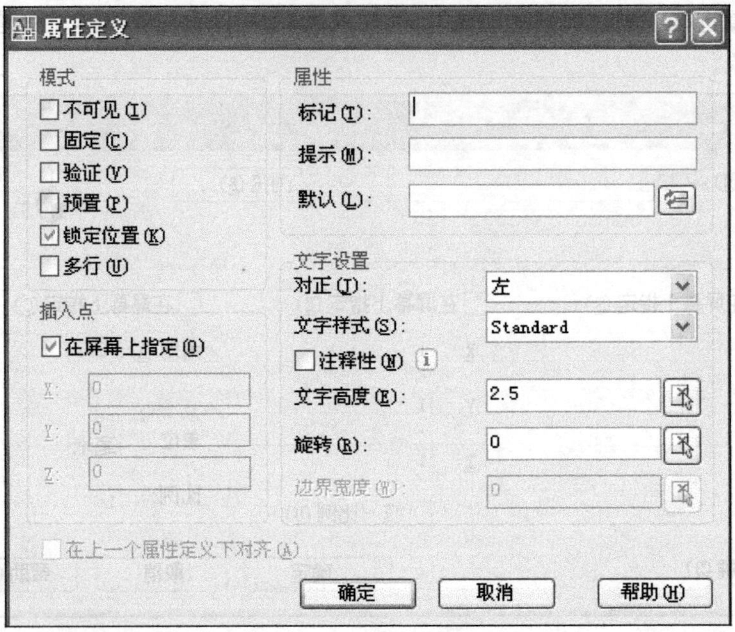

图 7-67　“属性定义”对话框

（3）操作实例

创建带有属性的表面粗糙度（CCD）图块，并把它应用到如图 7-68 所示的图形中。

操作步骤如下：

1）根据所绘制图形的大小，首先绘制一个表面粗糙度符号[⊖]，如图 7-68 左侧图形。

2）选择【绘图】→【块】→【定义属性】选项，弹出“属性定义”对话框。

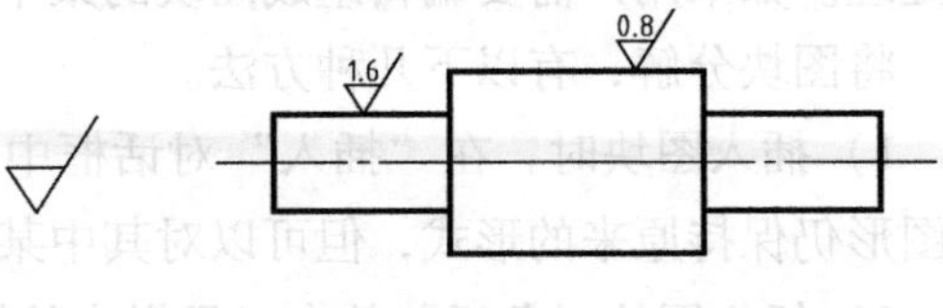

图 7-68　带属性图块示例

3）在属性选项组的标记文本框中输入表面粗糙度参数值的标记“R_a”，在“提示”文本框中输入提示文字“粗糙度”，在“值”数值框中输入表面粗糙度参数值 0.8，如图 7-69 所示。

4）单击“属性定义”对话框中的确定按钮，在绘图窗口中指定属性的插入点，如图 7-70a 所示，在文本的左下角单击鼠标，完成属性定义效果如图 7-70b 所示。

5）选择【绘图】→【块】→【创建】选项，弹出“块定义”对话框，在“名称”下拉列表框中输入块的名称“CCD”，单击“选择对象”按钮，在绘图窗口选择如图 7-70b 所示的图形，并单击鼠标右键，完成“带属性块”的创建，如图 7-71 所示。

6）单击“基点”选项组中的“拾取点”按钮，并在绘图窗口中选取 O 点作为图块的基点，如图 7-72 所示。

⊖ 本书中的表面粗糙度符号与软件所示一致，国家标准中已有新的规定。

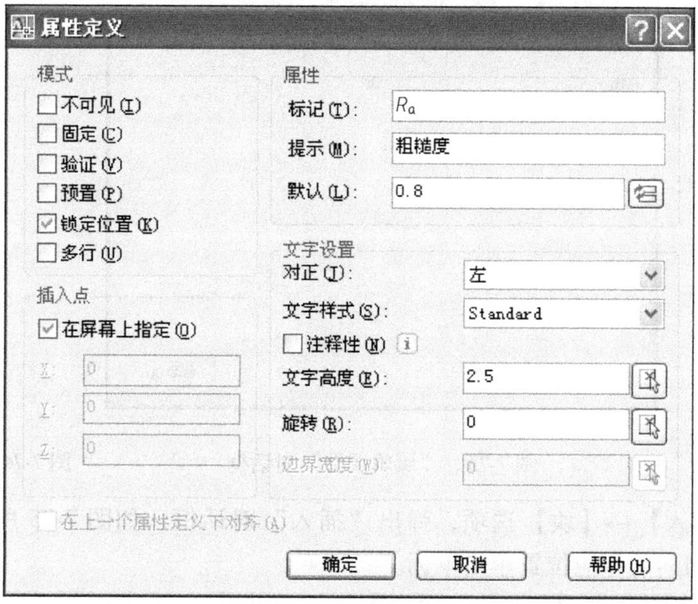

图 7-69　“属性定义”对话框

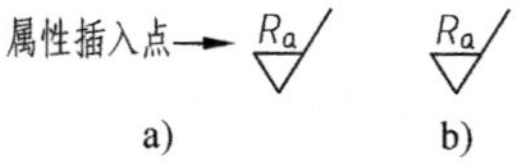

图 7-70　完成属性定义

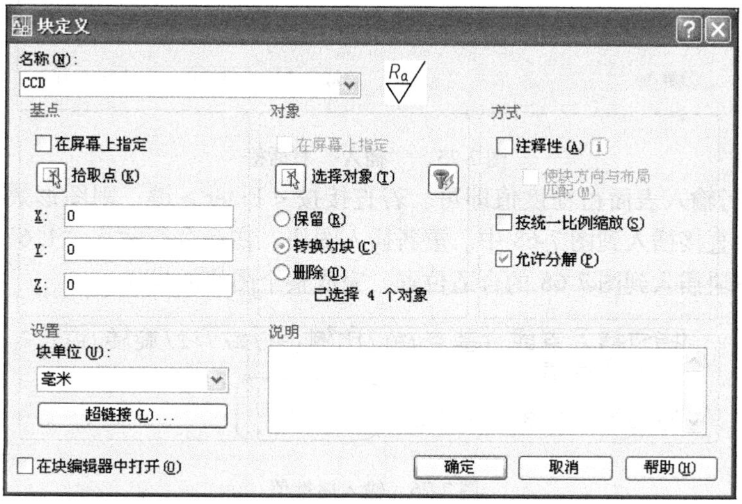

图 7-71　完成“带属性块”的创建

7）单击“块定义”对话框中的确定按钮，弹出“编辑属性”对话框，如图 7-73 所示，直接单击该对话框中的确定按钮即可。完成后图形效果如图 7-74 所示。

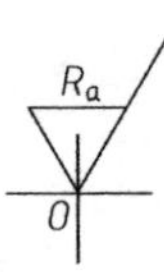

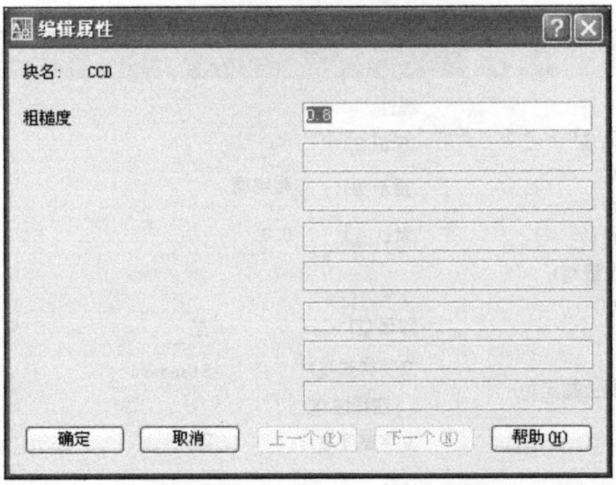

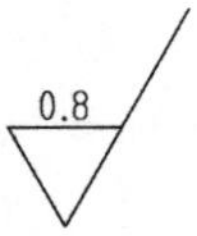

图 7-72 选择基点　　图 7-73 “编辑属性”对话框　　图 7-74 完成后图形效果

8）选择【插入】→【块】选项，弹出“插入”对话框，如图 7-75 所示，单击确定按钮，并在绘图窗口内的相应位置单击鼠标。

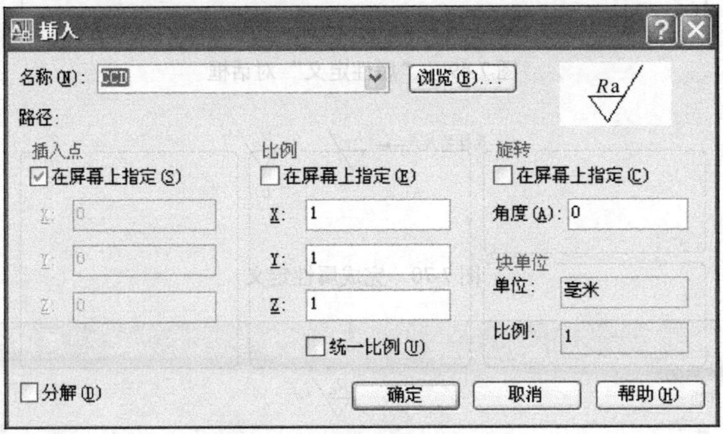

图 7-75 “插入”对话框

9）在命令行输入表面粗糙度值即可。若直接按 <Enter> 键，则图形效果如图 7-74 所示，把这个图块直接插入到图 7-68 中。重新插入图块，在命令行输入“1.6”，如图 7-76 所示。把此时的图块插入到图 7-68 的合适位置，完成整个图块的操作。

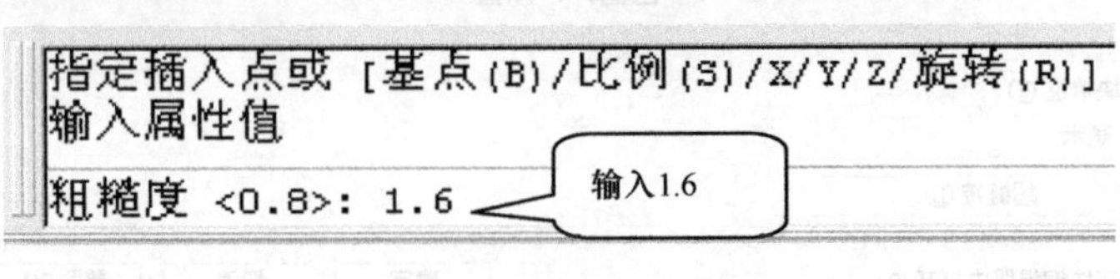

图 7-76 输入属性值

2. 编辑图块属性

创建带有属性的图块以后，用户可以对图块属性进行编辑，如编辑属性标记、提示等，其操作步骤如下。

（1）直接双击带有属性的图块，弹出“增强属性编辑器”对话框，如图 7-77 所示。

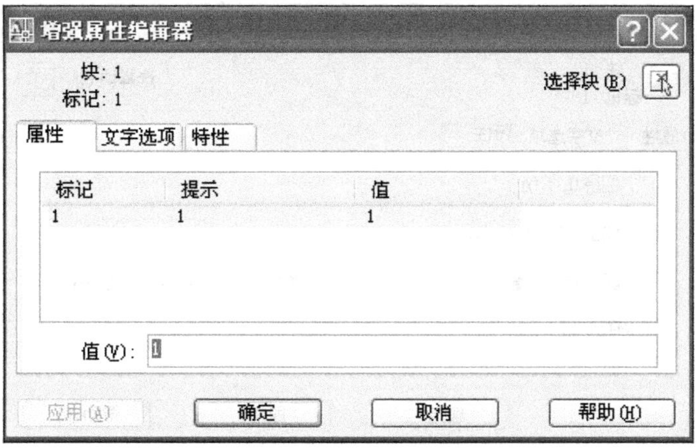

图 7-77　“增强属性编辑器”对话框

（2）在“属性”选项卡中显示图块的属性，如标记、提示以及默认值，此时用户可以在“值”数值框中修改图块属性的默认值。

（3）单击“文字选项”选项卡，“增强属性编辑器”对话框显示如图 7-78 所示，从中可以设置属性文字在图形中的显示方式，如文字样式、对正、高度、旋转等。

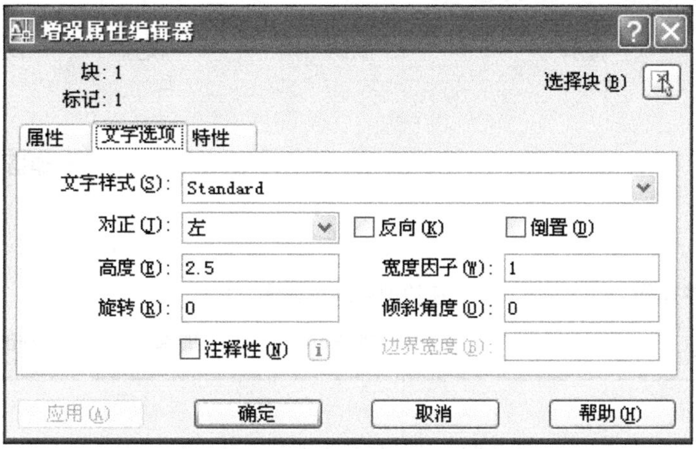

图 7-78　“增强属性编辑器”“文字选项”选项卡

（4）单击“特性”选项卡，“增强属性编辑器”对话框显示如图 7-79 所示，从中可以定义图块属性所在的图层以及线型、颜色、线宽等。

（5）设置完成后单击 应用(A) 按钮，即可修改图块属性；若单击 确定 按钮，也可修改图块属性，并关闭对话框。

3. 块属性管理器

当图形中存在多种图块时，可以通过“块属性管理器”来管理图形中所有图块的属性。启用“块属性管理器”命令，选择【修改】→【对象】→【属性】→【块属性管理器】选项，启动“块属性管理器”命令，弹出“块属性管理器”对话框，如图 7-80 所示。在对话框中，可以对所选择的图块进行属性编辑。

单击“选择块”按钮，暂时隐藏对话框，在图形中选中要进行编辑的图块，返回到“块属性管理器”对话框中进行编辑。

图 7-79 “增强属性编辑器”“特性”选项卡

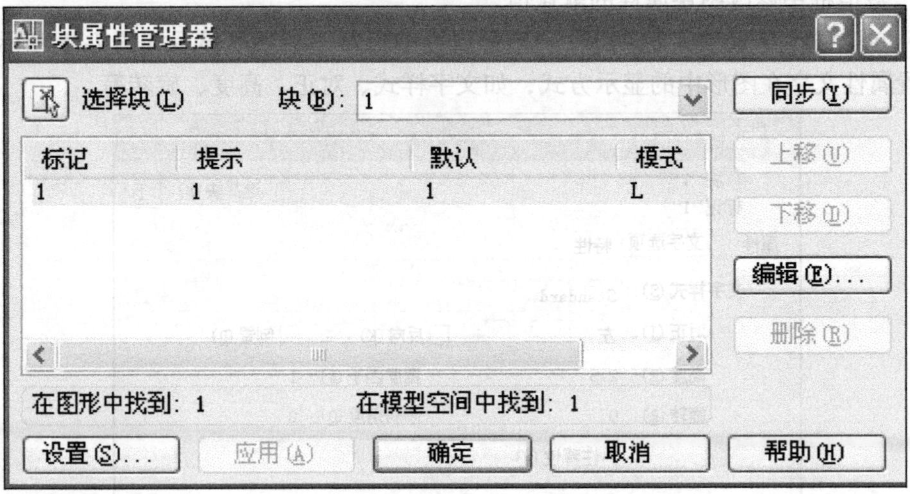

图 7-80 “块属性管理器”对话框

在“块”下拉列表中可以指定要编辑的块，在列表中将显示图块所具有的属性定义。单击设置(S)...按钮，弹出“块属性设置”对话框，可以设置“块属性管理器”中属性信息的列出方式，如图 7-81 所示。设置完成后，单击确定按钮即可。

当修改图块的某一属性定义后，单击同步(Y)按钮，更新所有具有当前定义属性特性的选定图块的全部实例。

单击上移按钮，在提示序列中，向上一行移动选定的属性标记。

单击下移按钮，在提示序列中，向下一行移动选定的属性标记。选定固定属性时，上移或下移按钮为不可用状态。

单击编辑(E)...按钮，弹出“编辑属性”对话框，在“属性”、“文字选项”和“特性”选项卡中，对图块的各项属性进行修改。

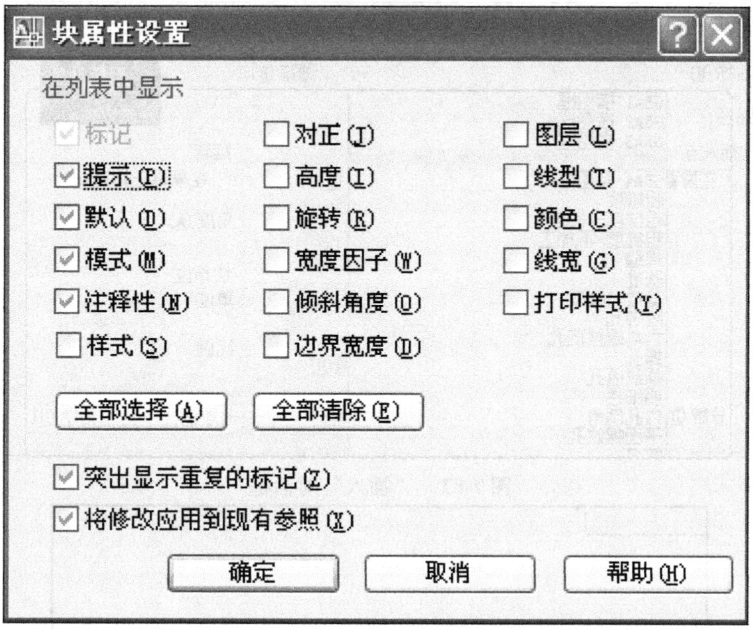

图 7-81　“块属性设置”对话框

任务四　技术要求标注实例上机指导

绘制图 7-81 所示图形，并标注零件的技术要求。

步骤：

（1）启动 AutoCAD 2008 中文版。

（2）打开光盘文件“样本文件 . dwt”，保存到指定路径的“ *. dwg”文件。

（3）单击“绘图”工具栏上“插入块”按钮（命令：insert）。

（4）在弹出的“插入”对话框中用鼠标选取“名称”中的 GBA4 横图框，如图 7-82 所示。

（5）设置完成后（比例为 1∶1，单位为毫米（mm））单击确定按钮，命令行出现如下提示：

“命令:_insert”

“指定插入点或 [基点 (B) /比例 (S) /X/Y/Z/旋转 (R)]:”

（6）任意在绘图窗口单击，随后命令行出现设置“输入单位名称 <单位>：输入图样名称 <图样名称>：输入图样编号 <图样编号>：输入材料名称 <材料名称>：输入重量 <重量>:输入比例 <1∶1>：输入总页数 <01>：输入本页页码 <01>:”可输入相应参数也可取消，设置完成后如图 7-83 所示。

（7）选择“粗线”图层。

（8）绘制正六边形”。

命令:_polygon 输入边的数目 <4>:6　　//输入正多边形命令,输入“6”

指定正多边形的中心点或[边(E)]:E　　//输入“E”,选择“边”模式

指定正多边形的中心点或[边(E)]:e 指定边的第一个端点：//单击绘图区适当位置

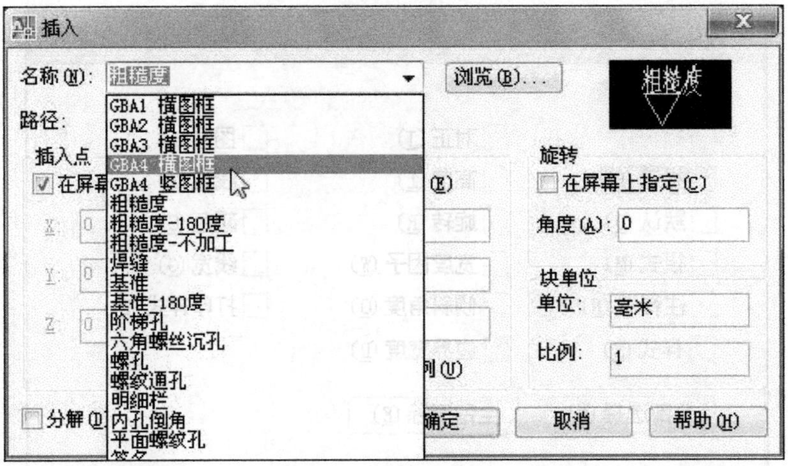

图 7-82 “插入”对话框

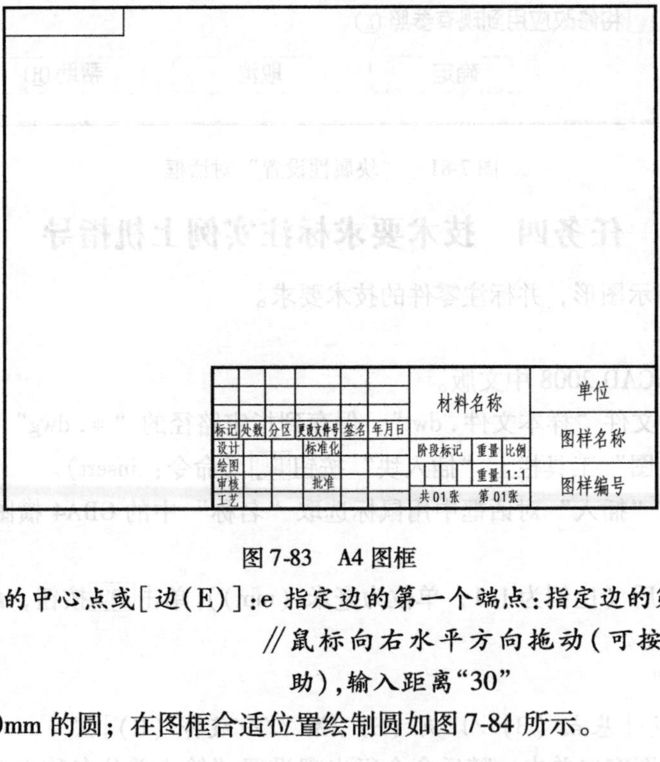

图 7-83 A4 图框

指定正多边形的中心点或[边(E)]:e 指定边的第一个端点:指定边的第二个端点:30

//鼠标向右水平方向拖动(可按 < F8 > 键正交辅助),输入距离“30”

(9) 绘制 ϕ40mm 的圆；在图框合适位置绘制圆如图 7-84 所示。

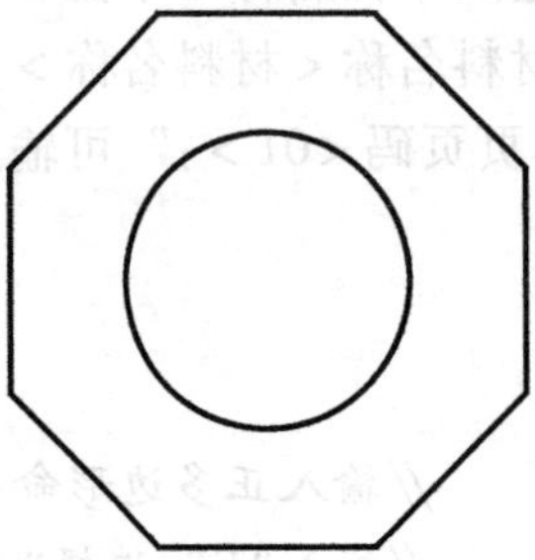

图 7-84 在图框合适位置绘制圆

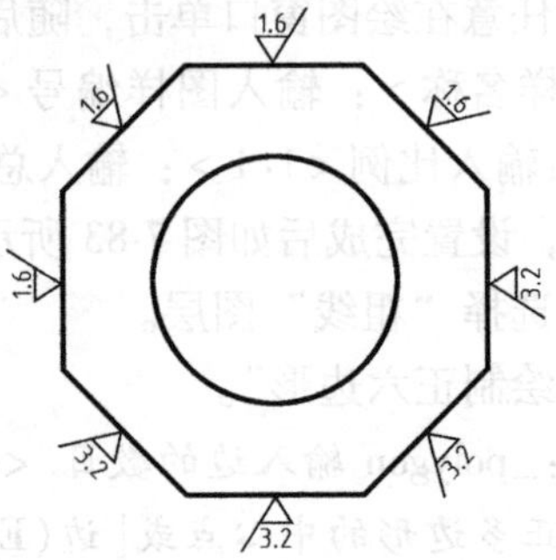

图 7-85 插入表面粗糙度图块

（10）选择“标注”图层。

（11）插入表面粗糙度图块，如图7-85所示。（表面粗糙度图块的建立见前面章节）。

命令:_insert　　//弹出“插入”对话框，选择“对象”中的“表面粗糙度”选项，如图7-86所示。

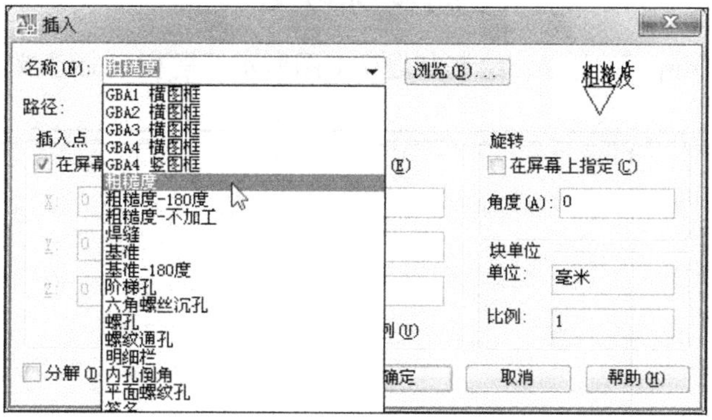

图7-86　“插入”对话框“表面粗糙度”选项

指定插入点或［基点（B）/比例（S）/X/Y/Z/旋转（R）］:

//可分别输入“B”“S”“R”，设置不同的“基点”“*X*、*Y*、*Z*个方向比例”“旋转角度”

//插入点可分别选择各正多边形边的中点

输入属性值

输入表面粗糙度值<3.2>:　　//输入“3.2”“1.6”“0.8”……不同的表面粗糙度值

完成图形如图7-85所示

（12）注写技术要求。选择“绘图”工具栏的“多行文字”命令按钮[A]（或在命令行输入“T”），在“文字格式”对话框中注写技术要求如图7-87所示。

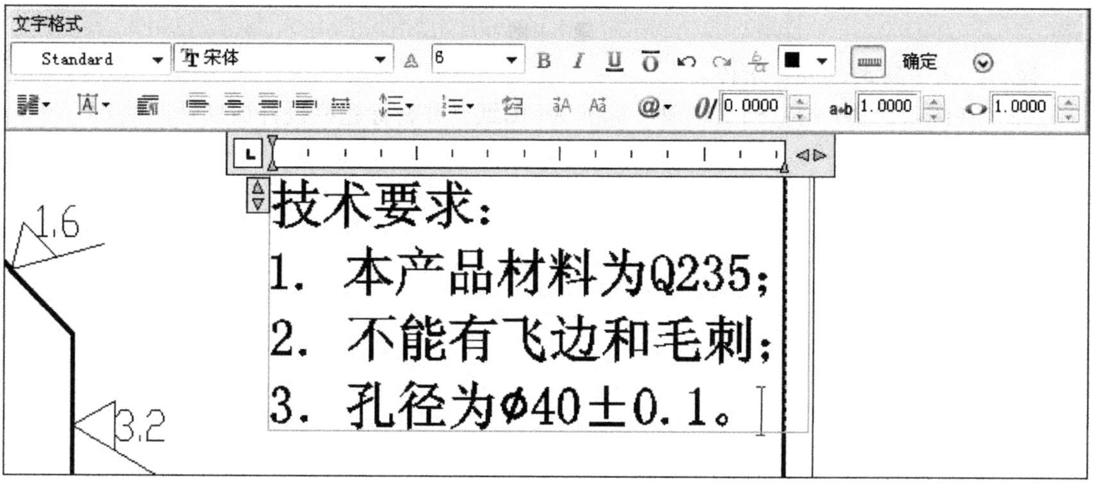

图7-87　在“文字格式”对话框中注写技术要求

命令:_mtext 当前文字样式:“Standard” 文字高度: 2 注释性: 否

//文字样式已经设置好，可参考前面章节

指定第一角点:　　//在绘图区选择适当位置设定为文字区域第一角点

指定对角点或[高度(H)/对正(J)/行距(L)/旋转(R)/样式(S)/宽度(W)/栏(C)]:
//在绘图区选择适当位置设定为文字区域第二角点

(13) 完成所有绘图操作。可用“移动”命令适当移动图形及文字在图框的位置。

同步练习七

7-1 打开“7-1. dwg.”文件，绘制如题7-1图所示标题栏（标注文字）。

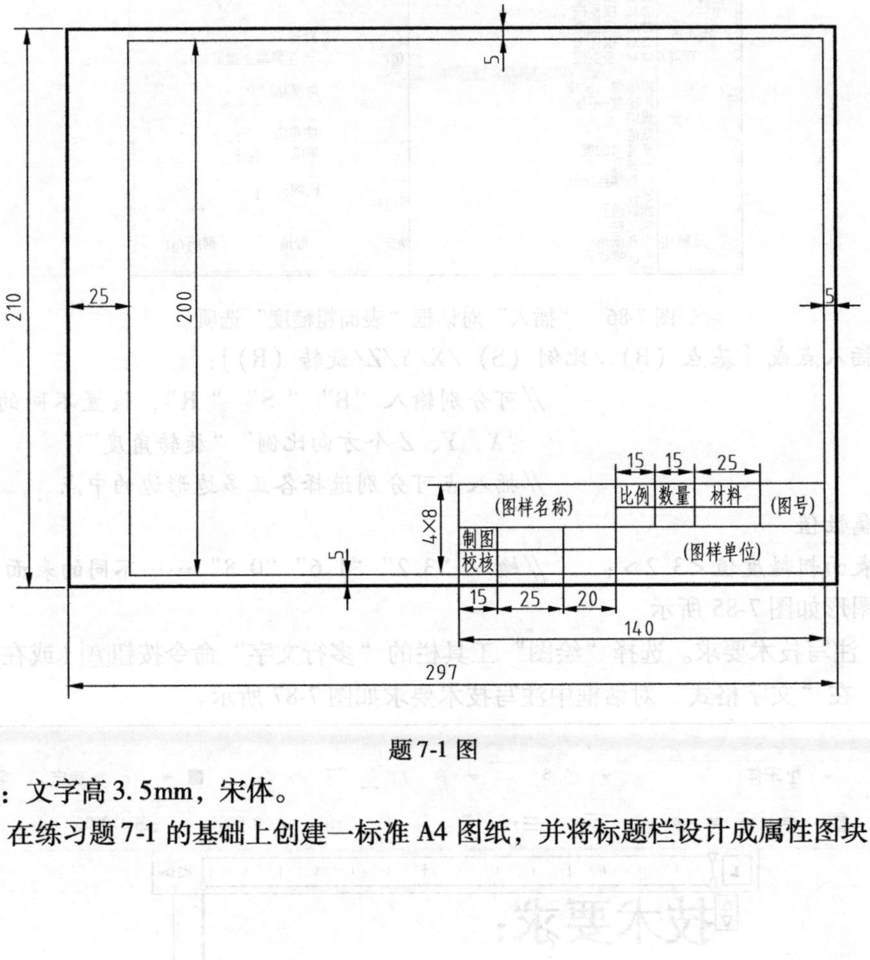

题7-1图

提示：文字高3.5mm，宋体。

7-2 在练习题7-1的基础上创建一标准A4图纸，并将标题栏设计成属性图块。

项目八　尺 寸 标 注

【项目导入】

打开 8-1. dwg 图形文件。为图 8-1 所示文件按图示标注尺寸，并通过标注过程学习尺寸标注的方法，以及尺寸样式和形位公差[⊖]的修改方法。

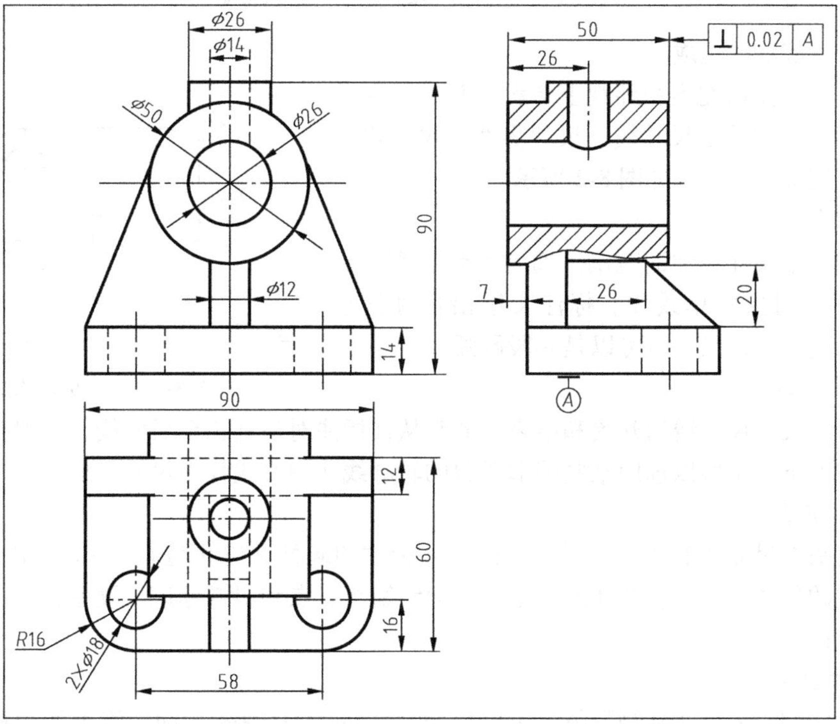

图 8-1　零件尺寸标注图

【项目分析】

零件的尺寸标注分两种情况，一是根据图形自行标注尺寸，只要尺寸完备即可；另一种情况是要按照样图标注，这牵涉到尺寸标注样式的调整。本图要求按样图要求标注。标注时，可以先将尺寸分类，设立 1 ~2 种标注样式，其他个别尺寸的标注可用替代的尺寸样式临时标注。

【学习目标】

➢ 各类尺寸的认识、创建和修改
➢ 尺寸样式的解释、操作和运用
➢ 尺寸修改及更新的几种方式
➢ 引线尺寸、形位公差的创建和修改

⊖ 现行国家标准为几何公差，余同。

【项目任务】

任务一 各类尺寸的认识

任务二 尺寸样式的解释、操作和运用

任务三 尺寸的创建和修改

任务四 引线标注和修改

任务五 形位公差标注和修改

任务六 尺寸标注实例上机指导

任务一 各类尺寸的认识

一、尺寸标注的组成

尽管尺寸标注在类型和外观上多种多样，但一个完整的尺寸标注都是由尺寸线、尺寸界线、尺寸箭头和尺寸文字四部分组成，如图 8-2 所示。

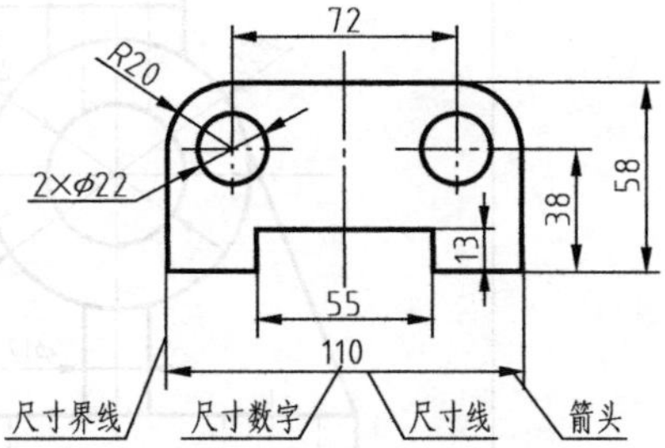

图 8-2 尺寸标注组成

1. 尺寸线

尺寸线表示尺寸标注的范围。通常是带有箭头且平行于被标注对象的单线段。标注文字沿尺寸线放置。对于角度标注，尺寸线可以是一段圆弧。

2. 尺寸界线

尺寸界线表示尺寸线的开始和结束。通常从被标注对象延长至尺寸线，一般与尺寸线垂直。有些情况下，也可以选用某些图形对象的轮廓线或中心线代替尺寸界线。

3. 尺寸箭头

尺寸箭头在尺寸线的两端，用于标记尺寸标注的起始和终止位置。AutoCAD 2008 提供了多种形式的尺寸箭头，包括建筑标记、小斜线箭头、点和斜杠标记。读者也可以根据绘图需要创建自己的箭头形式。

4. 尺寸数字

尺寸数字用于表示实际测量值。可以使用由 AutoCAD 2008 自动计算出的测量值，提供自定义的文字或完全不用文字。如果使用生成的文字，则可以附加“正负公差、前缀和后缀”。

在 AutoCAD 2008 中，通常将尺寸标注的各个组成部分作为图块处理，因此，在绘图过程中，一个尺寸标注就是一个对象。

二、尺寸标注的规则

1. 尺寸标注的基本规则

（1）图形对象的大小以尺寸数值所表示的大小为准，与图线绘制的精度和输出时的精度无关。

（2）一般情况下，采用毫米（mm）为单位时不需要注写单位，否则，应该明确注写尺寸所用的单位。

（3）尺寸标注所用字符的大小和格式必须满足国家标准。在同一图形中，同一类终端应该相同，尺寸数字大小应该相同，尺寸线间隔应该相同。

（4）尺寸数字和图线重合时，必须将图线断开。如果图线不便于断开来表达对象时，应该调整尺寸标注的位置。

2. AutoCAD 2008 中尺寸标注的其他规则

一般情况下，为了便于尺寸标注的统一和绘图的方便，在 AutoCAD 2008 中标注尺寸时应该遵守以下的规则。

（1）为尺寸标注建立专用的图层。建立专用的图层，可以控制尺寸的显示和隐藏，与其他图线可以迅速分开，便于修改、浏览。

（2）为尺寸文本建立专门的文字样式。对照国家标准，应该设定好字符的高度、宽度系数、倾斜角度等。

（3）设定好尺寸标注样式。按照我国的国家标准，创建系列尺寸标注样式，内容包括直线和终端、文字样式、调整对齐特性、单位、尺寸精度、公差格式和比例因子等。

（4）保存尺寸格式及其格式簇，必要时使用替代标注样式。

（5）采用 1:1 的比例绘图。由于尺寸标注时可以让 AutoCAD 2008 自动测量尺寸大小，所以采用 1:1 的比例绘图，绘图时无须换算，在标注尺寸时也无须再键入尺寸大小。如果最后统一修改了绘图比例，相应修改尺寸标注的全局比例因子。

（6）标注尺寸时应该充分利用对象捕捉功能准确标注尺寸，可以获得正确的尺寸数值。尺寸标注为了便于修改，应该设定成关联关系。

（7）标注尺寸时，为了减少其他图线的干扰，应该将不必要的图层关闭，如剖面线层等。

三、尺寸标注的类型

在已经打开的工具栏上的任意位置右击鼠标，在系统弹出的快捷菜单上选择“标注”选项，弹出“标注”工具栏。工具栏中各图标的位置如图 8-3 所示。

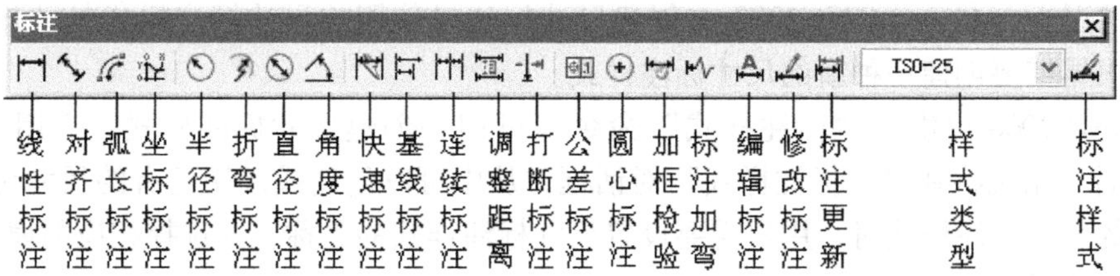

图 8-3 尺寸标注图标意义

AutoCAD 2008 中的尺寸标注可以分为以下类型：直线标注、角度标注、径向标注、坐标标注、引线标注、公差标注、中心标注以及快速标注等。

1. 直线标注

直线标注包括线性标注、对齐标注、基线标注和连续标注。

（1）线性标注：线性标注是测量两点间的直线距离。按尺寸线的放置可分为水平标注、垂直标注和旋转标注三个基本类型。

（2）对齐标注：对齐标注是创建尺寸线平行于尺寸界线起点的线性标注。

（3）基线标注：基线标注是创建一系列的线性、角度或者坐标标注，每个标注都从相同原点测量出来。

（4）连续标注：连续标注是创建一系列连续的线性、对齐、角度或者坐标标注，每个标注都是从前一个或者最后一个选定的标注第二尺寸界线处创建，共享公共的尺寸界线。

2. 角度标注

角度标注用于测量角度。

3. 径向标注

径向标注包括半径标注、直径标注和弧长标注。

(1) 半径标注：半径标注是用于测量圆和圆弧的半径。

(2) 直径标注：直径标注是用于测量圆和圆弧的直径。

(3) 弧长标注：弧长标注是用于测量圆弧的长度，它是 AutoCAD 2008 新增功能。

4. 坐标标注

使用坐标系中相互垂直的 X 和 Y 坐标轴作为参考线，依据参考线标注给定位置的 X 或者 Y 坐标值。

5. 引线标注

引线标注用于创建注释和引线，将文字和对象在视觉上链接在一起。

6. 公差标注

公差标注用于创建形位公差标注。

7. 中心标注

中心标注也称为圆心标注，用于创建圆心和中心线，指出圆或者是圆弧的中心。

8. 快速标注

快速标注是通过一次选择多个对象，创建标注排列。例如基线、连续和坐标标注。

任务二 尺寸样式的解释、操作和运用

一、创建尺寸样式

默认情况下，在 AutoCAD 2008 中创建尺寸标注时使用的尺寸标注样式是“ISO—25”，用户可以根据需要创建一种新的尺寸标注样式。

AutoCAD 2008 提供的“标注样式”命令即可用来创建尺寸标注样式。启用“标注样式”命令后，系统将弹出“标注样式”对话框，从中可以创建或调用已有的尺寸标注样式。在创建新的尺寸标注样式时，用户需要设置尺寸标注样式的名称，并选择相应的属性。

1. 命令输入

工具栏：样式

菜单：格式➤标注样式

命令条目：dimstyle

2. 命令说明

启用“标注样式”命令后，系统弹出如图 8-4 所示的“标注样式管理器”对话框（一），各选项功能如下。

☆【样式】选项　显示当前图形文件中已定义的所有尺寸标注样式。

☆【预览】选项　显示当前尺寸标注样式设置的各种特征参数的最终效果图。

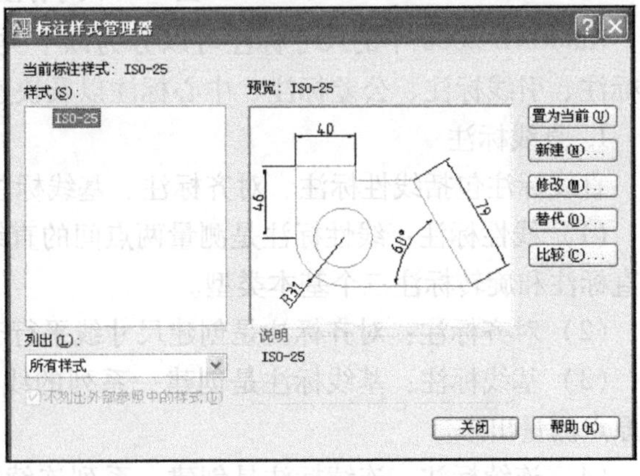

图 8-4 “标注样式管理器”对话框（一）

☆【列出】选项　用于控制在当前图形文件中是否全部显示所有的尺寸标注样式。

☆置为当前(U)按钮　用于设置当前标注样式。对每一种新建立的标注样式或对原式样修改后，均要置为当前设置才有效。

☆新建(N)...按钮　用于创建新的标注样式。

☆修改(M)...按钮　用于修改已有标注样式中的某些尺寸变量。

☆替代(O)...按钮　用于创建临时的标注样式。当采用临时标注样式标注某一尺寸后，再继续采用原来的标注样式标注其他尺寸时，其标注效果不受临时标注样式的影响。

☆比较(C)...按钮　用于比较不同标注样式中不相同的尺寸变量，并用列表的形式显示出来。

创建尺寸样式的操作步骤如下：

（1）利用上述任意一种方法启动“标注样式”命令，弹出“标注样式管理器”对话框，在“样式”列表显示了当前使用图形中已存在的标注样式，如图 8-4 所示。

（2）单击新建(N)...按钮，弹出“创建新标注样式”对话框，在“新样式名”文本框中输入新的样式名称；在“基础样式”下拉列表中选择新标注样式是基于哪一种标注样式创建的；在“用于”下拉列表中选择标注的应用范围，如应用于所有标注、半径标注、对齐标注等，如图 8-5 所示。

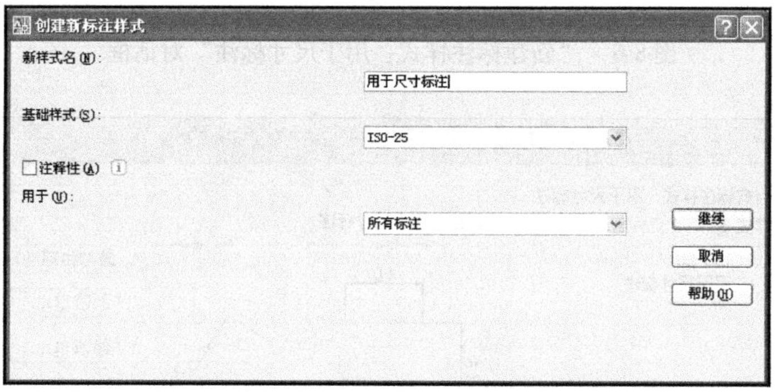

图 8-5　“创建新标注样式”对话框

（3）单击继续按钮，弹出“新建标注样式：用于尺寸标注”对话框，用户即可应用对话框中的 7 个选项卡进行设置，如图 8-6 所示。

（4）单击确定按钮，即可建立新的标注样式，其名称显示在“标注样式管理器”对话框（二）的“样式”列表下，如图 8-7 所示。

（5）在“样式”列表内选中创建的标注样式，单击置为当前(U)按钮，即可将该样式设置为当前使用的标注样式。

（6）单击关闭(C)按钮，即可关闭“标注样式管理器”对话框，返回绘图窗口。

二、控制尺寸线和尺寸界线

在创建标注样式时，在图 8-6 所示的“新建标注样式：用于尺寸标注”对话框中有 7 个选项卡用来设置标注的样式，在“线”选项卡中，可以对尺寸线、尺寸界线进行设置，如图 8-8 所示。

1. 调整尺寸线

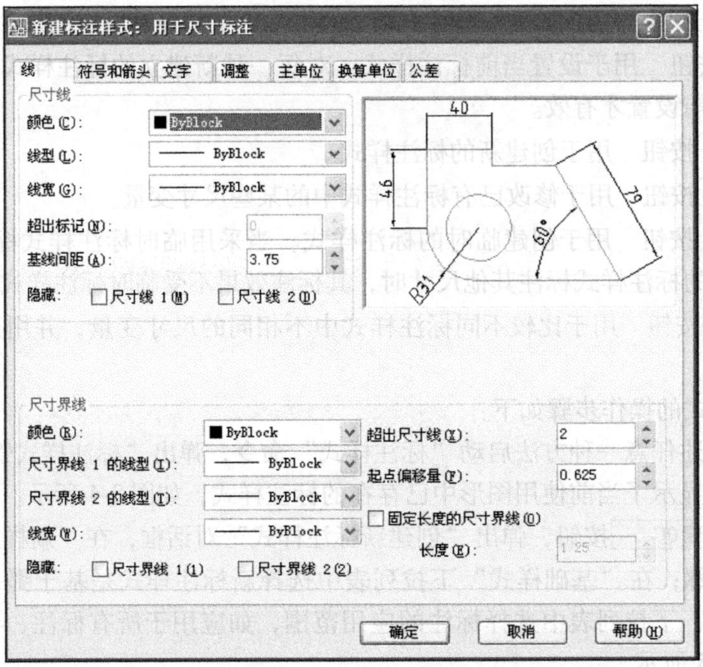

图 8-6 “新建标注样式：用于尺寸标注”对话框

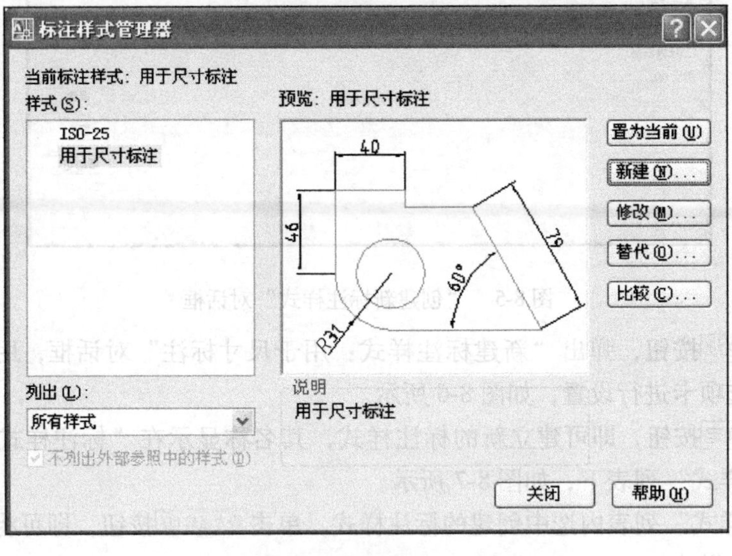

图 8-7 “标注样式管理器”对话框（二）

在“尺寸线”选项组中可以设置影响尺寸线的一些变量。

☆【颜色】下拉列表框　用于选择尺寸线的颜色。

☆【线型】下拉列表框　用于选择尺寸线的线型，正常选择为连续直线。

☆【线宽】下拉列表框　用于指定尺寸线的宽度，线宽建议选择 0.13。

☆【超出标记】选项　指定当箭头使用倾斜、建筑标记、积分和无标记时尺寸线超过尺寸界线的距离，如图 8-9 所示。

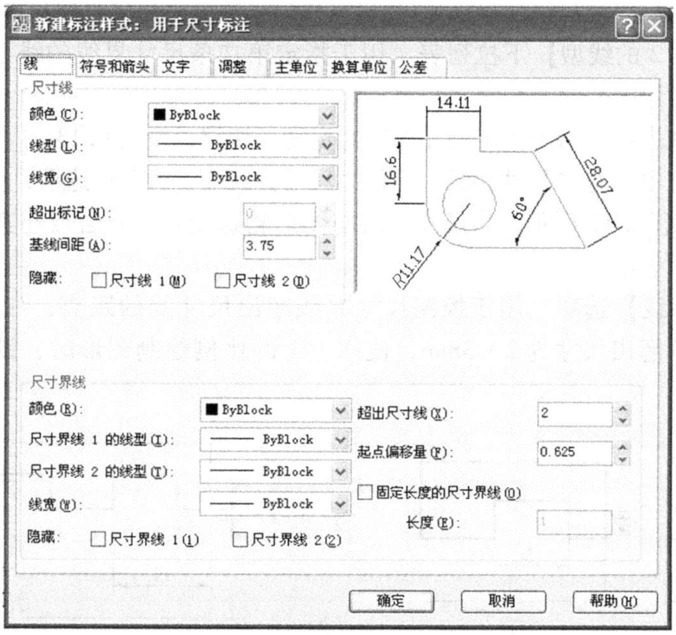

图 8-8　在“线”选项卡中对“尺寸线和尺寸界线”进行设置

☆【基线间距】选项　决定平行尺寸线间的距离。如创建基线型尺寸标注时，相邻尺寸线间的距离由该选项控制，如图 8-10 所示。

☆【隐藏】选项　有“尺寸线 1”和“尺寸线 2”两个复选框，用于控制尺寸线两端的可见性，如图 8-11 所示。同时选中两个复选框时将不显示尺寸线。

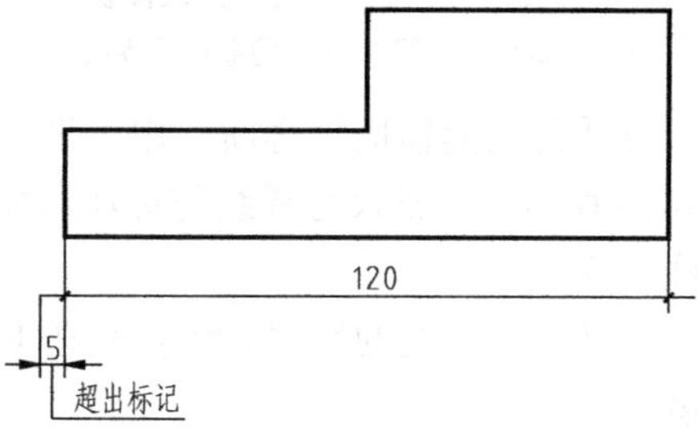

图 8-9　“超出标记”图例

2. 控制尺寸界线

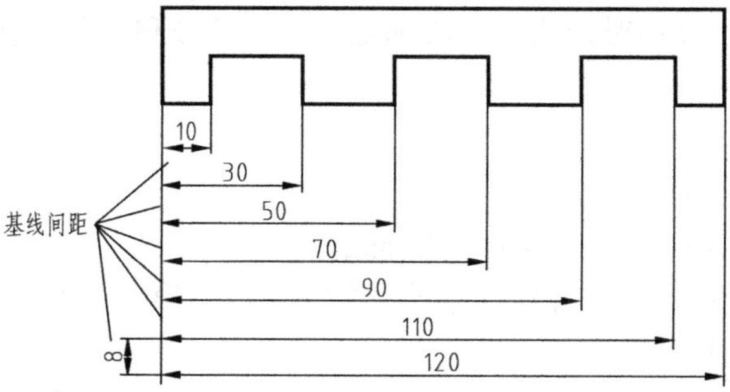

图 8-10　“基线间距”图例

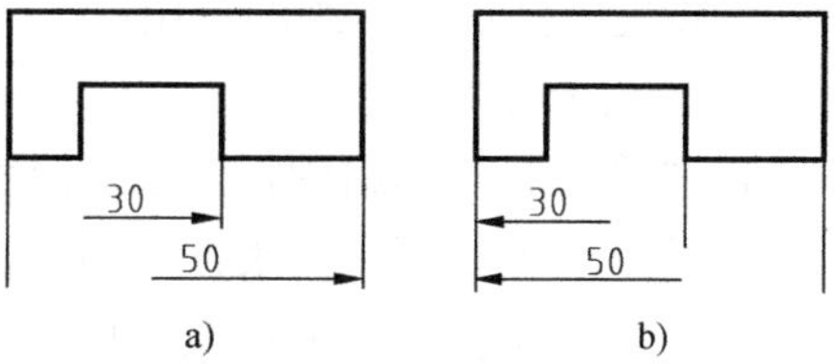

图 8-11　“隐藏尺寸线”图例
a）隐藏尺寸线 1　b）隐藏尺寸线 2

在“尺寸界线”选项组中可以设置尺寸界线的外观。

☆【颜色】列表框　用于选择尺寸界线的颜色。

☆【尺寸界线 1 的线型】下拉列表　用于指定第一条尺寸界线的线型，正常设置为连续线。

☆【尺寸界线 2 的线型】下拉列表　用于指定第二条尺寸界线的线型，正常设置为连续线。

☆【线宽】列表框　用于指定尺寸界线的宽度，建议设置为 0.13。

☆【隐藏】选项　有“尺寸界线 1”和“尺寸界线 2”两个复选框，用于控制两条尺寸界线的可见性，如图 8-12 所示；当尺寸界线与图形轮廓线发生重合或与其他对象发生干涉时，可选择隐藏尺寸界线。

☆【超出尺寸线】选项　用于控制尺寸界线超出尺寸线的距离，如图 8-13 所示，通常规定尺寸界线的超出尺寸为 2～3mm，使用 1∶1 的比例绘制图形时，设置此选项为 2 或 3。

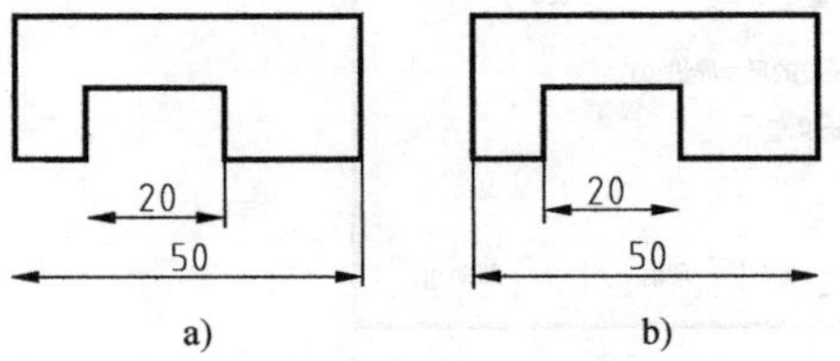

图 8-12　“隐藏”尺寸界线图例

a）隐藏尺寸界线 1　b）隐藏尺寸界线 2

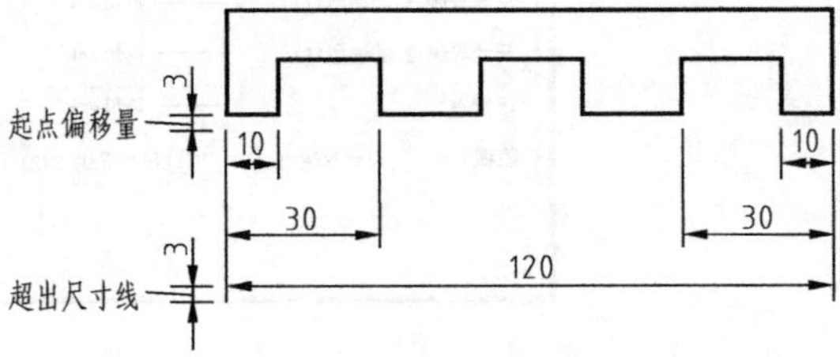

图 8-13　“超出尺寸线”和“起点偏移量”图例

☆【起点偏移量】选项　用于设置自图形中定义标注的点到尺寸界线的偏移距离，如图 8-13 所示。通常尺寸界线与标注对象间有一定的距离，能够较容易地区分尺寸标注和被标注对象。

☆【固定长度的尺寸界线】复选框　用于指定尺寸界线从尺寸线开始到标注原点的总长度。

三、控制符号和箭头

在“符号和箭头”选项卡中，可以对箭头、圆心标记、弧长符号和折弯半径标注的格式和位置进行设置，如图 8-14 所示。下面分别对箭头、圆心标记、弧长符号和半径标注、折弯的设置方法进行详细的介绍。

1. 箭头的使用

在“箭头”选项组中提供了对尺寸箭头的控制选项。

☆【第一个】下拉列表框　用于设置第一条尺寸线的箭头样式。

☆【第二个】下拉列表框　用于设置第二条尺寸线的箭头样式。当改变第一个箭头的类型时，第二个箭头将自动改变与第一个箭头相匹配。

AutoCAD 2008 提供了 19 种标准的箭头类型，其中设置有建筑制图专用箭头类型，即“建筑标记”，如图 8-15 所示，可以通过滚动条来进行选取。要指定用户定义的箭头块，可以选择“用户箭头”，弹出“选择自定义箭头块”对话框，选择用户定义的箭头块的名称，如图 8-16 所示，单击【确定】按钮即可。

☆【引线】下拉列表框　用于设置引线标注时的箭头样式。

☆【箭头大小】选项　用于设置箭头的大小。

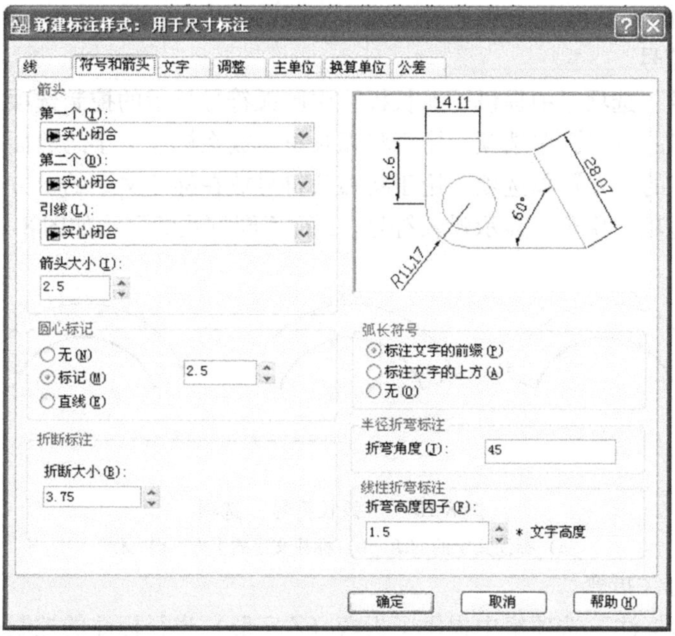

图 8-14　“新建标注样式：用于尺寸标准”对话框“符号和箭头”选项卡

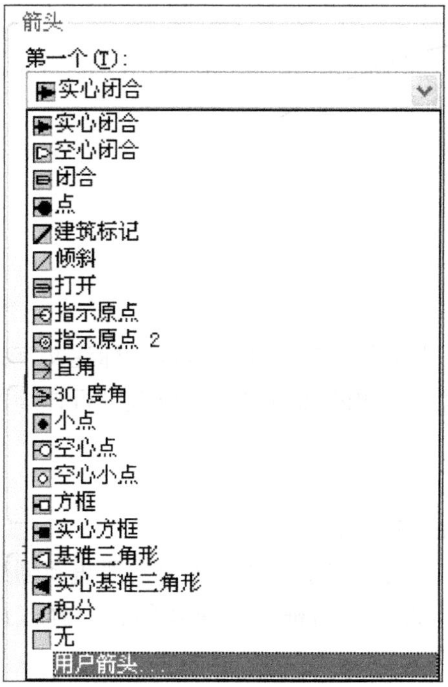

图 8-15　“19 种标准的箭头”类型

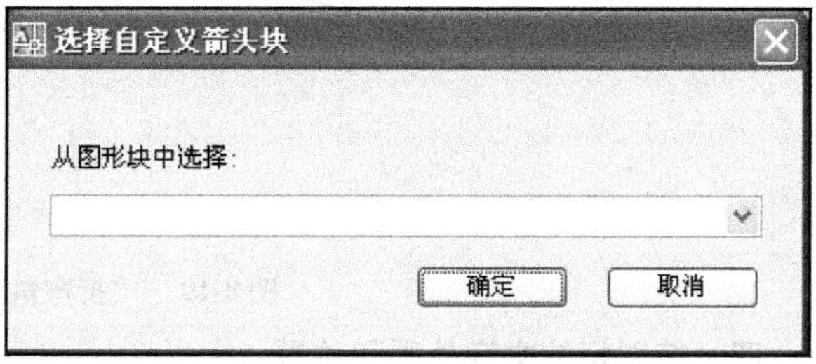

图 8-16　选择自定义箭头块

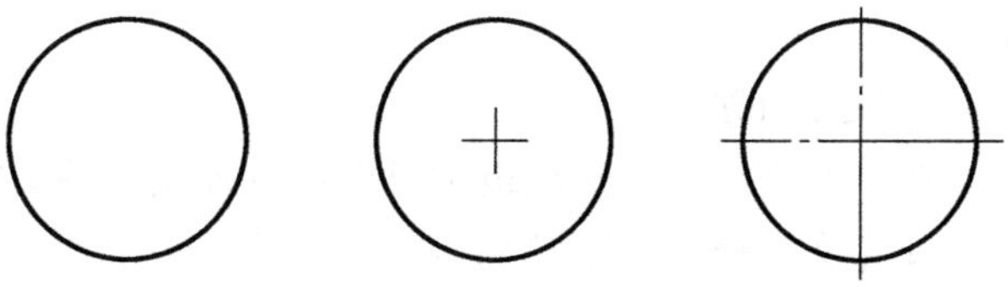

a)　　b)　　c)

图 8-17　“圆心标记”选项

a）无　b）标记　c）直线

2. 设置圆心标记及圆的中心线

在“圆心标记”选项组中提供了对圆心标记的控制选项。有“无”、“标记”和“直线”3 个单选项，可以设置圆心标记或画中心线，效果如图 8-17 所示。

☆【大小】选项　用于设置圆心标记或中心线的大小。

3. 设置弧长符号

在“弧长符号”选项组中提供了弧长标注中圆弧符号显示的控制选项。

☆【标注文字的前缀】单选项　用于将弧长符号放在标注文字的前面。

☆【标注文字的上方】单选项　用于将弧长符号放在标注文字的上方。

☆【无】单选项　用于不显示弧长符号。3 种不同方式的显示如图 8-18 所示。

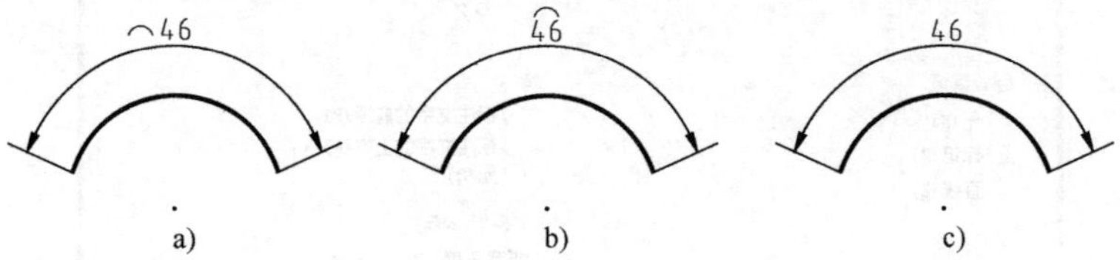

图 8-18　“弧长符号”选项
a）标注文字的前缀　b）标注文字的上方　c）无

4. 设置半径标注折弯

在“半径折弯标注”选项组中提供了折弯（Z 字形）半径标注的控制选项。

☆【折弯角度】文本框　确定用于连接半径标注的尺寸界线和尺寸线的横向直线的角度，如图 8-19 所示折弯角度为 45°。

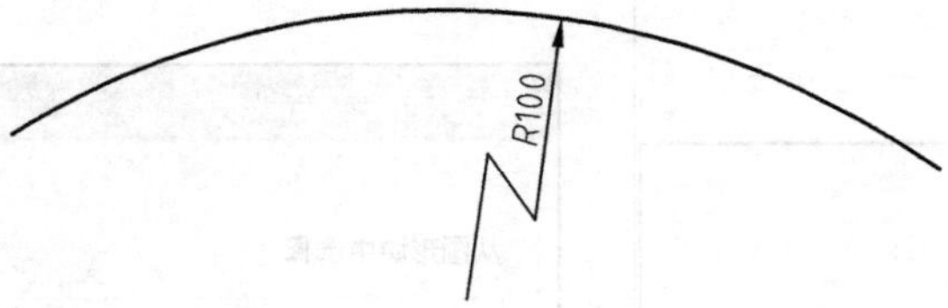

图 8-19　“折弯角度”数值

四、控制标注文字外观和位置

在“新建标注样式：用于尺寸标注”对话框的“文字”选项卡中，可以对标注文字的外观和文字的位置进行设置，如图 8-20 所示。下面对文字的外观和位置的设置进行详细的介绍。

1. 文字外观

在“文字外观”选项组中可以设置控制标注文字的格式和大小。

☆【文字样式】下拉列表框　用于选择标注文字所用的文字样式。如果需要重新创建文字样式，可以单击右侧的按钮...，弹出“文字样式”对话框，创建新的文字样式即可。

☆【文字颜色】下拉列表框　用于设置标注文字的颜色。

☆【填充颜色】下拉列表框　用于设置标注中文字背景的颜色。

☆【文字高度】文本框　用于指定当前标注文字样式的高度。若在当前使用的文字样式中设置了文字的高度，此项输入的数值则无效。

☆【分数高度比例】文本框　用于指定分数字符与其他字符之间的比例。只有在选择

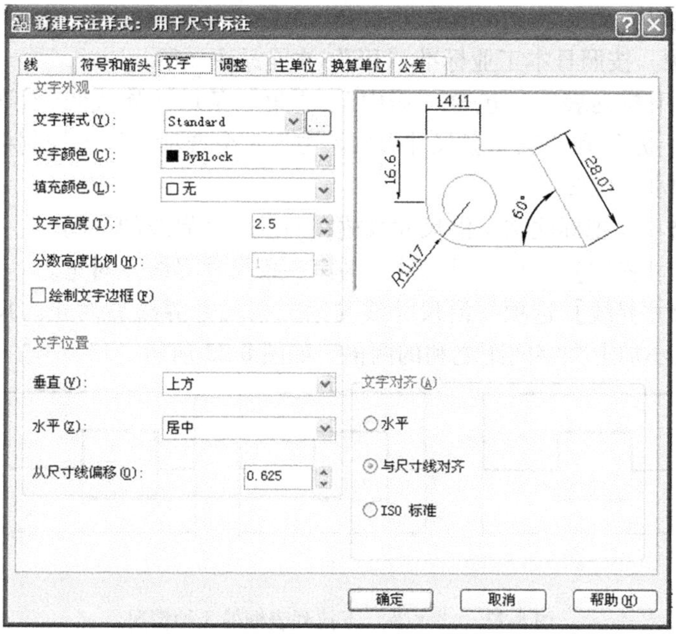

图 8-20 “新建标注样式：用于尺寸标注”对话框“文字”选项卡

支持分数的标注格式时，才可进行设置。

☆【绘制文字边框】复选框 用于给标注文字添加一个矩形边框，如图 8-21 所示。

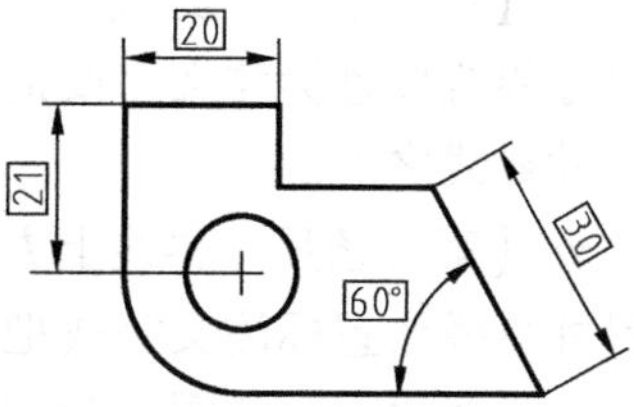

图 8-21 “绘制文字边框”图例

2. 文字位置

在“文字位置”选项组中，可以设置标注文字的位置。

(1) “垂直”下拉列表框 包含“居中”、“上方”、“外部”和“JIS”4 个选项，用于控制标注文字相对尺寸线的垂直位置。选择某项时，在对话框的预览框中可以观察到标注文字的变化，如图 8-22 所示（JIS 方式略）。

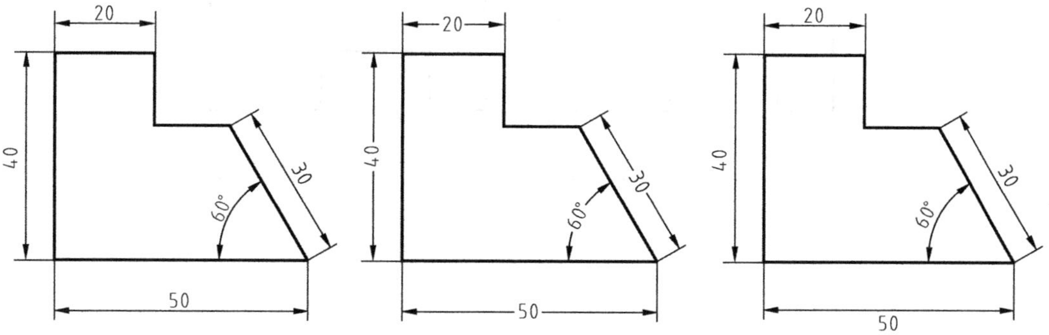

a) b) c)

图 8-22 “垂直”下拉列表框 3 种情况

a) 上方 b) 居中 c) 外部

☆【居中】选项 将标注文字放在尺寸线两部分的中间。

☆【上方】选项 将标注文字放在尺寸线上方。

☆【外部】选项　将标注文字放在尺寸线上离标注对象较远的一边。

☆【JIS】选项　按照日本工业标准“JIS”放置标注文字。

(2)“水平”下拉列表框　包含“居中”、“第一条尺寸界线”、“第二条尺寸界线”、“第一条尺寸界线上方”和“第二条尺寸界线上方”5 个选项，用于控制标注文字相对于尺寸线和尺寸界线的水平位置。

☆【居中】选项　把标注文字沿尺寸线放在两条尺寸界线的中间。

☆【第一条尺寸界线】选项　沿尺寸线与第一条尺寸界线左对正。

☆【第二条尺寸界线】选项　沿尺寸线与第二条尺寸界线右对正。尺寸界线与标注文字的距离是箭头大小加上文字间距之和的两倍，如图 8-23 所示。

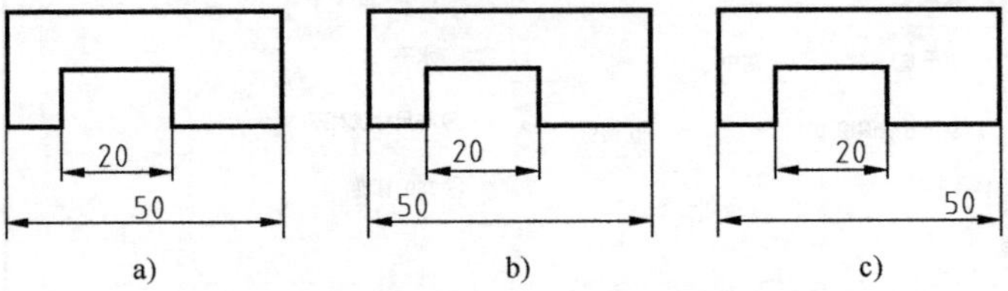

图 8-23　“水平”下拉列表框的 3 种情况
a) 居中　b) 第一条尺寸界线　c) 第二条尺寸界线

☆【第一条尺寸界线上方】选项　沿着第一条尺寸界线放置标注文字或把标注文字放在第一条尺寸界线之上。

☆【第二条尺寸界线上方】选项　沿着第二条尺寸界线放置标注文字或把标注文字放在第二条尺寸界线之上，如图 8-24 所示。

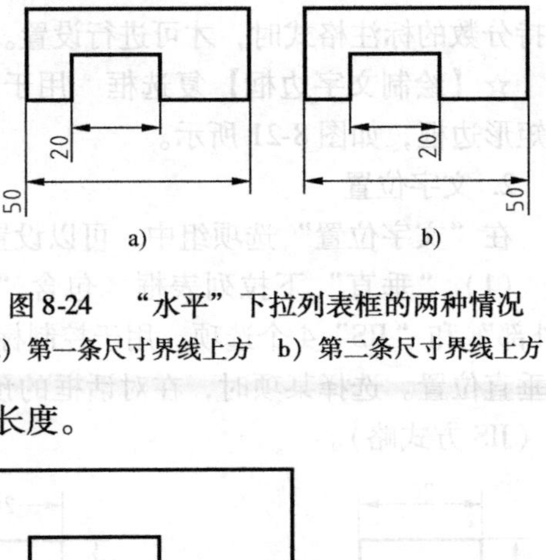

图 8-24　“水平”下拉列表框的两种情况
a) 第一条尺寸界线上方　b) 第二条尺寸界线上方

☆【从尺寸线偏移】文本框　用于设置当前文字与尺寸线之间的间距，如图 8-25 所示。AutoCAD 2008 也将该值用作尺寸线线段所需的最小长度。

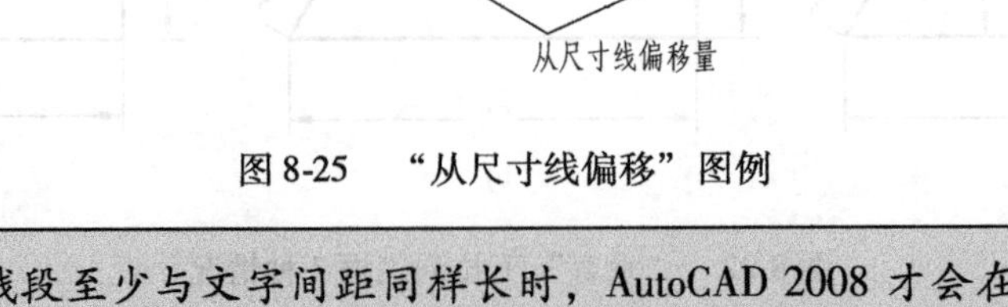

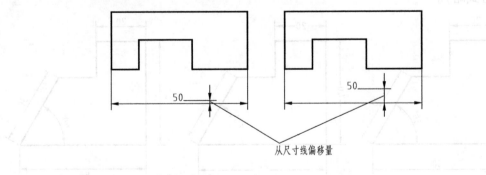

图 8-25　“从尺寸线偏移”图例

✧ 仅当生成的线段至少与文字间距同样长时，AutoCAD 2008 才会在尺寸界线内侧放置文字。仅当箭头、标注文字以及页边距有足够的空间容纳文字间距时，才将尺寸上方或下方的文字置于内侧。

3. 文字对齐

“文字对齐”选项组用于控制标注文字放在尺寸界线外边或里边时的方向，是保持水平还是与尺寸界线平行。

☆【水平】单选项 将水平放置标注文本，如图 8-26 所示。

☆【与尺寸线对齐】单选项 用于设置文本文字与尺寸线对齐，如图 8-27 所示。

☆【ISO 标准】单选项 当文字在尺寸界线内时，文字与尺寸线对齐；当文字在尺寸界线外时，文字水平排列，如图 8-28 所示。

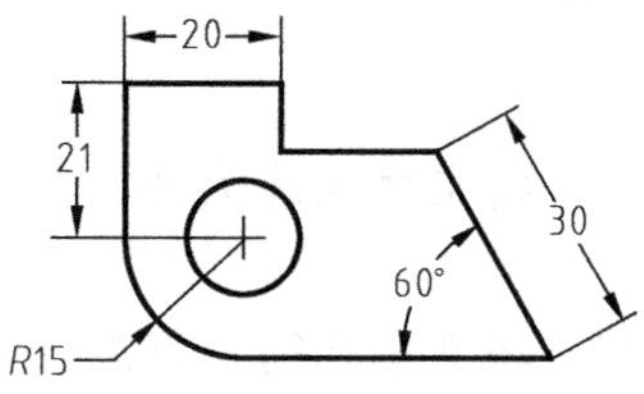

图 8-26 “水平”图例

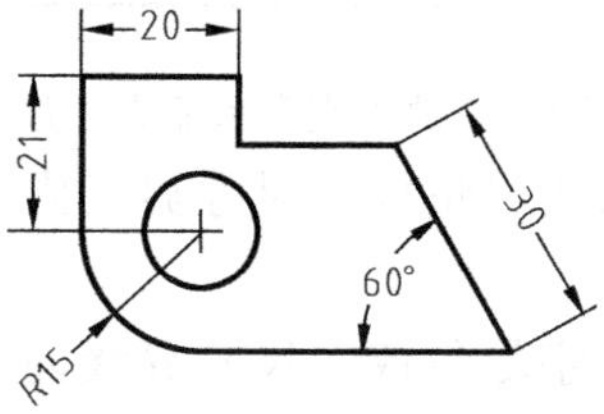

图 8-27 “与尺寸线对齐”图例

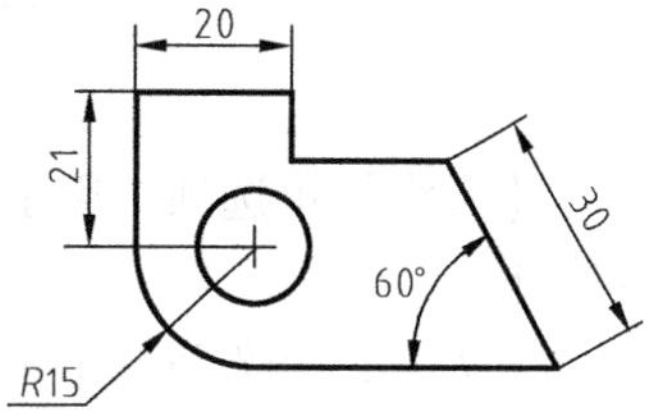

图 8-28 “ISO 标准”图例

五、调整箭头、标注文字及尺寸线间的位置关系

在“新建标注样式：用于尺寸标注”对话框的“调整”选项卡中，可以对标注文字、箭头、尺寸界线之间的位置关系进行设置，如图 8-29 所示。下面对箭头与标注文字及尺寸界线间位置关系的设置进行详细的说明。

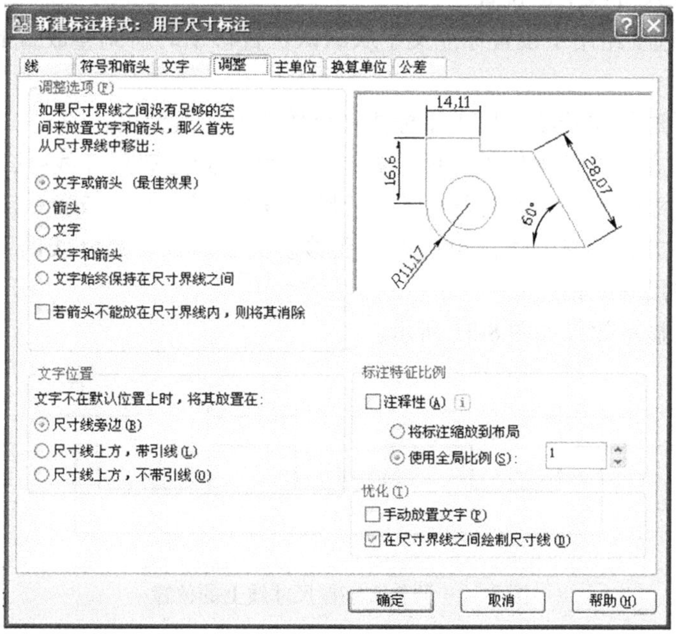

图 8-29 “新建标注样式：用于尺寸标注”对话框“调整”选项卡

1. 调整选项

“调整选项”主要用于控制基于尺寸界线之间可用空间的文字和箭头的位置，各项意义如下。

☆【文字或箭头（最佳效果)】单选项 当尺寸间的距离足够放置文字和箭头时，文字和箭头都放在尺寸界线内；否则，AutoCAD 2008 对文字及箭头进行综合的考虑，自动选择最佳效果移动文字或箭头进行显示；放置文字和箭头的位置大致可分为以下几种表现形式，如图 8-30 所示。

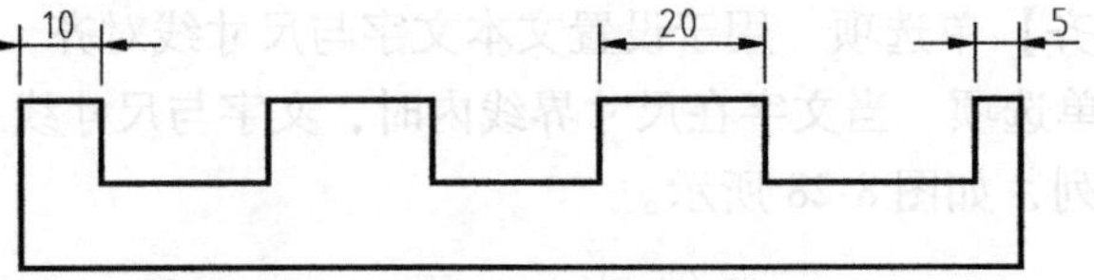

图 8-30 “放置文字和箭头”效果

☆【箭头】单选项 用于将箭头尽量放在尺寸界线内。否则，将文字和箭头都放在尺寸界线外。

☆【文字】单选项 用于将文字尽量放在尺寸界线内。否则，将文字和箭头都放在尺寸界线外。

☆【文字和箭头】单选项 用于当尺寸界线间距离不足以放下文字和箭头时，文字和箭头都放在尺寸界线外。

☆【文字始终保持在尺寸界线之间】单选项 用于始终将文字放在尺寸界线之间。

☆【若箭头不能放在尺寸界线内，则将其消除】复选框 用于如果尺寸界线内没有足够的空间，则隐藏箭头。

2. 调整文字在尺寸线上的位置

“文字位置”选项组用于设置标注文字从默认位置移动时所调整放置的位置，各项意义如下。

☆【尺寸线旁边】单选项 用于将标注文字放在尺寸线旁边。

☆【尺寸线上方，带引线】单选项 如果文字移动到远离尺寸线处，AutoCAD 2008 创建一条从文字到尺寸线的引线；但当文字靠近尺寸线时，AutoCAD 2008 将省略引线。

☆【尺寸线上方，不带引线】单选项 在移动文字时保持尺寸线的位置。远离尺寸线的文字不与引线的尺寸线相连。

以上 3 种情况显示效果如图 8-31 所示。

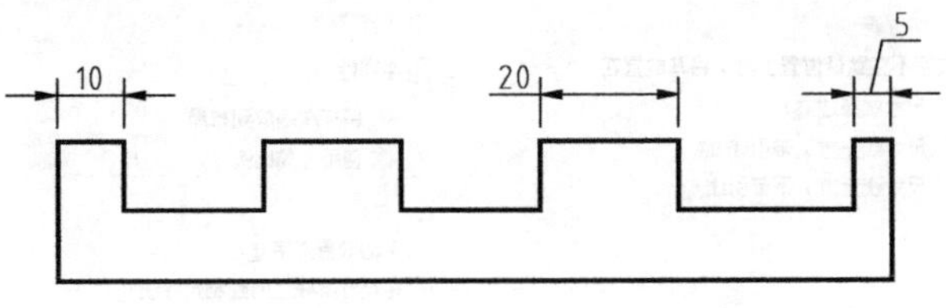

图 8-31 调整文字在尺寸线上的位置

3. 调整标注特征的比例

“标注特征比例”选项组用于设置全局标注比例值或图样空间比例。

☆【使用全局比例】单选项 可以为所有标注样式设置一个比例，指定大小、距离或间距，包括文字和箭头大小，但并不更改标注的测量值，如图 8-32 所示。

☆【将标注缩放到布局】单选项 可以根据当前模型空间视口与图纸空间之间的比例

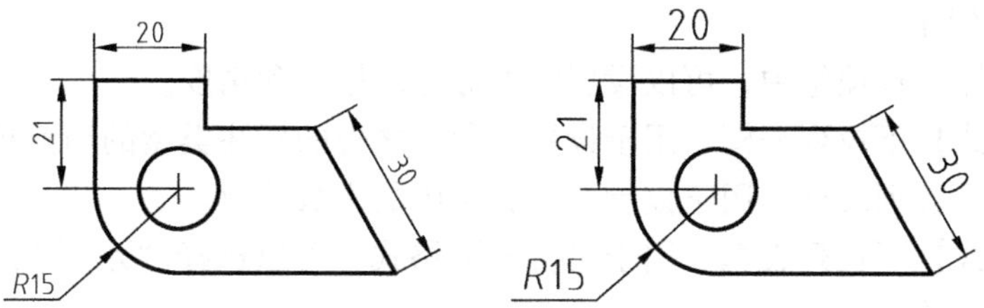

a)　　b)

图 8-32　“使用全局比例”图例

a）比例为 1　b）比例为 2

确定比例因子。

4. 调整优化

“优化”选项组用于放置标注文字的其他选项。

☆【手动放置文字】复选项　系统将忽略所有水平对正设置，并把文字放在“尺寸线位置”提示下的指定位置。

☆【在尺寸界线之间绘制尺寸线】复选项　始终在测量点之间绘制尺寸线，即将箭头放在测量点之外，如图 8-33 所示。

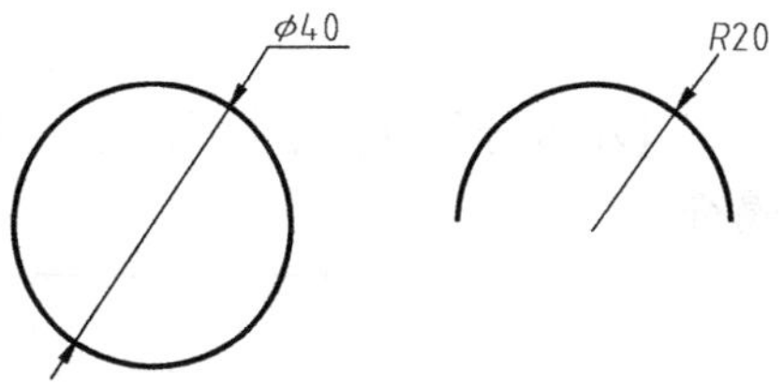

图 8-33　“在尺寸界线之间绘制尺寸线”图例

六、设置文字的主单位

在“新建标注样式：用于尺寸标注”对话框的“主单位”选项卡中，可以设置主标注单位的格式和精度，并设置标注文字的前缀和后缀，如图 8-34 所示。下面对“线性标注”和“角度标注”的设置进行详细的介绍。

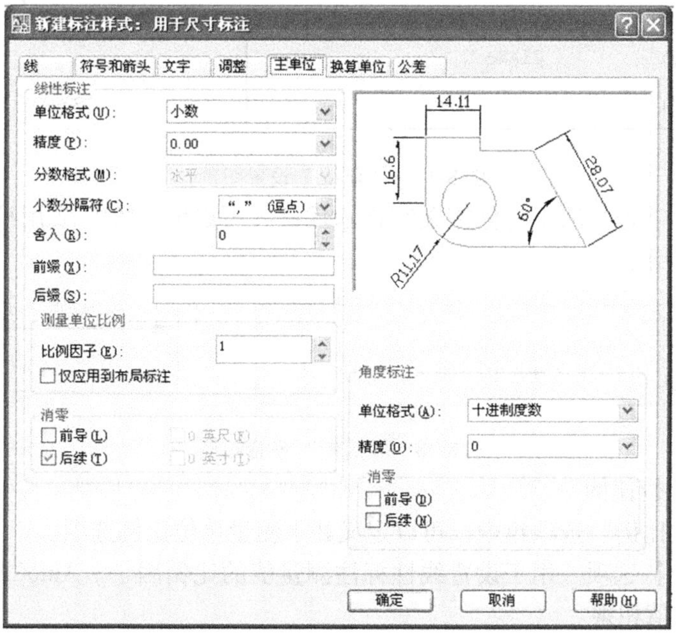

图 8-34　新建标注样式：用于尺寸标注对话框的“主单位”选项卡

1. 设置线性标注

在“线性标注”选项组中，可以设置线性标注的格式和精度。

☆【单位格式】下拉列表框　用于设置除角度之外的标注类型的当前单位格式。

☆【精度】下拉列表框　用于设置标注文字中的小数位数。

☆【分数格式】下拉列表框　用于设置分数格式，可以选择“水平”、“对角”、“非堆叠”三种方式，如图 8-35 所示。

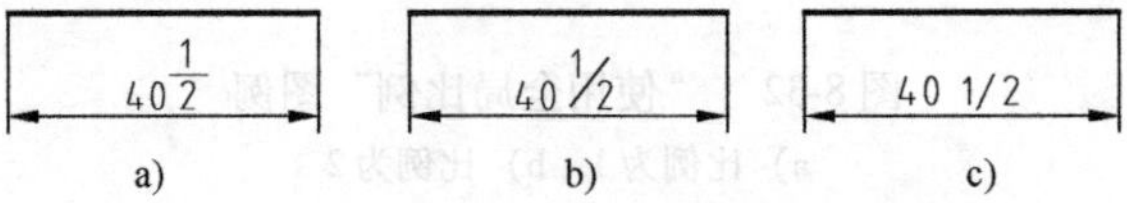

图 8-35　分数格式

a）水平　b）对角　c）非堆叠

☆【小数分隔符】下拉列表框　用于设置十进制格式的分隔符，如图 8-36 所示的小数分隔符。

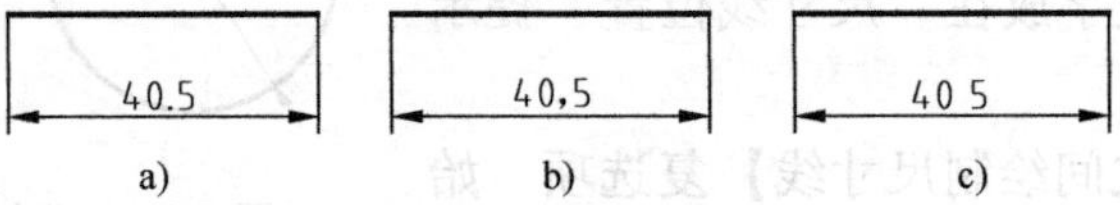

图 8-36　小数分隔符

a）句号　b）逗号　c）空格

☆【舍入】下拉列表框　用于设置除角度之外的所有标注类型测量值的舍入规则。

☆【前缀】文本框　用于为标注文字指示前缀，可以输入文字或用控制代码显示特殊符号，如图 8-37 所示。

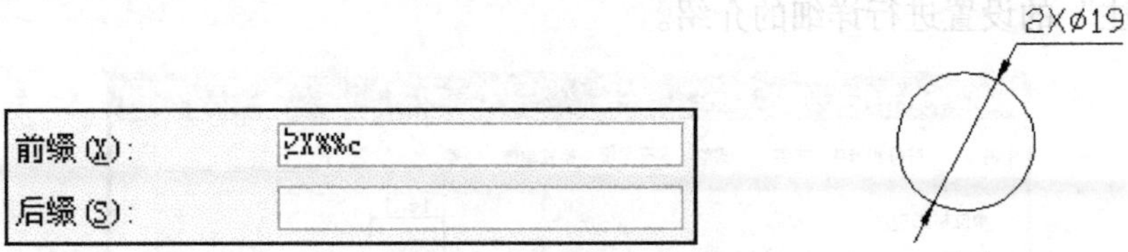

图 8-37　“前缀”设置图例

☆【后缀】文本框　用于为标注文字指示后缀，可以输入文字或用控制代码显示特殊符号，如图 8-38 所示。

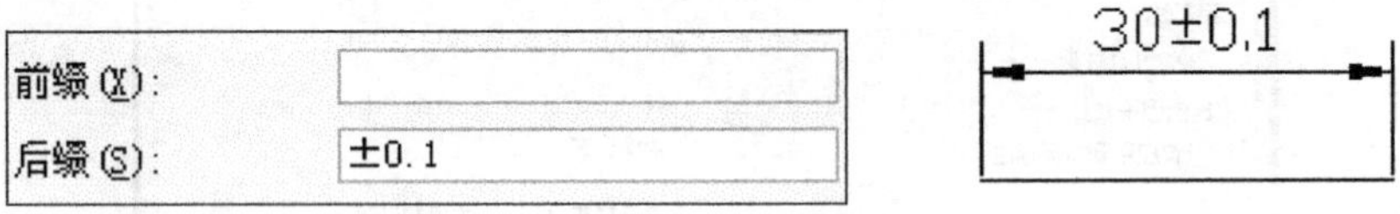

图 8-38　“后缀”设置图例

2. 设置测量单位比例

在“测量单位比例”选项组中，可以定义如下测量单位比例选项。

☆【比例因子】选项　用于设置线性标注测量值的比例因子。AutoCAD 2008 将标注测量值与此处输入的值相乘。

☆【仅应用到布局标注】复选框　仅用于在布局中创建的标注应用线性比例值。长度比例因子可以反映模型空间视口中对象的缩放比例因子。

3. 消零

在“消零”选项组中，可以控制不输出前导零和后续零以及零英尺和零英寸部分。

☆【前导】复选框　不输出所有十进制标注中的前导零，例如：0.500 变成 .500。

☆【后续】复选框　不输出所有十进制标注的后续零，例如，3.50000 变成 3.5。

☆【0 英尺】复选框　用于当距离小于 1 英尺时，不输出“英尺-英寸型”标注中的英尺部分。

☆【0 英寸】复选框　用于当距离是整数英尺时，不输出“英尺-英寸型”标注中的英寸部分。

4. 设置角度标注

在“角度标注”选项组中，可以设置角度标注的当前角度格式。

☆【单位格式】下拉列表框　用于设置角度单位格式。

☆【精度】下拉列表框　用于设置角度标注的小数位数。

在“消零”选项组中的“前导”和“后续”复选项，与前面线性标注中的“消零”选项组中的复选项意义相同。

七、设置不同单位尺寸间的换算格式及精度

在“新建标注样式：用于尺寸标注”对话框的“换算单位”选项卡中，选择“显示换算单位”复选框，当前对话框即变为可设置状态。此选项卡中的选项可用于设置文件的标注测量值中换算单位的显示并设置其格式和精度，如图 8-39 所示。下面对换算单位设置进行详细的介绍。

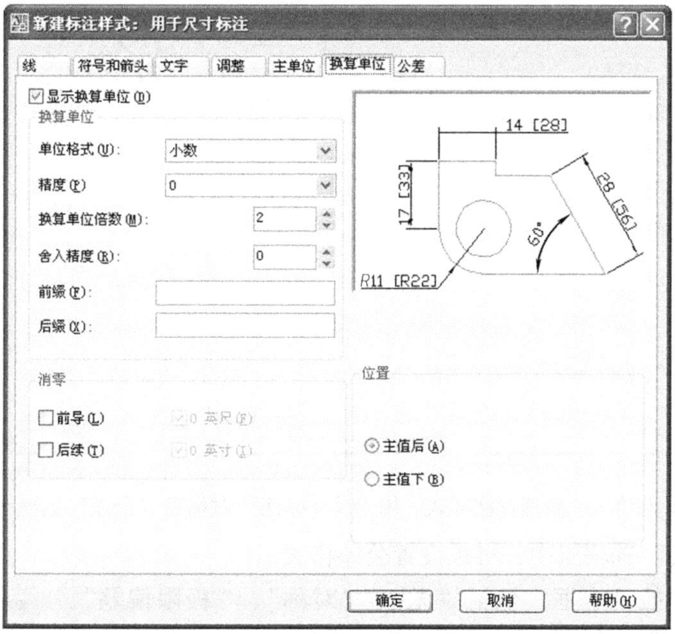

图 8-39　“新建标注样式：用于尺寸标注”对话框“换算单位”选项卡

在“换算单位”选项组中，可以设置除“角度标注”之外，所有标注类型的当前换算单位格式。

☆【单位格式】下拉列表框　用于设置换算单位的格式。

☆【精度】下拉列表框　用于设置换算单位中的小数位数。

☆【换算单位倍数】文本框　用于指定一个乘数作为主单位和换算单位之间的换算因子，长度缩放比例将改变默认的测量值。此选项的设置对角度标注没有影响，也不用于舍入或者加减公差值。

☆【舍入精度】文本框　用于设置除角度之外的所有标注类型的换算单位的舍入规则。

☆【前缀】文本框　为换算单位标注文字指示前缀。

☆【后缀】文本框　在换算单位标注文字中指示后缀。

在“消零”选项组中选择“前导”或“后续”复选项，设置控制不输出前导零和后续零以及零英尺和零英寸部分。

在“位置”选项组中，可以设置换算单位标注上的显示位置，选择“主值后”单选项时，换算单位将显示在主单位之后；选择“主值下”单选项时，换算单位将显示在主单位下面。

八、设置尺寸公差

在“新建标注样式：用于尺寸标注”对话框的“公差”选项卡中，可以设置和显示标注文字中公差的格式，如图 8-40 所示。下面对公差的格式及偏差设置进行详细说明。

图 8-40　“新建标注样式：用于尺寸标注”对话框“公差”选项卡

在“公差格式”选项组中，可以设置公差格式。

☆【方式】下拉列表框　包括“无”、“对称”、“极限偏差”、“极限尺寸”和“基本尺寸”5 个选项，用于设置公差的计算方法和表现方式，如图 8-41 所示。

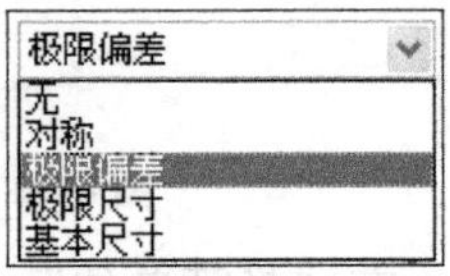

图 8-41　“方式”下拉列表

☆【无】选项　不添加公差。如果选择了该选项，整个公差选项组全部为灰色，表示不能进行设置。

☆【对称】选项　用于添加公差的正负表达式，AutoCAD 2008

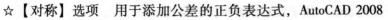

将单个变量值应用到标注的测量值。可在“上偏差”数值框中输入公差值，表达式将以“±”号连接数值。

☆【极限偏差】选项　添加正负公差的表达式。可以将不同的正负变量值应用到标注测量值。正号“+”表示在“上偏差”数值框中输入的公差值；负号“-”表示在“下偏差”数值框中输入的公差值。

☆【极限尺寸】选项　用于创建最大值和最小值的极限标注，上面是最大值，等于标注值加上在“上偏差”数值框中输入的值；下面是最小值，等于标注值减去在“下偏差”数值框中输入的值。

☆【基本尺寸】选项　在整个标注范围周围绘制一个框。

以上5种情况显示效果如图8-42所示

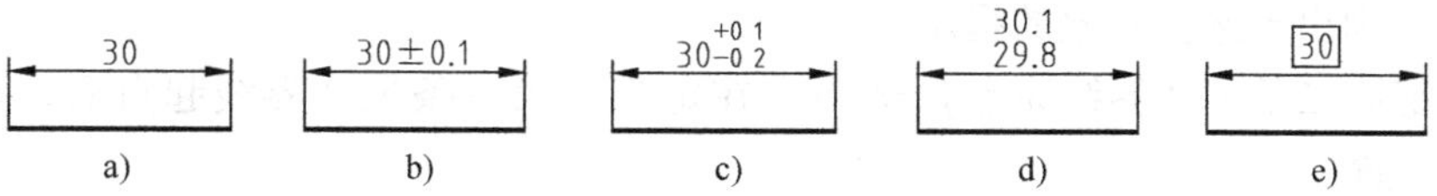

图8-42　公差的5种方式

a）无　b）对称　c）极限偏差　d）极限尺寸　e）基本尺寸

☆【精度】列表框　用于设置小数位数。

☆【上偏差】文本框　用于设置最大公差或上偏差。当在“方式”选项中选择“对称”时，AutoCAD 2008将该值用作公差。

☆【下偏差】文本框　用于设置最小公差或下偏差。

☆【高度比例】文本框　用于设置公差文字的高度，如图8-43所示。

☆【垂直位置】列表框　包括“上”、“中”和“下”3个选项用于控制对称公差和极限公差的文字对正，如图8-44所示。

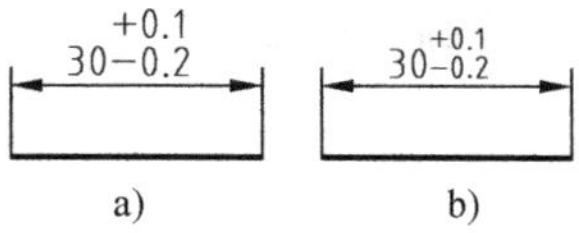

图8-43　公差文字高度比例

a）高度为1　b）高度为0.5

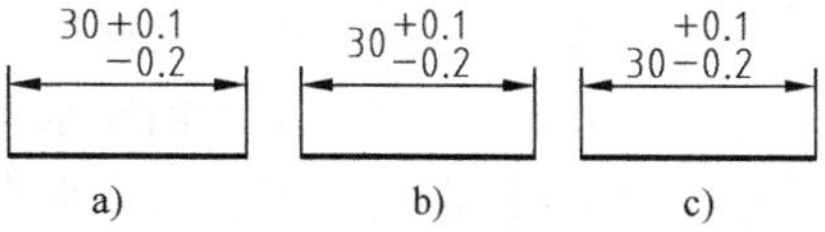

图8-44　垂直位置

a）上　b）中　c）下

任务三　尺寸的创建和修改

在设定好“尺寸样式”后，即可以采用设定好的“尺寸样式”进行尺寸标注。按照标注尺寸的类型，可以将尺寸分成长度尺寸、半径、直径、坐标、指引线、圆心标记等；按照标注的方式，可以将尺寸分成水平、垂直、对齐、连续、基线等。下面按照不同的标注方法介绍标注命令。

一、线性尺寸标注

线性尺寸标注即指定两点之间的水平或垂直距离尺寸，也可以是旋转一定角度的直线尺寸。定义可以通过指定两点、选择直线或圆弧等能够识别两个端点的对象来确定。

1. 命令输入

工具栏：标注

菜单：标注▶线性

命令条目：dimlinear

2. 命令说明

启动线性标注命令后，命令行提示如下：

命令：_ dimlinear

指定第一条尺寸界线原点或<选择对象>：

指定第二条尺寸界线原点：

指定尺寸线位置或［多行文字（M）/文字（T）/角度（A）/水平（H）/垂直（V）/旋转（R）］：

☆【指定第一条尺寸界线原点】选项　定义第一条尺寸界线的位置，如果直接单击<Enter>键，则出现选择对象的提示。

☆【指定第二条尺寸界线原点】选项　在定义了第一条尺寸界线起点后，定义第二条尺寸界线的位置。

☆【选择对象】选项　选择对象来定义线性尺寸的大小。

☆【多行文字（M）】选项　用于打开“文字格式”工具栏和“文字输入”框，如图8-45所示。标注的文字是自动测量得到的数值。

图8-45　“文字格式”工具栏与“文字输入”框

☆【文字（T）】选项　用于设置尺寸标注中的文本值。

☆【角度（A）】选项　用于设置尺寸标注中的文本数字的倾斜角度。

☆【水平（H）】选项　用于创建水平线性标注。

☆【垂直（V）】选项　用于创建垂直线性标注。

☆【旋转（R）】选项　用于创建旋转一定角度的尺寸标注。

3. 操作实例

给图8-46所示图例标注边长尺寸。

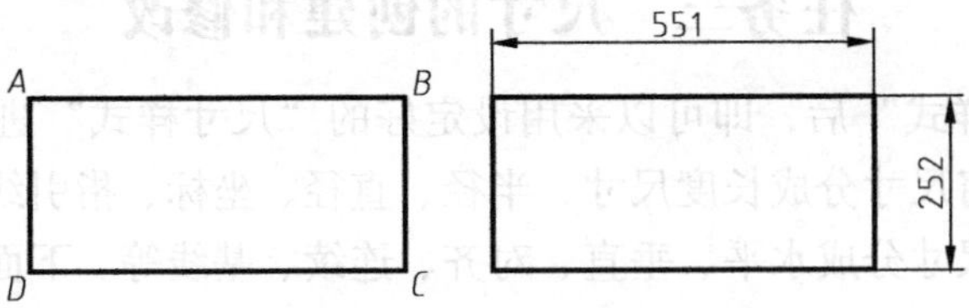

图8-46　“线性尺寸标注”图例

命令：_ dimlinear　　//启动“线性标注”命令按钮

指定第一条尺寸界线原点或<选择对象>：<对象捕捉 开>

//单击A点

指定第二条尺寸界线原点：　　//单击B点

指定尺寸线位置或 [多行文字 (M) /文字 (T) /角度 (A) /水平 (H) /垂直 (V) /旋转 (R)]: //在 AB 上方单击一点

标注文字 =551

命令: _ dimlinear //按 <Enter> 键, 重复标注

指定第一条尺寸界线原点或 <选择对象>: //单击 B 点

指定第二条尺寸界线原点: //单击 C 点

指定尺寸线位置或 [多行文字 (M) /文字 (T) /角度 (A) /水平 (H) /垂直 (V) /旋转 (R)]: //在 BC 右侧单击一点

标注文字 =252

结果如图 8-46 所示。

二、对齐标注

对倾斜的对象进行标注时，可以使用“对齐”命令。对齐尺寸的特点是尺寸线平行于倾斜的标注对象。

1. 命令输入

工具栏：标注

菜单：标注➤对齐

命令条目：dimaligned

2. 命令说明

启动对齐标注命令后，命令行提示如下：

命令: _ dimaligned

指定第一条尺寸界线原点或 <选择对象>:

指定第二条尺寸界线原点:

指定尺寸线位置或 [多行文字 (M) /文字 (T) /角度 (A)]:

☆【指定第一条尺寸界线原点】 定义第一条尺寸界线的起点。如果直接按 <Enter> 键，则出现“选择标注对象”的提示，不出现“指定第二条尺寸界线起点”的提示。如果定义了第一条尺寸界线的起点，则要求定义第二条尺寸界线的起点。

☆【指定第二条尺寸界线原点】 在定义了第一条尺寸界线起点后，定义第二条尺寸界线的位置。

☆【选择标注对象】 如果不定义第一条尺寸界线起点，则选择标注的对象来确定两条尺寸界线。

☆【指定尺寸线位置】 定义尺寸线的位置。

☆【多行文字（M）】 通过多行文字编辑器输入文字。

☆【文字（T）】 输入单行文字。

☆【角度（A）】 定义文字的旋转角度。

3. 操作实例

采用“对齐标注”方式标注图 8-47 所示图形的边长。

命令: _ dimaligned //单击“对齐标注”命令按钮

指定第一条尺寸界线原点或 <选择对象>: //单击 A 点

指定第二条尺寸界线原点: //单击 B 点

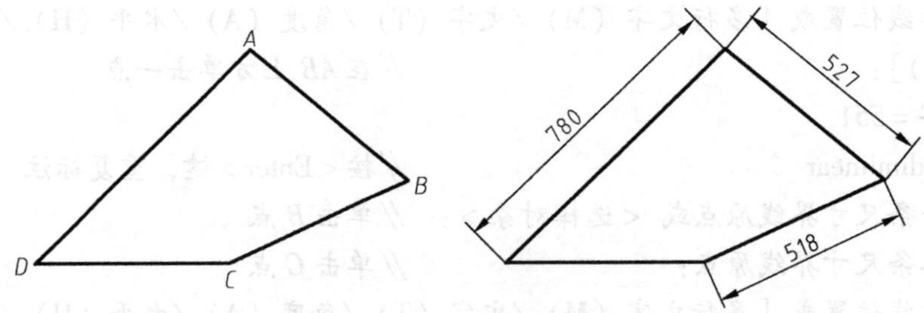

图 8-47 “对齐标注”图例

指定尺寸线位置或［多行文字（M）/文字（T）/角度（A）］：
//在直线 ABC 外侧单击一点

标注文字 =527

命令：_ dimaligned //按 <Enter> 键，重复标注

指定第一条尺寸界线原点或 <选择对象>： //单击 B 点

指定第二条尺寸界线原点： //单击 C 点

指定尺寸线位置或［多行文字（M）/文字（T）/角度（A）］：
//在直线 BC 外侧单击一点

标注文字 =518

命令：_ dimaligned //按 <Enter> 键，重复标注

指定第一条尺寸界线原点或 <选择对象>： //按下 <Enter> 键，选择对象

选择标注对象： //单击直线 AD

指定尺寸线位置或［多行文字（M）/文字（T）/角度（A）］：
//在直线 AD 外侧单击一点

标注文字 =780

结果如图 8-47 所示。

三、坐标标注

坐标标注是标注图形对象的某点相对于坐标原点的 X 坐标值或 Y 坐标值。启动坐标标注命令有 3 种方法。

1. 命令输入

工具栏：标注

菜单：标注▶坐标

命令条目：dimordinate

2. 命令说明

启用坐标命令后，命令行提示如下：

指定点坐标：

拾取要标注的点（如图 8-48 所示圆的中心）。AutoCAD 2008 搜索图形对象上的一些重要的几何特征点（如交点、端点、圆心等），在拾取标注点时要用对象捕捉功能。指定的点，决定了正交线的原点（在正交模式下），引线指向要标注尺寸的特征。命令行提示：

指定引线端点或［X 基准（X）/Y 基准（Y）/多行文字（M）/文字（T）/角度（A）］：

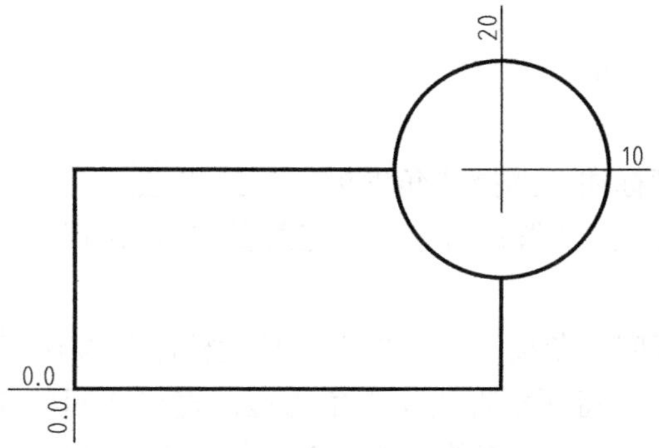

图 8-48　“坐标标注”图例

指定一点或单击鼠标右键，从弹出的快捷菜单中选择所需要的选项，即完成坐标标注。

四、弧长标注

弧长尺寸标注是 AutoCAD 2008 新增的功能，用于测量圆弧或多个弧线段上的距离。

1. 命令输入

工具栏：标注

菜单：标注➤弧长

命令条目：dimarc

2. 命令说明

单击“弧长”命令按钮，光标变为拾取框，选择圆弧对象后，系统自动生成弧长标注，只需移动鼠标确定尺寸线的位置即可，效果如图 8-49 所示。

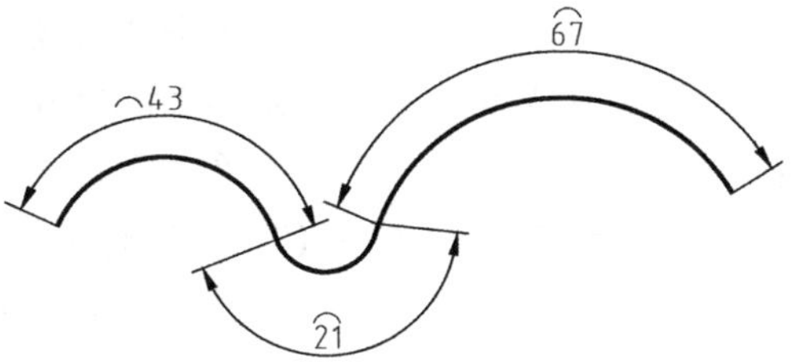

图 8-49　“弧长”标注图例

命令：_ dimarc　　//单击“弧长标注”命令按钮

选择弧线段或多段线弧线段：　　//鼠标单击圆弧

指定弧长标注位置或［多行文字（M）/文字（T）/角度（A）/部分（P）/］：

　　//移动鼠标，单击确定位置

标注文字 =43

结果如图 8-49 所示。

五、角度标注

角度尺寸标注用于标注圆或圆弧的角度、两条非平行直线间的角度、三点之间的角度。AutoCAD 2008 提供了“角度”命令，用于创建角度尺寸标注。

1. 命令输入

工具栏：标注

菜单：标注➤角度

命令条目：dimangular

2. 命令说明

（1）圆或圆弧的角度标注。选择“角度标注”按钮，在圆或圆弧上单击，在选中圆或圆弧的同时确定角度的顶点位置；再单击确定角度的第二端点，在圆或圆弧上测量出角度的大小。

（2）两条非平行直线间的角度标注 单击“角度标注”按钮，测量非平行直线间夹角的角度时，AutoCAD 2008 将两条直线作为角的边，直线之间的交点作为角度顶点来确定角度值。如果尺寸线不与被标注的直线相交，AutoCAD 2008 将根据需要通过延长一条或两条直线来添加尺寸界线；该尺寸界线的张角始终小于180°，角度标注的位置由鼠标的位置来确定。

（3）三点之间的角度标注 使用“角度标注”命令，测量自定义顶点及两个端点组成的角度时，角度顶点可以同时为一个角度端点；如果需要尺寸界线，角度端点则可用作尺寸界线的起点，尺寸界线从角度端点绘制到尺寸线交点；尺寸界线之间绘制的圆弧为尺寸线。

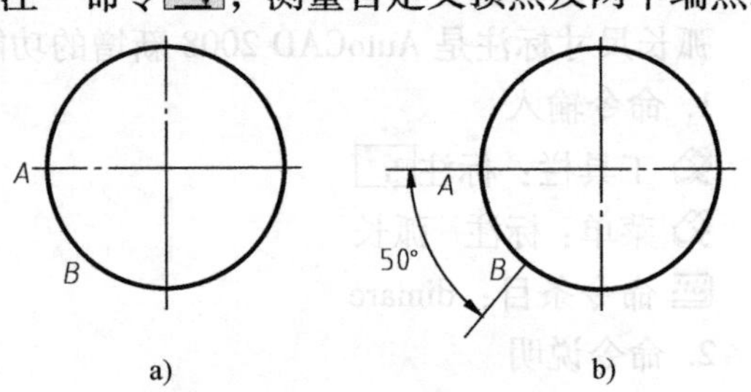

图 8-50 圆或圆弧的角度标注

3. 操作实例

（1）标注图 8-50 所示圆中 *AB* 弧段角度值。

命令：_ dimangular //单击“角度标注”命令按钮

选择圆弧、圆、直线或 <指定顶点>： //单击圆的 *B* 点位置

指定角的第二个端点： //单击圆的 *A* 点位置

指定标注弧线位置或［多行文字（M）/文字（T）/角度（A）］：

//移动鼠标，单击确定位置

标注文字 =50

选择“角度标注”按钮标注圆弧的角度时，选择圆弧对象后，系统自动生成角度标注，只需移动鼠标确定尺寸线的位置即可，效果如图 8-51 所示。

（2）标注图 8-52 所示各直线间角度的不同方向尺寸。

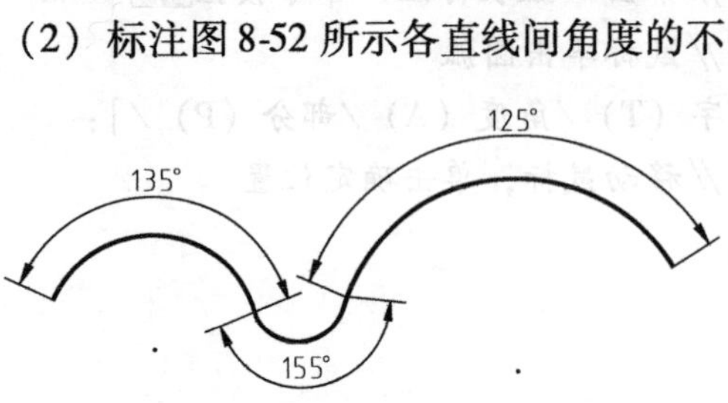

图 8-51 圆弧角度标注图例

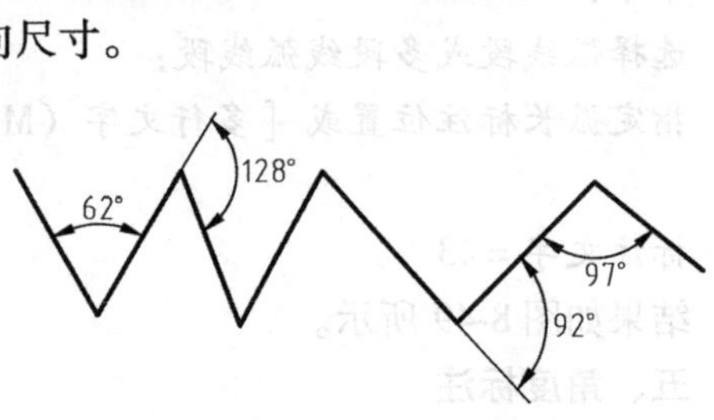

图 8-52 直线间角度的标注

命令：_ dimangular //单击“角度标注”命令按钮

选择圆弧、圆、直线或 <指定顶点>： //单击锐角的一个边

选择第二条直线： //单击锐角的另一个边
指定标注弧线位置或［多行文字（M）/文字（T）/角度（A）］：
//移动鼠标到正上方，确定位置
标注文字 =62
命令：_ dimangular //按 <Enter> 键，重复标注
选择圆弧、圆、直线或 <指定顶点>： //单击锐角的一个边
选择第二条直线： //单击锐角的另一个边
指定标注弧线位置或［多行文字（M）/文字（T）/角度（A）］：
//移动鼠标到左下方，确定位置
标注文字 =128
命令：_ dimangular //单击“角度标注”命令按钮
选择圆弧、圆、直线或 <指定顶点>： //单击锐角的一个边
选择第二条直线： //单击锐角的另一个边
指定标注弧线位置或［多行文字（M）/文字（T）/角度（A）］：
//移动鼠标到右下方，确定位置
标注文字 =92
命令：_ dimangular //按 <Enter> 键，重复标注
选择圆弧、圆、直线或 <指定顶点>： //单击锐角的一个边
选择第二条直线： //单击锐角的另一个边
指定标注弧线位置或［多行文字（M）/文字（T）/角度（A）］：
//移动鼠标到正下方，确定位置
标注文字 =97

效果如图 8-52 所示。

(3) 标注图 8-53 所示∠*AOB* 的值。

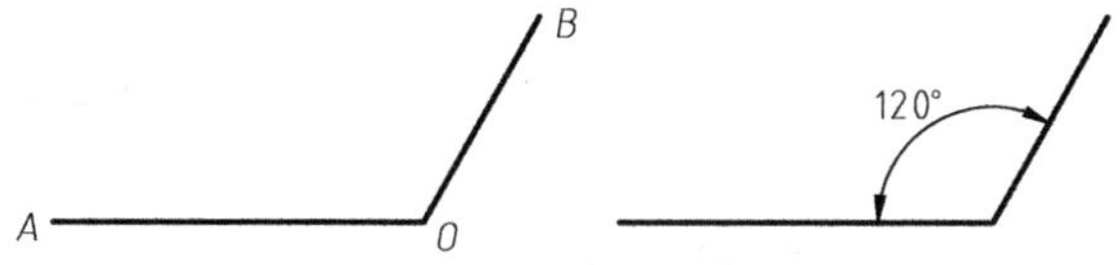

图 8-53　三点法标注角度

命令：_ dimangular //单击“角度标注”命令按钮
选择圆弧、圆、直线或 <指定顶点>： //按下 <Enter> 键，选择三点法
指定角的顶点：<对象捕捉　开> //单击 *O* 点，确定顶点
指定角的第一个端点： //单击 *A* 点，确定第一个端点
指定角的第二个端点： //单击 *B* 点，确定第二个端点
指定标注弧线位置或［多行文字（M）/文字（T）/角度（A）］：
//移动鼠标，确定尺寸线位置
标注文字 =120

效果如图 8-53 所示。

六、半径尺寸标注

半径标注是由一条具有指向圆或圆弧的箭头的半径尺寸线组成。测量圆或圆弧半径时，自动生成的标注文字前将显示一个表示半径长度的字母“R”。

1. 命令输入

工具栏：标注

菜单：标注▶半径

命令条目：dimradius

2. 命令说明

启用“半径标注”命令后，命令行提示如下：

命令：_ dimradius

选择圆弧或圆：

标注文字 = XX

指定尺寸线位置或［多行文字（M）/文字（T）/角度（A）］：

☆【选择圆弧或圆】 选择标注半径的对象。

☆【指定尺寸线位置】 定义尺寸线的位置，尺寸线通过圆心。确定尺寸线位置的拾取点对文字的位置有影响，与“尺寸样式”对话框中“文字”、“直线”、“箭头”的设置有关。

☆【多行文字（M）】 通过多行文字编辑器输入标注文字。

☆【文字（T）】 输入单行文字。

☆【角度（A）】 定义文字旋转角度。

3. 操作实例

标注图 8-54 所示圆弧和圆的半径尺寸。

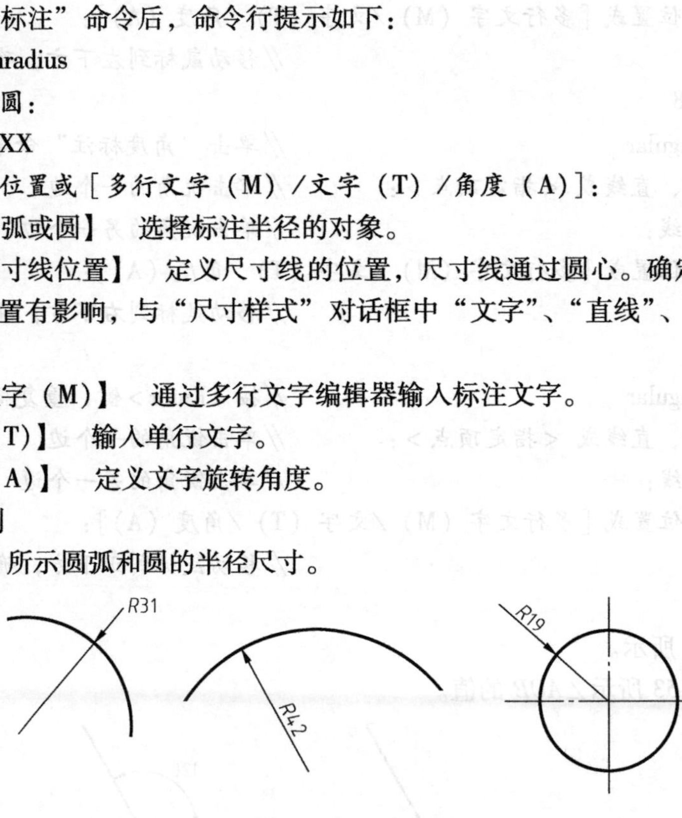

图 8-54 半径标注图例

命令：_ dimradius //单击“半径标注”命令按钮

选择圆弧或圆： //单击圆弧$\widehat{AB}$

标注文字 = 31

指定尺寸线位置或［多行文字（M）/文字（T）/角度（A）］：

//移动鼠标，确定尺寸数字位置

命令：_ dimradius //单击“半径标注”命令按钮

选择圆弧或圆： //鼠标单击圆弧 $\widehat{CD}$

标注文字 = 42

指定尺寸线位置或［多行文字（M）/文字（T）/角度（A）］：

//移动鼠标，确定尺寸数字位置

命令：_ dimradius //单击“半径标注”命令按钮

选择圆弧或圆： //鼠标单击圆 *O*

标注文字 =19

指定尺寸线位置或［多行文字（M）/文字（T）/角度（A）］：

//移动鼠标，确定尺寸数字位置

结果如图 8-54 所示。

七、直径尺寸标注

标注直径尺寸的方法与圆或圆弧半径的标注方法相似。启动“直径标注”命令有 3 种方法。

1. 命令输入

工具栏：标注

菜单：标注➤直径

命令条目：dimdiameter。

2. 命令说明

启用“直径标注”命令后，命令行提示如下：

命令：_ dimdiameter

选择圆弧或圆：

标注文字 =XX

指定尺寸线位置或［多行文字（M）/文字（T）/角度（A）］：

☆【选择圆弧或圆】 选择标注直径的对象。

☆【指定尺寸线位置】 定义尺寸线的位置，尺寸线通过圆心。确定尺寸线位置的拾取点对文字的位置有影响，与“尺寸样式”对话框中“文字”、“直线”、“箭头”的设置有关。

☆【多行文字（M）】 通过多行文字编辑器输入标注文字。

☆【文字（T）】 输入单行文字。

☆【角度（A）】 定义文字旋转角度。

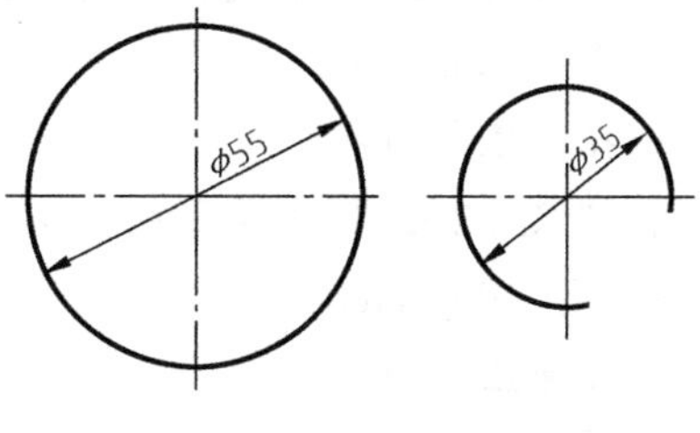

图 8-55 直径标注图例

3. 操作实例

标注图 8-55 所示圆和圆弧的直径。

命令：_dimdiameter //单击“直径标注”命令按钮

选择圆弧或圆： //鼠标单击圆

标注文字 =55

指定尺寸线位置或［多行文字（M）/文字（T）/角度（A）］：

//移动鼠标，确定尺寸数字位置

命令：_dimdiameter //按 <Enter> 键，重复标注命令

选择圆弧或圆： //鼠标单击圆弧

标注文字 =35

指定尺寸线位置或［多行文字（M）/文字（T）/角度（A）］：

//移动鼠标，确定尺寸数字位置

八、圆心标记

一般情况下是先确定圆和圆弧的圆心位置再绘制圆或圆弧，但有时却是先有圆或圆弧再标记其圆心。AutoCAD 2008 可以在选择了圆或圆弧后，自动找到圆心并进行指定的标记。启动“圆心标记”命令有 3 种方法。

1. 命令输入

工具栏：标注

菜单：标注▶圆心标记

命令条目：dimcenter

2. 命令说明

启动“圆心标记”命令后，命令行提示如下：

命令：_dimcenter

选择圆弧或圆：

☆【选择圆弧或圆】 选择要加标记的圆或圆弧。

3. 操作实例

在图 8-56 所示的圆及圆弧中增加圆心标记，分别为“标记”和“直线”。

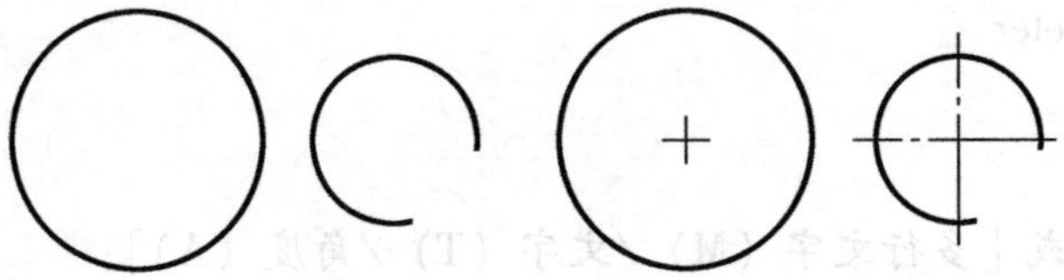

图 8-56 圆心标记图例

在“尺寸样式”中设置圆心标记为“+” ⊙标记(M)

命令：_dimcenter //单击“直径标注”命令按钮

选择圆弧或圆： //鼠标单击圆

在“尺寸样式”中设置圆心标记为“直线” ⊙直线(E)

命令：_dimcenter //单击“直径标注”命令按钮

选择圆弧或圆： //鼠标单击圆

结果如图 8-56 所示。

九、折弯标注

折弯标注是当圆弧或圆的中心位于布局外并且无法在其实际位置显示时使用，也称为“缩放的半径标注”。使用“折弯”标注可以创建折弯半径标注，可以在更方便的位置指定标注的原点。

1. 命令输入

工具栏：标注

菜单：标注▶折弯

命令条目：dimjogged

2. 命令说明

使用“折弯标注”按钮进行标注时，鼠标单击圆弧边上的某一点，系统测量选定对象的半径，并显示前面带有一个半径符号的标注文字；接着指定新中心点的位置，用于替代实际中心点；然后确定尺寸线的位置；最后指定折弯的中点位置。

3. 操作实例

用折弯标注法标注图 8-57 所示圆弧的半径。

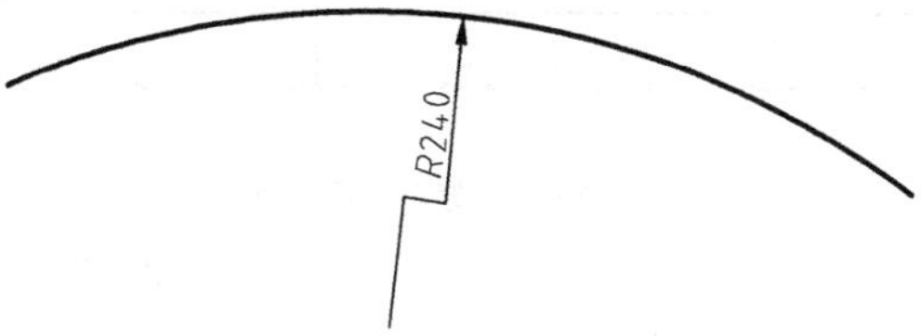

图 8-57　折弯标注图例

命令：_dimjogged　　//单击“折弯标注”命令按钮

选择圆弧或圆：　　//单击选择圆弧

指定中心位置替代：　　//单击指定折弯半径标注新中心点

标注文字 =240

指定尺寸线位置或［多行文字（M）/文字（T）/角度（A）］：

　　//移动鼠标，单击确定尺寸线位置

指定折弯位置：　　//移动鼠标，单击指定折弯的位置

结果如图 8-57 所示。

十、连续标注

连续标注是工程制图（特别是用于建筑制图）中常用的一种标注方式，指一系列首尾相连的尺寸标注。其中，相邻的两个尺寸标注间的尺寸界线作为公用界线。启用“连续标注”命令有 3 种方法。

1. 命令输入

工具栏：标注

菜单：标注➤连续

命令条目：DCO（dimcontinue）

2. 命令说明

启用“连续标注”命令后，命令行提示如下：

命令：_dimcontinue

选择连续标注：

或［放弃（U）/选择（S）］<选择>：

☆【选择连续标注】　选择以线性标注为连续标注的基准标注。如上一个标注为线性标注，则不出现该提示，自动以上一个线性标注为基准标注。否则，应选择“选择”参数并点取一个线性尺寸来确定连续标注。

☆【指定第二条尺寸界线原点】　定义连续标注中第二条尺寸界线，第一条尺寸界线由标注基准确定。

☆【放弃（U）】　放弃上一个连续标注。

☆【选择（S）】　重新选择一个线性尺寸为连续标注的基准。

3. 操作实例

对图 8-58 中的图形进行连续标注。

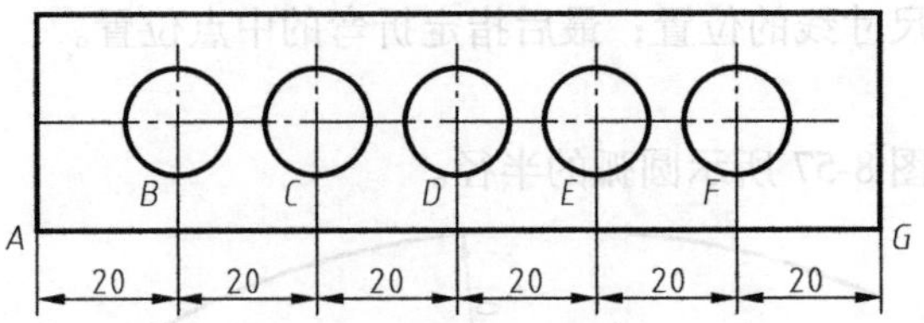

图 8-58　连续标注图例

命令：_dimlinear　//单击“线性标注”命令按钮

指定第一条尺寸界线原点或 <选择对象>：　//鼠标单击 *A* 点

指定第二条尺寸界线原点：　//鼠标单击 *B* 点

指定尺寸线位置或［多行文字（M）/文字（T）/角度（A）/水平（H）/垂直（V）/旋转（R）］：

//移动鼠标，确定尺寸线位置

标注文字 =20

命令：_dimcontinue　//单击“连续标注”命令按钮

指定第二条尺寸界线原点或［放弃（U）/选择（S）］<选择>：

//鼠标单击 *C* 点

标注文字 =20

指定第二条尺寸界线原点或［放弃（U）/选择（S）］<选择>：

//鼠标单击 *D* 点

标注文字 =20

指定第二条尺寸界线原点或［放弃（U）/选择（S）］<选择>：

//鼠标单击 *E* 点

标注文字 =20

指定第二条尺寸界线原点或［放弃（U）/选择（S）］<选择>：

//鼠标单击 *F* 点

标注文字 =20

指定第二条尺寸界线原点或［放弃（U）/选择（S）］<选择>：

//鼠标单击 *G* 点

标注文字 =20

指定第二条尺寸界线原点或［放弃（U）/选择（S）］<选择>：

//按 <Enter> 键，结束标注

结果如图 8-58 所示。

十一、基线标注

对于从一条尺寸界线出发的基线尺寸标注，可以快速进行标注，无须手动设置两条尺寸线之间的间隔。

1. 命令输入

工具栏：标注

菜单：标注▶基线

命令条目：dimbaseline

2. 命令说明

启用“基线标注”命令后，命令行提示如下：

命令：dimbaseline

选择基准标注：

指定第二条尺寸界线原点或［放弃（U）/选择（S）］<选择>：

☆【选择基线标注】 选择基线标注的“基准标注”，后面的尺寸以此为基准进行标注。如果上一个命令进行了线性尺寸标注，则不出现该提示。

☆【指定第二条尺寸界线原点】 定义第二条尺寸界线的位置，第一条尺寸界线由基准确定。

☆【放弃（U）】 放弃上一个基线尺寸标注。

☆【选择（S）】 选择基线标注基准。

3. 操作实例

采用基线标注方式标注图8-59中的尺寸。

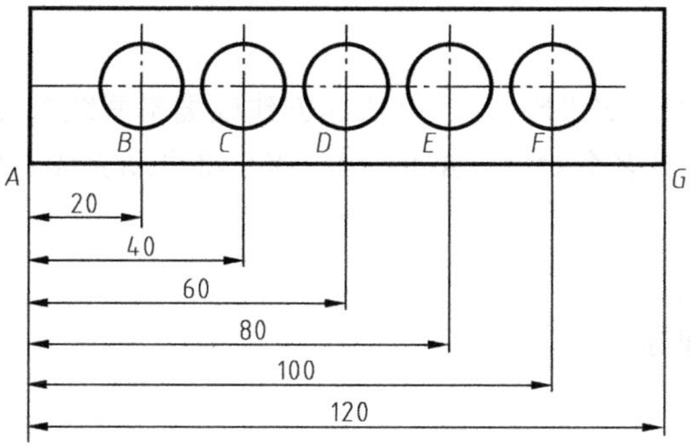

图8-59 基线标注图例

命令：dimlinear //单击“线性标注”按钮

指定第一条尺寸界线原点或<选择对象>： //鼠标单击A点

指定第二条尺寸界线原点： //鼠标单击B点

指定尺寸线位置或［多行文字（M）/文字（T）/角度（A）/水平（H）/垂直（V）/旋转（R）］：

//移动鼠标，确定尺寸线位置

标注文字=20

命令：_dimbaseline //单击“基线标注”命令按钮

指定第二条尺寸界线原点或［放弃（U）/选择（S）］<选择>：

//鼠标单击C点

标注文字=40

指定第二条尺寸界线原点或［放弃（U）/选择（S）］<选择>：

//鼠标单击D点

标注文字=60

指定第二条尺寸界线原点或［放弃（U）/选择（S）］<选择>：

//鼠标单击 *E* 点

标注文字 = 80

指定第二条尺寸界线原点或［放弃（U）/选择（S）］<选择>：

//鼠标单击 *F* 点

标注文字 = 100

指定第二条尺寸界线原点或［放弃（U）/选择（S）］<选择>：

//鼠标单击 *G* 点

标注文字 = 120

指定第二条尺寸界线原点或［放弃（U）/选择（S）］<选择>：

//按 <Enter> 键，结束标注

结果如图 8-59 所示。

> ✧ 在使用连续标注和基线标注时，首先第一个尺寸要用线性标注，然后才可以用连续和基线标注，否则无法使用这两种标注方法。

十二、快速标注

使用“快速标注”命令按钮，可以快速创建或编辑基线标注、连续标注或为圆、圆弧创建标注。可以一次选择多个对象，AutoCAD 2008 将自动完成对所选对象的标注。

1. 命令输入

工具栏：标注

菜单：标注▶快速标注

命令条目：qdim

2. 命令说明

启用“快速标注”命令后，命令行提示如下：

命令：_qdim

关联标注优先级 = 端点

选择要标注的几何图形：

指定尺寸线位置或［连续（C）/并列（S）/基线（B）/坐标（O）/半径（R）/直径（D）/基准点（P）/编辑（E）/设置（T）］<连续>：

☆【选择要标注的几何图形】　选择用于快速标注的对象。如果选择的对象不单一，在标注某种尺寸时将忽略不可标注的对象。例如，同时选择了直线和圆，标注直径时将忽略直线对象。

☆【指定尺寸线位置】　定义尺寸线的位置。

☆【连续（C）】　采用连续方式标注所选图形。

☆【并列（S）】　采用并列方式标注所选图形。

☆【基线（B）】　采用基线方式标注所选图形。

☆【坐标（O）】　采用坐标方式标注所选图形。

☆【半径（R）】　对所选圆或圆弧标注半径。

☆【直径（D）】　对所选圆或圆弧标注直径。

☆【基准点（P)】 设定坐标标注或基线标注的基准点。

☆【编辑（E)】 对标注点进行编辑，用于显示所有的标注节点，可以在现有标注中添加或删除点。

☆【设置（T)】 为指定尺寸界线原点，设置默认对象捕捉方式。

3. 操作实例

采用快速标注方式标注图 8-60 所示图形尺寸。

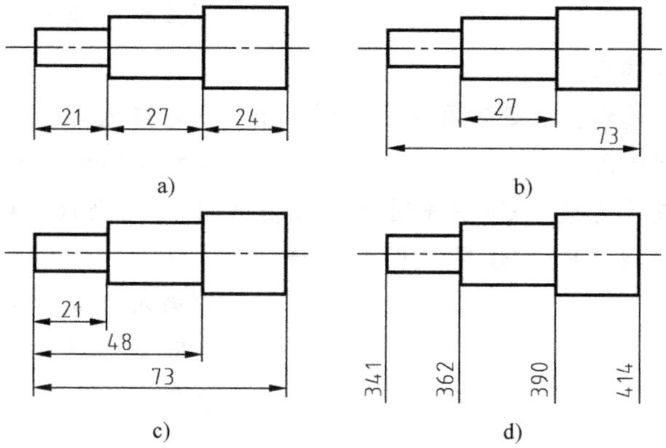

图 8-60 快速标注图例

a）连续 b）并列 c）基线 d）坐标

命令：_qdim //单击“快速标注”命令按钮

关联标注优先级 = 端点

选择要标注的几何图形：指定对角点：找到 9 个 //窗口选择中心线下方的水平线

选择要标注的几何图形： //按 <Enter> 键

指定尺寸线位置或［连续（C）/并列（S）/基线（B）/坐标（O）/半径（R）/直径（D）/基准点（P）/编辑（E）/设置（T）］<连续>：

//移动鼠标，确定尺寸线的位置

结果如图 8-60a 所示。

命令：_qdim //单击“快速标注”命令按钮

关联标注优先级 = 端点

选择要标注的几何图形：指定对角点：找到 9 个 //窗口选择中心线下方的水平线

选择要标注的几何图形： //按 <Enter> 键

指定尺寸线位置或［连续（C）/并列（S）/基线（B）/坐标（O）/半径（R）/直径（D）/基准点（P）/编辑（E）/设置（T）］<连续>：S

//输入字母“S”，选择并列，按住 <Enter> 键移动鼠标，确定尺寸线的位置

结果如图 8-60b 所示。

命令：_qdim //单击“快速标注”命令按钮

关联标注优先级 = 端点

选择要标注的几何图形：指定对角点：找到 9 个 //窗口选择中心线下方的水平线

选择要标注的几何图形：　　　　　　　　　　　　//按 <Enter> 键

指定尺寸线位置或［连续（C）/并列（S）/基线（B）/坐标（O）/半径（R）/直径（D）/基准点（P）/编辑（E）/设置（T）］<连续>：B

//输入字母“B”，选择基线，按住 <Enter> 键移动鼠标，确定尺寸线的位置

结果如图 8-60c 所示。

命令：_qdim　　　　　　　　　　　　　　　　　//单击“快速标注”命令按钮

关联标注优先级 = 端点

选择要标注的几何图形：指定对角点：找到 9 个　//窗口选择中心线下方的水平线

选择要标注的几何图形：　　　　　　　　　　　　//按 <Enter> 键

指定尺寸线位置或［连续（C）/并列（S）/基线（B）/坐标（O）/半径（R）/直径（D）/基准点（P）/编辑（E）/设置（T）］<连续>：O

//输入字母“O”，选择坐标，按住 <Enter> 键移动鼠标，确定尺寸线的位置

结果如图 8-60d 所示。

十三、间距标注

标注间距可以自动调整平行的线性标注和角度标注之间的间距，或根据指定的间距值进行调整。除了调整尺寸线间距，还可以通过输入间距值“0”使尺寸线相互对齐。

1. 命令输入

工具栏：标注

菜单：标注▶标注间距

命令条目：dimspace。

2. 操作实例

调整图 8-61a 所示线性标注的间距。

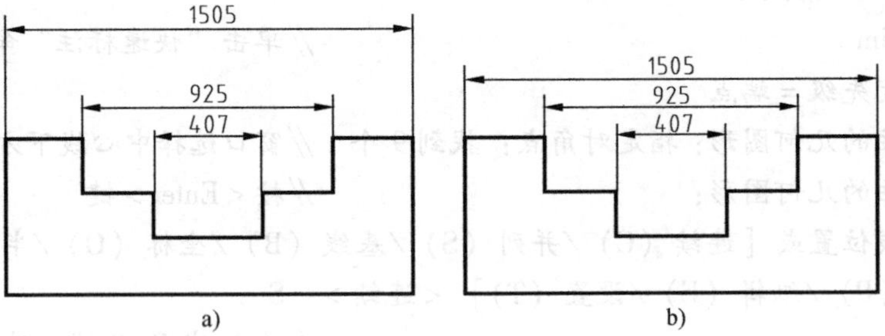

图 8-61　自动调整平行的线性标注间距

a）调整前　b）调整后

（1）单击“标注”工具栏中的“标注间距”命令按钮。

（2）选择线性标注尺寸 407 作为基准标注。

（3）选择要调整间距的标注，单击线性标注尺寸 925 和 1505，按 <Enter> 键，结束对象选取。

（4）选择“自动”（该选项为默认选项）选项，结果如图 8-61b 所示。

十四、折断标注

折断标注可以在尺寸线或尺寸界线与几何对象或其他标注相交的位置将其折断。

1. 命令输入

工具栏：标注

菜单：标注➤折断标注

命令条目：dimbreak

2. 操作实例

将图 8-62a 所示的尺寸标注，通过折断命令编辑成 8-61b 所示图形。

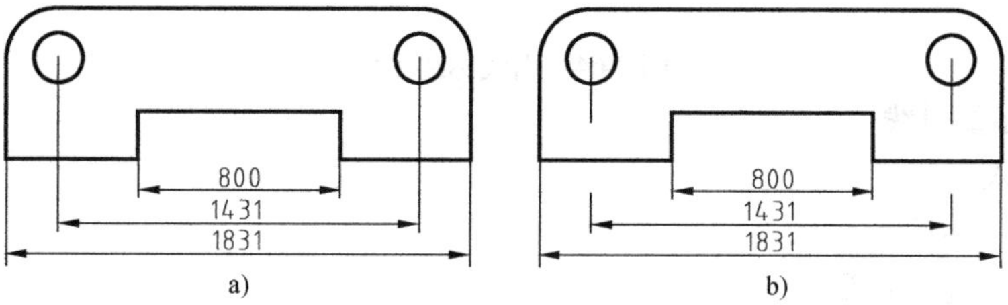

图 8-62 创建折断标注

a）调整前 b）调整后

（1）单击“标注”工具栏中的“折断标注”按钮。

（2）选择 1431 标注尺寸，输入 M 进行手动打断。

（3）选择适当的点，完成折断标注，如图 8-62b 所示。

十五、折弯线性

折弯线性可以向线性标注添加折弯线，以表示实际测量值与尺寸界线之间的长度不同。如果显示的标注对象小于被标注对象的实际长度，则通常使用折弯尺寸线表示。

1. 命令输入

工具栏：标注

菜单：标注➤折弯线性

命令条目：dimjogi

2. 操作实例

将图 8-63a 所示线性尺寸添加折弯线。

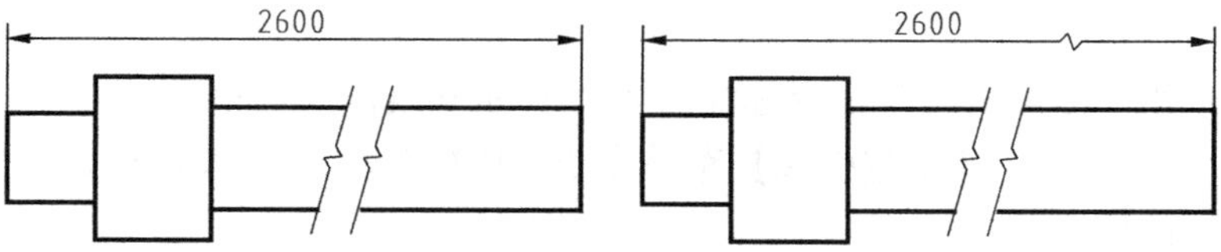

图 8-63 向线性尺寸添加折弯线

（1）单击“标注”工具栏中的“折弯标注”命令按钮。

（2）选择要添加折弯线的标注，即图 8-63 中的 2600 标注尺寸。

（3）在尺寸线上指定折弯位置，结果如图 8-63b 所示。

任务四　引线标注和修改

在机械制图中，引线标注通常用于图形标注倒角、零件编号、形位公差等，在 AutoCAD 2008 中，可使用多重引线标注命令（Mleader）创建引线标注。多重引线标注由带箭头或不带箭头的直线或样条曲线（又称引线），一条短水平线（又称基线），以及处于引线末端的文字或图块组成，如图 8-64 所示。

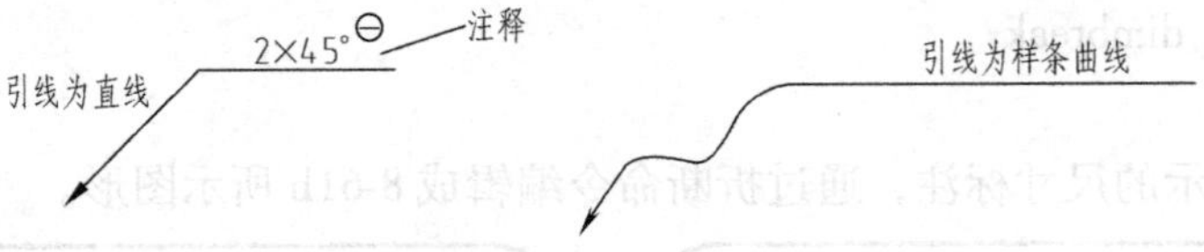

图 8-64　引线标注示例

一、创建多重引线

1. 命令输入

工具栏：标注

菜单：标注➤多重引线

命令条目：standard

2. 命令说明

启动“多重引线”命令后，系统提示如下：

指定引线箭头的位置或【引线基线优先（L）/内容优先（C）/选项（O）】：

☆【指定引线箭头位置（箭头优先）】　首先指定多重引线对象箭头的位置，然后设置多重引线对象的引线基线位置，最后输入相关联的文字。

☆【引线基线优先（L）】　首先指定多重引线对象的基线位置，然后设置多重引线对象的箭头位置，最后输入相关联的文字。

☆【内容优先（C）】　首先指定与多重引线对象相关联的义字或块的位置，然后输入文字，最后指定引线箭头位置。

✧　如果先前绘制的多重引线对象是箭头优先、引线基线优先或内容优先，则后面创建的多重引线对象将继承该特性，除非重新进行设置。

☆【选项（O）】　指定用于放置多重引线对象的选项。

3. 操作实例

例如，要利用“多重引线”命令标注图 8-65 所示斜线段 *AB* 的倒角。

（1）选择【标注】→【多重引线】菜单命令，依次单击点 *C* 和 *D* 点处，分别指定引线箭头和引线基线的位置。

（2）在打开的多行文字编辑器中输入“42 × 30°”，单击“文字格式”工具栏中的确定按钮，结束标注。

二、创建和修改多重引线样式

多重引线样式可以控制引线的外观，即可以指定基线、引线、箭头和内容的格式。用户

⊖　现行国家标准规定为 *C*2。

可以使用默认多重引线样式：Standard，也可以创建自己的多重引线样式。

创建多重引线样式的方法如下。

（1）选择【格式】→【多重引线样式】菜单命令，打开“多重引线样式管理器”对话框，如图8-66所示。

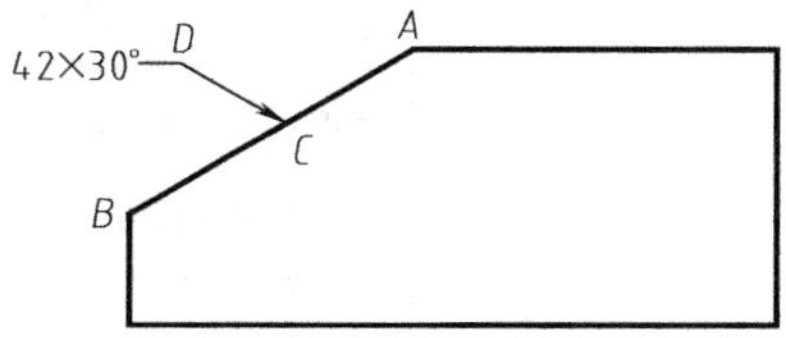

图8-65 引线标注

（2）单击[新建(N)...]按钮，在打开的“创建新多重引线样式”对话框中设置新样式的名称，然后单击[继续]按钮，如图8-67所示。

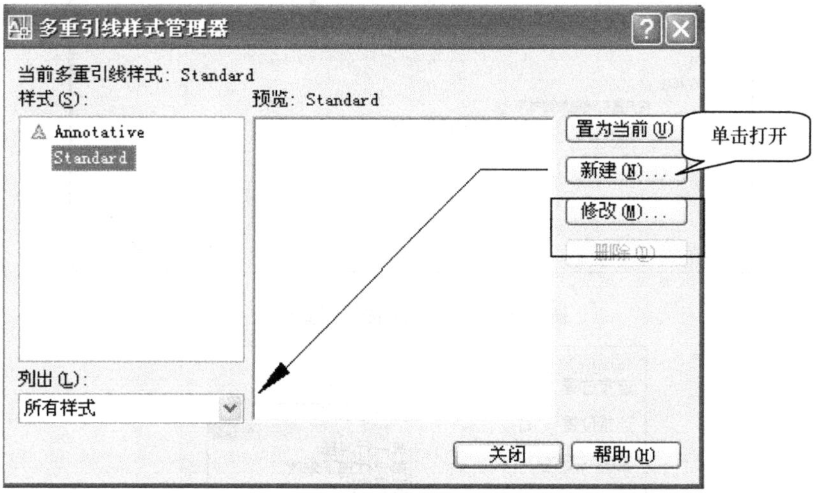

图8-66 “多重引线样式管理器”对话框

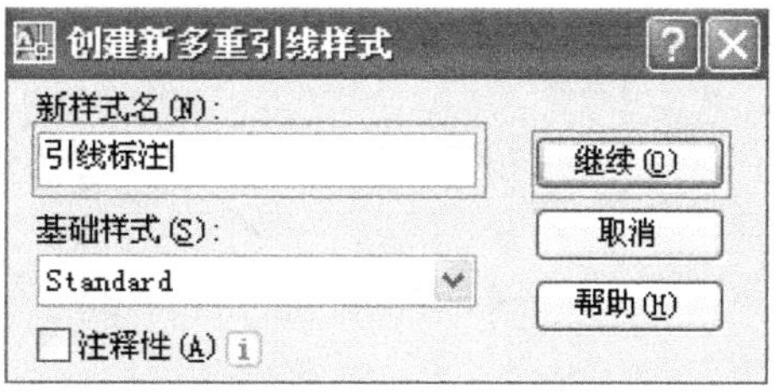

图8-67 “创建新多重引线样式”对话框

（3）打开“修改多重引线样式：引线标注”对话框，在“引线格式”选项卡中可设置引线的类型、颜色、线型和线宽，引线前端箭头符号和箭头大小。

（4）打开“引线结构”选项卡，在此可设置“最大引线点数”，是否包含基线，以及基线长度，如图8-68所示。

（5）打开“内容”选项卡，在此可设置“多重引线类型”（多行文字或图块）。如果多重引线类型为多行文字，还可设置文字的样式、角度、颜色、高度等。

（6）“引线连接”设置区用于设置当文字位于引线左侧或右侧时，文字与基线的相对位置，以及文字与基线的距离，如图8-69所示。

（7）如果将“多重引线类型”设置为“块”，此时系统将显示“块选项”设置区，利用该设置区可设置图块类型，图块附着到引线的方式，以及图块颜色等，如图8-70所示。

三、引线标注

启动“引线标注”命令后，就可以进行引线标注，依次指定引线上的点。通常情况下，标注引线之前首先要对引线标注进行设置。

1. 设置引线注释的类型

（1）命令输入

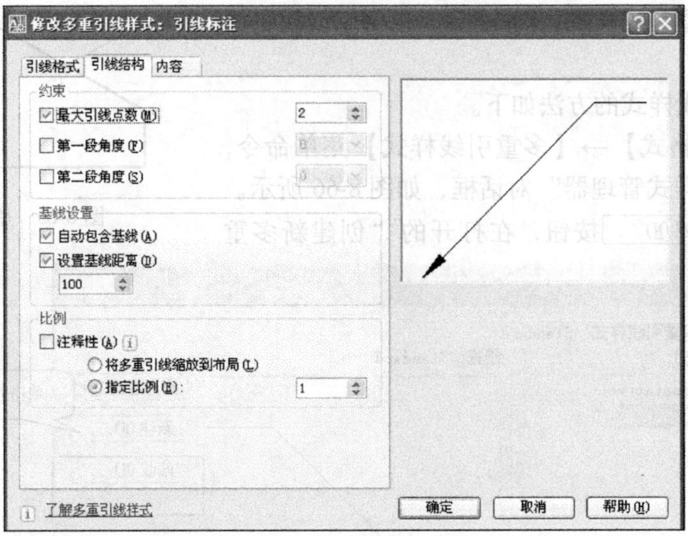

图 8-68 “引线结构”选项卡

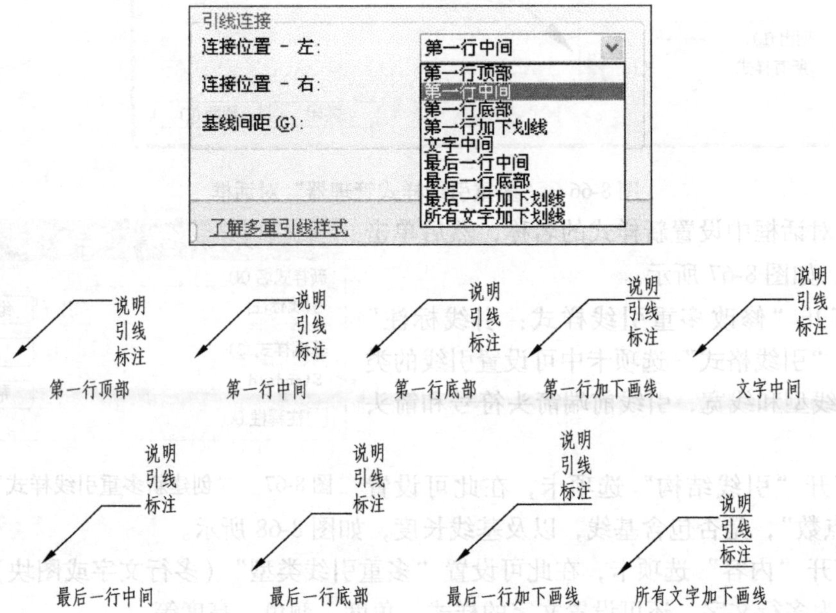

图 8-69 基线连接到多重引线文字的方式

命令:_qleader

指定第一个引线点或［设置（S）］<设置>:

(2) 命令说明

在命令行的提示下，直接按<Enter>键，系统弹出图 8-73 所示的“引线设置”对话框“注释”选项卡。

1)“注释类型”选项组

☆【多行文字】单选项 用于提示创建多行文字注释。

☆【复制对象】单选项 用于提示复制多行文字、单行文字、公差或图块参照对象。

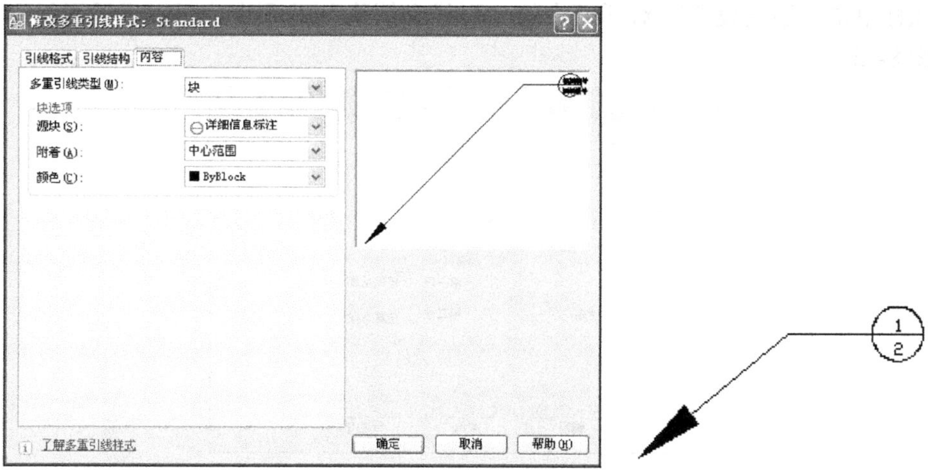

图 8-70 设置“多重引线类型”为“块”

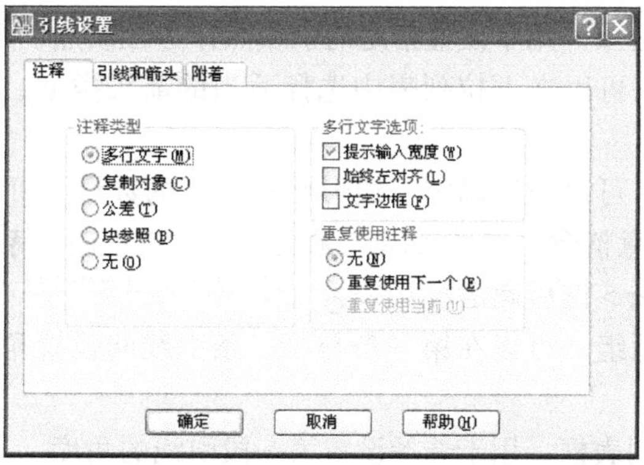

图 8-71 “引线设置”对话框“注释”选项卡

☆【公差】单选项 用于显示“公差”对话框，可以创建将要附着到引线上的特征控制框。

☆【块参照】单选项 用于插入图块参照。

☆【无】单选项 用于创建无注释的引线标注。

2)“多行文字选项”选项组

☆【提示输入宽度】复选框 用于指定多行文字注释的宽度。

☆【始终左对齐】复选框 设置无论引线位置在何处，多行文字注释都将靠左对齐。

☆【文字边框】复选框 用于在多行文字注释周围放置边框。

3)“重复使用注释”选项组

☆【无】单选项 用于设置为不重复使用引线注释。

☆【重复使用下一个】单选项 用于重复使用为后续引线创建的下一个注释。

☆【重复使用当前】单选项 用于重复使用当前注释。选择“重复使用下一个”单选项之后重复使用注释，AutoCAD 2008 将自动选择此项。

2. 控制引线及箭头的外观特征

用鼠标单击"引线设置"对话框中的"引线和箭头"选项卡，可以设置引线和箭头格式，如图 8-72 所示。

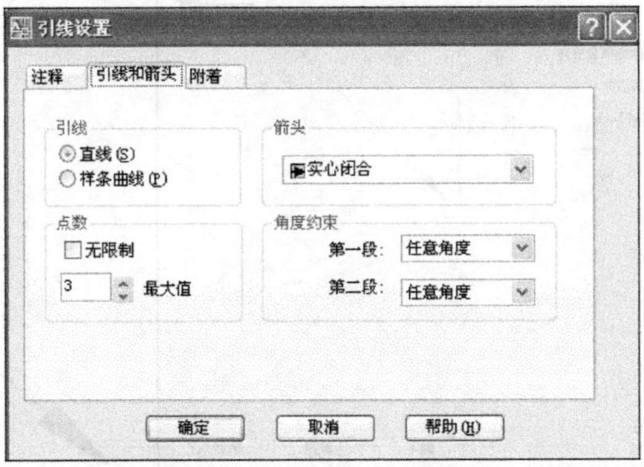

图 8-72 "引线设置"对话框中的"引线及箭头"选项卡

1)"引线"选项组 可以设置引线格式。

☆【直线】单选项 用于设置在指定点之间创建直线段。

☆【样条曲线】单选项 用于设置指定的引线点作为控制点创建样条曲线对象。

2)"箭头"选项组 可以在下拉列表中选择适当的箭头类型，这些箭头与尺寸线中的可用箭头一样。

3)"点数"选项组 可以设置确定引线形状控制点的数量，可以在"最大值"文本框中输入 2～999 之间的任意整数；如果选择"无限制"复选框时，系统将一直提示指定引线点，直到用户单击 <Enter> 键后确定。

4)"角度约束"选项组 可以在第一条与第二条引线间设置角度，以固定的角度进行约束。

☆【第一段】下拉列表框 用于选择设置第一段引线的角度。

☆【第二段】下拉列表框 用于选择设置第二段引线的角度。

3. 设置引线注释的对齐方式

单击"引线设置"对话框中的"附着"选项卡，在弹出的界面中可以设置引线和多行注释文字的附着位置。只有在"注释"选项卡上选定"多行文字"单选项时，"附着"选项卡才为可用状态，如图 8-73 所示。

在"多行文字附着"选项组中，有"文字在左边"或"文字在右边"两种方式可供选择，用于设置多行文字与引线末端的相对位置，如图 8-74 所示。

☆【第一行顶部】单选项 将引线附着到多行文字的第一行顶部。

☆【第一行中间】单选项 将引线附着到多行文字的第一行中间。

☆【多行文字中间】单选项 将引线附着到多行文字的中间。

☆【最后一行中间】单选项 将引线附着到多行文字的最后一行中间。

☆【最后一行底部】单选项 将引线附着到多行文字的最后一行底部。

☆【最后一行加下划线】复选项 用于给多行文字的最后一行加下画线，如图 8-75 所示。

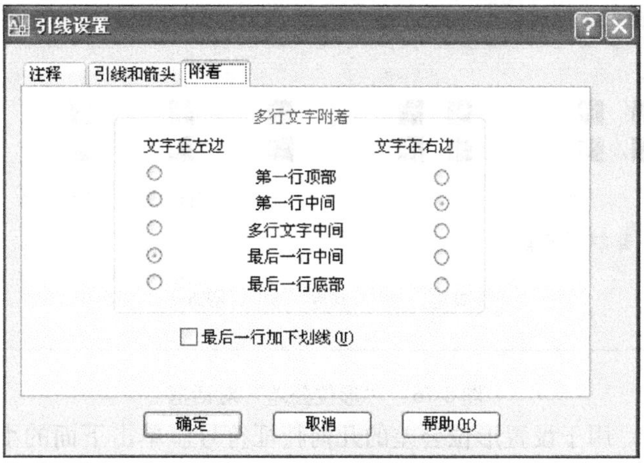

图 8-73 “引线设置”对话框中的“附着”选项卡

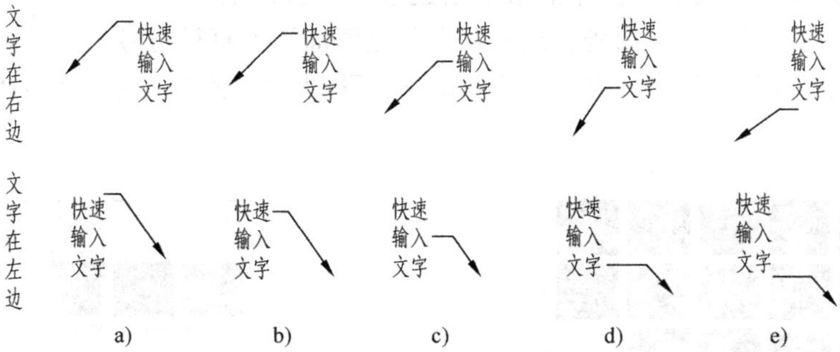

图 8-74 多行文字与引线末端的相对位置

a）第一行顶部 b）第一行中间 c）多行文字中间 d）最后一行中间 e）最后一行底部

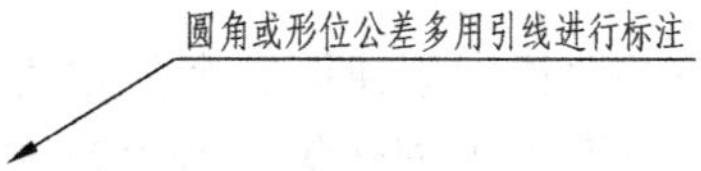

图 8-75 给多行文字的最后一行加下画线

任务五 形位公差标注和修改

标注形位公差，可以通过公差命令来进行，也可以通过引线标注中的公差参数进行。

一、使用公差命令标注

使用“公差”命令可以标注形位公差，它包括形状公差和位置公差，形位公差表示零件的形状、轮廓、方向、位置和跳动的允许偏差。在 AutoCAD 2008 中，利用“公差”命令即可创建各种形位公差。

1. 命令输入

工具栏：标注

菜单：标注➤公差

命令条目：tolerance

2. 命令说明

启用“公差”命令后，系统弹出图 8-76 所示“形位公差”对话框。

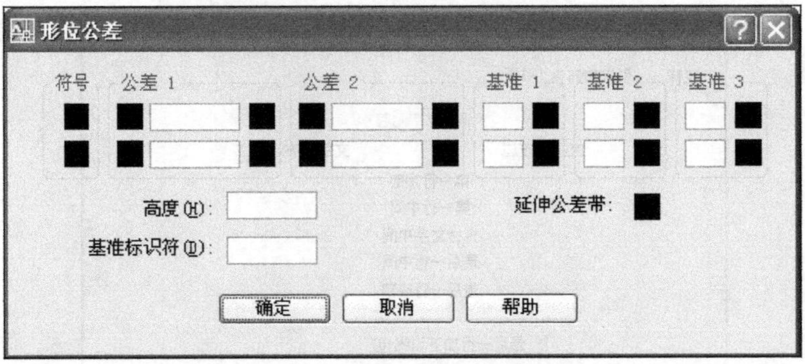

图 8-76　“形位公差”对话框

“符号”选项组　用于设置形位公差的几何特征符号。单击下面的小黑框，将弹出图 8-77 所示的“特征符号”对话框。

“公差 1”选项组　用于在公差框格中创建第一个公差值。该公差值指明了几何特征相对于精确形状的允许偏差量。另外，用户可在公差值前插入直径符号，在其后插入包容条件符号，单击“公差 1”列的小黑方框，将弹出图 8-78 所示“附加符号”对话框。

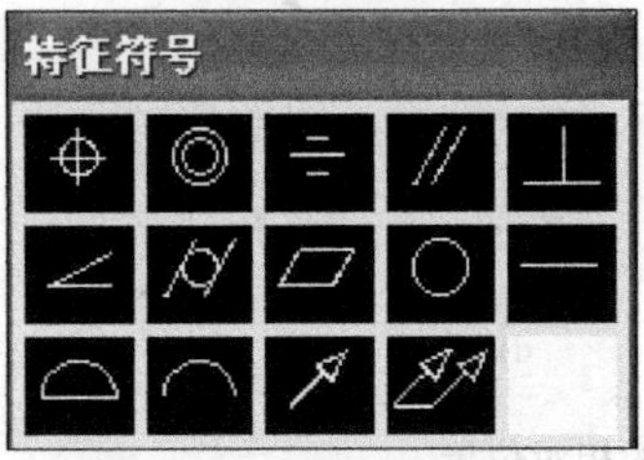

图 8-77　“特征符号”对话框

图 8-78　“附加符号”对话框

“公差 2”选项组　用于在公差框格中创建第二个公差值。

“基准 1”选项组　用于在公差框格中创建第一级基准参照。基准参照由值和修饰符号组成。基准是理论上精确的几何参照，用于建立特征的公差带。

“基准 2”选项组　用于在公差框格中创建第二级基准参照。

“基准 3”选项组　用于在公差框格中创建第三级基准参照。

☆【高度】选项　在公差框格中创建投影公差带的值。投影公差带控制固定垂直部分延伸区的高度变化，并以位置公差控制公差精度。

☆【延伸公差带】选项　在延伸公差带值的后面插入延伸公差带符号Ⓟ。

☆【基准标识符】选项　创建由参照字母组成的基准标识符号。基准是理论上精确的几何参照，用于建立其他特征的位置和公差带。点、直线、平面、圆柱或者其他几何图形都能作为基准。

设置完各项参数后，单击确定按钮，根据命令行提示，拾取点作为形位公差的标注位置。

二、使用引线标注

使用引线标注可以一次性标注出形位公差，而且不用再画引线，应用过程中比较方便。下面以标注图 8-79 中的形位公差为例来说明。

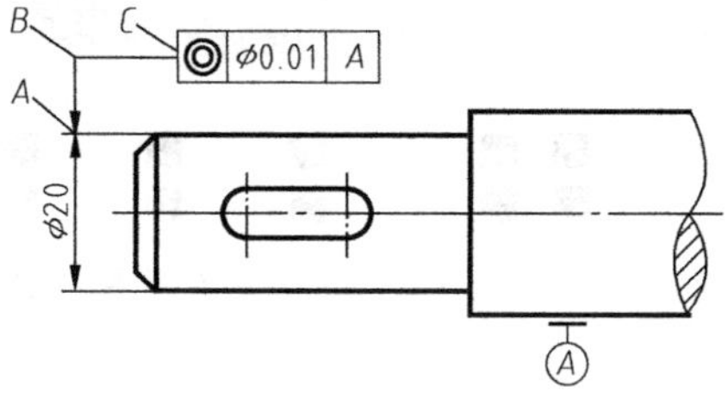

图 8-79　形位公差标注应用图例

操作步骤如下：

（1）启动“引线”命令，命令行如下显示。

命令：_ qleader　　//命令行中输入 qleader，按 <Enter> 键

指定第一个引线点或［设置（S）］<设置>：　　//按 <Enter> 键，弹出如图 8-80 所示对话框

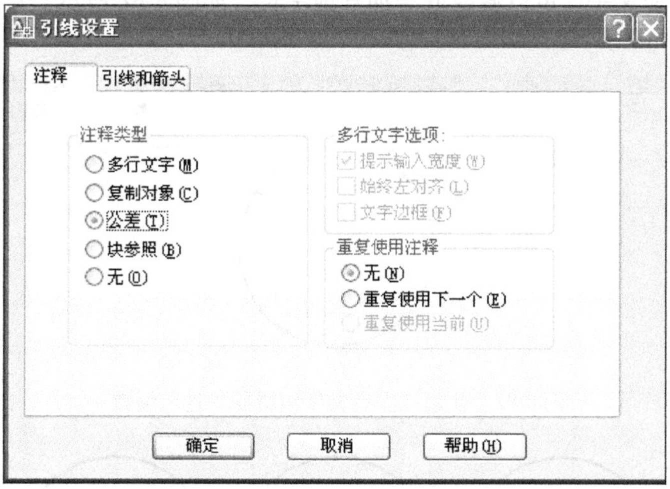

图 8-80　选择“公差”选项

（2）从图 8-80 所示“引线设置”对话框中选择“公差”选项，并在“引线和箭头”选项卡中，设置“点数”为 3，单击确定按钮，返回到绘图区域，鼠标变为“十字”形。

（3）在尺寸线上端点单击 *A* 点，再单击 *B* 点，最后单击 *C* 点（图 8-79），系统弹出如图 8-76 所示“形位公差”对话框。单击“形位公差”对话框“符号”下方的小黑框，弹出如图 8-77 所示的“特征符号”对话框，从中选择“同轴度”符号◎。单击“公差 1”下方的小黑框，自动弹出“直径”符号⌀，在其后面的文本框内输入数值“0.01”。在“基准 1”下方文本框内单击并输入“A”，如图 8-81 所示。

（4）单击确定按钮，完成标注设置，结果如图 8-79 所示。

三、尺寸编辑

在 AutoCAD 2008 中，可以应用多种方法编辑标注。修改标注所应用的尺寸样式可以改变图形中的尺寸样式，而且所有应用此样式的标注都将发生变化；想要单独改变某一处标注尺寸的外观和文字样式时，可以通过多种方法进行编辑。

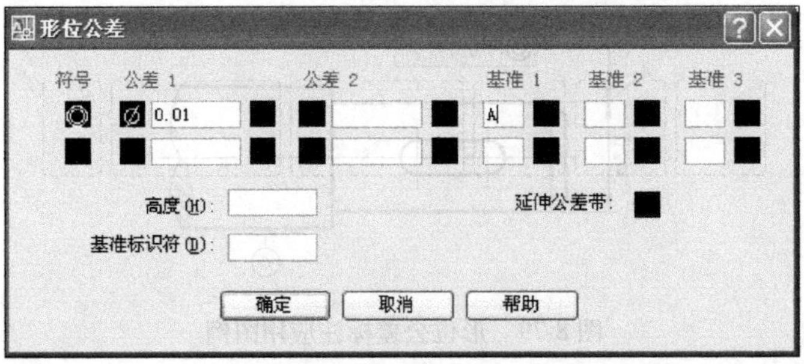

图 8-81　形位公差设置实例

1. 编辑标注文字

在尺寸标注中，如果仅想对标注文字进行编辑，有以下两种方法。

（1）利用“多行文字编辑器”进行编辑　选中需要修改的标注尺寸，选择【修改】→【对象】→【文字】→【编辑】菜单命令，系统将打开“多行文字编辑器”对话框，加底文本表示当前的标注文字，可以修改或添加其他字符，如图 8-82 所示。单击确定按钮，修改效果如图 8-83 所示。

图 8-82　使用“多行文字编辑器”进行编辑

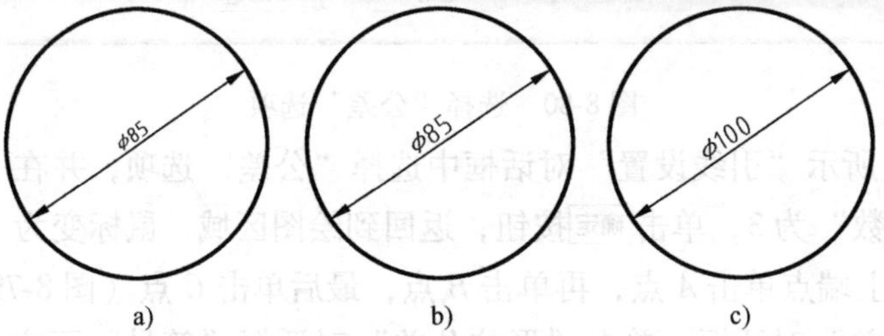

图 8-83　修改标注文字图例

a）修改前　b）修改文字高度　c）修改文字

（2）使用“对象特性管理器”进行编辑　选择【工具】→【选项板】→【特性】菜单命令，打开“特性”对话框。选择需要修改的标注，拖动“特性”对话框的滑块到对话框的文字特性的控制区域，单击激活“文字替代”文本框，输入需要替代的文字。或者是先选择要编辑的标注，鼠标右键单击，在弹出的快捷菜单中选择“特性”选项，也将弹出“特性”对话框，如图 8-84 所示。单击 <Enter> 键确认；单击 <Esc> 键，退出标注的选择状态。标注的修改效果如图 8-85 所示。

✧ 若想将标注文字的样式还原为实际测量值，可直接将“文字替代”文本框中输入的文字删除。

2. 编辑标注

用于改变已标注文本的内容、转角、位置，同时还可以改变尺寸界线与尺寸线的相对倾斜角。启用“编辑标注”命令有3种方法。

(1) 命令输入

工具栏：标注

菜单：标注➤对齐文字➤默认

命令条目：DED (dimedit)

(2) 命令说明

启动“编辑标注”命令后，命令行提示如下：

命令：_dimedit

输入标注编辑类型［默认（H）/新建（N）/旋转（R）/倾斜（O）］<默认>：

☆【默认（H）】 修改指定的尺寸文字到默认位置，即回到原始点。

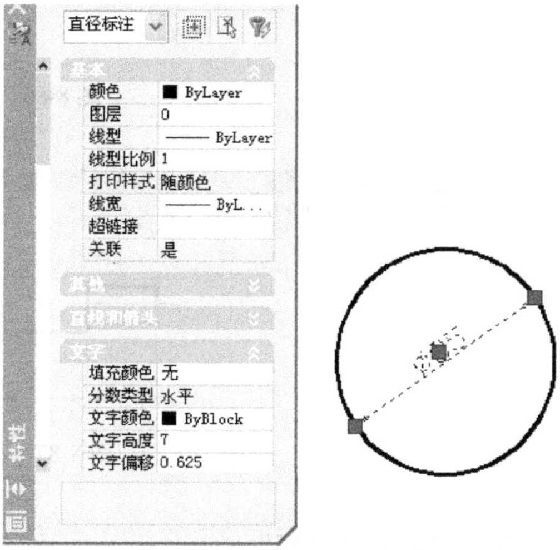

图8-84 使用“对象特性管理器”进行编辑

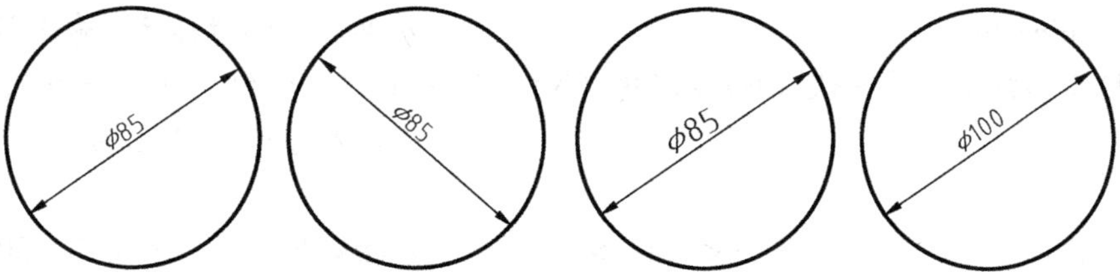

a) b) c) d)

图8-85 标注修改效果图例

a) 修改前 b) 修改位置 c) 修改文字高度 d) 修改文字大小

☆【新建（N）】 通过多行文字编辑器输入新的文字。

☆【旋转（R）】 按指定的角度旋转文字。

☆【倾斜（O）】 将尺寸界线倾斜指定的角度。

☆【选择对象】 选择要修改的尺寸对象。

(3) 操作实例

将图8-86a所示的尺寸标注样式修改成图8-86b所示的尺寸标注样式。

1) 修改尺寸“21”的数值，命令行提示如下：

命令：_dimedit //单击“编辑标注”命令按钮

输入标注编辑类型［默认（H）/新建（N）/旋转（R）/倾斜（O）］<默认>：N

//输入字母“N”，选择“新建”选项，按<Enter>，弹出如图8-87所

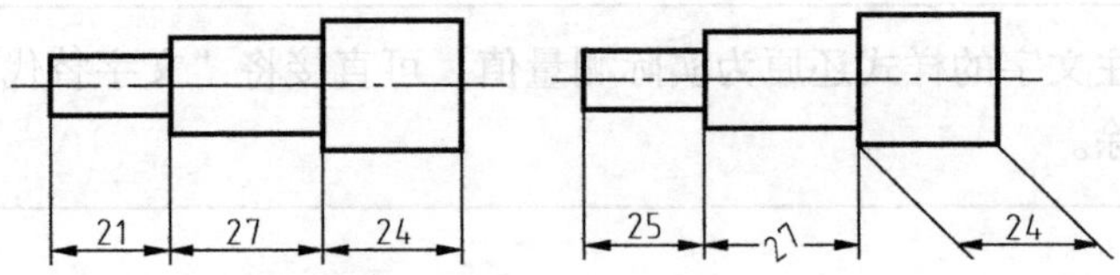

a) b)

图 8-86 编辑标注图例

a) 原图 b) 修改后

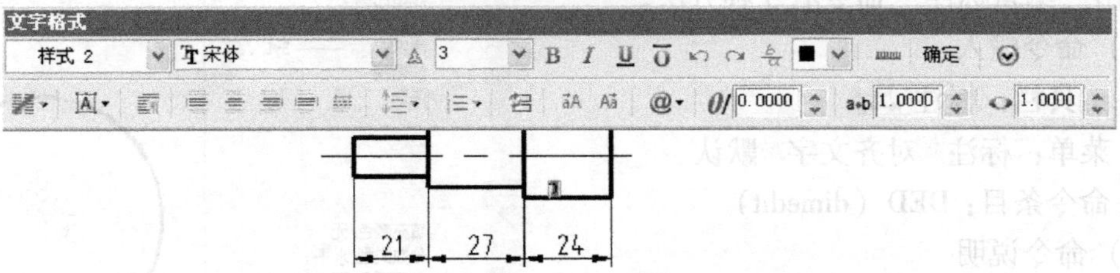

图 8-87 多行文字编辑器

示“多行文字编辑器”

输入修改数值“25” //在多行文字编辑器的蓝色文本框中输入新值“25”，单击确定按钮，此时光标变为拾取“小方框”

选择尺寸“21”后，单击 <Enter> 键 //完成尺寸的修改

2）修改尺寸“27”的角度，命令行提示如下：

命令：_dimedit //单击“编辑标注”命令按钮

输入标注编辑类型［默认（H）/新建（N）/旋转（R）/倾斜（O）］<默认>：R

//输入字母“R”，选择“旋转”选项

输入旋转角度“30”后，单击 <Enter> //指定标注文字的角度：30°

选择对象：找到 1 个 //选择尺寸“27”，完成尺寸角度修改

3）修改尺寸“24”的标注倾斜角度，命令行提示如下：

命令：_dimedit //单击“编辑标注”命令按钮

输入标注编辑类型［默认（H）/新建（N）/旋转（R）/倾斜（O）］<默认>：0

选择对象：找到 1 个 //输入字母“0”，选择“倾斜”选项

输入倾斜角度（单击 <ENTER> 表示无）：45，单击 <Enter>

//输入倾斜角度

4）完成尺寸标注样式的修改结果如图 8-86b 所示。

3. 尺寸文本位置的修改

尺寸文本位置有时会根据图形的具体情况做适当调整，如覆盖了图线或尺寸文本相互重叠等。对尺寸文本位置的修改，不仅可以通过夹点直观地进行修改，而且可以使用 dimtedit 命令进行精确修改。启动“尺寸文本位置修改”命令有 3 种方法。

（1）命令输入

工具栏：标注

菜单：标注➤对齐文字➤默认、角度、左、中、右

命令条目：dimtedit

（2）命令说明

启动“尺寸文本位置修改”命令后，命令行提示如下：

命令：_dimtedit

选择标注：

指定标注文字的新位置或［左（L）/右（R）/中心（C）/默认（H）/角度（A）］：

☆【选择标注】 选择需要修改的标注尺寸。

☆【指定标注文字的新位置】 在屏幕上指定文字的新位置。

☆【左（L）】 沿尺寸线左对齐文本（对线性尺寸，半径、直径尺寸适用）。

☆【右（R）】 沿尺寸线右对齐文本（对线性尺寸，半径、直径尺寸适用）。

☆【中心（C）】 将尺寸文本放置在尺寸线的中间。

☆【默认（H）】 放置尺寸文本在默认位置。

☆【角度（A）】 指定尺寸文本旋转的角度。

调整文本的各种位置如图 8-88 所示。

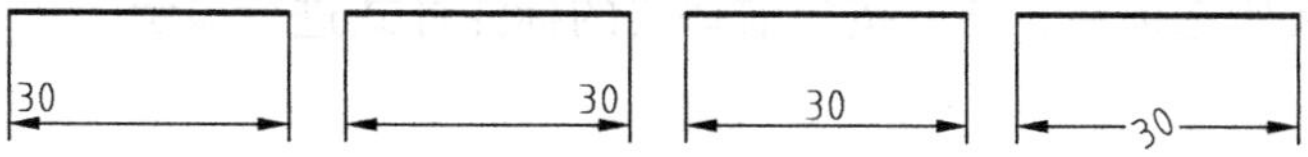

a) b) c) d)

图 8-88 调整文本的各种位置

a）左 b）右 c）中心 d）角度

4. 尺寸变量替换

“尺寸变量替换”可以在不影响当前尺寸类型的前提下，覆盖某一尺寸变量。要正确使用“尺寸变量替换”，应知道要修改的尺寸变量名。

（1）命令输入

工具栏：标注

菜单：标注➤替代

命令条目：dtmoverride

（2）命令说明

启动“尺寸变量替换”命令后，命令行提示如下：

命令：dimoverride

输入要替代的标注变量名或［清除替代（C）］：

输入标注变量的新值 <XXI>：XX2

输入要替代的标注变量名：

输入要替代的标注变量名或［清除替代（C）］：c

选择对象：

☆【输入要替代的标注变量名】 输入欲替代的尺寸变量名。

☆【清除替代（C）】 清除替代参量，恢复原来的变量值。

☆【选择对象】 选择修改的尺寸对象。

（3）操作实例

采用尺寸变量覆盖方式将图 8-89 中的参量“78”的字高由 3 改为 5。

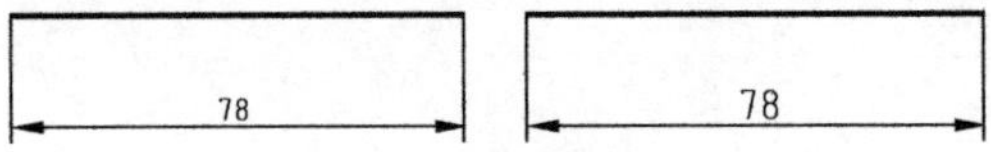

a)　　b)

图 8-89　尺寸变量替换图例

a）修改前　b）修改后

命令：_dimoverride　　//启动“替代”命令

输入要替代的标注变量名或［清除替代（C）］：dimtxt

　　//输入“覆盖变量”

输入标注变量的新值 <3.0000 >：5　　//输入新的变量值

输入要替代的标注变量名：　　//按 <Enter> 键

选择对象：找到 1 个　　//单击原图尺寸 78，按 <Enter> 键

结果如图 8-89b 所示。

5. 更新标注

在使用替代标注样式时，图形中已存在的标注不会自动更新为替代样式，需要使用“更新”命令来更新所选标注，使它按当前替代的标注样式进行显示。

（1）命令输入

工具栏：标注

菜单：标注▶更新

命令条目：dimstyie

（2）命令说明

启动“更新”命令后，光标变为拾取框。选择需要替代标注样式的尺寸标注，单击 <Enter> 键确认选择，即可更新所选尺寸标注。更新标注如图 8-90 示。

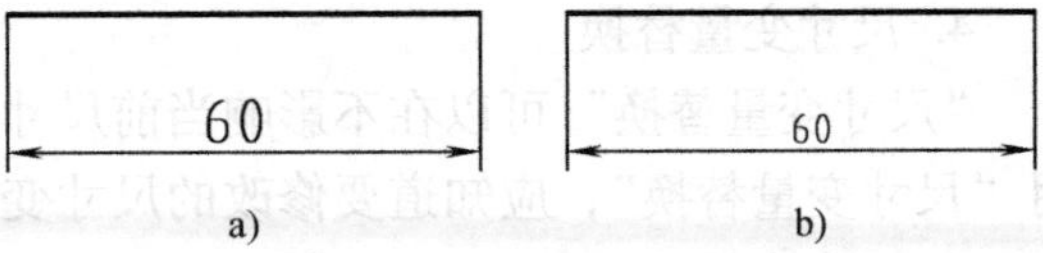

a)　　b)

图 8-90　更新标注图例

a）修改前　b）修改后

（3）操作实例

将图 8-90a 所示的原尺寸样式“ISO—25”更新为图 8-90b 所示，“样式 1”形式。

命令：dimstyle　　//单击“更新”命令按钮

当前标注样式：ISO-25

当前标注替代：

DIMTXSTY　样式 1

DIMTXT　5. 0000

输入标注样式选项

［保存（S）/恢复（R）/状态（ST）/变量（V）/应用（A）/?］ <恢复>：_apply

选择对象：找到 1 个　　//选择要更新的尺寸标注，按 <Enter> 键

使用“更新”命令后，命令行中出现“输入标注样式选项”的提示，其意义如下：

☆【保存】选项　将标注系统变量的当前设置保存到标注样式中。

☆【恢复】选项 将标注系统变量设置恢复为选定标注样式的设置。

☆【状态】选项 显示所有标注系统变量的当前值；在列出变量后，该命令结束。

☆【变量】选项 不修改当前设置，列出某个标注样式或选定标注的标注系统变量设置。

☆【应用】选项 将当前尺寸标注系统变量设置应用到选定标注对象上，永久替代应用于这些对象的任何现有标注样式。

输入“?”时，“命令说明区”将列出当前图形中所有标注样式。

任务六 尺寸标注实例上机指导

打开“8-1. dwg”图形文件。按图 8-91 所示进行尺寸及公差的标注。

（1）打开光盘文件“8-1. dwg”，如图 8-91 所示。

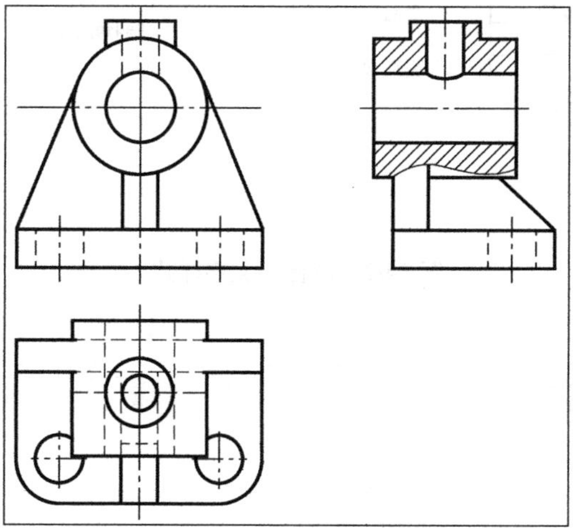

图 8-91 光盘文件“8-1. dwg”

（2）设置“文字样式”，如图 8-92 所示。（步骤略）

（3）设置“标注样式“，如图 8-93 所示。（步骤略）

提示：文字高度为 5，箭头大小为 5。

（4）尺寸标注，如图 8-94 所示。（步骤略）

提示：标注前选择标注图层。

（5）创建基准符号，如图 8-95 所示。

1）选择标注图层。

2）绘制水平直线 10mm。

3）以水平直线中点开始，绘制垂直线 5mm。

4）以水平直线中心点为圆心，绘制 ϕ8 圆。

5）把 ϕ8 圆向下垂直移动 9mm。

6）启用“多段线”命令设置水平直线宽度为 0. 3mm。

7）启用“定义块属性”等命令创建表面粗糙度“基准符号”图块。

（6）完成图例尺寸标注及形位公差的设置如图 9-96 所示。

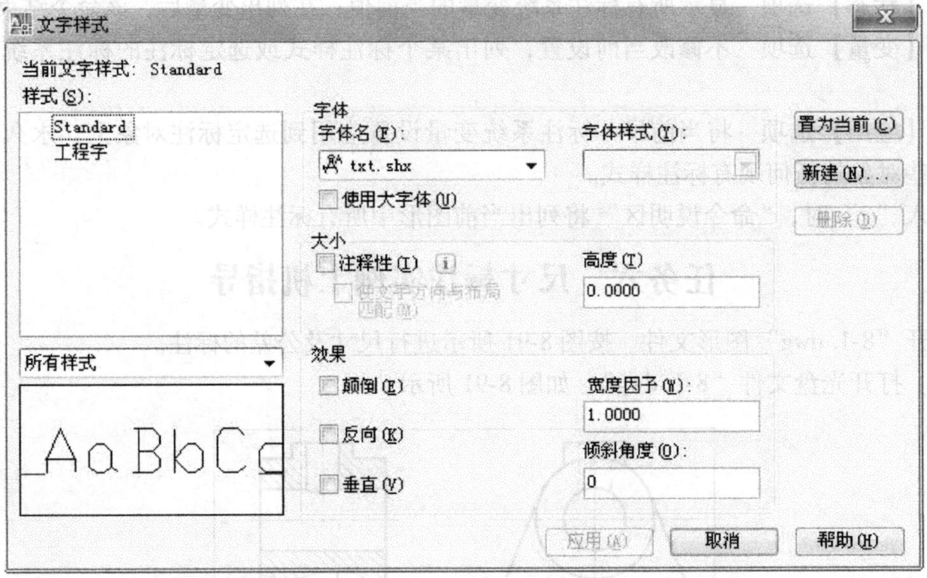

图 8-92　设置“文字样式”

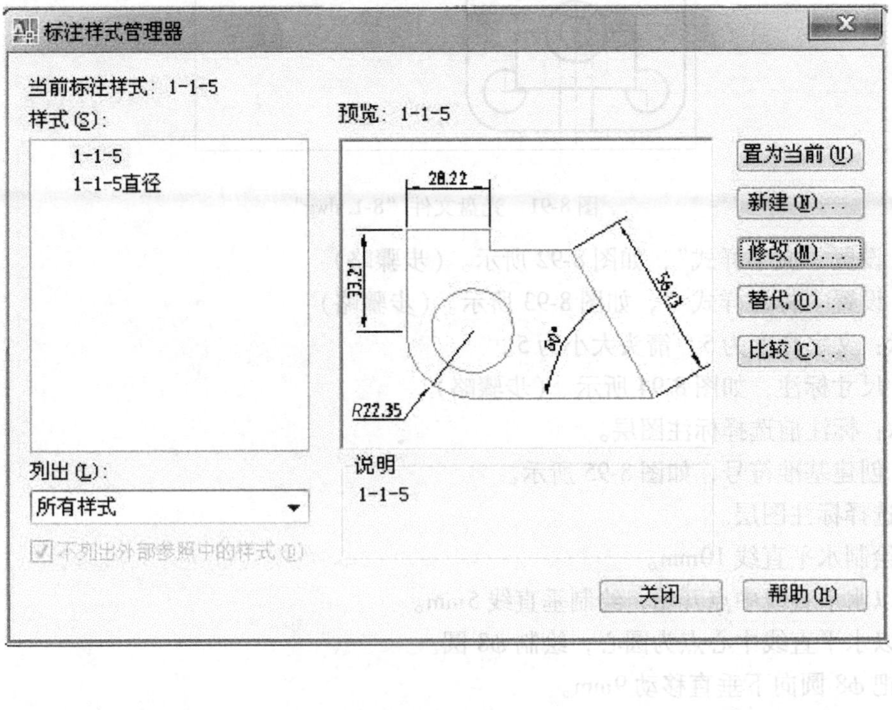

图 8-93　设置“标注样式”

（7）完成图例标注，归整图例。

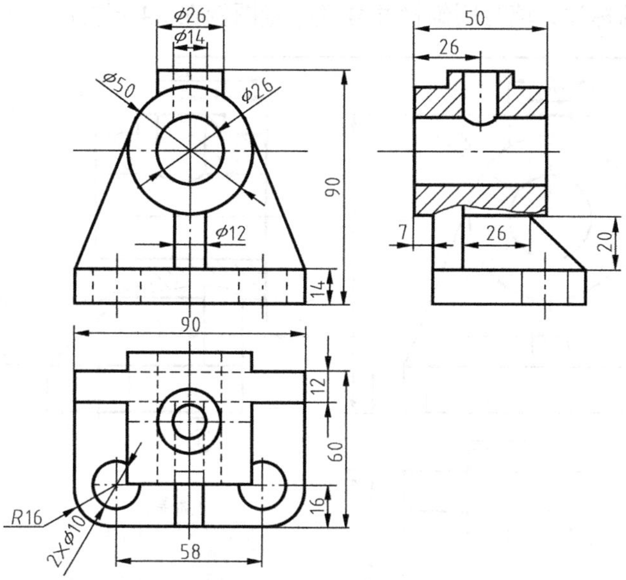

图 8-94 尺寸标注图例

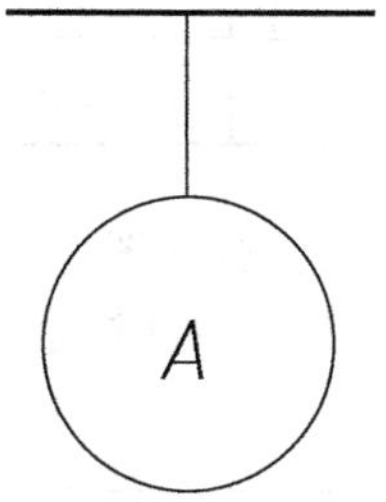

图 8-95 基准符号

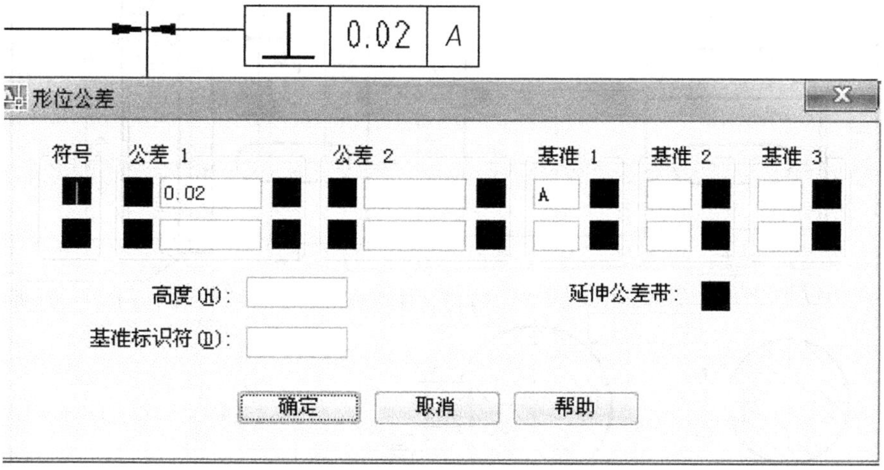

图 8-96 完成图例尺寸标注及形位公差的设置

同步练习八

8-1 把图 8-1 绘制好后，插入带属性标题栏的 A4 图框，根据题 8-1 图所示，完成表面粗糙度和技术要求的标注，填写明细栏并合理布置图例在 A4 图框的位置。

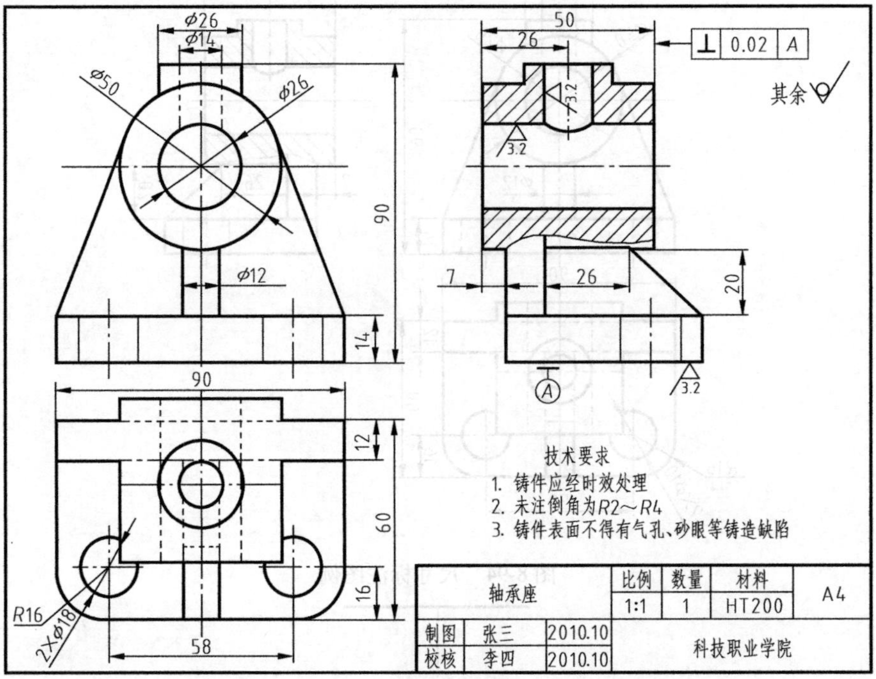

题 8-1 图

8-2　打开“题 8-2. dwg”文件，插入带属性标题栏的 A4 图纸，放大适当倍率，根据题 8-2 图所示，完成完整图样。

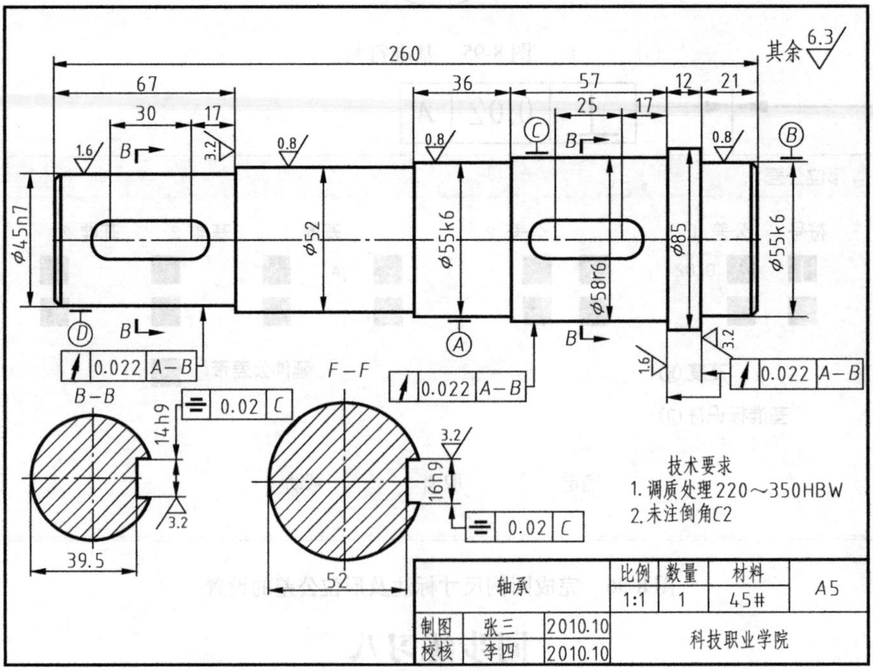

题 8-2 图

项目九　三维建模基础

【项目导入】

根据图 9-1 所示三视图进行轴承座三维实体建模。

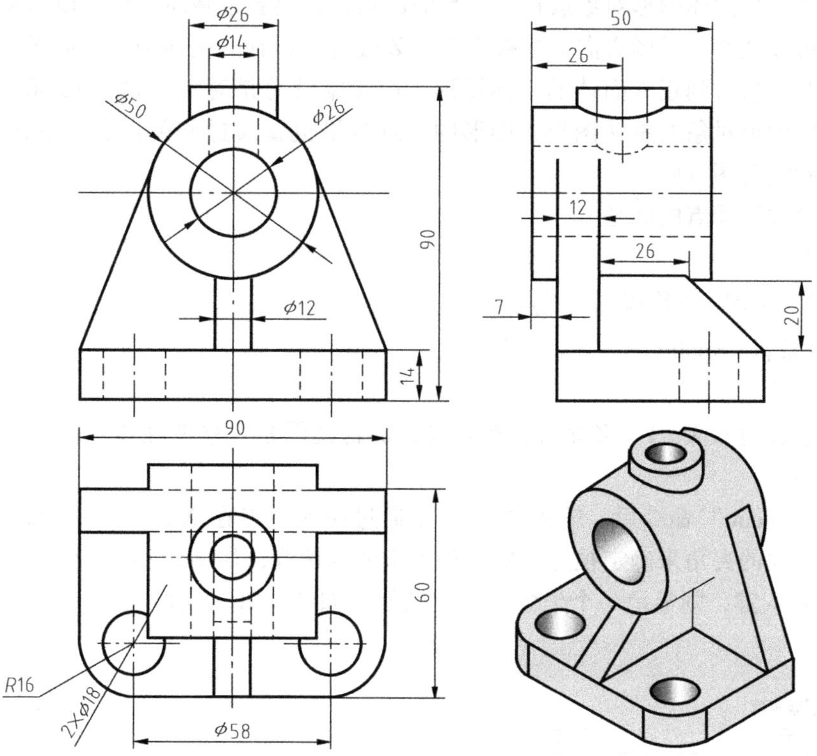

图 9-1　轴承座三视图

【项目分析】

轴承座是一个典型的形体分析体，可以将其分解为底面、轴承圆筒、注油孔、支撑板和加强肋五块，每块都可以由其二维特征图形拉伸而成，再经过交、并、差布尔运算组合成轴承座。它体现了三维实体建模的一般思路。本项目主要学习如何观察三维模型、如何确定三维作图平面、如何由二维图生成三维图并用布尔运算组合。

【学习目标】

- 视点的概念及视点、动态观察和视觉样式命令的操作使用
- 用户坐标系的概念及用户坐标系命令的操作使用
- 二维图形生成三维实体图形的方法和布尔运算的三维建模思路

【项目任务】

任务一　视点（看图方向）的确定

任务二　用户坐标系的建立

任务三　简单三维实体建模方法

任务四　轴承座三维建模实例上机指导

任务一　视点（看图方向）的确定

AutoCAD 2008 的坐标系统是不分二维和三维的，二维平面图形也是在三维环境中绘制，只不过我们是正对着图形看，坐标系的 Z 轴正对眼睛积聚成点，看起来是平面图形。

假设一个正六面体图形对象放在坐标系的原点，观察者眼睛所在位置就是视点，视点和原点的连线可以认为是看图方向。当视点正对 Z 轴时，看到的是四边形平面图，当视点没有正对坐标轴时，将看到正六面体的立体图形。由于眼睛总是对着屏幕，AutoCAD 2008 系统表现为所观察图形对象的旋转图形，图形的三维效果也就通过调整视点（看图方向）显示出来，视点确定看图方向。

一、任意位置视点的调整

1. 命令输入

菜单：视图▸三维视图▸视点

命令条目：vpoint

2. 命令说明

视点可通过输入 X、Y 、Z 坐标值来定义，屏幕视图是观察者在该点向原点（0，0，0）方向观察的结果。

在输入“vpoint”命令后，输入“R”，则通过输入视点在 XY 平面的投影与 X 轴的夹角和与 XY 平面的夹角来确定视点位置，相当于视点预置，如图 9-2a 所示。

按 <Enter> 键，则显示一个坐标球和三轴架，如图 9-2b 所示。可以将同心的小圆认为

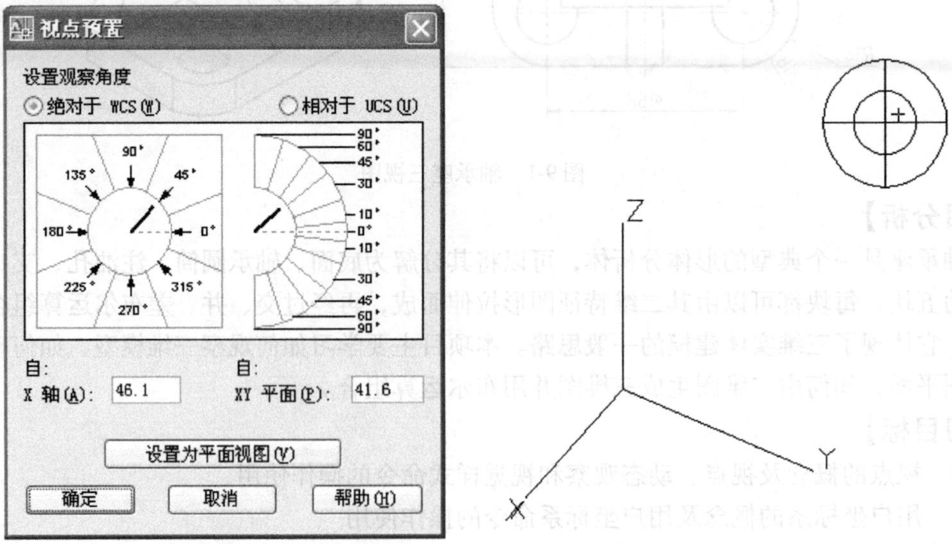

a)　　　　　　　　　　b)

图 9-2　两种调整视点的方式：视点预置和显示坐标球和三轴架

a）视点预置　b）坐标球和三轴架

是球的上下中线，则小圆为上半球压扁状。光标在小圆内，则表示是从上向下看，小圆和大圆可以假想为下半球展开；光标在大圆内小圆外，则表示从下往上看。

这种调整视点的方式可以得到任意位置的视点，便于观察图形的三维效果，但并不是很必须的，也不容易得到一个精确的视点坐标来产生精确的三维效果。

二、特殊位置视点的调整

AutoCAD 2008 预置了特殊位置的视点，便于用户观察图形，可以根据名称或说明选择预定义的标准正交视图和等轴测视图。这些视图代表常用的六个基本视图：俯视、仰视、主视、左视、右视和后视。此外，还可以应用以下等轴测选项设置视图三维效果：SW（西南）等轴测、SE（东南）等轴测、NE（东北）等轴测和 NW（西北）等轴测，其中 SE（东南）等轴测和一般定义的等轴测图一致。

图 9-3 所示是系统预置的特殊位置视点视图工具栏，按钮上的阴影即为看图方向。如阴影在上即为俯视图，其看图方向为从上向下看。

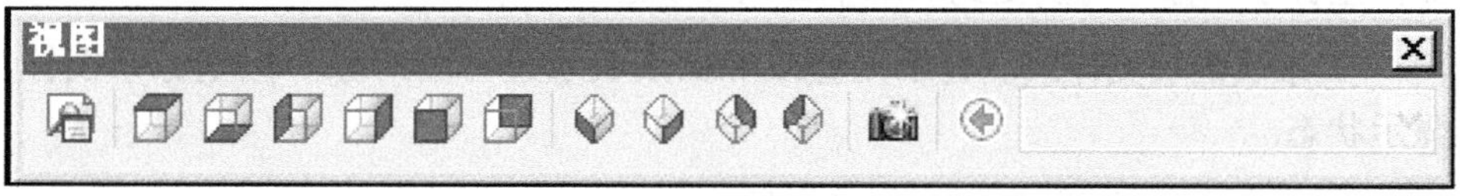

图 9-3　视图工具栏

三、自由动态观察器

可以使用自由三维动态观察器较随意地调整看图方向。

1. 命令输入

工具栏：三维导航

菜单：视图➤动态观察

定点设备：按住〈Shift + Ctrl〉组合键，然后单击鼠标滚轮以暂时进入 3Dforbit 模式。

命令条目：3dforbit

2. 命令说明

（1）在当前视口中激活自由三维动态观察器察看视图，如图 9-4 所示。

（2）自由三维动态观察视图显示一个导航球，它被更小的圆分成 4 个区域。

1）当光标在大圆内时光标呈现，表示观察对象可以绕导航球心上下左右随意旋转，此时，按住鼠标左键拖动即可观察图形对象各向自由旋转效果。

2）当光标在大圆外时光标呈现状态，表示观察对象可以绕屏幕中心旋转，此时，按住鼠标左键拖动即可观察到图形对象绕屏幕中心旋转的效果。

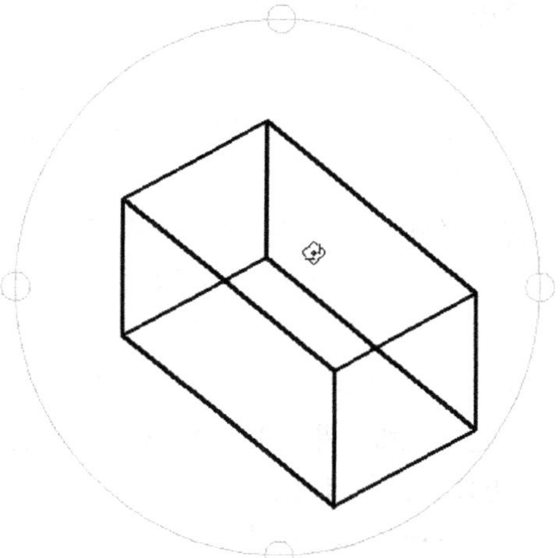

图 9-4　自由三维动态观察视图

3）当光标处于上下小圆中时，光标呈现状态，表示观察对象可以绕 X 轴旋转，此时，按住鼠标左键拖动即可观察图形对象前后翻转的显示效果。

4）同样，当光标处于左右小圆中时，光标呈现状态，表示观察对象可以绕 Y 轴旋转，此时按住鼠标左键拖动即可观察图形对象左右翻转的显示效果。

熟练使用自由三维动态观察器可以帮助用户方便地了解三维图形各部分情况，防止出现交叉图线。特殊位置视点可跟随作图面移动，便于绘图。

四、视觉样式

“视觉样式”是一组用来设置图形对象的边和着色的显示效果工具，如图 9-5 所示，它提供以下 5 种默认视觉样式。

图 9-5 视觉样式图标

☆ 二维线框视觉样式。显示用直线和曲线表示边界的对象。坐标系图标等均恢复到二维平面图形状态。

☆ 三维线框视觉样式。显示用直线和曲线表示边界的对象。但坐标系图标等还是在三维显示状态。

☆ 三维隐藏视觉样式。显示用三维线框表示的对象并隐藏表示实体后向面的直线。

☆ 真实视觉样式。着色多边形平面间的对象，并使对象的边平滑化。将显示已附着到对象的材质。

☆ 概念视觉样式。着色多边形平面间的对象，并使对象的边平滑化。着色使用冷色和暖色之间的过渡，而不是从深色到浅色的过渡。效果缺乏真实感，但可以更方便地查看模型的细节。

☆ 管理视觉样式。打开视觉样式管理器，如图 9-6 所示，可以重新设置各视觉样式的显示效果。

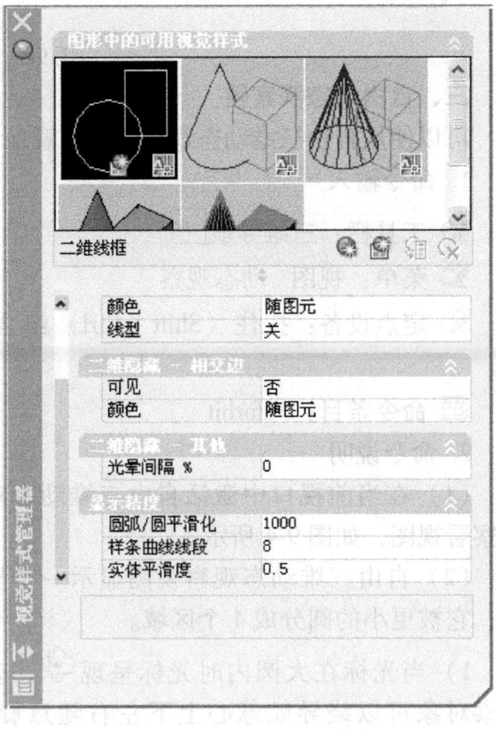

图 9-6 视觉样式管理器

视觉样式只是一种简单地显示图形对象模型效果的工具，不能真实体现图形对象的材质、光源和渲染效果，因此，它只能用于图形绘制时的效果检验。一般，常用概念视觉样式查看三维效果，用二维线框视觉样式进行作图。几种线框视觉样式效果图例见表 9-1（以长方体、圆锥体为例）。

在着色视觉样式中来回移动模型时，跟随视点移动的两个平行光源将会照亮图形的前面。该默认光源被设计为照亮模型中的所有面，以便从视觉上辨别这些面。仅在其他光源

（包括阳光）关闭时，才能使用默认光源。

表 9-1　线框视觉样式效果图例

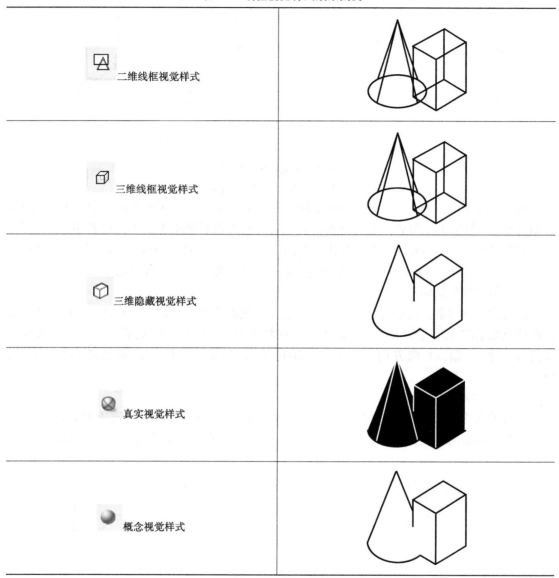

二维线框视觉样式	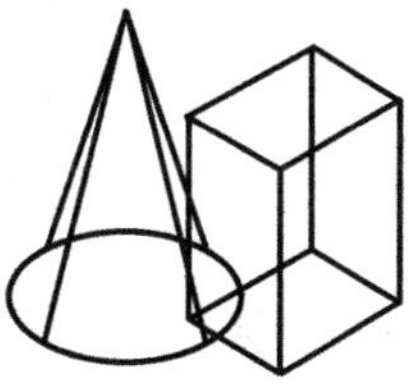
三维线框视觉样式	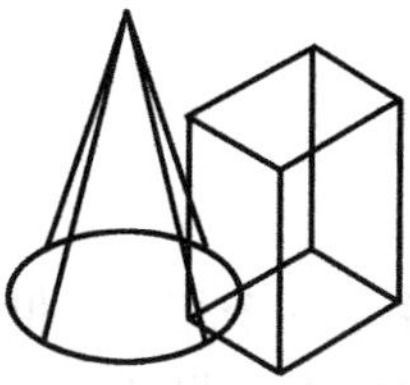
三维隐藏视觉样式	
真实视觉样式	
概念视觉样式	

任务二　用户坐标系的建立

一、世界坐标系和用户坐标系

在 AutoCAD 2008 绘图时，只能在坐标系的 *XOY* 平面上进行，这个 *XOY* 平面被称为作图平面。系统初始的坐标系统是世界坐标系统（WCS），它是系统默认的坐标系统。三维绘图时需要在三维模型的不同平面上绘制，因此要使作图平面变换到不同的平面上。AutoCAD 2008 系统是采用创建新的坐标系——用户坐标系（UCS）的方式实现的，新坐标系的 *XOY* 面即为三维绘图的作图平面。世界坐标系和用户坐标系可以从坐标系图标上有所区别，如图 9-6 所示，世界坐标系在原点处有一方框，用户坐标系则没有，但都是只能在坐标系的 *XOY*

平面作图。

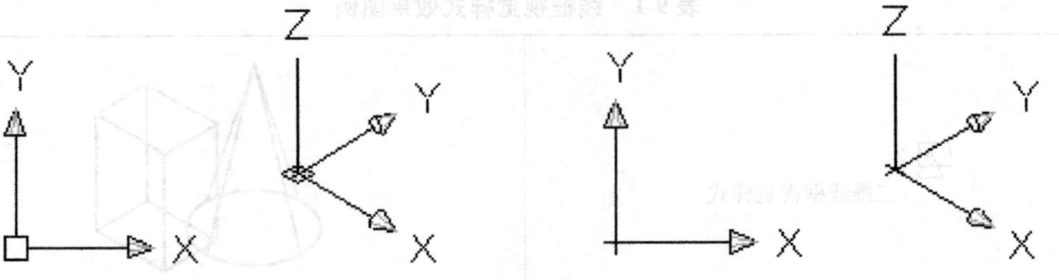

a) b)

图 9-7 坐标系图标显示

a）世界坐标系 b）用户坐标系

用户坐标系是一个相对于世界坐标系的自定义坐标系统，一般通过重新设定坐标系的原点和 *X* 轴、*Y* 轴方向来得到一个用户坐标系。可以根据需要采用不同方式设置用户坐标系，一般不需要保存，当需要一个和以前相同的用户坐标系时，可以重新设置相同位置的用户坐标系和坐标轴方向。AutoCAD 2008 系统也可以保存用户坐标系，以便在需要时调用。

二、创建用户坐标系

创建用户坐标系，就是要重新定义用户坐标系的原点和 *X*、*Y*、*Z* 轴方向。由于仅要求新用户坐标系的 *XOY* 平面处于平面位置且能在此平面绘制图形，因此不一定要求明确坐标系的原点和 *X* 轴、*Y* 轴方向。AutoCAD 2008 系统提供了多种方式来创建用户坐标系（UCS）。

1. 命令输入

一般可以通过 UCS 工具栏按钮、工具（T）→新建 UCS（W）菜单选项和 UCS 键盘命令三种方式创建用户坐标系，通过 UCS 工具栏按钮输入命令比较直观、清楚，如图 9-8 所示。

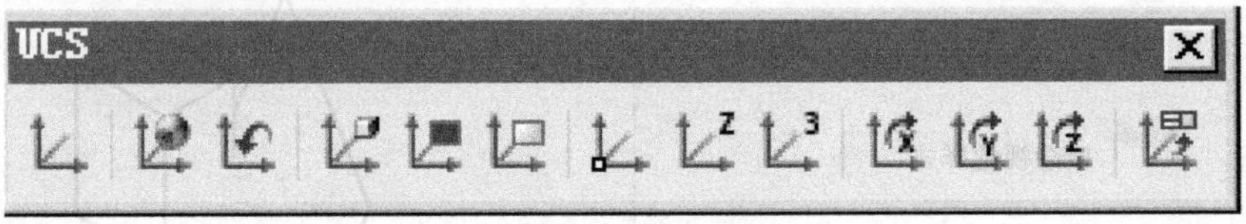

图 9-8 UCS 工具栏

2. 命令说明

☆世界坐标系按钮 将当前用户坐标系设置到世界坐标系状态。

☆管理用户坐标系按钮 用户自定义坐标系。

☆上一个 UCS 按钮 返回上一次设置的用户坐标系。

☆面按钮 将当前 UCS 设置到选定的实体对象面上。

☆对象按钮 根据选定的对象设置 UCS，不同的对象有其不同的 UCS 原点和 *X* 轴方向的规定。

☆视图按钮 以当前视图平面建立 UCS，方便文字注释的输入。

☆原点按钮　移动得到新 UCS 的原点，其 *X* 轴、*Y* 轴等不变。

☆*Z* 轴按钮　通过指定新原点和 *Z* 轴正向得到新 UCS。

☆3 点按钮：通过指定新原点、*X* 轴上一点和 *Y* 轴上一点得到 UCS。

☆*X* 按钮：将当前 UCS 绕 *X* 轴旋转指定角度。

☆*Y* 按钮：将当前 UCS 绕 *Y* 轴旋转指定角度。

☆*Z* 按钮：将当前 UCS 绕 *Z* 轴旋转指定角度。

在这些确定 UCS 的方式中，建议初学者多使用“3 点”方式确定 UCS，它较直观地设置了 UCS 的坐标系位置。

3. 操作实例

用“3 点”方式设置 UCS 绘图实例如图 9-9 所示。要方便地绘制图示两个圆，就需要创建用户坐标系。

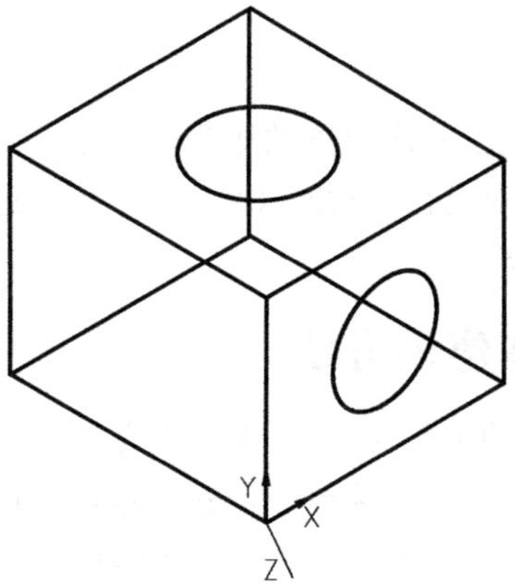

图 9-9　UCS 绘图实例

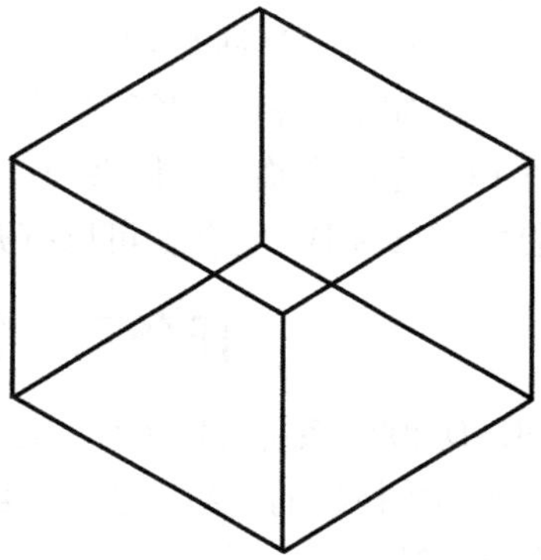

图 9-10　随意创建的长方体实体

（1）设置视点为西南等轴测视图。

（2）单击按钮，在屏幕绘图区任意点单击鼠标并拉出矩形；再单击鼠标，确定矩形高度，创建长方体如图 9-10 所示。

（3）单击按钮，捕捉长方体上平面左上角点为原点，捕捉同一平面的另外角点为 *X* 轴上一点和 *Y* 轴上一点，将用户坐标系设置到长方体上表面。启动绘制“圆”命令，捕捉中点（追踪交点）为圆心，随意指定半径绘圆，结果如图 9-11 所示。

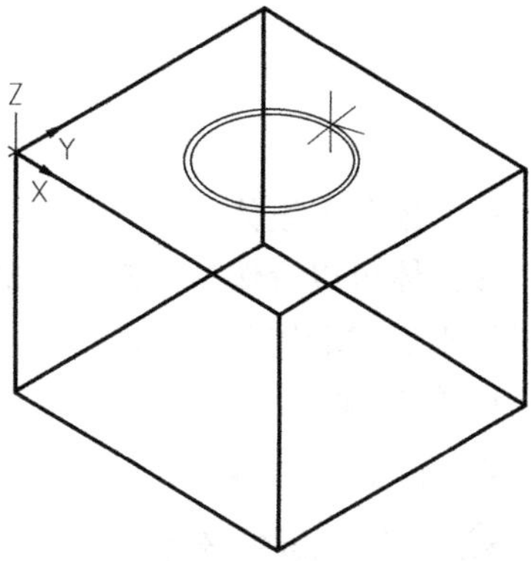

图 9-11　绘制上表面圆

（4）单击按钮，捕捉长方体下平面下角点为原点，捕捉同一平面的另外角点为 *X* 轴上一点和 *Y* 轴上一点，将用户坐标系设置到右侧面。

（5）启动绘制圆命令，捕捉中点时，追踪交点为圆心，随意指定半径绘圆，结果如图

9-12 所示；

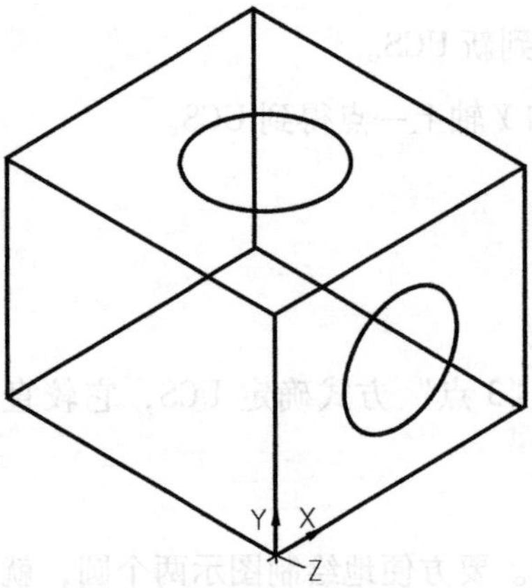

图 9-12　绘制右侧表面圆

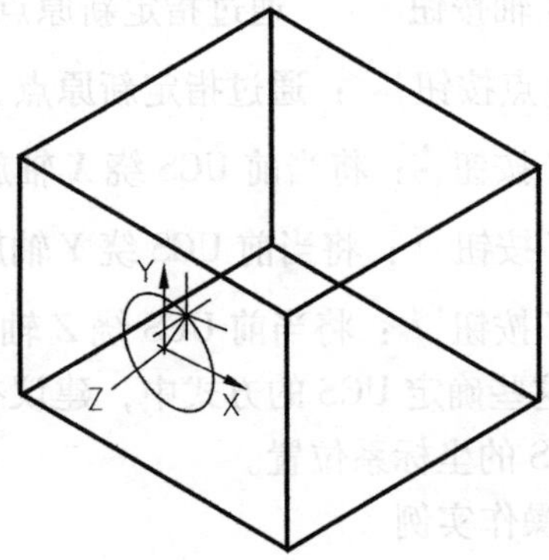

图 9-13　动态 UCS 绘图示例

三、动态用户坐标系

如图 9-13 所示，当动态 UCS 打开后，可以在创建对象时使 UCS 的 *XY* 平面自动与实体模型上的平面临时对齐，对象绘制完毕时，UCS 恢复到上一次设置的用户坐标系。

动态 UCS 是一个临时坐标系统，仅当命令处于活动状态时动态 UCS 才可用。通过单击〈F6〉键或〈Ctrl + D〉组合键可以打开、关闭动态 UCS。

任务三　简单三维实体建模方法

AutoCAD 2008 系统可以创建三维线框模型、三维曲面模型和三维实体模型，这里只介绍创建三维实体模型的简易方法。三维实体模型可以由基本实体命令创建，也可以由二维平面图形生成三维实体，再通过对简单实体的布尔运算创建出复杂的三维实体模型。图 9-14 所示是实体“建模”工具栏，包含了基本体按钮、二维生成三维的拉伸按钮、布尔运算按钮和三维编辑命令按钮。

图 9-14　实体“建模”工具栏

一、绘制多段体

多段体可以看作是带矩形轮廓的多段线，只不过绘制出来的是实体。在建筑立体图中用多段体来创建墙体非常方便。

1. 命令输入

工具栏：建模

菜单：绘图 ▶ 建模 ▶ 多段体

命令条目：polysolid

面板：“三维制作”面板，“多段体”

2. 命令说明

通过 Polysolid 命令，用户可以将现有直线、二维多线段、圆弧或圆转换为具有矩形轮廓的实体。多段体可以包含曲线线段，但是默认情况下对象轮廓始终为矩形。也可以使用 Polysolid 命令绘制实体，方法与绘制多段体一样。

命令：_Polysolid　//执行"多段体"命令

高度 = 4.0000，宽度 = 0.2500，对正 = 居中

//系统显示当前多段体的参数信息

指定起点或［对象（O）/高度（H）/宽度（W）/对正（J）］<对象>：*取消* 指定起点

……

☆【对象（O）】　选择该选项后，可以选择现有的直线、二维多线段、圆弧或圆，将其转换为具有矩形轮廓的多段体。

☆【高度（H）】　指定多段体的高度。

☆【对正（J）】　使用命令定义对象轮廓时，可以将多段体的宽度和高度设置为"左对正"、"右对正"或"居中"。对正方式由轮廓的第一条线段的起始方向决定。

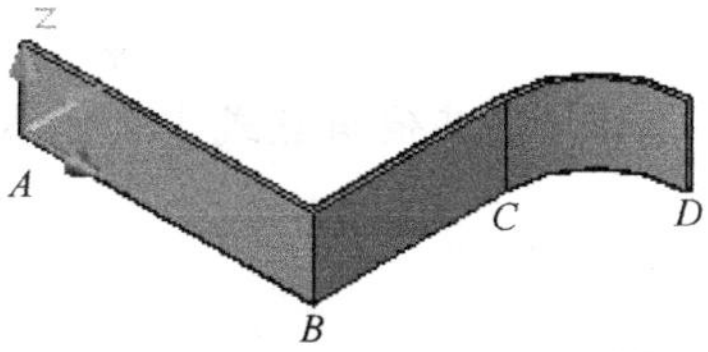

图 9-15　多段体图例

3. 操作实例

绘制如图 9-15 所示多段体图形。

选择【视图】→【三维视图】→【东南等轴测】选项，进入绘图区域。

命令：Polysolid　//执行"多段体"命令

高度 = 80.0000，宽度 = 5.0000，对正 = 居中　//系统显示当前多段体的参数信息

指定起点或［对象（O）/高度（H）/宽度（W）/对正（J）］<对象>：0，0，0

//指定起点 A

指定下一个点或［圆弧（A）/放弃（U）］：300，0//指定下一点 B

指定下一个点或［圆弧（A）/放弃（U）］：@0，200

//指定下一点 C

指定下一个点或［圆弧（A）/闭合（C）/放弃（U）］：a

//转换到圆弧

指定圆弧的端点或［闭合（C）/方向（D）/直线（L）/第二个点（S）/放弃（U）］：@100，100　//指定下一点 D

结果如图 9-15 所示。

二、绘制长方体

长方体是最基本的实体模型之一，作为最基本的三维模型，其应用非常广泛。

1. 命令输入

工具栏：建模

菜单：绘图▸建模▸长方体

命令条目：box

面板："三维制作"面板，"长方体"

2. 命令说明

命令：_box　　//执行长方体命令

指定长方体的角点或[中心点(C)]<0, 0, 0>：　　//指定长方体的第一点

指定角点或[立方体(C)/长度(L)]：　　//指定长方体的第二点

☆【角点】　定义长方体的一个角点。

☆【中心点（C）】　定义长方体的中心点，并根据该中心点和一个角点来绘制长方体。

☆【立方体（C）】　绘制立方体，选择该项命令后即可根据提示输入立方体的边长。

☆【长度（L）】　选择该命令后，系统依次提示用户输入长方体的长、宽、高。

3. 操作实例

命令：_box　　//执行长方体命令（Box）

指定第一个角点或［中心（C）］：　　//指定长方体的第一点（长方体的左下角第一点）

指定其他角点或［立方体（C）/长度（L）］：1　　//输入命令 L（我们这里用长、宽、高来绘制长方体）

指定长度：20　　//指定长方体长度：20

指定宽度：20　　//指定长方体宽度：20

指定高度或［两点（2P）］：10　　//指定长方体高度：10

完成长方体图形如图 9-16 所示。

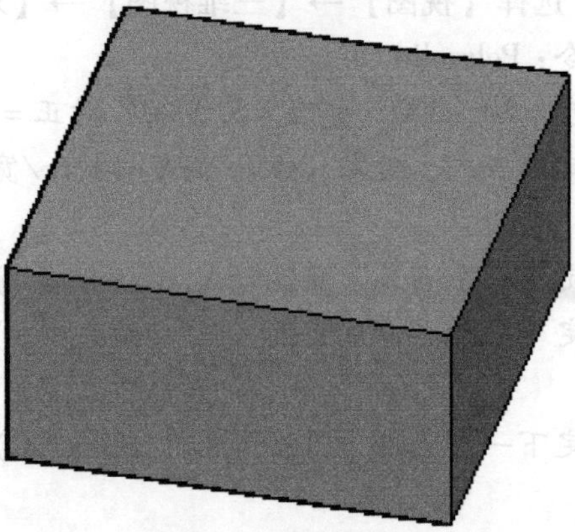

图 9-16　长方体图形

三、绘制楔形体

1. 命令输入

工具栏：建模

菜单：绘图▶建模▶楔形体

命令条目：wedge。

面板："三维制作"面板，"楔体"

2. 命令说明

命令：_wedge　　// 执行楔形体命令（Wedge）

指定楔形体的第一个角点或［中心点（C）］<0, 0, 0>：　　// 指定楔形体的第一点（起点）

指定角点或［立方体（C）/长度（L）］：　　// 指定楔形体的第二点

☆【第一个角点】　定义楔形体的第一个角点。

☆【中心点（C）】　指定楔形体的中心点。

☆【立方体（C）】　绘制立方体时选择此项。

☆【长度（L）】　输入楔形体的长度，根据命令行提示，再输入宽度和高度。

3. 操作实例

命令：_wedge　　//执行楔形体命令（Wedge）

指定第一个角点或［中心（C）］：　　//指定楔形体的第一点（长方体的左下角第一点）/

指定其他角点或［立方体（C）/长度（L）］：l　　//输入 L（我们这里用长、宽、高来绘制楔形体）

指定长度 <20.0000>：　　//指定楔形体长度：20

指定宽度 <20.0000>：10　　//指定楔形体宽度：10

指定高度或［两点（2P）］<20.0000>：15　　//指定楔形体高度：15

完成楔形体图形如图 9-17 所示。

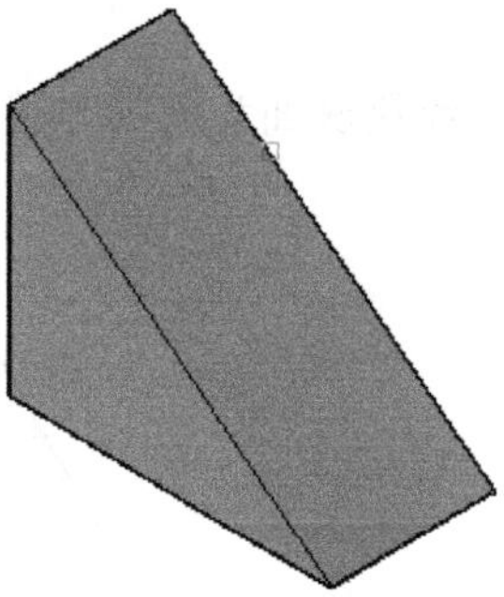

图 9-17　楔形体图形

四、绘制圆锥体

1. 命令输入

工具栏：建模

菜单：绘图 ➤ 建模 ➤ 圆锥体

命令条目：cone

面板：“三维制作”面板，“圆锥体”

2. 命令说明

命令：_cone　　//执行圆锥体命令：Cone

指定底面的中心点或［三点（3P）/两点（2P）/相切、相切、半径（T）/椭圆（E）］：
　　//指定第一点

指定底面半径或［直径（D）］<544.0148>：　　//指定圆锥体底面半径

指定高度或［两点（2P）/轴端点（A）/顶面半径（T）］<1284.3066>：
　　//指定圆锥体高度

☆【椭圆（E）】　将圆锥体底面设置为椭圆形状。

☆【中心点】　定义圆锥体底面的中心点。

☆【半径】　定义圆锥体底面的半径。

☆【直径（D）】　定义圆锥体底面的直径。

☆【高度】　定义圆锥体的高度。

☆【顶面半径（T）】　选择该选项后，将创建圆锥台，即没有顶点，顶面是一个平面。

3. 操作实例

分别绘制一个直径为 80mm、高为 80mm 的圆锥体；一个以长轴为 80mm、短轴为 40mm 的椭圆底面，高为 80mm 的椭圆锥体；操作步骤如下。

选择【视图】→【三维视图】→【东南等轴测】选项，进入绘图区域。

命令：_cone　　//单击“圆锥体”命令按钮

指定底面的中心点或［三点（3P）/两点（2P）/相切、相切、半径（T）/椭圆（E）］：
　　//在绘图区域单击一点

指定底面半径或［直径（D）］<528.3222>：40　　//输入半径

指定高度或［两点（2P）/轴端点（A）/顶面半径（T）］<1334.4456>：80
　　//输入高度值

绘制底面为圆的圆锥体如图 9-18a 所示。

命令：_cone //单击“圆锥体”命令按钮

指定底面的中心点或［三点(3P)/两点(2P)/相切、相切、半径(T)/椭圆(E)］：e

//转换为椭圆选项

指定第一个轴的端点或［中心(C)］： //在绘图区域单击一点

指定第一个轴的其他端点：<正交 开> 80 //正交打开，输入长轴值

指定第二个轴的端点：40 //正交打开，输入短轴值

指定高度或［两点(2P)/轴端点(A)/顶面半径(T)］<80.0000>：

//正交打开，输入高度值

绘制底面为椭圆的椭圆锥体如图 9-18b 所示。

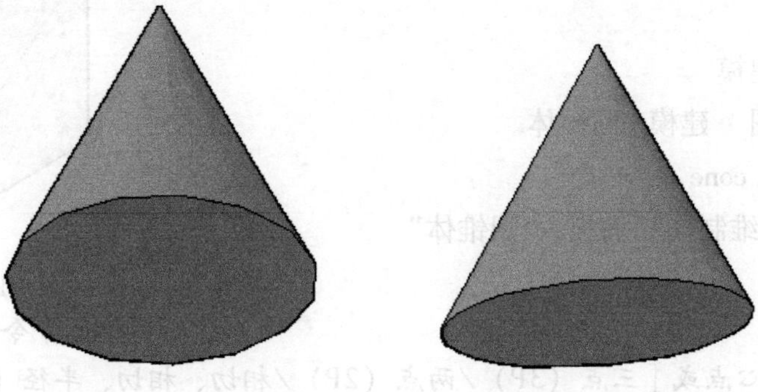

a) b)

图 9-18 圆锥体图例

a）底面为圆 b）底面为椭圆

五、绘制球体

1. 命令输入

工具栏：建模

菜单：绘图▶建模（M）▶球体（S）

命令条目：sphere

面板：“三维制作”面板，“球体”

2. 命令说明

命令：_sphere //执行“球体”命令（Sphere）

指定中心点或［三点（3P）/两点（2P）/相切、相切、半径（T）］

//指定球体中心点

3. 操作实例

绘制一个直径为 120mm 的球体，如图 9-19 所示。

操作步骤如下：

选择【视图】→【三维视图】→【东南等轴测】选项，进入绘图区域。

命令：_sphere //单击“球体”命令按钮

指定中心点或［三点（3P）/两点（2P）/相切、相切、半径（T）］：

//绘图区域指定一点

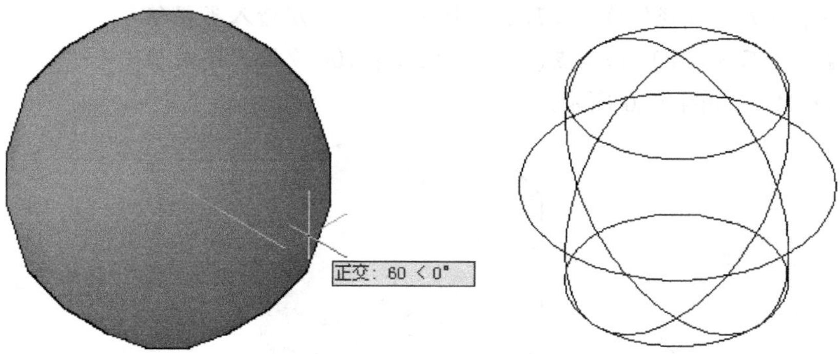

a)　　b)

图 9-19　球体图例

a）概念视觉显示　b）二维线框

指定半径或［直径（D）］<60>：　　//输入半径

球体创建完成后，效果如图 9-19 所示。

六、绘制圆柱体

1. 命令输入

工具栏：建模

菜单：绘图▶建模（M）▶圆柱体（C）

命令条目：cylinder

面板："三维制作"面板，"圆柱体"

2. 命令说明

命令：_cylinder　　//执行"圆柱体"命令（Cylinder）

指定底面的中心点或［三点（3P）/两点（2P）/相切、相切、半径（T）/椭圆（E）］：

//指定底面中心点

指定底面半径或［直径（D）］<77>：　　//指定圆柱体底面半径

指定高度或［两点（2P）/轴端点（A）］<82>：//指定圆柱体高度

☆【中心点】　定义圆柱体底面的中心点。

☆【椭圆（E）】　创建具有椭圆底面的圆柱体底面中心点。

☆【半径】　定义圆柱体底面圆的半径。

☆【直径（D）】　定义圆柱体底面圆的直径。

☆【高度】　定义圆柱体的高度。

3. 操作实例

绘制直径为 200mm、高度为 100mm 的圆柱体。

操作步骤如下：

选择【视图】→【三维视图】→【东南等轴测】选项，进入绘图区域。

命令：_cylinder　　//单击"圆柱体"按钮

指定底面的中心点或［三点(3P)/两点(2P)/相切、相切、半径(T)/椭圆(E)］：

//绘图区域单击一点

指定底面半径或［直径(D)］<77>：100　　　　　//输入半径值

指定高度或［两点(2P)/轴端点(A)］<82>：100 //输入高度值

绘制圆柱体图例如图 9-20 所示。

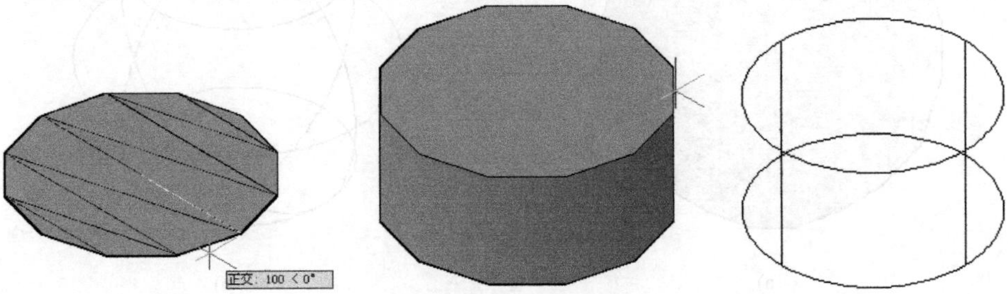

a)　　　　b)　　　　c)

图 9-20　绘制圆柱体图例

a）底圆　b）绘制圆柱体　c）二维线框显示

七、绘制圆环体

1. 命令输入

工具栏：建模

菜单：绘图➤建模（M）➤圆环体（T）

命令条目：Torus

面板："三维制作"面板，"圆环体"

2. 命令说明

命令：_torus　　　　　//执行"圆环体"命令（Torus）

指定中心点或［三点（3P）/两点（2P）/相切、相切、半径（T）］：

　　　　　//指定圆环体中心点

指定半径或［直径（D）］<100>：　　　　　//指定圆环体半径

指定圆管半径或［两点（2P）/直径（D）］：

☆【中心点】　定义圆环体的圆心。

☆【半径或［直径（D）］】定义圆环体半径或直径。

☆【圆管半径或［直径（D）］】定义圆管半径或直径

3. 操作实例

绘制一个半径为 100mm、圆管半径为 20mm 的圆环体。

操作步骤如下：

选择【视图】→【三维视图】→【东南等轴测】选项，进入绘图区域。

命令：_torus　　　　　//单击"圆环体"命令按钮

指定中心点或［三点（3P）/两点（2P）/相切、相切、半径（T）］：

　　　　　//绘图区域单击一点

指定半径或［直径（D）］<100>：100　　　　　//输入圆环体半径：100

指定圆管半径或［两点（2P）/直径（D）］：20　　//输入圆管半径：20

圆环体图例如图 9-21 所示。

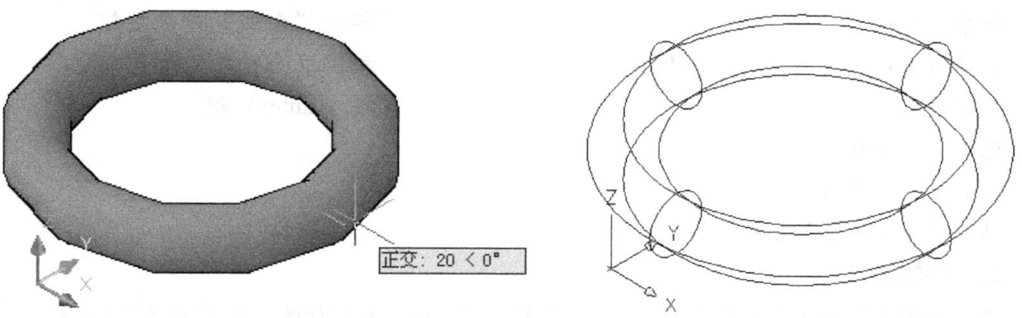

a)　　b)

图 9-21　圆环体图例

a) 圆环体　b) 二维线框显示

八、创建面域

面域是用闭合的形状创建的二维区域，该闭合的形状可以由多段线、直线、圆弧、圆、椭圆弧、椭圆或样条曲线等对象构成。面域的外观与平面图形外观相同，但面域是一个单独对象，具有面积、周长、形心等几何特征。面域之间可以进行并、差、交等布尔运算，因此常常采用面域来创建边界较为复杂的图形。利用面域的拉伸或旋转实现平面到三维立体模型的转换。

在 AutoCAD 2008 中用户不能直接绘制面域，而是需要利用现有的封闭对象，或者由多个对象组成的封闭区域以及系统提供的“面域”命令来创建面域。

1. 命令输入

工具栏：绘图

菜单：绘图➤面域（N）

命令条目：Region。

2. 命令说明

命令：_region　　//执行“面域”命令（Region）

选择对象：

3. 操作实例

利用上述任意一种方法启动“面域”命令，选择一个或多个封闭对象，或者组成封闭区域的多个对象，然后单击〈Enter〉键，即可创建面域，效果如图 9-22 所示。

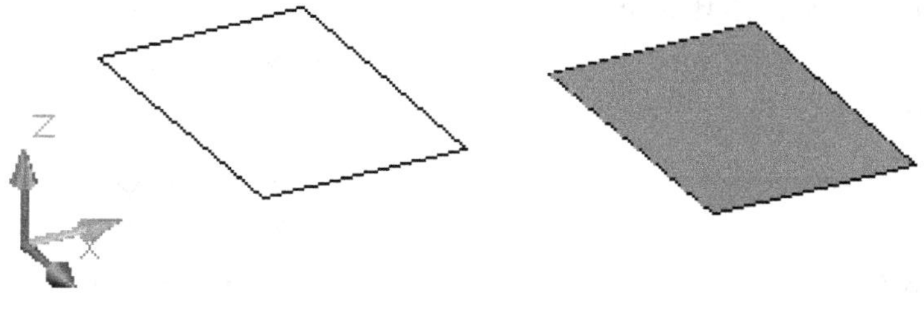

a)　　b)

图 9-22　创建面域图例

a) 创建面域前　b) 已创建的面域

命令:_region //单击“面域”命令按钮
选择对象：指定对角点：找到 4 个 //利用框选方式选择图形边界
选择对象： //按〈Enter〉键
已提取 1 个环。
已创建 1 个面域。
结果显示如图 9-21b 所示。

九、编辑面域

通过编辑面域可创建边界更为复杂的图形。在 AutoCAD 2008 中用户可对面域进行了布尔运算，即“并集”、“差集”、“交集”三种布尔运算，其效果如图 9-23 所示。

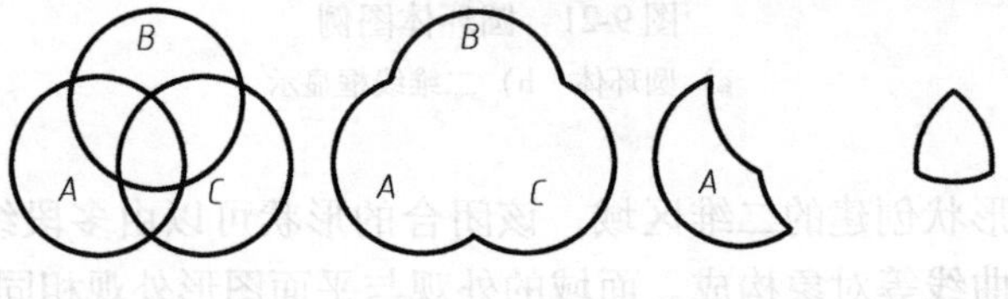

a) b) c) d)

图 9-23 “面域”布尔运算

a) 原图 b) 并集 c) 差集 d) 交集

1. 命令输入

工具栏：建模

菜单：修改▶实体编辑▶（U）并集（S）差集（I）交集

命令条目：union（并集）、subtract（差集）、intersect（交集）。

2. 命令说明

命令：_union //执行“并集”命令（Union）
选择对象：*取消*

3. 操作实例

（1）对图 9-23a 所示图形进行并集运算

命令:_region //单击“面域”命令按钮
选择对象：找到 1 个 //单击选择圆 A
选择对象：找到 1 个，总计 2 个 //单击选择圆 B
选择对象：找到 1 个，总计 3 个 //单击选择圆 C
选择对象： //按〈Enter〉键
已提取 3 个环。
已创建 3 个面域。 //创建 3 个面域
命令:_union //单击“并集”命令按钮
选择对象：找到 1 个 //单击选择圆 A
选择对象：找到 1 个，总计 2 个 //单击选择圆 B
选择对象：找到 1 个，总计 3 个 //单击选择圆 C
选择对象： //按〈Enter〉键

并集运算结果如图 9-23b 所示。

（2）对图 9-23a 所示图形进行差集运算

命令:_region　　//单击“面域”命令按钮
选择对象：找到 1 个　　//单击选择圆 *A*
选择对象：找到 1 个，总计 2 个　　//单击选择圆 *B*
选择对象：找到 1 个，总计 3 个　　//单击选择圆 *C*
选择对象：　　//按〈Enter〉键
已提取 3 个环。
已创建 3 个面域。　　//创建 3 个面域
命令:_subtract（选择要从中减去的实体或面域）　　//单击“差集”命令按钮
选择对象：找到 1 个　　//单击选择圆 *A*
选择对象：　　//按〈Enter〉键
选择要减去的实体或面域...
选择对象：找到 2 个　　//单击选择圆 *B*，单击选择圆 *C*
选择对象：　　//按〈Enter〉键

差集运算结果如图 9-23c 所示。

（3）对图 9-23a 所示图形进行交集运算

命令:_region　　//单击“面域”命令按钮
选择对象：找到 1 个　　//单击选择圆 *A*
选择对象：找到 1 个，总计 2 个　　//单击选择圆 *B*
选择对象：找到 1 个，总计 3 个　　//单击选择圆 *C*
选择对象：　　//按〈Enter〉键
已提取 3 个环。
已创建 3 个面域。　　//创建 3 个面域
命令:_intersect　　//单击“交集”命令按钮
选择对象：指定对角点：找到 3 个　　//利用框选方式选择 3 个圆
选择对象：　　//按〈Enter〉键

交集运算结果如图 9-23d 所示 。

十、通过拉伸二维图形绘制三维实体

通过拉伸将二维图形绘制成三维实体时，该二维图形必须是一个封闭的二维对象或由封闭曲线构成的面域，并且拉伸的路径必须是一条多段线。若拉伸的路径是由多条曲线连接而成的曲线时，则必须单击“编辑多段线”命令按钮将其转化为一条多段线，该命令按钮位于“修改Ⅱ”工具栏中。

可作为拉伸对象的二维图形有：圆、椭圆、用正多边形命令绘制的正多边形、用矩形命令绘制的矩形、封闭的样条曲线、封闭的多段线等。而利用直线、圆弧等命令绘制的一般闭合图形则不能直接进行拉伸，此时用户需要将其定义为面域。

1. 命令输入

工具栏：建模

菜单：绘图▶建模▶拉伸（X）

命令条目：extrude。

2. 命令说明

命令:_extrude //执行“拉伸”命令（Extrude）

当前线框密度：ISOLINES =4 //当前的线框密度为4

选择对象： //选择所要拉伸的图形

指定拉伸高度或［路径（P）］：

选择拉伸路径或［倾斜角］：

☆【选择对象】 选择被拉伸的对象。

☆【指定拉伸高度】 指定拉伸的高度，为默认项。如果输入正值，则沿对象所在坐标系的Z轴正向拉伸对象；如果输入负值，则沿Z轴的负方向拉伸对象。

☆【路径（P）】 选择基于指定曲线对象的拉伸路径。AutoCAD 2008沿着选定路径拉伸选定对象的轮廓创建实体。

☆【选择拉伸路径】 沿选择的路径拉伸对象。拉伸的路径可以是直线、圆、圆弧、椭圆、椭圆弧、多段线或样条曲线。路径既不能与轮廓共面，形状也不应在轮廓平面上，否则，AutoCAD 2008将移动路径到轮廓的中心，将二维轮廓按指定路径拉伸成的三维实体模型。

☆【倾斜角】 正角度表示从基准对象逐渐变细地拉伸，而负角度则表示从基准对象逐渐变粗地拉伸，0角度则指粗细不变。角度允许的范围是 -90°～+90°。图9-24表示不同倾斜角度的拉伸实体。

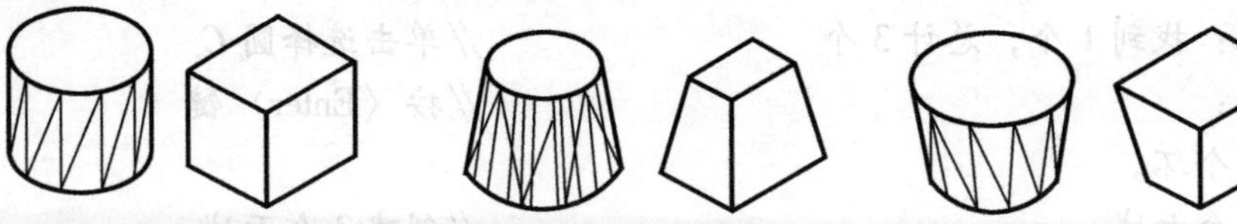

图9-24 拉伸角度对实体的影响

a）倾斜角度为零 b）倾斜角度为正 c）倾斜角度为负

3. 操作实例

拉伸图9-25a所示的二维图形，使之变成图9-25b所示三维模型，高度为30mm。

操作步骤如下：

命令:_region //单击“面域”命令按钮

选择对象：指定对角点：找到2个 //利用框选方式选择圆和六边形

选择对象： //按〈Enter〉键

已提取2个环。

已创建2个面域。 //创建2个面域

命令:_subtract 选择要从中减去的实体或面域... //单击“差集”命令按钮

选择对象：找到1个 //选择圆

选择对象： //按〈Enter〉键

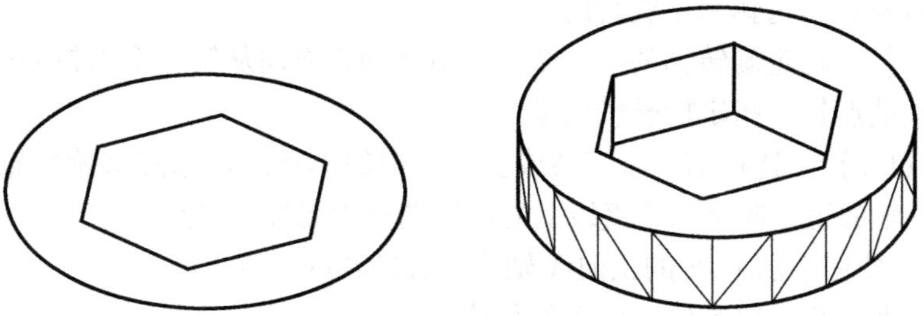

a)　　　　　　　　b)

图 9-25　拉伸图例

a）二维图形　b）三维模型

选择要减去的实体或面域..

选择对象：找到 1 个　　　　//选取六边形

选择对象：　　　　//按〈Enter〉键

命令:_extrude　　　　//单击“拉伸”命令按钮

当前线框密度：ISOLINES =20　　　　//显示当前线框密度

选择对象：找到 1 个　　　　//选取差集后的面域

选择对象：　　　　//按〈Enter〉键

指定拉伸高度或［路径（P）］：30　　　　//输入高度值

指定拉伸的倾斜角度 <0 >：　　　　//按〈Enter〉键

拉伸结果如图 9-25b 所示。

十一、通过旋转二维图形绘制三维实体

可以旋转闭合多段线、多边形、圆、椭圆、闭合样条曲线、圆环和面域成为三维立体模型。可以将一个闭合对象绕当前 UCS X 轴或 Y 轴旋转一定的角度生成实体。也可以绕直线、多段线或两个指定的点（两点定直线）旋转对象。

1. 命令输入

工具栏：建模

菜单：绘图➤建模➤旋转（R）

命令条目：revolve。

2. 命令说明

命令：_revolve　　　　//执行“旋转”命令（Revolve）

当前线框密度：ISOLINES =4　　　　//当前线框密度为 4

选择要旋转的对象：　　　　//旋转二维对象

选择要旋转的对象：　　　　//按〈Enter〉键

指定轴起点或根据以下选项之一定义轴［对象（O）/X/Y/Z］<对象>：<对象捕捉开>　　　　//指定旋转轴的第一点。轴的正方向从第一点指向第二点

指定轴端点：　　　　//指定旋转轴的第二点。

指定旋转角度或［起点角度（ST）］<360>：　　　　//以指定角度旋转独立面域

☆【选择对象】 选择用于旋转的二维对象。

☆【轴起点】 指定旋转轴的第一个点。沿轴的正方向从第一个点指向第二个点。

☆【指定轴端点】 指定旋转轴的第二个点。

☆【对象（O)】 选择第一条直线或多段线中的单条线段来定义旋转轴，将旋转对象绕这个轴旋转。轴的正方向是从该直线上的最近端点指向最远端点。

☆【X)】 使用当前 UCS 的正向 *X* 轴作为旋转轴的正方向。

☆【Y】 使用当前 UCS 的正向 *Y* 轴作为旋转轴的正方向。

☆【Z】 使用当前 UCS 的正向 *Z* 轴作为旋转轴的正方向。

☆【指定旋转角度 <360>】 以指定的角度旋转独立面域，默认为 360°。

3. 操作实例

将图 9-26a 所示的二维图形分别绕 *AB* 轴旋转 360°，形成如图 9-26c 所示的实体。操作步骤如下：

选择【视图】→【三维视图】→【东南等轴测】选项，进入绘图区域。

（1）绘制二维图形，将绘制好的二维图形应用“面域”命令或单击按钮，使其变成面域。

（2）通过旋转命令创建实体。

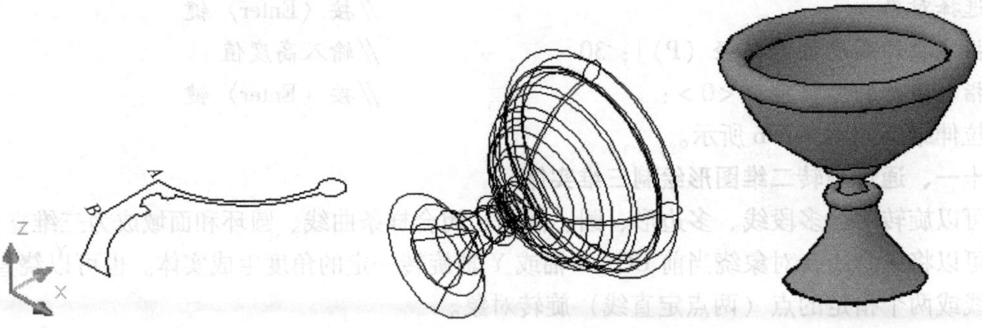

a)　　b)　　c)

图 9-26　旋转二维图形绘制实体

a）二维图形　b）绕 *AB* 轴旋转 360°　c）渲染处理后的效果

命令：_revolve　　//单击“旋转”命令按钮

当前线框密度：ISOLINES = 20　　//显示当前线框密度

选择对象：指定对角点：找到 1 个　　//选择旋转截面

选择对象：　　//按〈Enter〉键

指定轴起点或根据以下选项之一定义轴［对象（O）/X/Y/Z］<对象>：<对象捕捉开>

//选择 *X* 轴为旋转轴

指定旋转角度 <360>：　　//按〈Enter〉键

旋转二维图形后的结果如图 9-26c 所示。

任务四　轴承座三维建模实例上机指导

根据图 9-1 所示三视图绘制轴承座三维图形。

根据项目分析得知，可将轴承座分解成为底面、轴承圆筒、注油孔、支撑板和加强肋几个部分，下面完成此轴承座三维建模上机实践。根据样板文件新建图形，调整图形界限为 A4 图纸，视图缩放到全部。(步骤略)

（1）在默认的俯视图方向绘制轴承底座图形，用“矩形”命令绘制 90mm × 60mm 的矩形，倒 R16mm 的圆角，捕捉圆角的圆心，绘制 ϕ18mm 的两圆。

（2）将视图转到东南视角，拉伸底座，厚度为 14mm，绘制轴承底座如图 9-27 所示。

（3）用“3 点”方式建立新用户坐标系，绘制支撑板及圆筒特征视图的中心基准线，如图 9-28 所示。

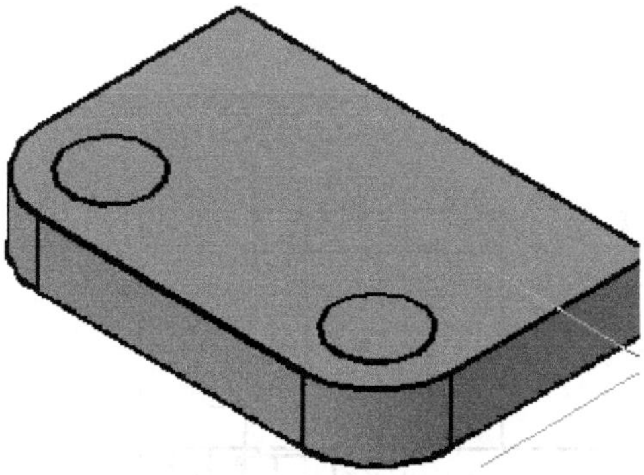

图 9-27　绘制轴承座底座

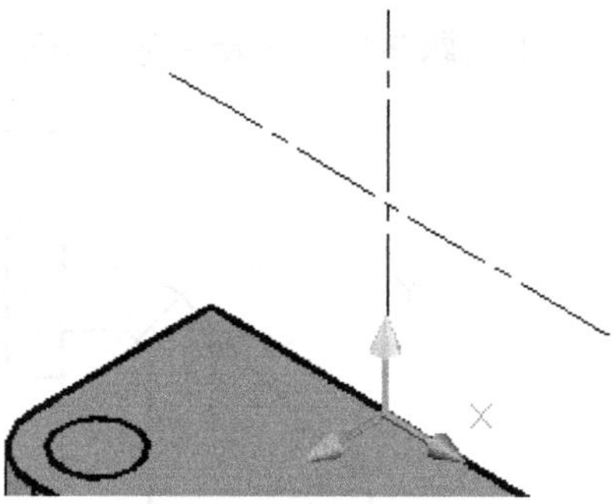

图 9-28　绘制基准线

（4）绘制 ϕ50、ϕ26 圆，拉伸完成支撑板的圆筒特征，如图 9-29 所示。

（5）绘制加强肋特征，如图 9-30 所示。

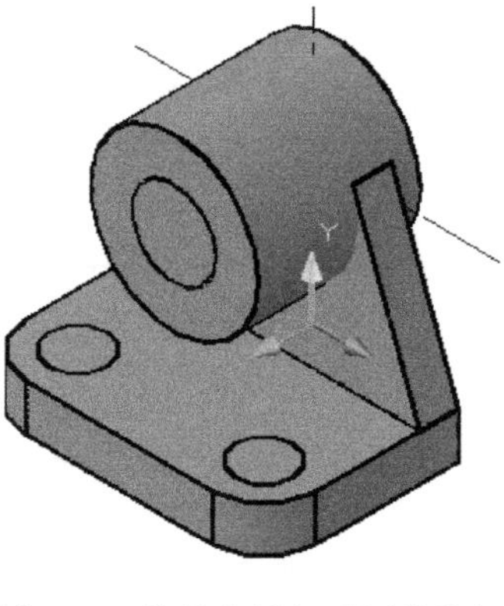

图 9-29　拉伸支撑板及圆筒特征

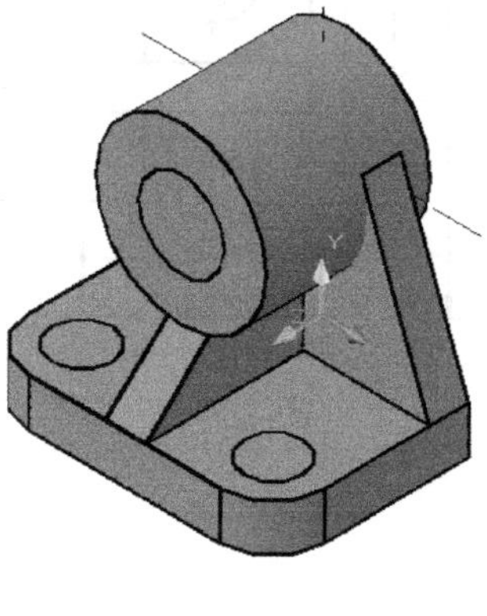

图 9-30　绘制加强肋特征

（6）绘制顶部特征，如图 9-31 所示。

（7）布尔运算，剪切实体圆孔特征，如图 9-32 所示。至此，完成轴承座三维图形的绘制。

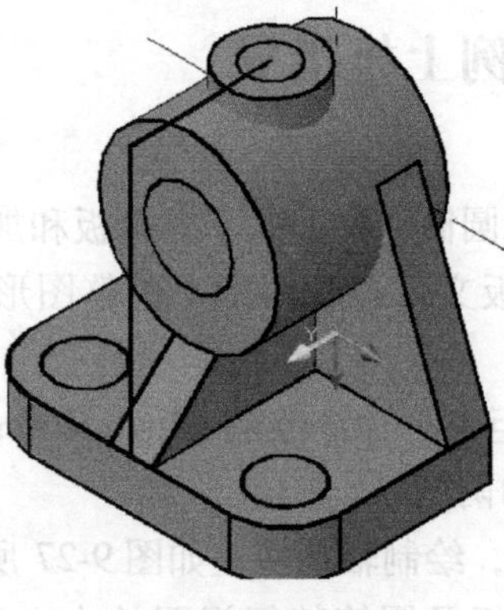

图 9-31 绘制顶部特征

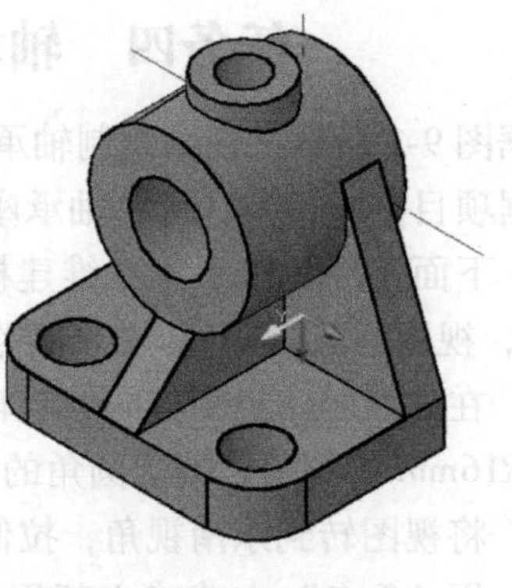

图 9-32 剪切实体圆孔特征

同步练习九

9-1 根据题 9-1 图所示三视图绘制其三维图形。

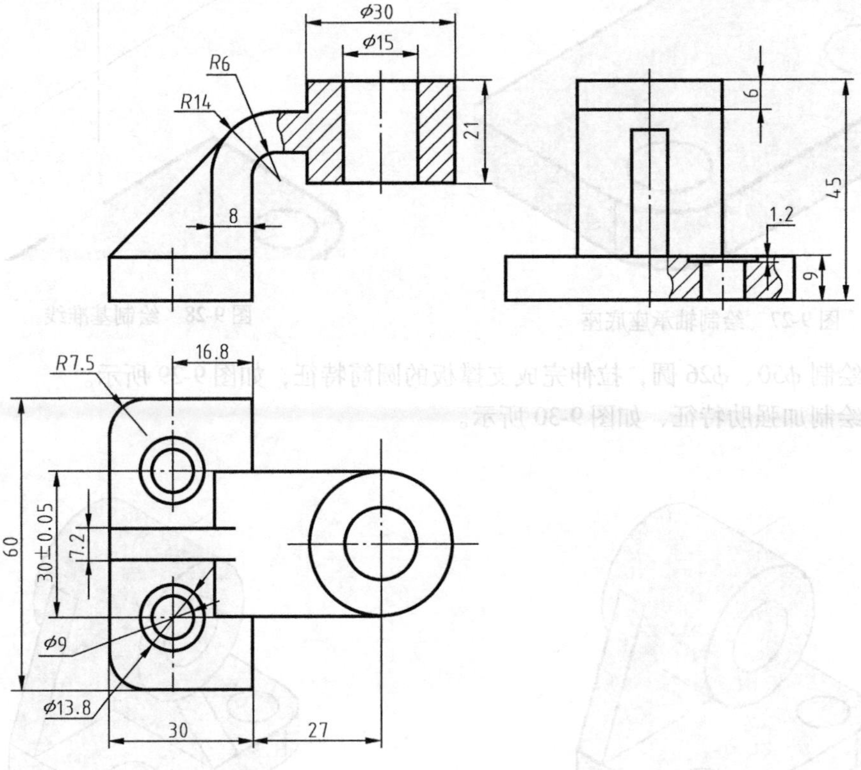

题 9-1 图

项目十　打 印 图 样

【项目导入】

绘图完成后，最后的工作就是将图样打印出来。在 AutoCAD 2008 中，打印输出功能更加地直观快捷。

【项目分析】

本项目的主要任务就是掌握打印设备的配置、图样的页面设置、图样的打印输出等内容。

【学习目标】

- 熟练掌握打印设备的设置
- 依据已经设置好的打印设备，能熟练运用页面设置功能对图样进行最合理的设置
- 掌握图样打印的操作方法。

【项目任务】

任务一　打印设置及输出图样

任务二　打印图样实例

任务一　打印设置及输出图样

一、有关打印的术语和概念

打印图样就是应用系统打印设备来输出图形。打印图样前，了解与打印有关的术语和概念有助于用户更轻松地在系统程序中进行首次打印。

☆【绘图仪管理器】　绘图仪管理器是一个窗口，其中列出了用户安装的所有非系统打印机的绘图仪配置（PC3）文件。如果希望使用的默认打印特性不同于 Windows 所使用的打印特性，也可以为 Windows®系统打印机创建绘图仪配置文件。绘图仪配置设置指定端口信息、光栅图形和矢量图形的质量、图纸尺寸以及取决于绘图仪类型的自定义特性。

绘图仪管理器包括“添加绘图仪”向导，此向导是创建绘图仪配置的基本工具。“添加绘图仪”向导提示用户输入关于要安装的绘图仪的信息。

☆【布局】　布局代表打印的页面。用户可以根据需要创建任意多个布局。每个布局都保存在自己的布局选项卡中，可以与不同的页面设置相关联。只在打印页面上出现的元素（例如标题栏和注释）都是在布局的图纸空间中绘制的。图形中的对象是在“模型”选项卡上的模型空间创建的。要在布局中查看这些图形对象，则需创建布局视口。

☆【页面设置】　创建布局时，需要指定绘图仪及其参数设置（例如图纸尺寸和打印方向）。这些设置保存在页面设置中。使用页面设置管理器可以控制布局和“模型”选项卡中的设置。可以命名并保存页面设置，以便在其他布局中使用。如果在创建布局时没有指定“页面设置”对话框中的所有设置，则可以在打印之前设置页面或者在打印时替换页面设置。可以对当前打印任务临时使用新的页面设置，也可以保存新的页面设置。

☆【打印样式】 打印样式通过确定打印特性（例如线宽、颜色和填充样式）来控制图形对象或布局的打印方式。打印样式表中收集了多组打印样式。打印样式管理器是一个窗口，其中显示了所有可用的打印样式表。打印样式有两种类型：颜色相关和命名。一个图样只能使用一种类型的打印样式表。用户可以在两种打印样式表之间转换。也可以在设置了图样的打印样式表类型之后，修改所设置的打印类型。对于与颜色相关的打印样式表，图形对象颜色的确定决定对其进行打印的方式。这些打印样式表文件的扩展名为“. ctb”。不能直接为图形对象指定与颜色相关的打印样式，相反，要控制图形对象的打印颜色，必须修改图形对象的颜色。例如，图样中所有被指定为红色的图形对象均以相同的方式打印。命名打印样式表使用直接指定给对象和图层的打印样式。这些打印样式表文件的扩展名为“. ctb”。使用这些打印样式表可以使图样中的每个图形对象以不同颜色打印，与图形对象本身的颜色无关。

☆【打印戳记】 打印戳记是添加到打印图样的一行文字。可以在“打印戳记”对话框中指定打印中该行文字的位置。打开此选项可以将指定的打印戳记信息（包括图形名称、布局名称、日期和时间等）添加到打印设备的图样中。可以选择将打印戳记信息记录到日志文件中而不打印，或既记录又打印。

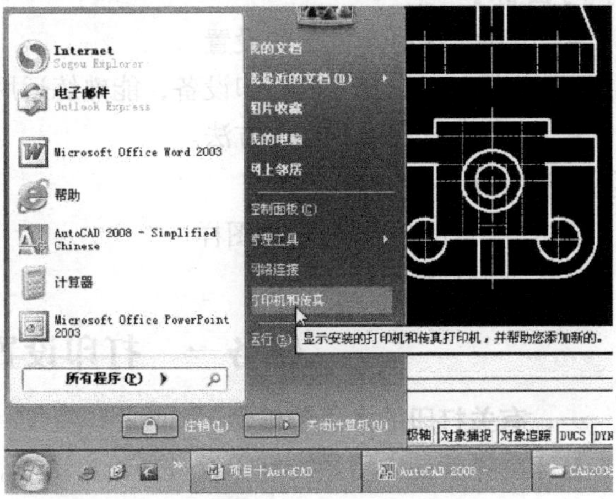

图 10-1 在 Windows 系统中设置打印机

二、设置打印机

1. 在 Windows 系统中设置打印机

用户可以在 Windows 桌面的左下角单击【开始】→【打印机和传真】选项，如图 10-1 所示，系统弹出“打印机和传真”对话框，如图 10-2 所示。在对话框中单击“添加打印机”图标，弹出“添加打印机向导”对话框，按提示操作即可设置打印机。

2. 设置打印样式

AutoCAD 2008 提供的打印样式可对线条颜色、线型、线宽、线条终点类型和交点类型、图形填充模式、灰度比例、打印颜色深浅等进行控制，为打印样式的编辑和管理提供了方便，同时也可创建新的打印样式。

（1）命令输入

菜单：文件▶打印样式管理器

命令条目：stylemanager

（2）命令说明

选择上述方式输入命令，系统弹出如图 10-3 所示“打印样式管理器”对话框，列出了当前正在使用的所有打印样式文件。

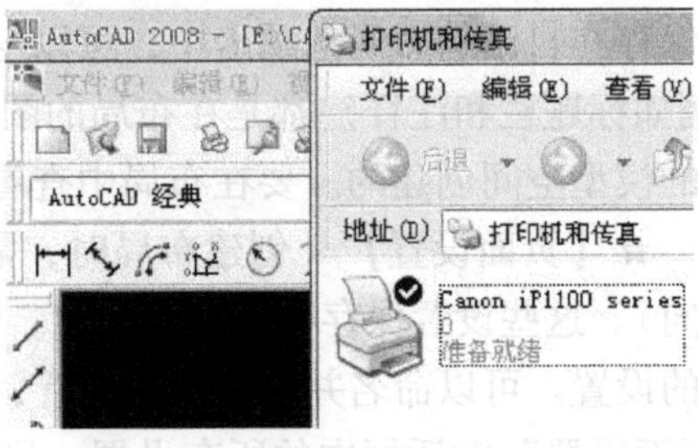

图 10-2 “打印机和传真”对话框

在“打印样式管理器”对话框内双击任一种打印样式文件，弹出“打印样式表编辑器”对话框，其中包含“基本”、“表视图”、“格式视图”3 个选项卡，如图 10-4 ~ 图 10-6 所示。在各选项卡中可对打印样式进行重新设置。

图 10-3 “打印样式管理器”对话框

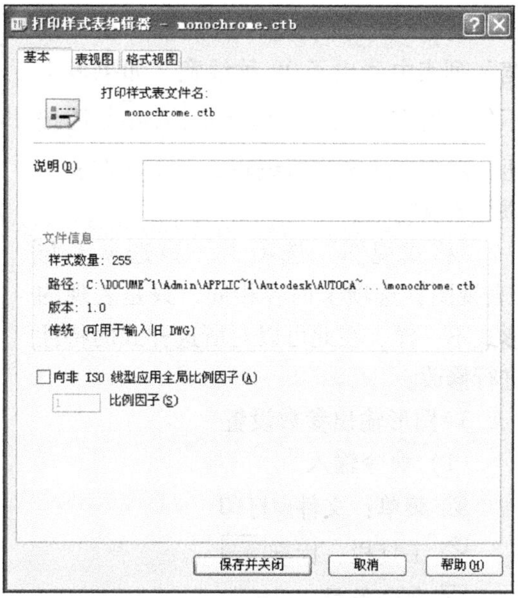

图 10-4 “打印样式表编辑器”对话框“基本”选项卡

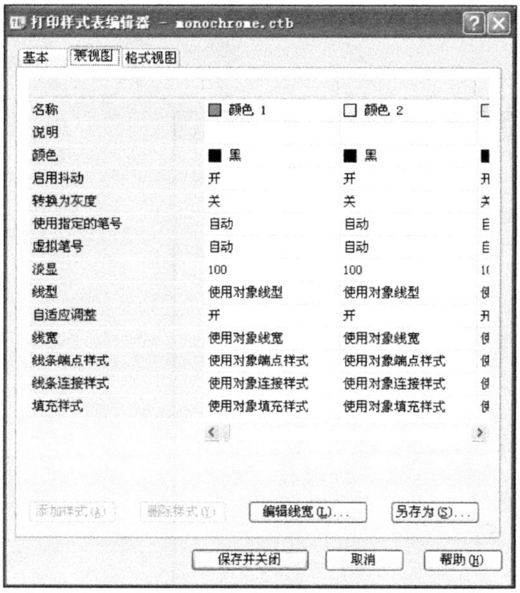

图 10-5 “打印样式表编辑器”对话框“表视图”选项卡

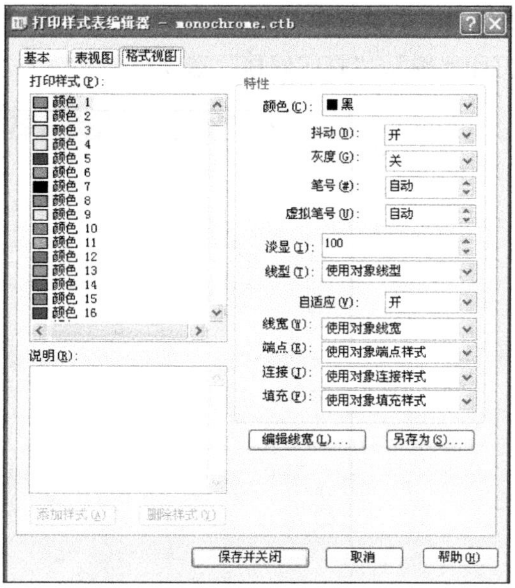

图 10-6 “打印样式表编辑器”对话框“格式视图”选项卡

3 个选项卡选项说明如下：

“基本”选项卡 在该选项卡中列出了打印样式表文件名、说明、版体号、位置和表类型，也可在此确定比例因子。

“表视图”选项卡　在该项选项卡中，可对打印样式中的说明、颜色、线宽等进行设置。单击编辑线宽按钮，系统弹出如图 10-7 所示“编辑线宽”对话框。在“线宽”列表中列出了 28 种线宽，如果表中不包含所需线宽，可以单击编辑线宽按钮，对现有线宽进行编辑，但不能在表中添加或删除线宽。

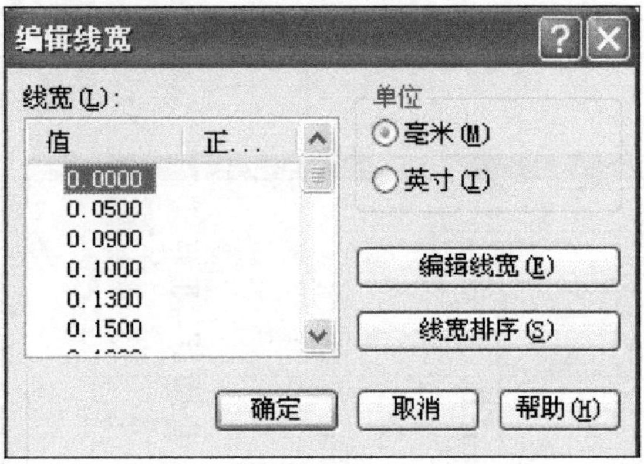

图 10-7　“编辑线宽”对话框

“格式视图”选项卡　该选项卡与【表视图】选项卡内容相同，只是表现的形式不一样。在此可以对所选样式的特性进行修改。

3. 图形输出参数设置

（1）命令输入

菜单：文件▶打印

工具栏：标准

命令条目：plot

（2）命令说明

选择以上方式输入打印命令，系统弹出“打印-模型”对话框，如图 10-8 所示。在“打印-模型”对话框中包含有“页面设置”、“打印机/绘图仪”、“图纸尺寸”、“打印区域”、“打印比例”、“打印偏移”选项组。

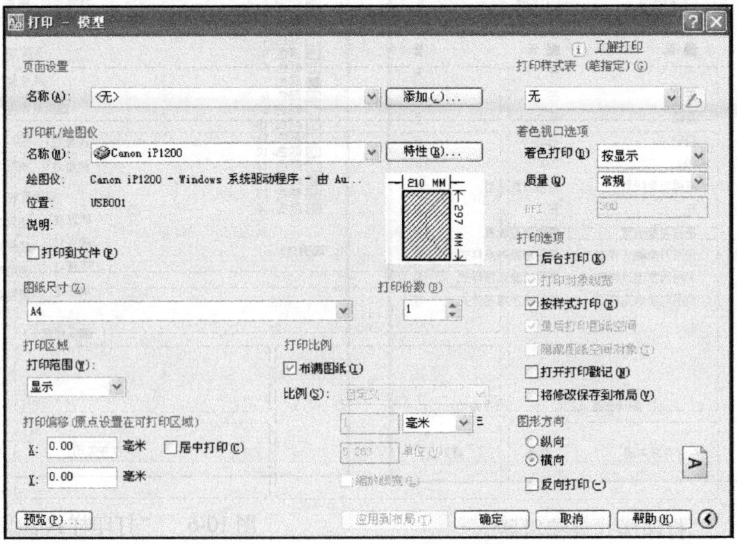

图 10-8　“打印-模型”对话框

“页面设置”选项组　页面设置是打印设备和其他影响图样最终输出外观和格式的设置集合。可以修改这些设置并将其应用到其他布局中。

在“模型”选项卡中完成图形之后，可以应用“布局”选项卡开始创建要打印的布局。

首次单击布局选项卡时，页面上将显示单一视口。虚线表示当前配置的图纸尺寸和绘图仪的打印区域。

设置布局后，可以为布局的页面设置指定各种参数，其中包含打印设备设置和其他影响图样输出外观和格式的设置。页面设置中指定的各种设置和布局一起存储在图形文件中。可以随时修改页面设置中的设置。

默认情况下，每个初始化的布局都有一个与其关联的页面设置。通过在页面设置中将图纸尺寸定义为非标准的任何尺寸，也可以对布局进行初始化。可以将某个布局中保存的已命名页面设置应用到另一个布局中。此操作将创建与第一个页面设置具有相同设置的新的页面设置。

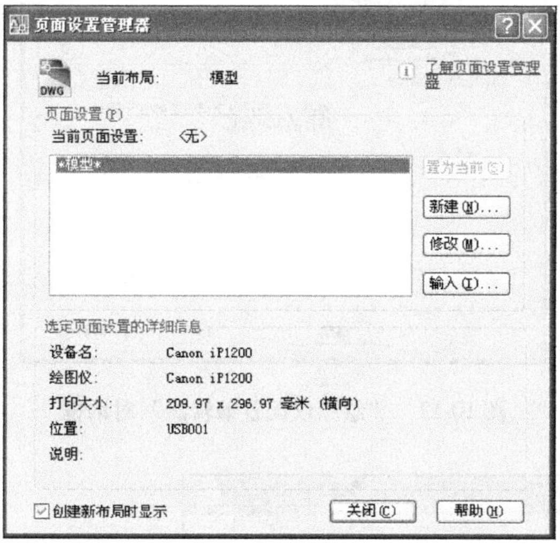

图 10-9 “页面设置管理器”对话框

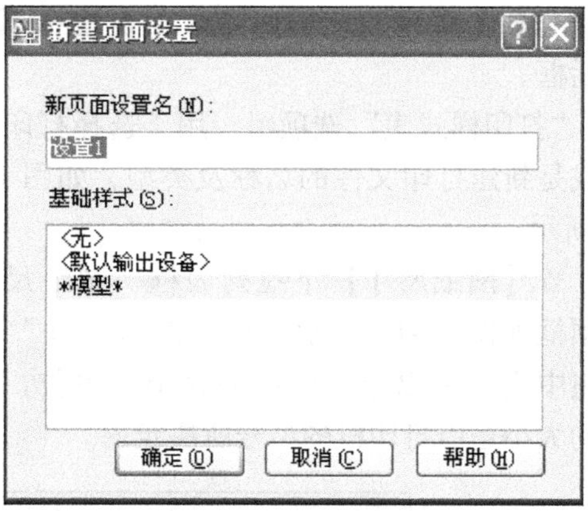

图 10-10 所示“新建页面设置”对话框

如果希望每次创建新的图形布局时都显示页面设置管理器，可以在“选项”对话框的“显示”选项卡中选择“新建布局时显示页面设置管理器”选项。如果不需要为每个新布局都自动创建视口，可以在“选项”对话框的“显示”选项卡中清除“在新布局中创建视口”选项。启用“页面设置”命令的方法是选择【文件】→【页面设置管理器】选项，系统将弹出如图 10-9 所示“页面设置管理器”对话框。以此对话框中，单击 新建(N)... 按钮，系统将弹出如图 10-10 所示“新建页面设置”对话框。在对话框的“新页面设置名”文本框，输入要设置的名称，单击 确定 按钮，系统将弹出如图 10-11 所示的“页面设置-模型”对话框。

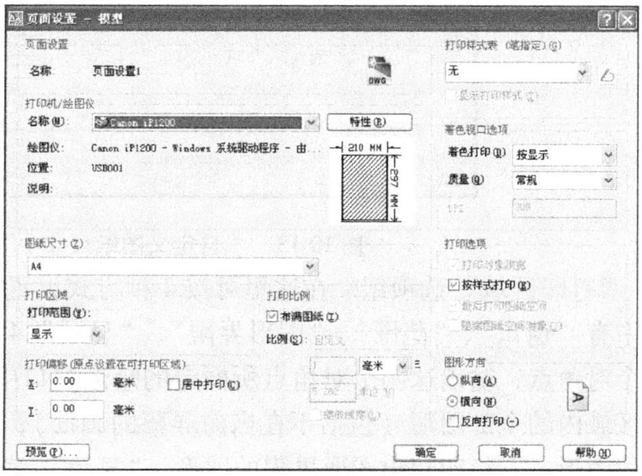

图 10-11 “页面设置-模型”对话框

在“页面设置-模型”对话框中各选项的说明如下。

“打印机/绘图仪”选项组　在“打印机/绘图仪”选项组中可以选择输出设备，显示输出设备名称及一些相关信息。单击特性按钮，系统弹出如图 10-12 所示“绘图仪配置编辑器”对话框。当用户需要修改图纸边缘空白区域的尺寸时，选择“修改标准图纸尺寸(可打印区域)”项，在图纸列表中指定某种图纸规格，单击修改按钮，系统弹出如图 10-13 所示“自定义图纸尺寸-可打印区域”对话框，在此输入“上、下、左、右”空白区域值，并在预览中看到空白区域的位置，单击下一步按钮，直至完成返回“页面设置-模型”对话框。

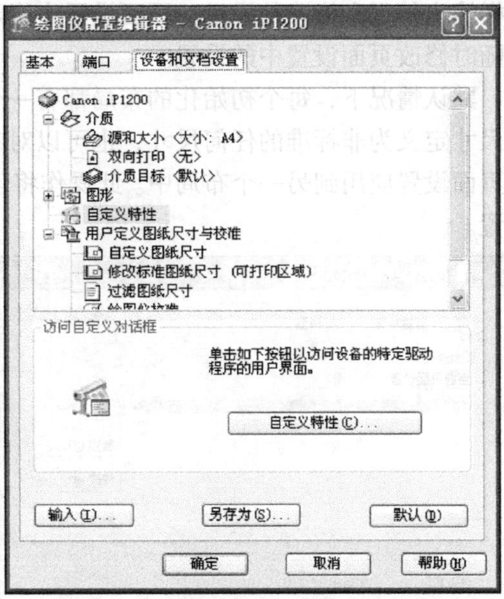

图 10-12　“绘图仪配置编辑器”对话框

“打印样式表”选项组　用于选择打印样式或是新建打印文件的名称及类型，如图 10-14 所示。

☆【图纸尺寸】下拉列表框　图纸尺寸选项框如图 10-15 所示。在“图纸尺寸”选项组中用户可以选择图纸的大小及单位，图纸的大小是由打印机的型号所决定的。

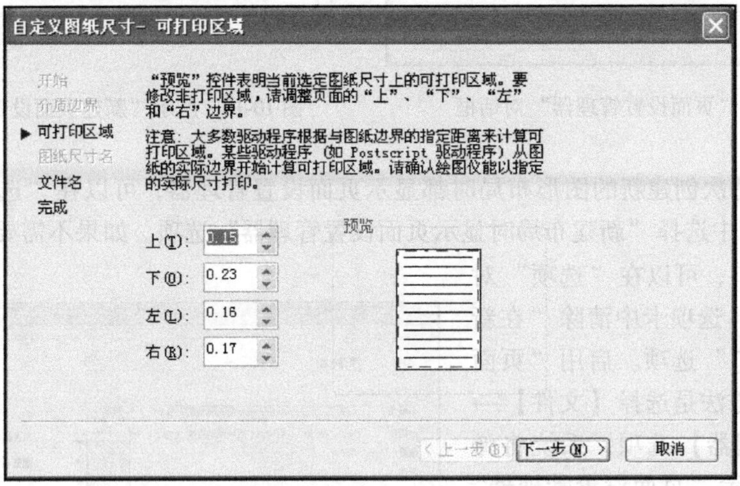

图 10-13　“自定义图纸尺寸-可打印区域”对话框

“打印区域”选项组　在这里可按 4 种方式设置打印范围，即在“打印范围”下拉列表框中有“窗口”、“范围”、“图形界限”、“显示”4 个选项。“窗口”选项通过指定图形的两个对角点，输出这两个对角点所框定的矩形窗口中的图形；“范围”选项，表示输出的绘图区域内的全部图形（包括不在当前屏幕的画面）；“图形界限”选项，表示输出图形界限内的图形，不打印超出图形界限的图形；“显示”表示输出当前屏幕显示的图形。

“打印偏移”选项组　指定打印区域相对于图纸左下角的偏移量。X：指定打印原点在

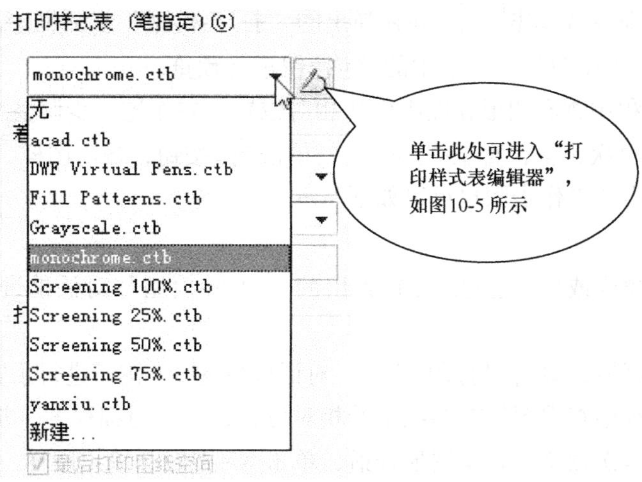

图 10-14 选择打印样式表

图 10-15 “图纸尺寸”选项框

X 方向的偏移量。Y：指定打印原点在 Y 方向的偏移量。选择“居中打印”复选框，系统会自动计算 X 和 Y 的偏移值，将打印图形置于图纸正中间。

“打印比例”选项组 用于设置输出图样与实际绘制图样的比例。

“着色视口选项”选项组 指定着色和渲染视口的打印方式，并确定它们的分辨率大小和 DPI 值。

“打印选项”选项组 用于指定线宽、打印样式、着色打印和对象打印次序等选项。其中，“打印对象线宽”复选项，可根据对象图层线型的宽度设置打印参数。“按样式打印”复选项，可根据打印样式设置的方式打印图样。支持打印样式文件（*.ctb）。

“图形方向”选项组 在该选项组中列出了放置图形的 3 种位置。“纵向”，表示图形相对于图纸水平放置；“横向”，表示图形相对于图纸垂直放置；“反向打印”，表示在确定图形相对于图纸位置（纵向或横向）的基础上，将图形转过 180°打印。

☆【预览】 单击预览按钮，将显示输出图形在图纸上的布局情况。

4. 图样输出

当“页面设置”完成之后，在“打印”对话框中的其他选项，如“打印机/绘图仪”、“图纸尺寸”、“打印区域”、“打印比例”、“打印偏移”也已经同时设置完成，就可以进行图样输出。

图样输出的操作步骤如下：

（1）配置系统打印机。

（2）选择【文件】→【页面设置管理器】选项，进行页面设置。

（3）输入打印命令或单击，并在弹出的“打印-模型”对话框中进行检查。

（4）单击“打印-模型”对话框中的预览按钮进行预览。

（5）在预览过程中查看图形在图纸中的相对位置，并作进一步调整。

（6）调整后，再次预览，直至图形合适，单击确定按钮，输出图样。

另外，图样输出的操作步骤也可以如下所示。

（1）配置系统打印机。

（2）输入打印命令或单击，并在弹出的“打印-模型”对话框进行设置（包括打印设置）。

（3）选择打印区域，单击“打印-模型”对话框中的预览按钮进行预览。

（4）在预览过程中查看图形在图纸中的相对位置，线型粗细程度，并作进一步调整。

（5）调整后，再次预览，直至图形合适，单击确定按钮，输出图样。

三、打印时常见的问题

在用 AutoCAD 2008 绘制工程图样时，一般都是按照常规的方法和步骤进行，较少考虑最终的打印出图问题。如能先了解图样打印出图的过程及特点，绘图之初在进行一系列设置时即给予考虑并实施，可少走弯路，加快绘图速度，又能统一打印设置，提高工作效率，打印出正确精美的图样。

1. 图样打印与颜色设置

AutoCAD 2008 具有支持颜色设置来确定图形的线宽、线型等特性。打印输出图样时，用户可以根据需要为某一种颜色的实体（图线、文字、图块及标注等）设置打印输出时的线宽。如果在绘图开始时进行一系列设置（图层、线型、颜色等）就考虑到这一点，打印输出时就可以做到准确、快速。

用 CAD 绘图时，一般采用不同颜色的图层绘制图元。根据用户的需要打印输出为彩色图元时（彩白版面），打印样式选择“acad. ctb”，如图 10-14 所示。打印输出为灰度图元时（黑灰白版面），打印样式选择“grayscale. ctb”，如图 10-14 所示。打印输出为黑色图元时（黑白版面），打印样式选择“monochrome. ctb”，如图 10-14 所示。打印样式文件可以编辑，可根据不同颜色图层设置不同的线型宽度，从而打印出粗细分明的不同图元来。

- ✧ 相同线宽的实体（各种类型）应设置成同一颜色，而且最好都放在同一图层中，以便于修改。
- ✧ 绘图时要尽量选用 AutoCAD 2008 提供的 16 种标准颜色，尽量不要在 256 种颜色中随便选一种赋予某一图层或实体，以免造成一些不理想的打印效果。

2. 图层设置

CAD 绘图图层的合理设置如图 10-16 所示，此设置仅供参考。在 AutoCAD 2008 中的图层通过修改某一属性，便可使这一图层的全部图素的属性得到相应修改，前提是所有图素的线型、颜色、线宽等要设置成“bylayer”（随层）。绘图时如能合理地使用图层，将会达到事半功倍的效果。

3. 不可打印层

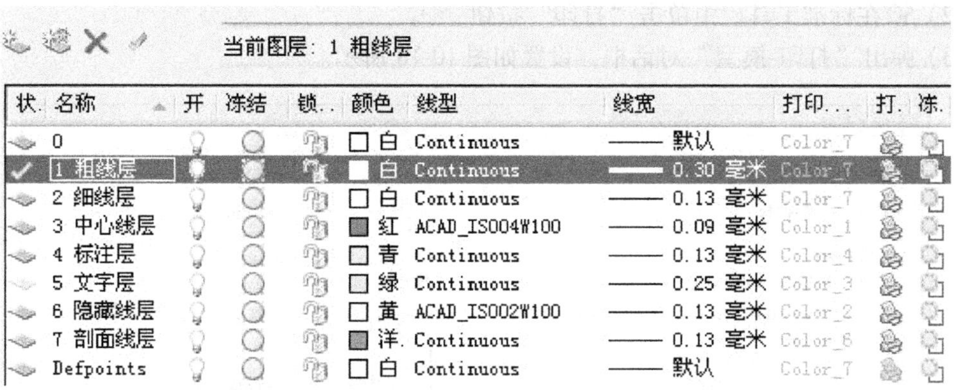
当前图层：1 粗线层

状.	名称	开	冻结	锁..	颜色	线型	线宽	打印...	打.	冻.
	0				白	Continuous	默认	Color_7		
✓	1 粗线层				白	Continuous	0.30 毫米	Color_7		
	2 细线层				白	Continuous	0.13 毫米	Color_7		
	3 中心线层				红	ACAD_ISO04W100	0.09 毫米	Color_1		
	4 标注层				青	Continuous	0.13 毫米	Color_4		
	5 文字层				绿	Continuous	0.25 毫米	Color_3		
	6 隐藏线层				黄	ACAD_ISO02W100	0.13 毫米	Color_2		
	7 剖面线层				洋.	Continuous	0.13 毫米	Color_6		
	Defpoints				白	Continuous	默认	Color_7		

图 10-16 CAD 绘图图层合理设置（仅供参考）

有时会遇到这种情况：在 AutoCAD 2008 中画了且显示的图元，而在打印时却打印不出来。其原因在于用 AutoCAD 2008 绘图时，使用了“Defpoints”层，称为定义点层，也叫不可打印层，是不可删除的。它主要是用来定义一些辅助绘图的虚点（参考点）而设置的。就像 AutoCAD 2008 中的栅格，只起参考的作用。遇到这种情况，可将此层的图元移动至其他图层，即可使用。

任务二 打印图样实例

打开光盘 10. dwg 文件，轴承座图样如图 10-17 所示，并完成图样输出。

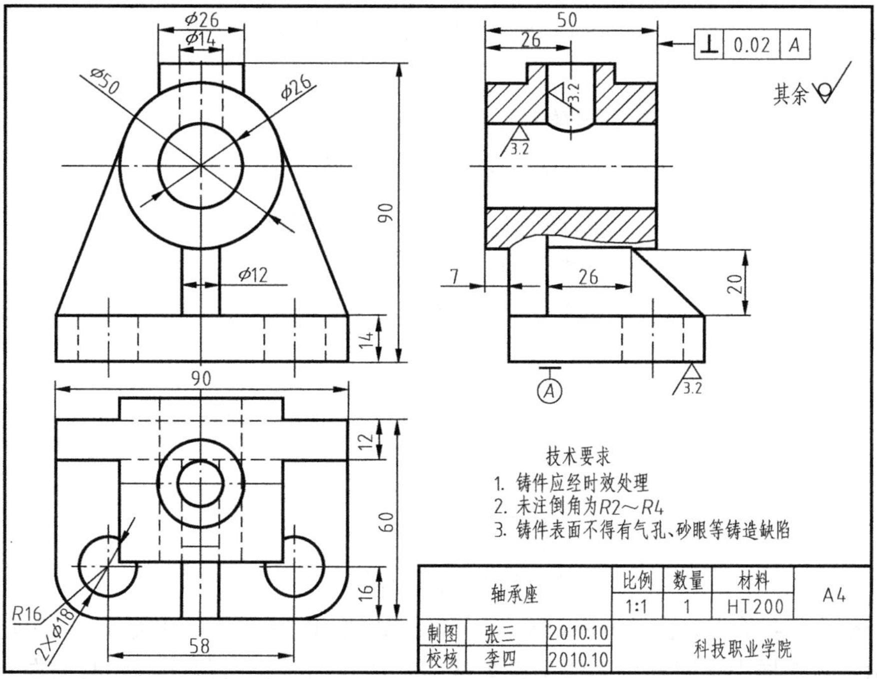

图 10-17 轴承座

步骤：

（1）打开“10. dwg”文件，检查图样是否满意。

（2）在标准工具栏中单击“打印”按钮。

（3）弹出“打印-模型”对话框，设置如图 10-18 所示。

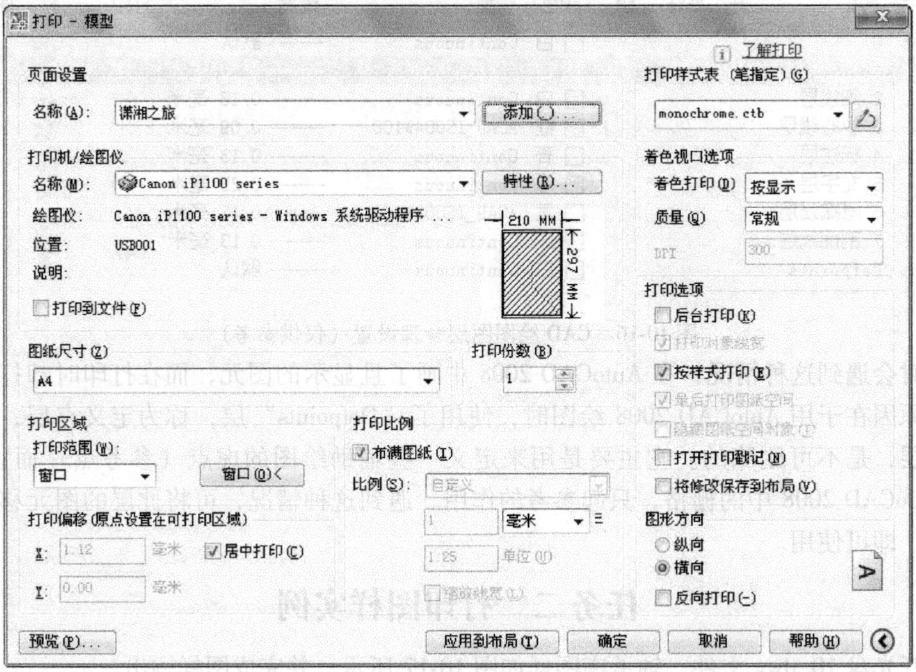

图 10-18 “打印-模型”对话框

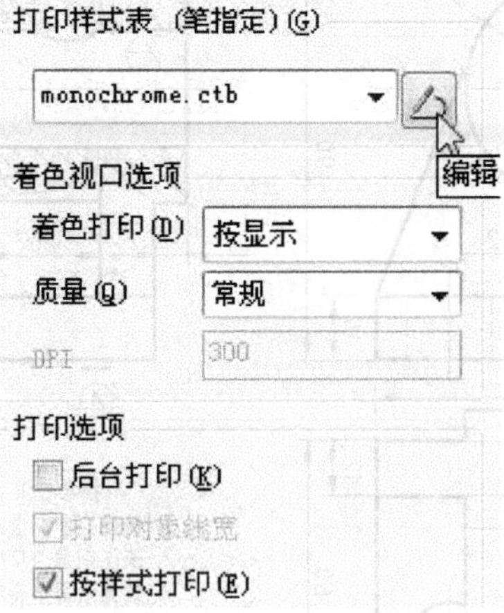

图 10-19 选择打印样式

（4）选择打印样式为：“monochrome. ctb”，如图 10-19 所示，并编辑打印样式，如图 10-20 所示，对图样中不同颜色的线型设置线宽。注意的是，黑色（黑底时为白色）、设置线宽为 0. 3mm（毫米），如图 10-21 所示。

（5）在“打印范围”下拉列表框中选取“窗口”选项，如图 10-22 所示；在图样中框选所要打印的区域，如图 10-23 所示。

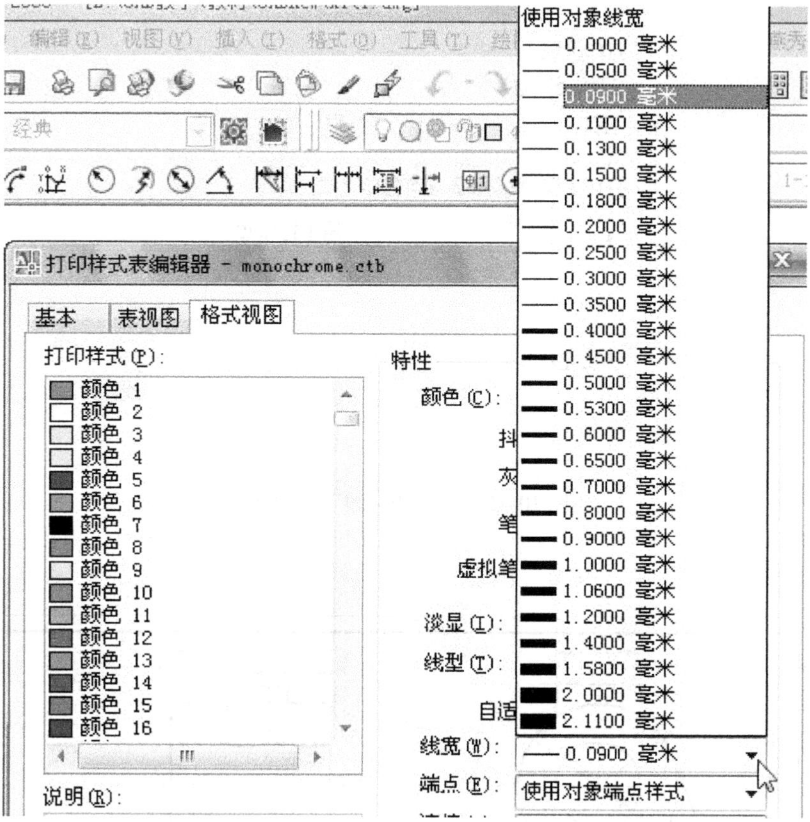

图 10-20　选择颜色—设置线宽

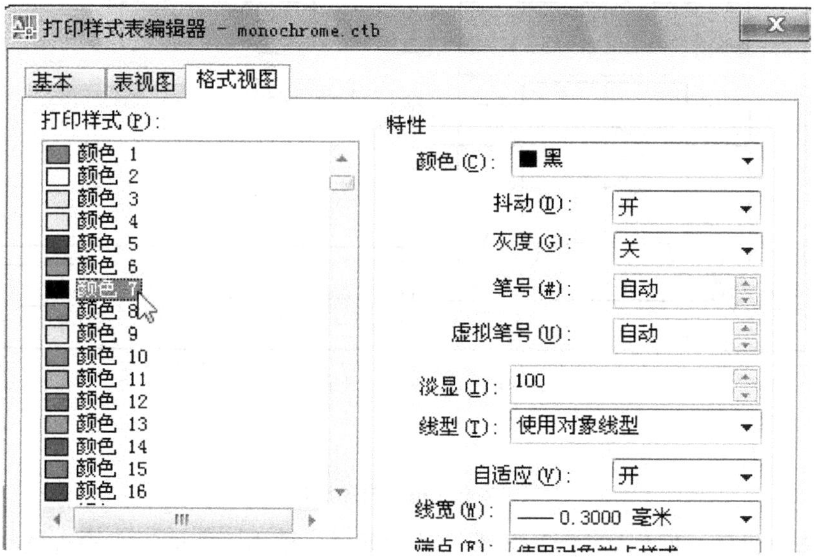

图 10-21　设置黑色线型线宽

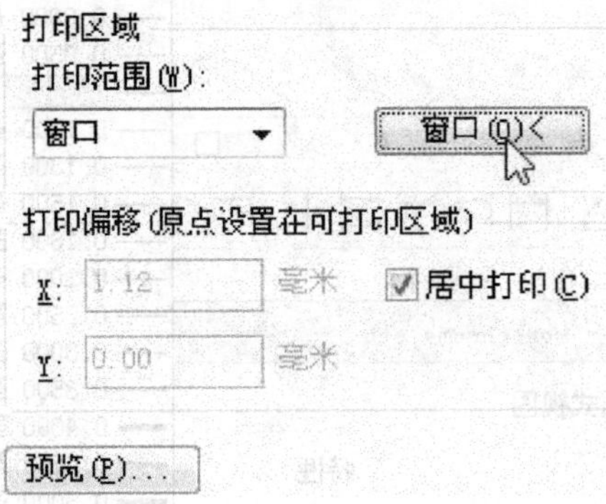

图 10-22 “打印区域”选项组

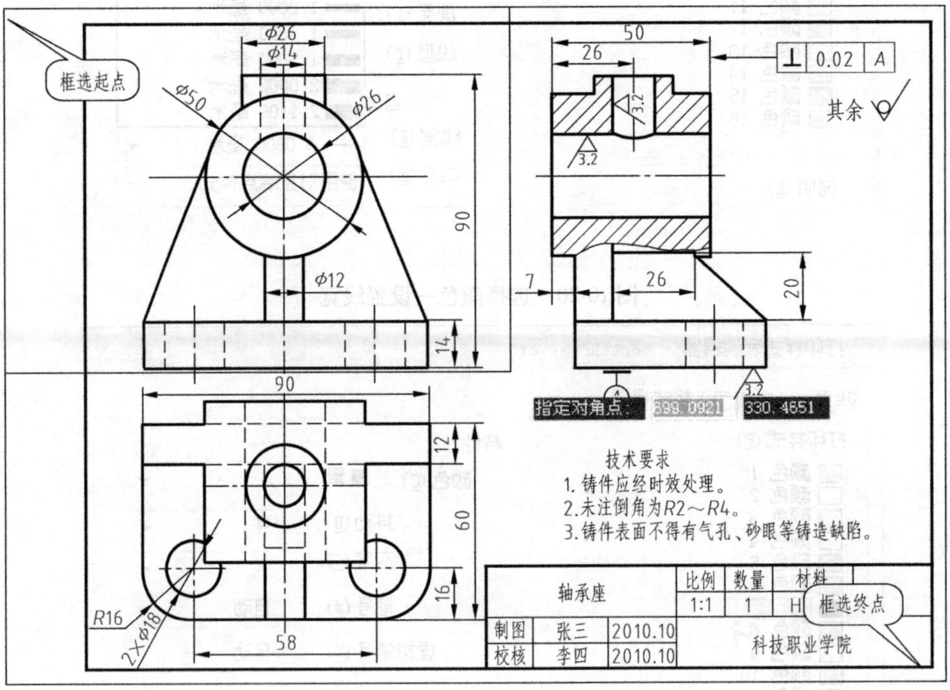

图 10-23 框选打印区域

（6）框选完成后，回到“打印-模型”对话框后，单击预览按钮，检查图样是否合适，如图 10-24 所示，各图层线型粗细分明。

（7）检查完毕，单击鼠标右键，在弹出的快捷菜单中单击“打印”，如图 10-25 所示。

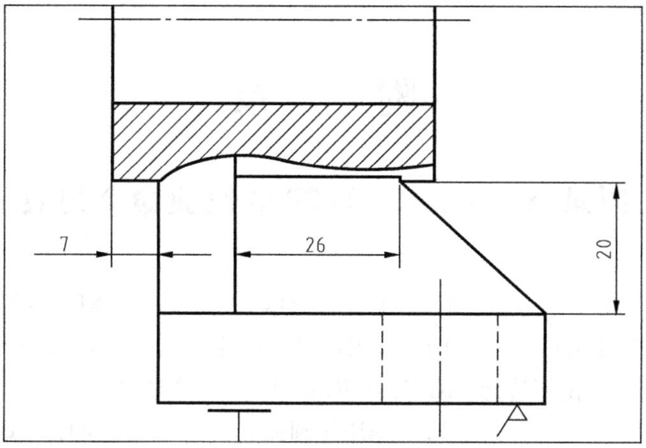

图 10-24 预览图样

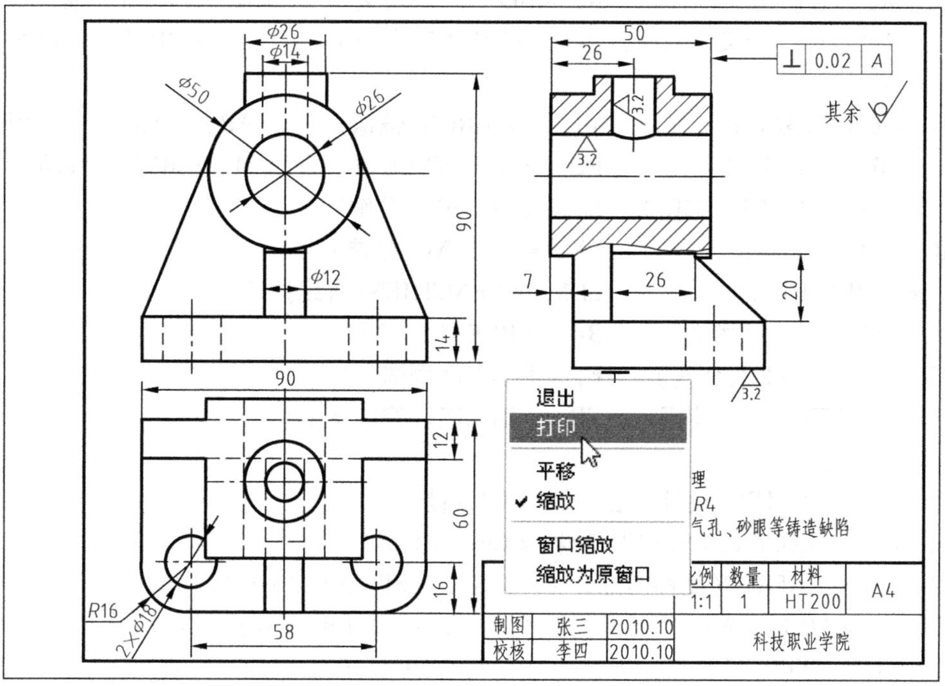

图 10-25 “预览—打印”图例

附　录

附录 A　AutoCAD 2008 快捷命令列表

1. 绘图命令

PO，*POINT(点)	L，*LINE(直线)	XL，*XLINE(射线)
PL，*PLINE(多段线)	ML，*MLINE(多线)	SPL，*SPLINE(样条曲线)
POL，*POLYGON(正多边形)	REC，*RECTANGLE(矩形)	
C，*CIRCLE(圆)	A，*ARC(圆弧)	DO，*DONUT(圆环)
EL，*ELLIPSE(椭圆)	REG，*REGION(面域)	MT，*MTEXT(多行文本)
T，*MTEXT(多行文本)	B，*BLOCK(块定义)	I，*INSERT(插入块)
W，*WBLOCK(定义块文件)	DIV，*DIVIDE(等分)	H，*BHATCH(填充)

2. 命令

CO，*COPY(复制)	MI，*MIRROR(镜像)	AR，*ARRAY(阵列)
O，*OFFSET(偏移)	RO，*ROTATE(旋转)	M，*MOVE(移动)
E，DEL 键 *ERASE(删除)	X，*EXPLODE(分解)	
TR，*TRIM(修剪)	EX，*EXTEND(延伸)	
S，*STRETCH(拉伸)	LEN，*LENGTHEN(直线拉长)	
SC，*SCALE(比例缩放)	BR，*BREAK(打断)	
CHA，*CHAMFER(倒角)	F，*FILLET(倒圆角)	
PE，*PEDIT(多段线编辑)	ED，*DDEDIT(修改文本)	

3. 对象特性

ADC，*ADCENTER(设计中心，<Ctrl+2>键)

CH，MO *PROPERTIES(修改特性，<Ctrl+1>键)

MA，*MATCHPROP(属性匹配)	ST，*STYLE(文字样式)
COL，*COLOR(设置颜色)	LA，*LAYER(图层操作)
LT，*LINETYPE(线形)	LTS，*LTSCALE(线形比例)
LW，*LWEIGHT (线宽)	UN，*UNITS(图形单位)
ATT，*ATTDEF(属性定义)	ATE，*ATTEDIT(编辑属性)

BO，*BOUNDARY(边界创建,包括创建闭合多段线和面域)

AL，*ALIGN(对齐)	EXIT，*QUIT(退出)
EXP，*EXPORT(输出其他格式文件)	IMP，*IMPORT(输入文件)
OP,PR *OPTIONS(自定义 CAD 设置)	PRINT，*PLOT(打印)
PU，*PURGE(清除垃圾)	R，*REDRAW(重新生成)
REN，*RENAME(重命名)	SN，*SNAP(捕捉栅格)
DS，*DSETTINGS(设置极轴追踪)	OS，*OSNAP(设置捕捉模式)
PRE，*PREVIEW(打印预览)	TO，*TOOLBAR(工具栏)

V，* VIEW(命名视图)　　AA，* AREA(面积)

DI，* DIST(距离)　　LI，* LIST(显示图形数据信息)

4. 视窗缩放

P，* PAN(平移)　　<Z+空格+空格>，* 实时缩放

Z，* 局部放大　　<Z+P> * 返回上一视图

<Z+E> * 显示全图

5. 尺寸标注

DLI，* DIMLINEAR(直线标注)　　DAL，* DIMALIGNED(对齐标注)

DRA，* DIMRADIUS(半径标注)　　DDI，* DIMDIAMETER(直径标注)

DAN，* DIMANGULAR(角度标注)　　DCE，* DIMCENTER(中心标注)

DOR，* DIMORDINATE(点标注)　　TOL，* TOLERANCE(标注形位公差)

LE，* QLEADER(快速引出标注)　　DBA，* DIMBASELINE(基线标注)

DCO，* DIMCONTINUE(连续标注)　　D，* DIMSTYLE(标注样式)

DED，* DIMEDIT(编辑标注)　　DOV，* DIMOVERRIDE(替换标注系统变量)

6. 常用 Ctrl 快捷键

<Ctrl> + <1>　* PROPERTIES(修改特性)

<Ctrl> + <2>　* ADCENTER(设计中心)

<Ctrl> + <O>　* OPEN(打开文件)　<Ctrl> + <N> <M>　* NEW(新建文件)

<Ctrl> + <P>　* PRINT(打印文件)　<Ctrl> + <S>　* SAVE(保存文件)

<Ctrl> + <Z>　* UNDO(放弃)　<Ctrl> + <X>　* CUTCLIP(剪切)

<Ctrl> + <C>　* COPYCLIP(复制)　<Ctrl> + <V>　* PASTECLIP(粘贴)

<Ctrl> + <B>　* SNAP(栅格捕捉)　<Ctrl> + <F>　* OSNAP(对象捕捉)

<Ctrl> + <G>　* GRID(栅格)　<Ctrl> + <L>　* ORTHO(正交)

<Ctrl> + <W>　*(对象追踪)　<Ctrl> + <U>　*(极轴)

7. 常用功能键

<F1>　* HELP(帮助)　　<F2>　*(文本窗口)

<F3>　* OSNAP(对象捕捉)　　<F4>　*(数字化仪)

<F5>　*(切换等轴测平面)　　<F6>　*(控制状态行上坐标的显示)

<F7>　* GRID(栅格)　　<F8>　* ORTHO(正交)

<F9>　*(栅格捕捉模式)　　<F10>　*(极轴模式)

<F11>　*(对象追踪模式)

附录 B　CAD 工程制图规则

机械工程 CAD 制图新标准在原机械制图标准的基础上增加了一些针对计算机环境下的标准内容，原机械制图标准内容大部分均可应用。根据《CAD 技术通用规范》（GB/T 17304—2009），CAD 技术制图标准采用《CAD 工程制图规则》（GB/T 18229—2000）。《CAD 工程制图规则》（GB/T 18229—2000）是 2000 年 10 月 17 日批准，2001 年 5 月 1 日实施的。

本附录只摘取与 CAD 图形绘制相关的标准简单介绍一下。

一、字体

CAD 工程图中的字体应按《技术制图　字体》（GB/T 14691—1993）执行，图样中书写的字体必须做到字体工整、笔画清楚、间隔均匀、排列整齐。

1. 字高

字体高度（用 h 表示）的公称尺寸系列为 1.8mm，2.5mm，3.5mm，5mm，7mm，10mm，14mm，20mm。如需要书写更大的字体时，其字体高度应按$\sqrt{2}$的比率递增。

字体高度代表字体的号数，例如 10 号字即表示字高为 10mm。

CAD 工程图中的字体与图纸幅面的关系见附表 B-1

附表　B-1

图幅 / 字体	A0	A1	A2	A3	A4
字母数字			3.5		
汉　字			5		

2. 汉字

汉字应写成长仿宋体字，并应采用中华人民共和国国务院正式公布推行的《汉字简化方案》中规定的简化字。

汉字的高度 h 不应小于 3.5mm，其字宽一般为 $h/\sqrt{2}$。

书写长仿宋体汉字的要领是；横平竖直，起落分明，结构均匀，粗细一致，呈长方形。示例如图附 B-1 所示。

5号字

技术制图机械电子汽车航空船舶土木建筑矿山井坑港口纺织服装

图附 B-1

3. 字母和数字

字母和数字分 A 型和 B 型两类字体，其中 A 型字体的笔画宽度（d）为字高（h）的 1/14，B 型字体的笔画宽度（d）为字高的 1/10，在同一张图样上，只允许选用一种类型的字体。

字母和数字可写成斜体或直体，一般采用斜体。斜体字的字头向右倾斜，与水平基准线成 75°角。

技术图样中常用的字母有拉丁字母和希腊字母两种，常用的数字有阿拉伯数字和罗马数字两种。数字示例如图附 B-2 所示。

用作指数、分数、极限偏差、注脚等的数字和字母，一般应采用小一号的字体。示例如图附 B-3 所示。

二、图线

CAD 工程图中的图线应遵照《技术制图　图线》（GB/T 17450—1998）中的有关规定。

1. 线型

《技术制图　图线》（GB/T 17450—1998）中规定了 CAD 工程图中应用的 15 种基本线型的代号、型式及其名称，附表 B-2 中列出了 CAD 工程图样时常用的图线名称、图线型式、宽度及其主要用途。

斜体

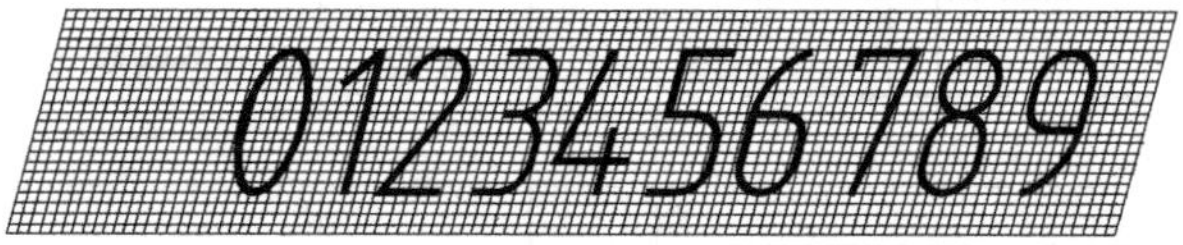

直体

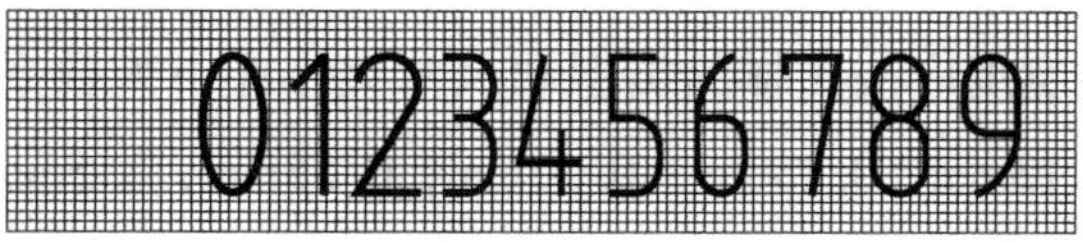

图附 B-2

10^{3}　S^{-1}　D_{1}　T_{d}

$\phi 20^{+0.010}_{-0.023}$　$7^{\circ}{}^{+1^{\circ}}_{-2^{\circ}}$　$\frac{3}{5}$

图附 B-3

附表 B-2　CAD 工程图样常用的图线名称、图线型式、宽度及其主要用途

图线名称	图线型式	代号	图线宽度	主要用途
粗实线		A	粗线	可见轮廓线
细实线		B	细线	尺寸线、尺寸界线、剖面线、辅助线、重合断面的轮廓线、引出线、螺纹的牙底线及齿轮的齿根线
波浪线		C	细线	断裂处的边界线、视图和剖视的分界线
双折线		D	细线	断裂处的边界线
虚　线	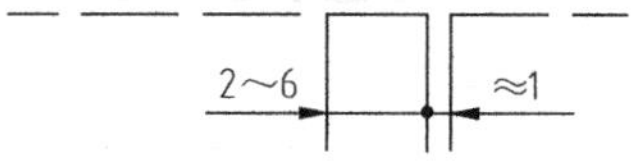	F	细线	不可见的轮廓线、不可见的过渡线
细点画线	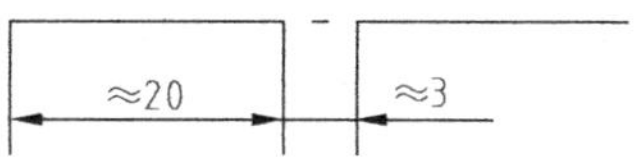	G	细线	轴线、对称中心线、轨迹线、齿轮的分度圆及分度线

（续）

图线名称	图线型式	代号	图线宽度	主要用途
粗点画线	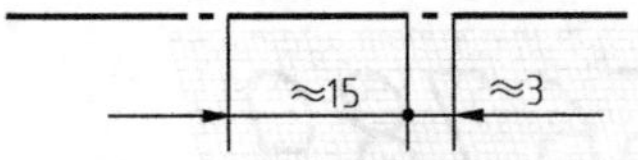	J	粗线	有特殊要求的线或表面的表示线
双点画线	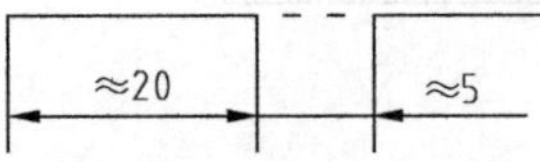	K	细线	相邻辅助零件的轮廓线、中断线、极限位置的轮廓线、假想投影轮廓线

2. 线宽

所有线型的图线宽度应按图样的类型和尺寸大小在下列数系中选择，该数系的公比为 $1:\sqrt{2}$（≈1∶1.4）：0.13mm，0.18mm，0.25mm，0.35mm，0.5mm，0.7mm，1mm，1.4mm，2mm。

机械图样中的图线分粗线和细线两种。粗线宽度应根据图形大小和复杂程度在 0.5 ~ 2mm 之间选取，粗、细线的宽度为 2∶1。

3. 图线的颜色

基本图线的颜色应按附表 B-3 中的颜色选择，相同类型的图线采用相同的颜色。

附表 B-3　图线类型及屏幕上的颜色

图线类型		屏幕上的颜色
粗实线		绿色
细实线		白色
波浪线		
双折线		
虚线		黄色
细点画线		红色
粗点画线		棕色
双点画线		粉红色

三、图层

CAD 工程图中的图层管理见附表 B-4。

附表 B-4　CAD 工程图中的图层管理

层号	描　述	图　例
01	粗实线 剖切面的粗剖切线	
02	细实线 细波浪线 细折断线	
03	粗虚线	
04	细虚线	

（续）

层号	描　述	图　例
05	细点画线	
06	粗点画线	
07	细双点画线	
08	尺寸线，投影连线，尺寸终端与符号细实线	
09	参考圆，包括引出线和终端（如箭头）	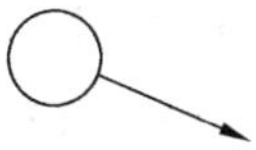
10	剖面符号	
11	文本，细实线	A B C D
12	尺寸值和公差	432 ±1
13	文本，粗实线	KIMN
14，15，16	用户选用	

附录 C　AutoCAD 2008 图形制作 Word 插图方法

一、准备工作

1. 设置背景色

单击【工具】→【选项】→【显示】→【颜色】，将已绘制图形的 AutoCAD 2008 窗口的背景设置为白色（同 Word 文件背景色）。

2. 设置线条颜色

打开“图层特性管理器”，将 AutoCAD 2008 文件中的所有图层线条设置为“黑色”。

3. 设置图层线宽

在 AutoCAD 2008 绘图之前将各图层线型、线宽设置好。

4. 确定显示精度

单击【工具】→【选项】→【显示】→【显示精度】，一般应将显示精度设置为 1000 及以上。

5. 窗口缩放

尽量地缩放、移动所需插入 Word 的图形，使其完全最大化显示在绘图窗口中。

二、插图方法

1. 运用 AutoCAD 2008 中的“复制链接”与 Word 的“选择性粘贴”功能

（1）打开 AutoCAD 2008 图形文件，单击【编辑】→【复制链接】命令。

（2）打开 Word 文件，将光标移到图形插入处，单击【编辑】→【选择性粘贴】命令，选择“粘贴链接（L）”选项，并单击“AutoCAD Drawing 对象”粘贴链接，单击“确定”按钮，即可插入 AutoCAD 2008 图形。

此方法插入的图形，保持原状，清晰度好；图形四周的空白区域大，更新方便。

2. 运用 Office 剪贴板功能

（1）打开 AutoCAD 2008 的图形文件，鼠标选中所需插图，单击 <Ctrl + C> 键，复制所选图元；

（2）打开 Word 文件，将光标移到图形插入处，单击 <Ctrl + V> 键，粘贴图形。

此方法粘贴的图形在 Word 中显示不好调整；必要时，需双击该图形，重新进入 AutoCAD 2008，使图形在显示窗口最大化，然后保存、关闭。这样处理后图形清晰度好，更换更新方便。

3. 利用 Word 的插入对象功能

（1）打开 Word 文件，将光标移到插图处，单击【插入】→【对象】命令，在“对象”对话框中，单击“由文件创建”选项卡。

（2）输入文件名，或单击“浏览”按钮，在“查找范围”下拉列表中选择已存在的 . dwg 文件。

（3）选择“链接到文件”复选项，单击“确定”按钮，整个图形文件将链接到 Word 文件中。

此方法保存的 Word 文件较大，插入的 AutoCAD 2008 文件需调好窗口后保存，此方法慎用。

4. AutoCAD 2008 的图形输出与插入图片

（1）利用 QQ、HyperSnap 等抓图软件来操作。抓图保存为 . jpg、. bmp 等文件。采用常规方法将图形插入 Word 文件中。此法操作简单方便，但所抓图片清晰度差，图片文件不能修改；

（2）在 AutoCAD 2008 中选中所插图形，单击【文件】→【输出】，弹出“输出数据”对话框，在“保存于”下拉列表中选择文件的保存位置、文件名，文件类型选择“图元文件（*. WMF）”，单击“保存”按钮；打开 Word 文件，将光标移到插图处，单击【插入】→【图片】→【来自文件】命令，选择保存为 . WMF 格式文件插入。

采用此方法将图形文件（*. WMF）插入到 Word 文件中缩放和打印时不会失真，但不能修改。

5. 使用 BetterWMF 软件

BetterWMF 软件是 Autodesk 公司推出的、将 AutoCAD 图形复制到 Word 文件中的专用软件，网络上有共享免费安装文件及教程，本附录就不详述了。

参考文献

［1］ 杨雨松 . AutoCAD 2008 中文版实用教程［M］. 北京：化学工业出版社，2009.

［2］ 李世兰 . AutoCAD 2006 工程绘图教程［M］. 北京：高等教育出版社，2007.

［3］ 刘宏丽 . 计算机辅助设计—AutoCAD 教程［M］. 北京：高等教育出版社，2005.

［4］ 2008 快乐电脑一点通编委会 . 中文版 AutoCAD 2008 辅助绘图与设计［M］. 北京：清华大学出版社，2008.

［5］ 杨聪 . AutoCAD 2008 机械制图案例实训教程［M］. 北京：中国人民大学出版社，2009.

［6］ 中华人民共和国国家质量技术监督局 . GB/T 18229—2000 CAD 工程制图规则［S］. 北京：中国国家标准化管理委员会，2000.